창조의 엔진

창조의 엔진

창조의 엔진

나노기술의 미래

ENGINES *of* CREATION

The Coming Era of Nanotechnology

에릭 드렉슬러 | 이인식 해제 | 조현욱 옮김

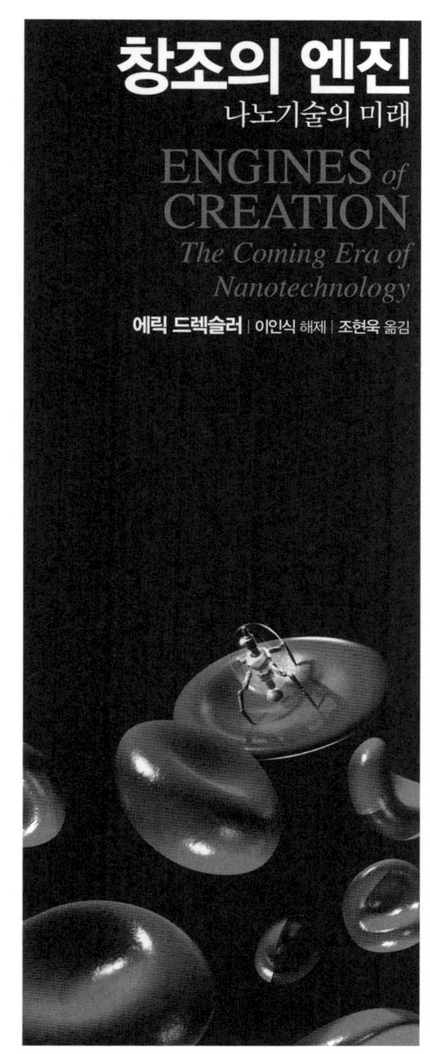

김영사

창조의 엔진

지은이 에릭 드렉슬러
엮은이 조현욱

1판 1쇄 발행 2011. 9. 9.
1판 2쇄 발행 2020. 8. 26.

발행인 고세규
발행처 김영사
등록 1979년 5월 17일(제406-2003-036호)
주소 경기도 파주시 문발로 197(문발동) 우편번호 10881
전화 마케팅부 031)955-3100, 편집부 031)955-3200 | 팩스 031)955-3111

값은 뒤표지에 있습니다.
ISBN 978-89-349-5486-6 04500

홈페이지 www.gimmyoung.com   블로그 blog.naver.com/gybook
페이스북 facebook.com/gybooks   이메일 bestbook@gimmyoung.com

좋은 독자가 좋은 책을 만듭니다.
김영사는 독자 여러분의 의견에 항상 귀 기울이고 있습니다.

우리는 심지어 살아 있는 세포보다 훨씬 작은 조립 기계를 만들고, 오늘날 이용할 수 있는 어떤 것보다 튼튼하고 가벼운 물질을 만들 수 있을지도 모른다. 이런 신기술은 우리가 단지 물리적 환경을 만드는 데 이용하는 재료와 수단을 변화시키는 데 그치지 않고 우리가 만드는 세상 안에서 추구하게 될 활동의 내용도 변화시킬 것이다.　_마빈 민스키

Contents

나노기술이 세상을 바꾼다

이인식 (지식융합연구소장)

> 나노기술은 아직 존재하지 않는다. 왜냐하면 아직 분자 어셈블러가 존재하지 않기 때문이다.
> —K. 에릭 드렉슬러

1

1959년 12월 어느 날. 미국물리학회에서 40대 초반의 대학 교수가 '바닥에는 풍부한 공간이 있다'는 제목의 강연을 하고 있었다. 연사는 1965년 양자 역학 연구로 노벨상을 받게 되는 리처드 파인만(1918~1988). 그는 분자의 세계가 특정한 임무를 수행하는 모든 종류의 매우 작은 구조물을 만들어 세울 수 있는 건물 터가 될 것이라고 예언하였다. 분자 크기의 기계, 곧 분자 기계의 개발을 제안한 것이다. 그러나 참석자들은 대부분 농담으로 받아들였다.

1992년 6월 어느 날. 미국 상원의 소위원회에서 30대 후반의 감정인이 나노기술nanotechnology에 대해 앨 고어 의원과 열띤 일문일답을 하고 있었다. 감정인은 나노기술 이론가인 K. 에릭 드렉슬러(1955~). 그는 미국의 정책 입안자들이 나노기술에 관심을 가져줄 것을 당부했다. 앨 고어는 그로부터 5개월 남짓 뒤에 부통령의 자리에 올랐다.

2000년 1월 어느 날. 미국의 빌 클린턴 대통령은 5억 달러가 투입되는 국가나노기술계획NNI을 발표하면서 "나노기술은 트랜지스터와 인터넷이 정보시대를 개막한 것과 같은 방식으로 21세기에 혁명을 일으킬 것"이라고 말했다. 그는 나노기술을 '미국 의회 도서관에 저장된 모든 정보를 한 개의 각설탕 크기 장치에 집어넣을 수 있는 기술'이라고 설명하였다.

극미한 분자 세계를 우주의 공간처럼 광대한 영역으로 상상한 파인만의 선견지명은 실로 놀라운 것이었다. 파인만의 아이디어가 훗날 분자 기술molecular technology로 구체화되었기 때문이다. 분자 기술은 분자 하나하나를 조종하여 물질의 구조를 제어하는 기술이다. 분자는 나노미터(10억분의 1미터)로 측정된다. 따라서 1986년 펴낸《창조의 엔진Engines of Creation》에서 드렉슬러는 분자 기술 대신에 나노기술이라는 용어를 만들어냈다. 파인만이 나노기술의 아버지라면 드렉슬러는 그 산파역인 셈이다.

드렉슬러의 나노기술 이론은 시대를 너무 앞선 것이었기 때문에 과학 기술자들로부터 몽상가로 따돌림을 당할 정도였다. 1970년대에 매사추세츠 공과대학의 학생이었던 그는 파인만의 연설 내용처럼 원자나 분자를 조작해서 새로운 물질을 만들어내는 기술을 꿈꾸었다. 그의 생각이 담긴 박사 논문은 너무 선구적이었으므로 아무도 그의 논문 지도를 맡으려 하지 않았다. 만일 인공지능의 대가인 마빈 민스키(1927~)가 그의 지도 교수가 되지 않았더라면 그의 논문은 빛을 보지 못했을는지 모른다. 그의 박사 논문을 다듬어서 펴낸 책이 나노기술에 관한 최초의 저술로 자리매김한 《창조의 엔진》이다.

나노기술에 대해 모든 과학자들이 동의하는 정의는 아직 내려진 것이 없다. 나노기술이 초기 단계일 뿐만 아니라 여러 분야의 과학자들이 다양한 방법으로 나노기술에 접근하고 있기 때문이다.

나노기술에 대한 정의로는 미국과학재단NSF에서 국가나노기술계획 수립을 주도한 미하일 로코가 내린 정의가 가장 널리 인용된다. 그는 나노기술이란 '1~100나노미터 크기의 물질을 다루는 것'이라고 정의했다.

나노기술은 드렉슬러가 비웃음의 대상이 될 정도로 오랫동안 과학 기술자들의 주목을 끌지 못했지만 오늘날 너도나도 나노기술을 입에 올릴 만큼 21세기의 핵심 기술로 주목을 받기에 이르렀다. 나노기술의 기초가 되는 연구 성과에 노벨상이 여러 차례 수여된 것만 보아도 나노기술의 가능성을 미루어 짐작할 수 있다.

1986년 노벨 물리학상은 독일의 물리학자인 게르트 비니히(1947~)와 스위스의 물리학자인 하인리히 로러(1933~)에게 돌아갔다. 이들은 1981년 주사 터널링 현미경scanning tunneling microscope을 발명한 업적을 인정받은 것이다. 1996년 노벨 화학상은 풀러렌fullerene을 발견한 세 명의 화학자에게 수여되었다. 미국의 리처드 스몰리(1943~2005) 등은 1985년 다이아몬드와 흑연에 이어 세 번째 탄소 분자 결정체인 풀러렌을 발견하였다. 2010년 노벨 물리학상은 영국의 안드레 가임(1958~)과 콘스탄틴 노보셀로프(1974~)에게 주어졌다. 사제지간인 두 사람은 2004년 그래핀graphene을 최초로 발견한 공로를 인정받았다. 1991년 탄소나노튜브carbon nanotube를 발견한 일본의 재료공학자인 이지마 스미오 (1939~)도 노벨상을 받을 가능성이 큰 것으로 여겨진다. 탄소나노튜브 연구에 업적을 남긴 서울대학의 임지순(1951~) 교수도 함께 수상하게 될지 궁금하지 않을 수 없다.

2

나노기술의 궁극적인 목표는 무엇인가? 드렉슬러는 《창조의 엔진》에서 분자 어셈블러(조립 기계)assembler를 개발하는 것이라고 주장했다. 어셈블러는 '원자들을 한 번에 조금씩 큰 분자의 표면에 부착시켜 거의 안정적인 형태로 원자들을 결합하는' 나노기계이다. 이를테면 어셈블러는 적절한 원자를 찾아내서 적절한 위치에 옮겨놓을 수 있는 분자 수준의 조립 기계이다.

1991년 펴낸 두 번째 저서이자 그의 아내와 함께 집필한 《무한한 미래Unbounding the Future》에서 드렉슬러는 최초의 어셈블러가 모습을 나타내게 될 때에 비로소 나노기술의 시대가 개막되는 것이라고 전제하면서, 나노기술이 특별히 충격을 줄 분야로 제조 분야와 의학을 꼽았다.

어셈블러가 대량으로 보급되면 제조 산업에 혁명적인 변화가 올 가능성이 크다. 오늘날 우리가 물건을 만드는 방식은 원자를 덩어리로 움직인다. 그러나 어셈블러는 원자 하나하나까지 설계 명세서에 따라 만들 수 있으므로 물질의 구조를 완벽하게 통제할 수 있다. 드렉슬러는 다수의 어셈블러가 함께 작업하여 모든 제품을 생산하는 미래의 제조 방식을 분자 제조molecular manufacturing라고 명명했다.

분자 제조 기술이 산업에 미칠 영향은 한두 가지가 아닐 터이다. 먼저 어셈블러로 원자 수준까지 물질의 구조를 제어하기 때문에 우리가 상상할 수 없을 정도로 다양하고 새로운 제품을 만들 수 있다는 것이다. 또한 고장이 극히 적은 양질의 제품 생산이 가능할 듯하다. 제품에 고장이 발생하려면 수많은 원자가 제자리를 벗어나야 한다. 그러나 어셈블러로는 제품의 설계와 생산 공정에서 원자 하나하나를 완전무결하게 통제하기 때문에 신뢰성이 높은 제품의 출하가 기대된다는 것이다.

드렉슬러는 2012년 9월에 출간될 예정인 저서 《급진적 풍요Radical Abundance》의 초고에서 이러한 제조 방식을 '원자 정밀 제조atomically precise manufacturing, APM'라고 명명했다. 나노기술의 발전에 따라 생산 방식이 APM으로 바뀌게 되면 물질문명에 혁명적 변화가 일어나서 인류 사회가 풍요를 누리게 될 것이라고 주장한다.

나노기술의 활용이 기대되는 또 다른 분야는 나노의학nanomedicine이다. 인체의 질병은 대개 나노미터 수준에서 발생한다. 바이러스는 가공할 만한 나노기계라 할 수 있기 때문이다. 이러한 자연의 나노기계를 인공의 나노기계로 물리치는 방법 말고는 더 효과적인 전략이 없다는 생각이 나노의학의 출발점이다.

바이러스와 싸우는 나노기계는 잠수함처럼 행동하는 로봇이다. 이 로봇의 내부에는 병원균을 찾아내서 파괴하도록 프로그램되어 있는 나노컴퓨터가 들어 있으며 모든 목표물의 모양을 식별하는 나노센서가 부착되어 있다. 혈류를 통해 항해하는 나노로봇은 나노센서로부터 정보를 받으면 나노 컴퓨터에 저장된 병원균의 자료와 비교한 다음에 병원균으로 판단되는 즉시 이를 격멸한다. 인체의 면역계와 진배없는 장치이다.

한편 세포 수복 기계cell repair machine라 불리는 나노로봇은 세포 안으로 들어가서 마치 자동차 정비공처럼 손상된 세포를 수리한다. 이와 같이 이론적으로는 나노의학이 치료할 수 없는 질병이 거의 없어 보인다. 어쩌면 인간의 굴레인 노화와 죽음까지 미연에 방지할 수 있을지 모를 일이다.

드렉슬러는 이런 맥락에서 나노기술이 우리가 물질을 다루는 방법을 바꾸는 데 그치지 않고 사회의 모든 부분에서 혁명적 변화를 초래할 것이라고 주장했다.

드렉슬러가 상상한 대로 나노기술이 발전하지 않는다손 치더라도 그의 업적은 결코 과소평가될 수 없다. 그의 역할은 과학자들이 나노기술을 거들떠보지도 않을 때 나노기술의 중요성을 줄기차게 강조함으로써 나노기술 시대의 개막을 앞당긴 것으로 충분하기 때문이다.

3

드렉슬러의 나노기술 이론이 모든 과학자로부터 전폭적인 지지를 받고 있는 것은 아니다. 특히 분자 어셈블러의 개념과 실현 가능성을 놓고 비판이 제기되었다.

드렉슬러에 따르면 최초의 어셈블러가 가장 먼저 할 일은 바로 자신과 똑같은 또 다른 어셈블러를 만들어내는 일이다. 어셈블러는 이른바 자기 복제 기능을 가진 분자 기계인 셈이다.

어셈블러의 개념에 심각한 오류가 있다고 반론을 제기한 대표적인 인물은 리처드 스몰리이다. 2001년 미국의 월간 과학 잡지인 〈사이언티픽 아메리칸〉 9월호에 기고한 글에서 스몰리는 어셈블러를 조목조목 비판했다. 그는 먼저 어셈블러로 물건을 조립할 때 소요되는 시간을 문제 삼았다.

"최근 몇 년간, 원자 단위로 사물을 조정하고 구성하는, 때로는 어셈블러라고도 부르는 아주 작은 로봇을 상상하게 되었다. 한 개의 어셈블러를 상상해보자. 이 가상의 나노로봇은 격렬하게 작업하면서 많은 원자 결합을 새로 만들어낼 것이다. 이 나노로봇은 할당된 일을 하면서 아마도 1초마다 10억 개의 새로운 원자를 바라는 대로 구조물 속에 배치할 것이다. 그러나 비록 빠른 속도라 할지라도 이 정도의 속도는 분자 제조 공장의 운영에서는 실질적으로 무의미한 것이다. 한 개의 나노로봇이 아주 작은 양의 생산품 하나를 만들어내는 데도 수백만 년이 걸리기 때문이다. 그런 나노로봇 어셈블러는 비록 과학적으로 매우 흥미롭긴 하지만 거시적인 현실 세계에서는 그 자체로는 그다지 많은 것을 만들어낼 수 없을 것이다."

스몰리는 드렉슬러의 어셈블러가 기능을 수행하려면 원자를 하나씩 집어 들고 원하는 위치에 삽입시키는 손가락(조작 장치)이 달려 있어야 한다고 가정하고, 손가락에 관련된 문제를 제기했다.

"나노로봇에 의해 제어되는 공간의 한 면이 1나노미터 정도밖에 되지 않는 아주 작디작은 장소라는 사실을 기억하기 바란다. 이런 공간의 제약으로 적어도 두 가지 어려움이 기본적으로 발생한다. 나는 이 문제를 하나는 '굵다란 손가락fat fingers' 문제, 다른 하나는 '끈끈한 손가락sticky fingers' 문제라고 부른다."

스몰리는 어셈블러에 5~10개 정도의 손가락이 달려 있어야 그 기능을 수행할 수 있을 것이라고 전제하고, 그만한 수의 손가락을 빽빽하게 달아놓을 수 있을지 의심스럽다고 반박했다. 원자를 집어내거나 붙잡고 있는 조작 장치(손가락)는 원자로 만들어야 하기 때문에 더 이상 축소가 불가능하다. 그런데 어셈블러가 작업을 하는 1나노미터 정도의 공간은 5~10개의 손가락을 모두 수용할 만큼 여유가 있는 것이 아니다. 가장 뭉뚝한 손가락으로 작은 부품들을 하나씩 옮겨서 손목시계를 조립하는 것이 쉽지 않듯이 어셈블러가 작업하는 공간의 크기에 비해 손가락이 너무 굵어서 분자 조립이 불가능할 것이라는 의미이다.

스몰리는 어셈블러의 손가락이 *끈끈한* 것도 문제라고 주장한다. 원자들이 일단 손가락에 달라붙으면 잘 떨어지지 않을 것이므로 원자를 원하는 자리에 위치시키는 일은 쉽지 않을 것이다. 마치 엿을 묻힌 손가락으로 손목시계를 조립하는 일이 불가능한 것처럼 어셈블러의 손가락으로 원자를 옮기는 작업도 불가능할 것이라는 뜻이다.

스몰리는 두 가지의 손가락 문제는 근본적이며 피할 수 없는 문제라고 강조했다. 스몰리의 노골적인 공격에 대해 드렉슬러가 가만있을 리 만무하다. 2003년 드렉슬러는 어셈블러에 대한 스몰리의 비판에 대해 공개 답장 형식으로 반론을 폈다. 그는 자연에 존재하는 분자 조립 기계인 리보솜ribosome을 예로 들면서 분자 어셈블러가 불가능하지 않다고 주장했다. 2003년에 두 사람은 세 차례 더 의견을 주고받았다. 하지만 두 사람은 더 이상 논쟁을 펼칠 수 없게 되었다. 2005년 스몰리가 세상을 떠났기 때문이다.

두 사람이 주고받은 논쟁의 내용은 2006년 드렉슬러가《창조의 엔진》 출간 20주년을 기념하기 위해 전자책으로 펴낸《창조의 엔진 2.0》에 부록으로 수록되어 있다. 이 전자책에서 드렉슬러는 분자 어셈블러가 아직 개발되지 않았기 때문에 나노기술이 존재한다고 말할 수 없다고 주장하기도 했다.

드렉슬러의 어셈블러 개념을 공개적으로 지지하는 과학자들도 적지 않다. 대표적인 인물은 미국의 컴퓨터 이론가인 빌 조이(1954~)이다. 2000년 4월 세계적 반향을 불러일으킨 논문인 〈왜 우리는 미래에 필요 없는 존재가 될 것인가Why the Future Doesn't Need Us〉에서 조이는 분자 어셈블러 개념에 전폭적인 공감을 나타내고, 자기 복제하는 나노로봇이 지구 전체를 뒤덮는 그레이 구(잿빛 덩어리)gray goo 상태가 되면 인류는 최후의 날을 맞게 될지 모른다고 주장했다.

미국의 컴퓨터 이론가이자 미래학자인 레이 커즈와일(1948~)도 드렉슬러를 지지한다. 2005년 펴낸《특이점이 온다The Singularity Is Near》에서 커즈와일은 다음과 같이 어셈블러에 대한 기대를 표명했다.

"2020년대가 되면 분자 어셈블러가 현실에 등장하여 가난을 일소하고, 환경을 정화하고, 질병을 극복하고, 수명을 연장하는 등 수많은 유익한 활동의 효과적인 수단으로 자리잡을 것이다."

미국의 물리학자이자 과학저술가인 미치오 카쿠(1947~) 역시 어셈블러의 실현 가능성 쪽에 손을 들어주었다. 2011년 3월 출간된 《미래의 물리학Physics of the Future》에서 분자 어셈블러는 어떠한 물리학 법칙도 거스르지 않기 때문에 만들어낼 수는 있을 테지만 그 실현 시기는 예측이 쉽지 않다고 단서를 달았다. 카쿠는 2070년에서 2100년 사이에 어셈블러가 나타날지 모른다고 다소 소극적인 전망을 피력했다.

어쨌거나 드렉슬러와 스몰리의 논쟁은 시간이 가면 판가름 날 것이다.

나는 어느 편인가 하면 스몰리보다 드렉슬러를 지지하고 싶다. 왜냐하면 인간의 꿈과 상상력이 실현되는 것처럼 신나는 일은 없을 테니까.

심대한 변화의 문턱

마빈 민스키(MIT 석좌교수)

에릭 드렉슬러의 《창조의 엔진》은 신기술이 가져올 결과를 대단히 독창적으로 다룬 책이다. 야심차고 창의적인 데다, 무엇보다 기술적으로 탄탄한 사고방식을 토대로 하는 것이 장점이다.

하지만 과학 기술이 어디까지 도달할 수 있을지 누가 예측할 수 있단 말인가? 수많은 과학자와 엔지니어가 이를 시도했지만 그중 과학 소설가들의 시도가 가장 성공적이라는 점이 흥미롭지 않은가? 쥘 베른Jules Verne, H. G. 웰스Herbert George Wells, 프레더릭 폴Frederik Pohl, 로버트 하인라인Robert Heinlein, 아이작 아시모프Isaac Asimov, 아서 클라크Arthur Clarke가 그들이다. 물론 이들 작가 중 일부는 자기 시대의 과학을 대단히 잘 알았던 것이 사실이다. 하지만 이들이 성공할 수 있었던 가장 큰 원천은 그들이 속한 사회에서 태동하리라고 스스로 상상한 압력과 선택에도 똑같이 큰 관심을 가졌다는 사실일 터다. 클라크 자신이 강조했듯, 미래 기술의 세부 사항을 반세기 이상 앞서서 예측하는 일은 사실상 불가능하다. 우선 한 가지 이유는, 반세기보다 긴 기간 이후에 대해서라면 그 기간이 얼마나 길든 어떤 대안이 기술적으로 가능해질지 자세하게 예측할 수는 없기 때문이다. 왜 그럴까? 이유는 단순하다. 만일 누군가 그런 것을 예측할수 있다면 그보다 훨씬 짧은 시간 안에 이를 실현할 수 있을 것이기 때문이다. 만일 그럴 의사가 있다면 말이다. 두 번째 문제는 기술개발에 개입할 사회적 변화의 성격을 추정하는 것도 똑같이 어렵다는 점에 있다. 이 같은 불확실성을 고려할 때 미래를 내다본다는 것은 대단히 높고 기초가 부실한 탑을 건설하는 것과 같다. 그리고 그런 건축물은 믿을 만하지 못하다는 사실을 우리는 모두 알고 있다.

이보다 더 견고한 구조물을 구축하는 방법은 무엇일까? 첫째, 기초가 매우 튼튼해야 한다. 드렉슬러는 오늘날의 기술적 지식 중 가장 믿을 만한 영역을 토대로 삼았다. 둘째, 각 단계의 중요한 결론은 각기 다른 다양한 근거로 뒷받침된 후에 다음 단계로 넘어가야한다. 미지의 사항들이 너무 많기 때문이다. 단 하나의 근거만으로충분하지 않다. 이런 이유로 드렉슬러는 각각의 중요한 논점마다 다양한 근거를 제시하고 있다. 마지막으로, 이런 문제를 다룰 때는 자신의 판단만 믿으면 안 된다. 그런 판단은 전적으로 안전하다고할 수 없다. 모든 사람은 나름의 희망과 두려움을 지니고 있으며, 그것이 무의식중에 사고방식을 왜곡하기 때문이다. 하지만 드렉슬러는 대부분의 인습 타파주의자들과 달리 용감하고도 공개적으로 자기 생각을 공개해왔다. 그가 생각을 공개한 대상은 가장 보수적인 회의주의자들에서 MIT 같은 진지한 과학 공동체에서 가장 낙관적인 꿈을 꾸는 몽상가들에 이르기까지 두루 미친다. 그는 항상 타인의 말을 경청했고, 때로는 그에 따라 스스로의 견해를 바꾸었다.

이 책 《창조의 엔진》은 '우리가 무엇을 할 수 있는가는 우리가 무엇을 만들어낼 수 있는가에 달려 있다'라는 통찰력에서 시작된다. 이것은 원자를 쌓는 가능한 방법들에 대한 조심스러운 분석으로 이어진다. 그리고 드렉슬러는 묻는다. "이러한 원자 쌓는 방법으로 우리는 무엇을 만들 수 있는가?" 한 가지 예를 들자면, 우리는 심지어 살아 있는 세포보다 훨씬 작은 조립 기계를 만들고, 오늘날 이용할 수 있는 어떤 것보다 튼튼하고 가벼운 물질을 만들 수 있을지도 모른다. 그러면 더 나은 우주선, 모세혈관을 통해 살아 있는 세포 속으로 들어가 세포를 수리하는 미세한 장치도 제작할 수 있다. 뿐만 아니라 질병도 고칠 수 있고 노화에 따른 손상을 되돌릴 수도 있고 우리의 신체를 과거보다 더 빠르게 움직이거나 튼튼해지도록 만들 수도 있다. 또한 아무도 생각지 못했던 속도로 작업하는 기계와 바이러스만 한 기계도 만들 수 있을 것이다. 그리고 일단 이런 일들을 하는 방법을 터득한 후에는 미세 부품을 수없이 조립해 똑똑한 기계를 만들 수 있을 것이다. 아마도 이런 기계는 무수히 많은 병렬처리 장치를 이용하는 데 기반을 둘 것이다. 병렬 처리 장치는 수많은 것을 표현하고, 표현된 것을 이미 기록된 패턴과 비교하며, 스스로 행했던 과거의 모든 실험에 대한 기억을 활용할 것이다. 따라서 이런 신기술은 우리가 단지 물리적 환경을 만드는 데 이용하는 재료와 수단을 변화시키는 데 그치지 않고 우리가 만드는 세상 안에서 추구하게 될 활동의 내용도 변화시킬 것이다.

아서 클라크는 50년 이상의 미래를 예측하는 데 따른 문제점을 지적했다. 하지만 드렉슬러가 다루는 주제는 이런 문제를 고려할 가치가 없게 만들 정도다. 일단 원자를 쌓는 공정이 시작되면 '불과 50년 만에' 중세에 가까운 시대부터 지금까지 일어난 모든 변화보다 더 큰 변화가 일어날 수 있기 때문이다. 또한 사람들이 얘기하는 온갖 현대 과학 기술 혁명은 내가 보기에 지난 반세기 동안 우리 삶에 실제로 그리 큰 변화를 일으키지 못했기 때문이다. TV가 우리의 세계를 정말로 변화시켰는가? 그 여파는 분명히 라디오보다, 심지어 전화보다 적었다. 비행기는 어떤가? 여행이나 운송 시간을 며칠 단위에서 몇 시간 단위로 줄였을 뿐이다. 그에 비해 철도와 자동차는 이미 여행 시간을 몇 주에서 며칠로 줄이는 더욱 엄청난 변화를 일으켰다! 하지만 《창조의 엔진》은 정말로 심대한 변화의 문턱에 우리를 데려다 놓았다. 나노기술은 우리의 물질적 생활에 역사상 가장 위대한 두 가지 발명—막대기와 돌을 금속과 시멘트로 대체한 것 그리고 전기를 활용한 것—보다도 더 큰 효과를 낳을 수 있다. 이와 마찬가지로 인공지능은 우리가 생각하는 방식, 그리고 우리가 스스로에 대해 생각하게 될지도 모르는 방식에 대해 얼마나 큰 영향을 미칠 것인가. 이와 비견할 수 있는 과거의 발명은 단지 두 가지, 언어와 문자뿐이다.

우리는 머지않아 지금까지 얘기한 전망과 선택 중 일부에 직면할 수밖에 없을 것이다. 어떤 경로로 이런 문제를 다루어야 할까? 우리

앞에는 새로운 대안들이 놓여 있다.《창조의 엔진》은 이런 대안들이
인류의 가장 중요한 관심사와 관련해 어떤 방향을 향할 수 있는지
설명한다. 풍요냐 가난이냐, 건강이냐 질병이냐, 평화냐 전쟁이냐
하는 방향 말이다. 그리고 드렉슬러는 가능성에 대한 중립적인 목
록만이 아니라 이 가능성에 대한 평가를 시작할 수 있으려면 어떻
게 해야 하는지 다양한 아이디어와 제안을 내놓는다. 만일 우리가
신기술을 계속 만든다면, 우리는 어떤 존재가 될 수 있을까.《창조
의 엔진》은 우리로 하여금 이 문제를 생각해보도록 준비시키려는
시도 중 최선의 것이다.

1부

미래 전망의 토대

ENGINES *of* CREATION

The Coming Era of Nanotechnology

1

건축의 엔진

단백질 엔지니어링은 …… 분자 엔지니어링이라는 좀 더 일반적인
역량을 향해 나아가는 중요한 첫 걸음을 대표한다.[1] 분자 엔지니어링
은 우리로 하여금 개별 원자를 하나씩 쌓는 방법으로 물질을 조직화
할 수 있게 해줄 것이다.

— 케빈 울머,

제넥스 사 '탐구적 연구' 부서 책임자

석탄과 다이아몬드, 모래와 컴퓨터 칩, 암세포와 건강한 세포. 역사를 통틀어 싼 것과 귀중한 것, 병든 것과 건강한 것을 구별해주는 것은 원자 배열의 차이였다. 특정한 방식으로 배열된 원자들은 흙, 공기, 물이 되고 이것들이 다른 방식으로 배열되면 익은 딸기가 된다. 어떤 방식으로 배열되면 집과 깨끗한 공기가 되고 다른 방식이 되면 재와 연기가 된다. 결국 기술의 근간을 이루는 것은 우리의 원자 배열 능력이다.

우리의 원자 배열 능력은 화살촉을 위해 부싯돌을 조각내던 수준에서 우주선을 위해 알루미늄을 기계로 제련하는 단계로 크게 발전했다. 우리는 생명을 구해주는 약품과 컴퓨터 등의 기술을 자랑스러워한다. 하지만 우리가 만든 우주선은 아직 조악하고, 컴퓨터는 여전히 멍청하며, 우리의 신체 조직을 구성하는 분자들은 여전히 우리가 모르는 새로운 고장을 일으켜 처음에는 건강을 해치고 그다음에는 생명 자체를 앗아간다. 원자 배열 능력이 그토록 진보했는데도 우리가 사용하는 방법은 여전히 원시적이다. 현재의 기술 수준에서 우리는 여전히 원자들을 무질서한 무리로 다룰 수밖에 없다.

하지만 자연의 법칙은 진보의 여지를 풍부하게 남겨놓고 있으며 세계적 경쟁의 압력은 심지어 지금도 우리를 앞으로 떠밀고 있다. 좋건 나쁘건, 사상 최대의 기술적 돌파구는 아직도 열리지 않았다.

기술의 두 가지 유형

현대의 기술은 고대 전통을 기반으로 한다. 3만 년 전에는 부싯돌을 조각내는 것이 당대의 첨단 기술이었다. 우리 선조들은 도끼날을 만들기 위해 수조×수조 개의 원자로 이루어진 돌을 움켜쥐고 수조×수십억 개의 원자가 들어 있는 조각을 떼어냈으며 오늘날에도 흉내 내기 어려운 기술로 세공품을 만들기도 했다. 그들은 또한 프랑스의 여러 동굴 벽에 여러 패턴을 만들었다. 이때 손을 무늬판 삼아 그 위에 물감 뿌리는 기법을 썼다. 나중에 그들은 진흙을 구워 단지를 만들기 시작했고, 그다음엔 돌을 구워 청동을 생산했다. 청동의 모양을 잡는 데는 두들기는 단조 방식을 썼다. 이후에 그들은 선철과 강철을 생산했는데, 철기 모양을 잡는 데는 열을 가하고 두드리고 깎아내는 방식을 동원했다.

오늘날 우리는 순수한 세라믹과 더욱 강한 강철을 생산하지만 이것들로 제품을 만들 때는 여전히 두드리고 깎아내는 등의 방식을 사용한다. 우리는 순수한 실리콘을 구워내고 이것을 얇게 자른 뒤 작은 스텐실과 빛의 스프레이를 이용해 그 표면에 패턴을 새긴다. 그 생산물을 컴퓨터 칩이라고 부르며, 이것이 적어도 도끼머리와 비교해서는 절묘하게 작은 크기라고 간주한다.

1950년대의 계산기는 방 하나만 한 크기였지만 오늘날의 마이크로전자공학기술은 이 계산기를 주머니 크기의 컴퓨터 안에 있는 몇 개의 실리콘 칩 속에 넣는 데 성공했다. 오늘날의 엔지니어들은 점점 더 작은 장치를 만들고 있다. 이들은 결정의 표면에 원자들을 무더기로 뿌리는 방식을 이용해 머리카락 10분의 1 굵기의 와이어와 부품을 만든다.

이 마이크로회로들은 부싯돌을 쪼개던 고대인들의 기준으로는 작을지 모른다. 그러나 각각의 트랜지스터는 여전히 수조 개의 원자로 이루어져 있으며 소위 '마이크로컴퓨터'는 아직도 육안으로 보이는 수준이다. 좀 더 새롭고 강력한 기술을 기준으로 한다면 이것들은 거대한 크기로 여겨질 것이다.

부싯돌 조각chip에서 실리콘 칩chip까지 발전을 이뤄낸 이 기술은 원자와 분자들을 덩어리bulk째 다룬다. 이런 낡은 기술을 **거시 기술** bulk technology이라고 부르기로 하자. 하지만 새로운 기술은 개별 원자와 분자를 정밀하게 제어할 것이다. 이를 **분자 기술**molecular technology 이라고 부르자. 이 기술은 상상을 초월하는 다양한 방식으로 세상을 변화시킬 것이다.

마이크로회로에 사용되는 부품의 크기는 마이크로미터, 즉 100만분의 1미터 단위로 측정되지만 분자의 측정 단위는 **나노미터**(마이크로미터의 1,000분의 1)다. 이 새로운 방식의 기술을 설명하는 용어로 나노기술과 분자 기술이란 표현을 상호 호환적으로 사용할 수 있다. 그리고 이 신기술을 다루는 엔지니어는 나노회로와 나노기계를 만들어낼 것이다.

오늘날의 분자 기술

기계에 대한 어느 사전[3]의 정의를 보자. "예컨대 유용한 일을 하는 등의 특정한 목적을 달성하기 위해 미리 결정된 방식으로 힘을 변형, 전달, 제어하는 모든 종류의 시스템. 그 구성품은 보통 단단한 물체이며 이것이 서로 연결되어 하나의 시스템을 이룬다." 분자 기계는 이 같은 정의에 매우 잘 들어맞는다.

이 기계를 상상하려면 먼저 분자의 모습을 그려보아야 한다. 원자는 구슬로, 분자는 구슬의 집단으로 그려볼 수 있다. 분자는 레고 조각처럼 똑딱단추로 연결된 아이들의 구슬 장난감을 생각하면 된다. 실제로 화학자들은 분자를 플라스틱 구슬을 재료로 한 건축 모형으로 시각화하곤 한다(이 구슬 중 일부는 다양한 방향으로 연결된다. 집 짓기 장난감 팅커토이에서 중심축이 되는 부품처럼 말이다). 원자는 구슬처럼 둥근 모양이다. 그리고 분자 결합은 똑딱단추 결합은 아니지만 이런 모형은 최소한 '결합이 분리되고 다시 형성될 수 있다'는 핵심 인식을 담고 있다.

만일 원자 하나의 크기가 작은 조약돌만 하다면 꽤 복잡한 구조를 지닌 분자의 크기는 주먹만 할 것이다. 이는 매우 유용한 심적 이미지를 제공한다. 하지만 원자의 실제 크기는 박테리아의 약 1만분의 1이고, 박테리아 크기는 모기의 약 1만분의 1이다(그리고 원자핵의 크기는 원자 자체의 10만분의 1에 불과하다. 원자와 그 핵의 크기 차이는 모닥불과 핵분열 반응의 차이에 해당한다).

우리 주변 물질들의 움직임은 이를 구성하는 분자들의 행동에 좌우된다. 공기는 형태도 부피도 없다. 이는 공기 분자들이 열린 공간에서 자유롭게 움직이고 부딪치고 튕겨지기 때문이다. 물 분자들은 결합 상태로 움직인다. 그래서 물은 형태를 바꾸어도 항상 일정한 부피를 유지한다. 구리는 형태를 유지한다. 분자들이 규칙적인 패턴으로 결합되어 있기 때문이다. 우리가 구리를 구부리고 망치로 두들겨 형태를 만들 수 있는 것은 결합 상태의 구리 원자들이 내부에서 서로의 위로 미끄러질 수 있기 때문이다. 유리는 망치로 때리면 조각난다. 유리 분자들이 미끄러지기 전에 분리되기 때문이다. 고무는 분자들이 용수철처럼 꼬여 있는 네트워크로 구성되어 있다. 고무를 잡아 늘였다가 놓으면 분자들은 펴졌다가 다시 감긴다. 수동적인 물질은 이처럼 단순한 패턴으로 구성되어 있다. 반면 능동적인 나노기계 즉, 살아 있는 세포는 좀 더 복잡한 패턴으로 이루어져 있다.

생화학자들은 이미 이런 복잡한 기계를 다루고 있다. 이 기계는 주로 살아 있는 세포의 주요 구성 물질인 단백질로 이루어져 있다. 이와 같은 분자 기계들은 상대적으로 적은 수의 원자를 포함하고 있기 때문에 그 표면이 울퉁불퉁하다. 작은 조약돌 한 움큼을 접착제로 붙여서 만든 형태와 비슷하다. 또한 많은 원자 쌍이 구부리고 회전시킬 수 있도록 결합되어 있다. 그래서 단백질 기계들은 일반적으로 유연하다. 하지만 다른 모든 기계와 마찬가지로 이 단백질 기계들은 유용한 일을 하는 다양한 형태와 크기의 부품으로 이루어져 있다. 모든 기계는 부품으로 원자 무더기를 이용한다. 단백질 기계는 매우 작은 무더기를 이용한다.

생화학자들은 이런 장치를 설계하고 만드는 일을 꿈꾸지만 여기에는 극복해야 할 난관이 있다. 기계를 다루는 엔지니어들은 광선빔을 이용해 실리콘 칩 위에 패턴들을 투사한다. 하지만 화학자들은 이보다 훨씬 더 간접적인 방식으로 일하는 수밖에 없다. 분자들을 다양한 순서로 결합시키려면 그 결합 방식을 통제해야 하는데 이들에게는 그런 수단이 매우 제한되어 있다. 생화학자들은 복잡한 분자 기계가 필요할 경우 이를 세포에서 빌려오는 수밖에 없다. 그럼에도 불구하고 진보된 분자 기계는 결국 이들이 마이크로회로와 나노기계들을 만들 수 있게 해줄 것이다. 마치 오늘날 엔지니어들이 마이크로회로나 세탁기를 만들듯이 쉽고 직접적인 방법으로 말이다. 그렇게 되면 극적인 진보가 급격하게 일어날 것이다.

유전공학자들이 이미 그 길을 보여주고 있다. 화학자들이 폴리머(중합체)라고 불리는 분자 사슬을 만드는 통상적인 방법은 분자들을 용기에 쓸어 담아 이들이 액체 상태에서 서로 부딪치는 과정에서 무질서하게 결합되도록 하는 것이다. 그 결과 나온 사슬은 길이가 각각 다르며 분자들은 특정한 질서 없이 이어져 있다.

하지만 현대의 유전자 합성 기계[4]는 이와 다르다. 유전공학자들은 분자들을 특성 순서로 결합함으로써 좀 더 질서 있는 폴리머—특정한 DNA 분자—를 만든다. 이 분자들은 DNA의 뉴클레오티드(당·염기·인산의 세 가지 요소로 구성된 화합물로, DNA 사슬의 기본 구성 단위.-옮긴이)이며 유전공학자들은 화학자들과 달리 이들을 한 곳에 한꺼번에 쓸어 담지 않는다. 그 대신 기계를 조종해 각기 다른 뉴클레오티드들을 특정한 순서로 추가함으로써 특정한 메시지를 담도록 한다. 처음에는 사슬 끝에 한 종류의 뉴클레오티드를 결합한다. 그 뒤에는 남아 있는 물질들을 씻어내고 화학 물질을 추가해 사슬 끝에 그다음의 뉴클레오티드가 결합될 수 있도록 준비를 마친다. 사슬은 계획된 순서대로 뉴클레오티드를 한 번에 한 개씩 결합함으로써 성장한다. 유전공학자들은 사슬이 화학 물질 용액과 함께 씻겨나가지 않도록 각 사슬의 첫 뉴클레오티드를 단단한 표면에 고정한다. 특정한 분자 구조를 그 자체 크기보다 수백만 배 작은 부품을 이용해 결합하는 이들의 기계는 크고 투박하다.

그러나 이런 맹목적인 조립 공정에선 일부 사슬에서 우연히 뉴클레오티드들이 빠지는 경우가 생긴다. 사슬이 길어지면서 실수의 가능성도 점점 커진다. 자동차를 조립하기 전에 불량 부품을 폐기하듯이 유전공학자들은 불량 사슬을 버림으로써 오류를 줄인다. 그다음 이 짧은 사슬들을 결합해 실제 작동하는 유전자(보통 수천 개의 뉴클레오티드로 구성된다)로 만드는 데는 박테리아의 분자 기계의 도움을 받는다.

제한 효소라고 불리는 이 단백질 기계는 특정한 DNA 서열들을

'여기를 잘라라'라는 뜻으로 '읽는다'. 이 기계는 접촉을 통해 이런 유전적 패턴을 읽은 다음 거기에 달라붙어 원자 몇 개를 재배열함으로써 사슬을 자른다. 다른 효소들은 '여기를 접착하라'라는 DNA 서열들을 읽어서 조각들을 잇는다. 선별적인 접착성을 가진 사슬들을 읽은 뒤 원자 몇 개를 재배열해 이들을 서로 잇는다. 유전자 기계를 이용해 유전 암호를 쓰고, 제한 효소를 이용해 자르고 붙임으로써 유전 엔지니어들은 자신이 선택하는 어떤 DNA 메시지라도 읽고 편집할 수 있다.

하지만 DNA는 그 자체로는 아무 쓸모 없는 분자다. 케블러 섬유처럼 강하지도 못하고 염료처럼 색상이 다양하지 않으며 효소처럼 활동적이지도 않다. 그래도 DNA 산업 분야에서 기꺼이 수백만 달러를 투자할 만큼 DNA는 특별한 것을 가지고 있다. 리보솜이라 불리는 분자 기계를 조종하는 능력이 그것이다. 세포 안의 분자 기계들은 처음에 DNA를 전사轉寫한다. 즉 그 정보를 복사해 RNA '테이프'들을 만든다. 그다음엔 과거의 수치 제어 기계가 테이프에 저장된 지시를 기반으로 금속을 가공하는 것과 비슷한 일이 벌어진다. 리보솜은 RNA 가닥들에 저장된 지시를 기초로 단백질을 만든다. 이렇게 형성된 단백질은 인체 내에서 유용하게 사용된다.

단백질은 DNA와 마찬가지로, 혹투성이 구슬로 이루어진 줄을 닮았다. 하지만 DNA와 달리 단백질 분자들은 서로 접혀서 일할 수 있는 작은 물체들을 만든다. 그 일부가 효소다. 그리고 이는 분자를 조립하고 자르는 기계라고 할 수 있다(그리고 생명의 순환 과정에서 DNA를 복사하고 전사하고 다른 단백질을 만든다). 또 다른 단백질은 호르몬으로서 여타의 단백질과 결합해 세포들에게 그들의 행태를 바꾸라는 신호를 전달한다. 유전공학자들은 살아 있는 유기체 내부에 있는 값싸고 효율적인 분자 기계를 이용함으로써 이런 물질들을 싼값에 생산할 수 있다. 화학적 시설을 운영하는 엔지니어들은 서로 반응하는 수많은 화학 물질(이들은 원자를 잘못 배열하는 일이 흔하며 유독한 부산물을 만들어낸다)이 들어 있는 통을 가지고 일해야 한다. 이에 비해 박테리아를 가지고 일하는 엔지니어들은 박테리아들이 화학 물질을 흡수해서 원자를 주의 깊게 배열한 다음 그 산물을 저장하거나 주위 액체 속으로 방출하도록 만들 수 있다.

이제 유전공학자들은 인간 성장 호르몬에서 레닌에 이르는 단백질을 생성하는 프로그램을 박테리아에 집어넣었다. 오늘날 인디애나폴리스에 있는 제약 회사 엘리릴리는 박테리아가 만든 인간 인슐린 분자인 휴물린을 내놓고 있다.

기존의 단백질 기계

단백질로 구성된 호르몬과 효소들은 다른 분자들에 선택적으로 달라붙는다. 하나의 효소는 표적이 되는 분자의 구조를 바꾼 다음 같은 일을 계속한다. 호르몬은 표적이 된 분자와 결합해 있는 동안만 그 행태에 영향을 미친다. 효소와 호르몬은 공학 용어로 기술될 수도 있지만 그들의 행태는 화학 용어로 기술될 때가 더 많다.

하지만 다른 단백질들은 기본적인 기계적 기능을 담당한다.[5] 밀어내거나 잡아당기는 일을 하는 것이 있는가 하면 끈이나 지주 역할을 하는 것이 있다. 일부 분자의 부품은 뛰어난 베어링이 된다. 예컨대, 근육 조직에는 뼈고, '줄rope'(줄 역시 단백질로 이루어져 있다)을 잡고, 당기고, 그다음에 다시 뼈는 단백질이 많이 포함되어 있다. 당신이 뭔가를 옮길 때는 언제나 이 기계를 사용한다. 아메바, 그리고 인간 세포는 근육과 뼈에 해당하는 분자적 섬유와 막대를 이용해 움직이고 형태를 바꾼다. 박테리아는 코르크 마개 뽑이처럼 생긴 프로펠러를 돌려서 물속에서 움직이는데 이를 가동시키는 것은 역방향 회전과 변속이 가능한 모터다. 만일 어떤 열정적인 취미를 가진 사람이 그런 모터를 기반으로 작은 차를 만들 수 있다면 주머니 속에 수십억×수십억 대가 들어갈 수 있을 것이다. 또한 당신의 가느다란 모세혈관에 그런 차 150대가 나란히 달릴 수 있는 고속도로를 만들 수 있을 것이다.

단순한 분자 장치들이 결합하면 산업용 기계와 유사한 시스템을 만들 수 있다. 1950년대 엔지니어들은 천공 테이프로 받은 작업 지시를 토대로 금속을 절단하는 기계를 개발했다. 그로부터 한 세기 반 전에 조제프마리 자카르Joseph-Marie Jacquard는 일련의 천공 카드의 지시를 받아 복잡한 무늬를 직조하는 방직기를 만들었다. 하지만 그보다 30억여 년 전에 세포들은 리보솜이라는 기계를 개발했다. 리보솜은 단백질과 RNA로 구성된 나노기계들을 프로그램해 복잡한 분자를 만들 수 있다는 사실을 보여준다.

그다음엔 바이러스를 생각해보자. 산업 부품 카탈로그에 나오는 부품처럼 생긴 T4 파지라는 바이러스는 스프링 달린 주사기처럼 행동하며 박테리아에 달라붙어 구멍을 뚫고 바이러스성 DNA를 주사한다(그렇다. 심지어 박테리아도 감염에 시달린다). 공장을 점령한 정복자가 탱크를 생산하게 만드는 것처럼 이 바이러스성 DNA는 세포들에게 더 많은 바이러스성 DNA와 주사기를 만들라고 지시한다. 다른 모든 유기체처럼 이들 바이러스는 매우 안정적이며 스스로의 복사판을 잘 만들기 때문에 존속하고 있다.

세포 안에 있든 그렇지 않든, 나노기계들은 보편적 자연의 법칙에 따른다. 통상적인 화학 결합이 그 원자들을 붙들어두고 있으며 (다른 나노기계의 지침에 의한) 통상적인 화학 반응이 이들을 조립한다. 단백질 분자들은 심지어 특별한 도움 없이 오직 열 교란과 화학적 힘만으로도 결합해 기계를 만들 수도 있다. 시험관 안에 바이러스성 단백질들을 섞어놓음으로써 분자생물학자들은 작동하는 T4 바이러스를 조립할 수 있었다. 이는 매우 놀라운 능력이다. 자동차의 부품을 커다란 상자 안에 넣고 흔든 다음 안을 들여다보니 자가 조립되어 있는 것과 마찬가지다. 하지만 T4 바이러스는 수많은 자가 조립 구조물[6] 중 하나에 불과하다. 분자생물학자들은 리보솜 기계를 50개가 넘는 개별 단백질과 RNA 분자들로 해체한 뒤 이를 시험관에서 다시 결합시켰다. 작동하는 리보솜으로 다시 만든 것이다.

이런 일이 어떻게 이루어지는지 쉽게 이해하기 위해 각기 다른 T4 단백질 사슬들을 물 위에서 떠다니는 배라고 생각해보자. 각각의 단백질은 접혀서 각기 다른 융기와 골을 가진 덩어리가 된다. 이 덩어리는 각기 다른 패턴의 유질油質, 습도, 전하로 덮여 있다. 이들이 굴러다니면서 자신들을 둘러싼 물 분자들의 열 진동에 의해 마구 밀리는 모습을 그려보라. 가끔씩 두 개가 한꺼번에 튀어 올랐다가 떨어지면서 다시 갈라진다. 어떤 때는 이들이 함께 튀어 올랐다가 결합된다. 융기와 골의 아귀가 맞고 점성 부분이 서로 맞는 경우에 서로를 잡아당겨서 들러붙게 된다. 이런 방식으로 단백질과 단백질이 결합해 바이러스의 일부분이 되고 부분들이 결합해 전체가 된다.

단백질 엔지니어들이 복잡한 나노기계를 조립하는 데 나노손과 나노팔이 불필요해질 것이다. 그럼에도 불구하고, 작은 조작 기구들은 유용할 것이며 계속 만들어질 것이다. 오늘날의 엔지니어들은 일반적인 모터와 베어링, 그리고 가동부可動部를 이용해 복잡한 연주용 피아노와 로봇 팔을 만든다. 딱 이처럼 미래의 생화학자들은 단백질 분자들을 모터와 베어링, 가동부로 이용해 개별 분자를 다룰 수 있는 로봇 팔을 만들 수 있을 것이다.

단백질로 설계하기[7]

이 같은 가능성은 언제 실현될까? 이미 여러 단계를 밟아나가고 있지만 앞으로도 많은 일이 이루어져야 한다. 생화학자들은 이미 많은 단백질 구조의 지도를 완성했다. 이제 이들은 DNA 테이프를 기록하는 데 도움을 주는 유전자 기계들을 이용해 세포에 명령을 내릴 수 있다. 자신들이 설계할 수 있는 단백질[8]은 무엇이든지 만들라고 할 수 있다는 뜻이다. 하지만 이들은 어떻게 하면 제대로 된 사슬을 설계할 수 있는지 아직 모른다. 올바른 형태와 기능을 갖춘 단백질을 만들기 위해 접힐 사슬 말이다. 아무런 사전 지식 없이 커다란 단백질을 설계하는 것은 쉽지 않다.

단백질들을 접히게 만드는 힘은 약하고 접힐 수 있는 방식은 천문학적으로 많기 때문이다. 단백질들을 서로 붙게 만드는 힘은 애초에 단백질 사슬을 접히게 만드는 힘과 동일하다. 아미노산(단백질 사슬을 구성하는 울퉁불퉁한 분자 '구슬')의 형태와 점성은 각기 다르기 때문에 개별 단백질 사슬은 각기 특정한 방식으로 접혀서 특정한 형태를 지닌 물체를 만들게 된다. 생화학자들은 하나의 아미노산 사슬이 접히는 방식을 알려주는 규칙들을 배웠지만 해당 규칙들은 그리 확고하지 못하다. 하나의 사슬이 어떤 방식으로 접힐지 예측하는 것은 조각 그림 맞추기와 비슷하다. 문제는 조각들을 제대로 맞췄을 때 나타날 전체 그림이 조각에 인쇄되어 있지 않은 데다 각각의 조각끼리 서로 잘 (혹은 잘못) 끼워 맞춰질 수 있는 방법이 아주 많아 보인다는 데에 있다. 제대로 끼워 맞추는 방법은 하나뿐인데 말이다. 이 작업은 잘못된 방법으로 시작하는 경우 수백 년이 소모될 수도 있고, 심지어 옳은 해답을 끝내 파악하지 못할 수도 있다. 오늘날 사용 가능한 최선의 컴퓨터 프로그램을 사용하는 생화학자들도 기다란 천연 단백질 사슬이 실제 어떻게 접힐지 아직도 예측하지 못하는 형편이다. 이 때문에 일부 사람들은 가까운 장래에 단백질 분자를 설계할 가망은 없다고 절망한다.

하지만 대부분의 생화학자들의 역할은 엔지니어가 아니라 과학다. 이들이 작업하는 분야는 천연 단백질이 어떻게 접힐지 예측하는 것이지 예측 가능하게 접힐 단백질을 **설계하는** 것이 아니다. 양자는 같은 작업처럼 보일 수도[9] 있지만 실제로는 크게 다르다. 전자는 과학적 도전이고, 후자는 공학적 도전이다. 천연 단백질이 과학자가 예측하기 쉬운 방법으로 접혀야 할 이유가 어디 있는가? 자연이 필요한 것은 단백질이 실제로 정확하게 접히는 일이지 사람들이 분명하게 파악할 수 있는 방식으로 접히는 것이 아니다.

애초에 예측 가능성이 큰 방식으로 접히도록 한다는 목표로 단백질을 설계할 수도 있다. 칼 파보Carl Pabo는 《네이처Nature》에[10] 이 같은 통찰력에 기초한 설계 전략을 기고했다. 그리고 일부 생화학 분야의 엔지니어들은 다른 분자들의 표면 위에 예정대로 접혀서 안착하는 몇십 개의 짧은 사슬 조각[11]들을 설계하고 실제로 성장시켰다. 이들은 기초적인 재료만으로 시작해 벌침의 독소인 멜리틴melittin과 동일한 속성의 단백질을 설계했다.[12] 또한 기존 효소들을 수정해서 평소와 다른 행태를 예측 가능한 방식으로 나타나게 만들었다.[13] 단백질에 대한 우리의 지식은 나날이 진보하고 있다.

생물학자 개릿 하딘Garrett Hardin에 따르면[14] 1959년 일부 유전학자들이 유전공학이란 불가능하다고 여겼지만 오늘날 유전공학은 산업으로 성장했다. 생화학과 컴퓨터 이용 설계computer-aided design, CAD는 현재 폭발적으로 성장하는 분야다. 그리고 프레더릭 블래트너Frederick Blattner가 《사이언스Science》[15]에 기고했듯 "컴퓨터 체스 프로그램은 그랜드마스터 직전 단계에 이른 지 오래다. 단백질을 접는 문제의 해결책은 아마도 우리 생각보다 더 가까운 장래에 해결될 것이다". 제네테크 사의 윌리엄 래스테터William Rastetter는 《응용 생화학 및 생명

공학Applied Biochemistry and Biotechnology》[16]의 기고문에서 질문을 던진다. "새로운 효소를 설계하고 합성하는 데까지 얼마나 걸릴까? 10년이나 15년?" 그는 답한다. "아마 그렇게 오래 걸리지 않을 것이다."

미국해군연구소의 포러스트 카터Forrest Carter, IBM의 아리 에이비럼Ari Aviram과 필립 사이든Philip Seiden, 제넥스 사의 케빈 울머Kevin Ulmer, 그리고 전 세계 대학과 기업에 있는 연구실의 여러 연구자는 이미 이론 작업과 실험에 착수했다. 이들의 목표는 분자 스위치, 분자 기억 장치, 그리고 단백질을 기반으로 하는 컴퓨터에 장착될 수 있는 여타 구조물을 개발하는 것이다. 미국해군연구소는 분자 전자 장치에 대한 국제 워크숍을 두 차례 열었으며[17] 미국 국립과학재단은 분자 컴퓨터 개발을 목표로 한 기초 연구를 지원하라고 권고했다.[18] 보도에 따르면 최근 일본은 스스로 조립되는 분자 모터와 분자 컴퓨터 개발을 목표로 하는 수백만 달러짜리 프로그램을 가동했다. 산호세에 있는 VLSI 리서치 사[19]는 "바이오칩(분자 기반 전자 시스템의 다른 이름) 개발을 향한 경쟁은 이미 시작된 듯하다"면서 "NEC, 히타치, 도시바, 마쓰시타, 후지쯔, 산요덴키, 샤프 등은 바이오컴퓨터용 바이오칩을 만들기 위한 본격적인 연구를 시작했다"고 발표했다.

생화학자들이 단백질 설계 기술을 배우고 싶어 하는 데는 다른 이유도 있다. 새로운 효소는 더럽고 비싼 화학 공정을 더욱 값싸고 깨끗하게 바꿀 수 있으며, 새로운 단백질은 생명공학자들에게 완전히 새로운 도구를 제공해줄 수 있기 때문이다. 우리는 이미 단백질 공학을 향한 도정에 들어섰다. 이 장의 첫머리에 인용했듯이《사이언스》에 실린 케빈 울머의 발언대로 이 도정은 "분자 엔지니어링이 좀 더 보편적 역량을 갖춰 물질을 개별 원자 단위로 조직할 수 있게 해주는 방향"을 향하고 있다.

2세대 나노기술

단백질은 다재다능하지만 공학 재료로서는 단점이 있다. 단백질 기계는 건조되면 작동하지 않으며 온도가 내려가면 얼어버리고 열을 가하면 익어버린다. 우리는 살이나 머리카락, 젤라틴으로 기계를 만들지 않는다. 지난 수 세기 동안 인류는 살과 뼈로 이루어진 우리 손을 이용해 나무와 도자기, 강철, 플라스틱으로 이루어진 기계 제작법을 배워왔다. 앞으로도 이와 유사한 방식으로 기계를 만들어나 갈 것이다. 그리고 우리는 단백질 기계를 이용해 단백질보다 단단한 물질로 이루어진 나노기계를 만들 것이다.

엔지니어의 관점에서 볼 때 나노기술이 단백질에 의존하는 단계를 넘어서면 이는 좀 더 평범한 기술이 될 것이다. 분자는 조립 완구의 부품처럼 조립되며, 접합이 잘된 부품은 제자리를 지키게 될 것이다. 통상적인 도구가 부품을 조립해 통상적인 기계를 만드는 것과 똑같이 분자 도구들은 분자를 결합해 초소형 기어, 모터, 레버, 보호 덮개를 만들고 이를 조립해 복잡한 기계를 만들게 될 것이다.

몇 개 되지 않는 원자로 이루어진 부품은 덩어리가 울퉁불퉁하겠지만 이를 지탱할 부드러운 베어링만 있다면 엔지니어들은 그런 부품으로도 작업할 수 있다. 원자 결합 중 일부는 베어링으로 사용하기에 안성맞춤이다. 단 한 개의 화학 결합[20]을 이용해 하나의 나노 부품을 다른 부품에 끼워 넣을 수 있는데 이 결합은 자유롭고도 부드럽게 회전할 수 있다. 베어링 한 개는 단 두 개의 원자만 있어도 만들 수 있으므로 (그리고 동작 부위에 필요한 원자 개수는 몇 개 되지 않으므로) 나노기계는 정말 분자 크기의 기계 부품을 가질 수 있다.

이런 기계는 어떻게 만들어질까? 오랜 세월 동안 엔지니어들은 기술을 이용해서 기술을 개선해왔다. 금속 도구를 이용해 금속을 좀 더 나은 도구로 만들었고, 컴퓨터를 이용해 더 나은 컴퓨터를 설계하고 프로그램해왔다. 효소 또한 이런 방법을 사용한다. 효소는 주변 물속의 작은 분자들을 '포획'함으로써 큰 분자들을 조립한 다음 이들을 한데 붙여 결합을 형성한다. 효소는 이런 방법으로 DNA, RNA, 단백질, 지방, 호르몬, 엽록소 등 사실상 생체 안에 있는 모든 종류의 분자를 조립한다.

그다음 생화학 엔지니어들은 원자를 새로운 패턴으로 조립하는 새로운 효소들을 만들어낼 것이다. 예컨대, 좁은 지점에 탄소 원자를 한 층씩 켜켜이 쌓아 올리는, 효소 비슷한 기계를 만들 수도 있다. 만일 정확하게 결합된다면 이 탄소 원자들은 계속 성장하여, 같은 무게의 알루미늄보다 50배 이상 강하고도 유연한 다이아몬드 섬유[21](오늘날의 탄소 나노튜브가 그런 산물이다.-옮긴이)가 될 것이다. 항공우주 산업 분야의 회사들은 이런 섬유를 톤 단위로 구매하려고 줄을 설 것이다. 이 섬유로 진보된 합성물을 만들기 위해서 말이다(이는 군사적 경쟁이 과거 수많은 분야에서 그랬듯 앞으로 분자 기술 분야의 발전을 촉진할 이유를 약간 보여준다).

단백질 기계가 단순한 섬유를 넘어서는 복잡한 구조를 만들 수 있는 때가 오면 위대한 발전이 이루어질 것이다. 프로그램으로 만들 수 있는 단백질 기계는 RNA의 프로그램으로 작동하는 리보솜이나 천공 테이프로 프로그램이 입력되는 구세대의 자동화된 기계 도구들과 비슷할 것이다. 단백질 기계는 새로운 가능성의 지평을 열어줄 것이다. 엔지니어들로 하여금 단백질의 한계를 넘어서서 단단하고 작은 기계를 직접 설계해줄 테니 말이다. 공학적으로 조작된 단백질은 효소처럼 분자들을 분리하고 결합할 것이다.

기존의 단백질은 이 분자들을 화학적 도구로 이용해서 좀 더 작은 다양한 분자들을 서로 묶는다. 공학적으로 조작된 새 단백질은 이 모든 도구만이 아니라 그 이상의 수단을 이용하게 될 것이다.

뿐만 아니라 심지어 분자들을 이끌 나노기계 없이 화학 반응만으로도 경이로운 결과가 생길 수 있다는 것을 유기화학자들이 보여주었다. 용액 속의 분자들은 제멋대로 움직이고, 화학자들은 이런 움직임을 직접 통제할 수 없다. 그래서 분자들은 서로 어떻게 충돌하는가에 따라 가능한 모든 방식으로 자유롭게 상호 반응을 일으킨다. 하지만 그럼에도 불구하고 화학자들은 서로 반응하는 분자들을[22] 6면체나 12면체 같은 규칙적인 구조로 만들 수 있었다. 그리고 고강도로 결합된 분자 사슬처럼 있을 법하지 않은 구조를 형성시켰다. 분자 기계들은 결합 형성을 이보다 훨씬 융통성 있게 해낼 수 있을 것이다. 분자 운동을 이용할 수 있을 뿐 아니라 이들의 운동 방식을 화학자들이 할 수 없는 방식으로 유도할 수 있기 때문이다.

사실, 화학자들은 아직도 분자 운동을 조작할 수 없는 형편이기 때문에 특정한 계획에 따라 복잡한 분자를 조립할 수 있는 경우는 거의 없다. 복잡한 특정 패턴을 지닌 분자 중 이들이 만들 수 있는 가장 큰 것은 모두가 직선 모양의 사슬 형태로 되어 있다. 화학자들은 (유전자 기계가 그렇게 하듯이) 분자를 순차적으로 한 번에 한 개씩 추가해 이 같은 패턴을 만들어 사슬 형태로 자라나게 한다. 사슬 하나에는 결합할 수 있는 지점이 한 군데밖에 없기 때문에 화학자들은 다음 조각이 제자리에 붙으리라고 확신할 수 있다.

하지만 둥근 모양의 울퉁불퉁한 원자가 예컨대 그 표면에 100개의 수소 원자를 지니고 있다면 화학자들이 어떻게 그중 **특정** 원자(앞쪽의 튀어나온 덩어리로부터 위쪽으로 다섯 번째, 오른쪽으로 세 번째에 있는 원자) 하나만을 떼어내고 그 자리에 뭔가를 붙일 수 있단 말인가? 단순한 화학 물질을 섞어서 휘저어주는 것으로는 그런 일이 일어날 가능성이 극히 희박하다. 하지만 단백질 기계는 좀 더 선택적으로 일할 수 있다.

프로그램을 작동시킬 수 있는 유연한 단백질 기계가 있다면 이 기계는 하나의 큰 분자(작업 대상)를 잡은 채로 작은 분자 한 개를 끌어와 정확한 장소에 갖다 댈 수 있다. 그다음에는 마치 효소처럼 작동해 분자들을 서로 붙이게 될 것이다. 작업 대상이 되는 분자에 하나씩 하나씩 분자를 결합시킴으로써 이 기계는 원자 배열을 완전히 통제하며 점점 더 큰 구조물을 조립하게 될 것이다. 이는 화학자들에게 없는 핵심 능력이다.

이런 나노기계가 리보솜과 동일한 점은 분자 테이프의 지시에 따라 작업할 수 있다는 것이다. 리보솜과 다른 점은 (단 하나의 아미노 산이 아니라) 아주 다양한 작은 분자들을 다룰 수 있으며 사슬 끝 부분만이 아니라 작업 대상의 어느 부위에라도 분자를 결합시킬 수 있다는 것이다. 그리고 리보솜이 어느 단백질의 느슨하게 접힌 부분들만을 만들 수 있는데 비해 단백질 기계는 금속, 세라믹, 다이아몬드로 구성된 작고 단단한 물체를 만들 것이다. 눈에 보이지 않을 정도로 작지만 강도는 큰 물체로 말이다.

손가락이 긁히거나 화상을 입기 쉬운 곳에서는 금속제 부젓가락을 사용하듯이 단백질 기계가 부서지거나 분해되기 쉬운 상황에서 우리는 이보다 단단한 재료로 만든 나노기계에 의지하게 될 것이다.

만능 분자 조립 기계

단백질을 넘어서는 재료로 만들어진 2세대 나노기계는 단백질이 할 수 있는 일뿐 아니라 그 이상의 일을 하게 될 것이다.[23] 특히 그중 일부는 분자 구조물을 결합하는 진보된 장치로 사용될 것이다. 강산이나 진공, 동결과 고온을 견뎌내며 효소 같은 기능을 할 것이다. 또한 설계에 따라 형태가 달라지는 2세대 기계들은 화학자들이 이용하는 거의 모든 반응 분자를 '도구'로 사용할 수 있을 것이다. 뿐만 아니라 프로그램된 기계인 만큼 아주 정확하게 이 분자들을 도구로 휘두를 것이다. 이들은 원자들을 결합해, 안정된 형태라면 사실상 무엇이든 모두 만들어낼 수 있을 것이다. 복잡한 구조물이 완성될 때까지 작업 대상이 되는 물체에 한 번에 몇 개씩의 원자를 덧붙여나가는 방식으로 말이다. 이런 나노기계를 **분자 조립 기계**assembler[24]라고 하자.

분자 조립 기계는 자연의 법칙이 그 존재를 허용하는 한 무엇이든 만들 수 있게 해줄 것이다. 합리적 배열이라면 원자들을 거의 모든 형태로 배치할 수 있도록[25] 해줄 것이기 때문이다. 특히, 우리는 분자 조립 기계 덕분에 우리가 설계할 수 있는 것은 거의 무엇이든 만들 수 있다. 여기에는 물론 분자 조립 기계를 만드는 것도 포함된다. 이는 심원한 결과를 낳을 것이다. 지금까지 우리의 조악한 도구로는 자연의 법칙이 허용하는 다양한 가능성 중 극히 일부만 탐사할 수 있었으나 어셈블러는 신기술의 신세계를 펼쳐 보여줄 것이다.

우주, 계산, 생산, 복지 분야의 기술 진보는 모두가 우리의 원자 배열 능력에 좌우된다. 분자 조립 기계가 있으면 우리의 세계를 다시 만들 수도 파괴할 수도 있을 것이다. 그러므로 이 시점에서 한 발 물러서서 우리가 할 수 있는 한 가장 분명하게 그 전망을 살펴보는 것이 현명한 태도이다. 분자 조립 기계와 나노기술이 단순한 미래학적 신기루가 아니라는 것을 스스로 확신할 수 있기 위해서 말이다.

결론 이끌어내기

내가 서술한 모든 것은 화학과 분자생물학에서 실증된 사실만을 기초로 하고 있다. 그렇지만 사람들은 물리학과 생물학에 뿌리를 둔 특정 질문들을 정기적으로 제기한다. 이런 질문들에는 좀 더 직접적인 답변을 할 필요가 있다.

• 양자 물리학의 불확정성 원리 때문에 분자 기계들은 작동을 멈추게 될까?

불확정성 원리에 따르면 (무엇보다) 입자가 아무리 짧은 기간 동안이라도 어떤 정확한 위치에 존재할 수 없다. 이 원리는 분자 기계가 할 수 있는 일의 한계를 정하고 있는데, 이 한계는 다른 모든 것에도 똑같이 적용된다. 그럼에도 불구하고, 원자들을 얼마나 잘 고정해둘 수 있느냐와 관련해서 이 원리가 부과하는 중요한 제한은 거의 없다는 점을 계산 결과가 보여준다. 적어도 여기서 개관한 용도와 관련해서는 그러하다. 불확정성 원리는 전자의 위치를 매우 흐릿하게 만든다. 사실 원자의 크기와 구조를 결정하는 것은 이런 흐릿함이다. 하지만 전체로서의 원자는 상대적으로 질량이 큰 핵에 의해 결정된 상대적으로 분명한 위치를 차지하고 있다. 만일 원자들이 분명하게 제자리에 머물고 있지 않다면 분자들은 존재하지 못할 것이다. 이런 결론을 믿기 위해서 양자 역학을 공부할 필요는 없다. 세포 안의 분자 기계들이 곧 분자 기계들이 작동한다는 사실을 보여주기 때문이다.

• 분자 기계는 분자의 진동에 따른 열 때문에 작동하지 않거나 이용하기 어려울 정도로 신뢰성이 떨어지게 될까?

열 진동은 불확정성 원리보다는 더 큰 문제를 야기하겠지만 기존의 분자 기계들이 직접 보여주는 것은 그들이 보통 온도에서 작동할 수 있다는 것이다. 일부 세포 안의 DNA 복제 기계[26]는 열 진동에도 불구하고 오작동 비율이 1,000억 회당 1회 이하다. 물론 이 같은 정확도를 달성하기 위해 세포는 복제의 정확성을 검증하고 오류를 수정하는 기계(예컨대 DNA 폴리머라제 I 같은 효소)를 사용한다. 분자 조립 기계도 신뢰할 만한 결과를 생산하려 한다면 당연히 이와 유사한 오류 점검 및 수정 능력이 필요하다.

• 방사능이 분자 기계에 피해를 끼치고 이를 못 쓰게 만들까?

고에너지 방사능은 분자 기계의 화학 결합을 망가뜨리고 작동을 방해할 수 있다. 살아 있는 세포는 이 대목에도 해결책이 있다는 점을 다시 한 번 보여준다. 이들 세포는 방사능에 손상된 부품을 수선하고 교체하면서[27] 여러 해 동안 작동한다. 물론, 개별 기계는 워낙 크기가 작기 때문에 방사능에 피폭되는 일이 드물다. 그럼에도 불구하고 나노기계들로 이루어진 시스템이 신뢰성 있게 작동할 수 있으려면 어느 정도의 손상을 견뎌낼 능력이 있어야 하며 손상된 부품을 규칙적으로 수선 및 교체할 수 있어야 한다. 이 같은 신뢰성 문제는 항공기 및 우주선 설계자들이 잘 알고 있다.

• 진화는 분자 조립 기계를 만드는 데 실패했다. 이것은 분자 조립 기계가 불가능하거나 쓸모없다는 사실을 보여주는 것이 아닌가?

실패했다는 질문에 대해서는 부분적인 해답이 있다. 세포 안에서 분자 기계가 실제로 작동한다는 사실을 지적하는 것으로 답변이 된다. 이는 자연의 법칙에 따라 다음 같은 일이 가능하다는 사실을 단순하고도 강력하게 증명한다. 즉, 원자들의 작은 집단은 다른 나노기계들을 만들 능력을 갖춘, 세심히 통제되는 기계로서 작동할 수 있다. 물론, 분자 조립 기계들은 기본적으로 리보솜을 닮기는 했지만 사실, 세포 안의 어떤 것과도 같지 않다. 이 기계들이 하는 일은 보통의 분자 운동과 분자 반응으로 구성되어 있음에도 불구하고 새로운 결과를 낳을 것이다. 예컨대 다이아몬드로 된 섬유를 만드는 세포는 없다.

새로운 종류의 나노기계가 새롭고도 유용한 능력을 발휘하리라는 발상이 당황스러울 수 있다. 수십억 년에 걸친 진화의 역사에서 생명은 기본적으로 단백질 기계에 의존해왔으며 이를 포기한 적은 결코 없기 때문이다.[28] 하지만 그렇다고 해서 이것이 이 상황을 개선할 수 없다는 의미인가? 진화는 작은 변화가 조금씩 축적되어서 점진적으로 이루어지고, DNA가 진화한다고 해서 그것이 DNA 자체를 쉽게 **대체**할 수는 없는 법이다. DNA, RNA, 리보솜 시스템은 단백질을 만드는 데 특화되어 있기 때문에 다른 대안을 진화시킬 기회가 실질적으로 전혀 없었다. 생산 공정을 관리하는 책임자라면 누구나 그 이유를 쉽게 이해할 수 있을 것이다. 공장은 낡은 시스템을 교체하려면 일단 조업을 정지하고 문을 닫아야 한다. 생명체는 낡은 시스템을 교체하기 위해 기존 활동을 정지할 여유를 가질 수 없다. 당연히 공장의 경우보다 더더욱 어렵다.

이미 우리는 뼈보다 열 배 강한 합금, 신경보다 100만 배 빠르게 신호를 전달하는 구리선을 가지고 있다. 이런 마당에 개선된 분자 기계가 등장하기로소니 그리 놀랄 일이 아니다. 자동차는 치타보다, 제트기는 매보다 빠르고 컴퓨터는 인간의 계산 능력을 뛰어넘은 지 오래다. 미래에는 생물학적 진화를 뛰어넘는 개선 사례가 더 많이 나올 것이고, 차세대 나노기계는 그중 한 가지 사례에 불과할 것이다.

진보된 분자 조립 기계가 기존의 단백질 기계보다 더 많은 일을 할 수 있는 이유는 물리학적 견지에서 보면 명명백백하다. 이 기계는 리보솜처럼 사전 프로그램이 가능하겠지만 세포 내의 모든 효소를 합친 것보다 훨씬 더 광범위한 도구를 활용할 수 있을 것이다. 단백질보다 훨씬 더 강하고 단단하며 안정된 재료로 만들어질 것이기 때문에, 단백질 기계보다 훨씬 더 큰 힘을 내고 더 정확하게 작동하며 더 거친 환경을 견뎌낼 수 있을 것이다. 산업용 로봇 팔과 마찬가지로—살아 있는 세포 내의 무엇과도 달리—이 기계는 프로그램된 대로 분자들을 회전시키고 3차원으로 이동시킬 수 있을 것이며, 이에 따라 복잡한 물체를 정확하게 조립할 수 있을 것이다. 이 같은 장점 덕분에 이들 기계는 살아 있는 세포가 해온 것보다 훨씬 더 광범위하고 다양한 분자 구조를 조립할 수 있게 될 것이다.

• 생명에는 분자 기계의 작동에 필수적인 특별한 마법이 있는가?

인공적인 나노기계가 세포 안의 나노기계와 똑같은 능력을 발휘할 수는 없다고 의심하는 사람도 있다. 만약 세포 안에는 세포를 작동시키는 뭔가 특별한 마법 같은 것이 있다고 생각할 이유가 있다면 말이다. 이런 생각은 '생기론生氣論, vitalism'(생명 현상은 물질의 기능 이상의 생명 원리에 의한다는 설.-옮긴이)이라고 불린다. 생물학자들은 이미 이 이론을 폐기했다. 지금까지 연구한 모든 살아 있는 세포의 운동, 성장, 번식을 포함한 모든 측면에 대해 화학적·물리적 설명을 찾아낼 수 있었기 때문이다. 사실, 이 같은 지식이야말로 생명 공학의 기초 그 자체다.

살아 있는 세포 안에서 일어나는 모든 기본적 활동을 수행할 능력을 갖춘 나노기계가 이미 만들어졌다. 세포와는 관계없이 멸균 시험관 안에서 떠다니는 기계 말이다. 화학자들은 스모그가 많은 공기로부터 만들 수 있는 화학 물질에서 출발하여 실제로 작동하는 단백질 기계를 만들어냈다. 이는 세포의 도움 없이 이룩한 일이다. 예컨대 R. B. 메리필드Robert Bruce Merrifield는 화학적 기법을 이용해서[29] 단순한 아미노산을 조립해 가수 분해 효소를 만들어냈다. 이것은 RNA 분자를 분해하는 효소다. 생명체의 구조와 행태는 특별하며 자신이 살아 있다는 것을 내부로부터 느끼는 것 역시 그러하다. 하지만 생명체라는 기계를 관장하는 자연의 법칙은 생명체 밖의 우주 전체에 그대로 적용된다.

• 분자 조립 기계를 비롯한 나노기계가 실현 가능하다는 옹호론이 굳건한 근거를 갖춘 것처럼 보일 수도 있다. 하지만 이런 기계가 실제로 개발될지 아닐지 그냥 지켜보면 되지 않을까?

나노기술 및 나노 분자 조립 기계가 실현 가능하다는 옹호론은 그 주장이 진지하게 받아들여질 만큼의 충분한 근거를 갖추고 있는가? 그런 것 같다. 옹호론은 과학 및 공학 분야에서 잘 확립된 두 가지 사실을 핵심 기반으로 삼고 있기 때문이다. 그 기반은 다음과 같다. 첫째, 기존의 분자 기계들이 일정한 범위의 기본 기능을 수행한다. 둘째, 이런 기본 기능을 수행하는 부품들을 결합해 복잡한 기계를 만들 수 있다. 화학 반응은 원자들을 다양한 방식으로 결합할 수 있으며, 분자 기계들은 프로그램된 지침에 따라 화학 반응을 지휘할 수 있기 때문에 분자 조립 기계는 틀림없이 실현 가능하다.

나노컴퓨터

나노 분자 조립 기계는 기본적이고 명백한 중요성을 지닌 하나의 돌파구를 열게 될 것이다. 엔지니어들은 이 기계를 이용해 컴퓨터 회로의 크기와 비용을 줄이고 그 속도를 엄청난 비율로 향상시킬 것이다.

거시 기술을 사용하는 오늘날의 엔지니어들은 원자와 광자를 실리콘 칩 위에 쏘아서 패턴을 새긴다. 하지만 패턴은 납작한 형태이며 분자 규모의 홈이 생기는 것은 불가피하다. 하지만 분자 조립 기계가 있으면 엔지니어들은 3차원으로 회로를 설계할 수 있고 원자 규모의 정확성을 달성할 수 있다. 오늘날의 전자 기술의 한계는 정확히 어디까지인가? 이것이 불확실한 데에는 이유가 있다. 미세한 구조 내의 복잡한 네트워크상에서 전자들은 양자적 행태를 나타내며 이것이 복잡한 문제를 일으키기 때문이다. 이런 양자적 행태 중 일부는 불확정성 원리의 직접적인 결과다. 하지만 그 한계가 어디이든 분자 조립 기계의 도움으로 전자 기술은 그 한계까지 발전할 수 있을 것이다.

가장 빠른 컴퓨터는 전자적 효과를 이용하겠지만 가장 작은 컴퓨터는 그렇지 않을지도 모른다. 이 말이 이상하게 들릴지 모르지만 계산의 핵심은 전자공학과는 무관하다. 디지털 컴퓨터는 서로를 켜고 끌 수 있는 스위치의 집합이다. 컴퓨터의 스위치들은 하나의 패턴(아마도 2+2를 나타내는)으로 시작해, 서로의 스위치를 켜고 끈 결과 새로운 패턴(4를 의미하는)으로 바뀌고, 이런 식으로 연산이 진행된다. 이런 패턴들을 통해 거의 모든 것을 표현하고 나타낼 수 있다. 엔지니어들은 전선으로 연결된 작은 전자 스위치를 가지고 컴퓨터를 만든다. 그 이유는 간단하다. 만일 막대기와 줄로 연결된 기계적 스위치를 사용한다면 크고 느리며 신뢰성이 떨어질 것이기 때문이다.

완전히 기계적인 컴퓨터(계산기)라는 아이디어는 전혀 새롭지 않다. 1800년대 중반 찰스 배비지Charles Babbage는[30] 청동 기어로 된 컴퓨터를 만들었으며 그의 동료이자 러블레이스 백작의 부인인 오거스타 에이다Augusta Ada(시인 바이런의 딸로서 최초의 프로그래머다. 프로그래밍 언어에서 사용되는 중요 개념인 루프, 점프, IF문과 같은 제어문의 개념을 소개했다.-옮긴이)는 컴퓨터 프로그래밍을 발명했다. 배비지는 기계를 수없이 되풀이해서 재설계한 데다 부품 제조의 정확성에도 문제가 있었다. 그리고 예산이 너무 많이 든다는 비판자들의 반대에 직면했다(일부는 컴퓨터의 쓸모 자체를 의심했다!). 이 모든 것이 합쳐져 그의 계산기는 완성되지 못했다.

이 같은 전례에 따라 MIT 인공지능연구소의 대니 힐리스Danny

Hillis와 브라이언 실버맨Brian Silverman은 3목두기tic-tac-toe(두 사람이 아홉 개의 칸 속에 번갈아 O나 ×를 그려나가는 게임. 연달아 세 개의 O나 ×를 먼저 그리는 사람이 이긴다.-옮긴이)라는 특정 기능만 수행하는 기계식 컴퓨터를 만들었다. 게임 판의 상태와 전략을 나타내는 회전 가능한 샤프트와 이동 가능한 프레임으로 가득 찬 이 장치는 보스턴 컴퓨터 박물관에 전시되어 있다. 외관은 분자 모델을 막대기와 공으로 만들어놓은 것과 매우 비슷한데, 이는 조립식 장난감 팅커토이를 재료로 만들었기 때문이다.

청동 기어와 팅커토이로 만드는 컴퓨터는 크고 느리다. 이에 비해 원자 몇 개 크기의 부품으로 이루어진 간단한 기계식 컴퓨터는 1세제곱미크론의 100분의 1에 해당하는 공간 속에 들어갈 수 있다. 이는 오늘날의 소위 초소형 전자공학이라 불리는 것이 다루는 규모보다 수십억 배 작은 규모다. 기계식 나노컴퓨터는 심지어 수십억 바이트 용량의 저장 장치를 장착한 경우라도 한 변의 길이가 1미크론인 상자[31] 속에 들어갈 수 있다. 이는 박테리아 한 마리의 크기에 해당한다. 그리고 그 처리 속도도 빠를 것이다. 기계식 신호[32]는 오늘날의 기계에서 쓰이는 전자 신호에 비해 10만분의 1 속도로 전달되지만 신호가 이동해야 하는 거리가 100만분의 1에 불과하기 때문에 신호가 전달되는 시간이 오히려 줄어든다. 그러므로 이 단순한 기계식 컴퓨터는 정신없이 빠르게 움직이는 오늘날의 전자식 컴퓨터보다 더 빠른 속도로 작동할 것이다.

전자식 나노컴퓨터는 전자식 마이크로컴퓨터보다 수천 배 이상 빠르게 작동할 가능성이 크다. 만일 노벨 물리학상 수상자 리처드 파인만Richard Feynman이 제안한 계획이 제대로 진행된다면[33] 아마도 수십만 배 빨라질 것이다. 크기가 작아짐으로써 속도가 증가하는 것은 전자공학에서 흔히 있는 일이다.

분해 기계

분자 컴퓨터는 분자 분해 기계를 제어하면서 수많은 원자들의 배치를 지시하는 데 필요한 명령을 신속하게 전달할 것이다. 분자 메모리 장치를 갖춘 나노컴퓨터들은 조립의 반대에 해당하는 과정에서 생성된 자료도 저장할 것이다.

분자 조립 기계는 엔지니어들이 사물을 합성하도록 도움을 주는 데 비해 그 친척인 분해 기계는 과학자와 엔지니어가 사물을 분석하는 데 도움을 줄 것이다. 분해 기계 옹호론은 두 가지 능력에 기초를 두고 있다. 하나는 효소와 화학 반응이 화학 결합을 끊을 수 있는 능력이며, 다른 하나는 기계의 공정 제어 능력이다. 효소, 산酸, 산화제, 알칼리 금속, 이온, 그리고 유리기遊離基, free radical(짝을 짓지 않은 전자를 가지고 있어 반응성이 큰 원자나 분자, 이온을 말한다. 흔히 활성 산소라고 표현하지만 이는 유리기의 특정한 예에 불과하다.-옮긴이)라 불리는 반응성이 큰 원자 집단은 화학 결합을 끊고 원자 집단을 분리할 수 있다. 절대 부식되지 않는 것은 없기 때문에 분자 도구들은 무엇이든 해체할 수 있을 것이다. 한 번 작동할 때마다 원자 몇 개씩 말이다. 더구나 나노기계는 (그것이 필요하거나 더 편리할 경우) 기

계적 힘도 사용하여 사실상 자유롭게 원자 집단을 움직일 수 있다
는 말이다.

이런 일을 할 수 있는 나노기계, 그 와중에 자신이 한 층 한 층 제
거하는 것이 무엇인지를 기록할 수 있는 기계가 바로 **분해 기계**
disassembler[34]다. 분자 조립 기계, 분해 기계, 그리고 나노컴퓨터는 함
께 일할 것이다. 예컨대 나노컴퓨터 시스템은 한 물체를 해체하고
그 구조를 기록하라는 지시를 내릴 수 있고, 그다음 그 물체의 완벽
한 복사본을 조립하라는 지시도 할 수 있을 것이다. 이는 나노기술
의 위력에 대한 힌트의 일부에 불과하다.

새롭게 만들어진 세상

분자 조립 기계가 출현하려면 수십 년이 걸리겠지만 그것의 출현은
거의 필연적이다. 분자 조립 기계로 향하는 길은 많은 단계를 거쳐
야 하는 도정이지만 각 단계는 그다음 단계를 실현 가능하게 해줄
것이며, 각 단계가 구현될 때마다 즉각적 보상이 따를 것이다. 첫
단계는 이미 '유전공학', '생명공학'이란 이름으로 시작되었다. 분
자 조립 기계에 이르는 다른 경로도 가능해 보인다. 세계적 규모의
파괴나 통제가 없는 한, 기술 경쟁은 우리가 그것을 원하든 원치 않
든 계속될 것이다. 그리고 컴퓨터 이용 설계 기술의 발전이 분자 도
구의 발전을 가속화하면서 분자 조립 기계를 향한 진보는 더욱 빨
라질 것이다.

미래를 조금이라도 이해하려는 생각이 있다면 우리는 분자 조립 기계, 분해 기계, 그리고 나노컴퓨터가 가져올 결과를 이해해야 한다. 이 기계들을 향한 대대적인 돌파구가 한 차례라도 열린다면 산업 혁명, 항생제, 핵무기를 모두 합친 듯한 심원한 변화를 초래할 것이다. 이 같은 심원한 변화의 앞날을 이해하려면 역사상 최대 규모의 격변이 있을 때에도 그 유효성을 잃지 않았던 변화의 원리를 찾아보는 것이 합당하다. 이 원리들은 쓸모 있는 지침으로 판명될 것이다.

2

변화의
원리

설계 과정이란, 먼저 여러 대안을 만들고 그다음엔 모든 요구 사항과 제약 조건에 비추어 그 대안들을 시험하는 과정을 수반하는 것이라고 생각하라.[1]

— 허버트 사이먼

2
변화의 원리

분자 조립 기계는 유례없는 혁명을 초래할 것이다. 여기에 비견할 수 있는 것은 수십억 년 전 세포 내에 원시적 분자 조립 기계인 리보솜이 생겨난 사건뿐이다. 그 결과로 나타날 나노기술은 생명체가 지구 밖까지 퍼져나가는 데 도움을 줄 것이다. 여기에 비견할 수 있는 것은 먼 옛날 생명체가 바다를 넘어선 영역까지 퍼져나간 사건뿐이다. 나노기술은 기계 속에 마음이 생겨나는 데 도움을 줄 것이다. 이 단계에 비견할 수 있는 것은 영장류에게 마음이 생겨난 사건뿐이다. 그리고 이 기술은 우리의 마음으로 하여금 우리의 신체를 갱신하고 새로 만들 수 있게 도와줄 것이다. 이 단계에 비견할 수 있는 과거의 사건은 전혀 없다.

이런 혁명들이 가져올 위험과 기회는 인간의 상상력으로 파악하기에는 너무나 광범위한 것이다. 그렇다고 해도 분자, 세포, 동물,

마음, 기계에 적용되었던 변화의 원리들은 심지어 생명공학, 나노 기계, 인공 마음artificial mind의 시대에도 여전히 타당해야만 한다. 우리가 외계의 항성들을 향해 지구의 생명을 뻗어나가게 할 때에도 지구의 바다와 육지와 대기에 적용되던 원리들은 계속해서 그 타당성이 유지되어야 한다. 이처럼 지속적으로 타당함을 유지하는 변화의 원리를 이해하는 것은 신기술의 시대가 지니는 선악의 잠재력을 이해하는 데 도움이 될 것이다.

혼돈으로부터의 질서

질서를 부여하는 사람이 없어도 혼돈에서 질서가 나타날 수 있다. 지구와 태양, 생명이 태어나기 훨씬 이전에 형태가 없는 성간 가스가 응축되어 질서 있는 결정結晶이 생성되었다. 혼돈은 또한 우리에게 좀 더 익숙한 환경에서 수정같이 맑은 질서를 낳았다. 하나의 분자를 생각해보라. 이것은 균형 잡힌 형태일 수도 있고, 생강 뿌리처럼 한쪽으로 모양이 치우친 데다 혹과 마디가 많을 수도 있다. 이제 수많은 이런 분자들이 용액 속에서 무작위로 혼잡스럽게 서로 뒹굴고 밀치면서 움직이는 모습을 상상해보라. 어둠 속에서 무중력 상태로 있는 주정뱅이들처럼 말이다. 이 용액을 증발시킨 다음 냉각시키면 분자 간의 거리는 더 가까워지고 운동 속도도 느려질 수밖에 없다. 그러면 어떻게 될까? 무작위로 움직이는, 아무렇게나 생긴 분자들이 모여서 그저 무질서한 형태로 쌓일까? 일반적으로 그렇지 않다. 결국 분자들은 결정과 같은 패턴으로 자리 잡는 것이 보통이다. 그리고 서로의 옆에 깔끔하게 자리 잡아 체스 판처럼 완벽하게 오와 열을 맞추게 된다. 물론 체스 판보다 더 복잡한 형태인 경우가 흔하지만 말이다.

이런 과정에는 마술이 개입되지도 않고, 분자의 어떤 특별한 속성이나 양자 역학적 힘이 영향을 미치지도 않는다. 심지어 단백질 분자들이 자기 조립을 통해 단백질 기계가 될 수 있게 해주는 특정한 맞물림 형태와도 무관하다. 균일한 크기의 자갈들도 쟁반 위에 놓고 흔들면 규칙적인 패턴으로 자리 잡는다.

결정이 성장하는 것은 무작위적인 시험과 오류의 제거, 변이와 선택을 통해서다. 무언가 보이지 않는 작은 손이 이들을 조립하는 것이 아니다. 우연히 분자들이 한데 모이는 것으로도 결정의 성장이 시작될 수 있다. 분자들이 이리저리 헤매고 서로 부딪치고 무작위로 무더기가 되기도 한다. 그리고 분자 무더기는 올바른 결정 패턴을 형성했을 때 서로 가장 잘 붙어 있다. 그다음 최초의 이 작은 결정에 다른 분자들이 부딪친다. 그중 일부는 위치나 방향이 맞지 않아 결정에 느슨하게 붙어 있다가 다시 떨어져나간다. 우연히 꼭 알맞게 부딪치는 분자들도 있다. 이 분자들은 결정에 좀 더 잘 달라붙으며 계속 붙어 있는 일도 흔하다. 이렇게 한 층 한 층 쌓여 결정 패턴이 확장된다. 분자들은 무작위로 부딪치지만 달라붙는 것은 무작위적이 아니다. 변이와 선택을 통해 혼돈에서 질서가 자라난다.

진화하는 분자들

결정의 성장에서 각 층은 다음 층을 만들 원본이자 형판形板이다. 이렇게 균질한 층이 쌓여서 견고한 덩어리를 형성한다.

세포의 경우 DNA나 RNA 가닥 또한 형판 역할을 할 수 있는데, 이때도 분자 복제 기계로 작동하는 효소들의 도움이 필요하다. 하지만 결정과 달리 핵산 가닥을 구성하는 하위 부품들은 매우 다양한 순서로 배열될 수 있으며 하나의 형판 가닥은 그 복제본과 분리될 수 있다. 원본 가닥과 그 복제본은[2] 또다시 복제할 수 있다. 생화학자 솔 스피겔먼Sol Spiegelman[3]은 시험관 실험에서 하나의 복제 기계(바이러스에서 추출한 하나의 단백질)를 사용했다. 단순하고 생명이 없는 환경에서 그것은 RNA 분자들을 복제한다.

RNA 한 가닥이 복제 기계와 RNA 부품들과 함께 시험관 속에 떠 있는 광경을 그려보라. 그 가닥은 비틀거리며 위아래로 떠다니다가 마침내 복제 기계의 맞춤한 위치에 부딪혀 달라붙게 된다. 부품들도 복제 기계에 부딪치게 마련이고, 결국 이 중 알맞은 부품이 원본 가닥에 상응하는 제대로 된 위치에 자리 잡는 일이 생긴다. 원본에 상응할 정도로 여러 부품이 우연히 제 위치에 오면 기계는 이들을 붙잡고 결합해 복제본을 완성해나간다. 부품들은 무작위로 부딪치지만 이 중 알맞은 것만 결합시킨다. 마침내 기계와 원본 그리고 복제본은 서로 분리된다.

옥스퍼드 대학교의 동물학자 리처드 도킨스Richard Dawkins[4]의 용어에 따르면 자기 자신의 복제본을 생성하는 것들을 **복제자**replicator라고 한다. RNA 분자들이 이에 해당한다. 하나의 분자가 곧 두 개가 되고 그다음에 네 개, 여덟 개, 열여섯 개, 서른두 개 등 지수적으로 증가한다. 나중에 복제 비율은 일정 수준에서 안정된다. RNA 복사본을 찍어내는 단백질 기계의 수량이 한정되어 있어 작업 속도가 한정되기 때문이다. 아무리 많은 형판 분자들이 그 기계의 서비스를 받으려고 경쟁한다 해도 말이다. 더욱더 시간이 흐르면 RNA 분자를 만드는 데 필요한 원자재가 부족해지고 복제는 재료 부족으로 중단된다. 폭증하는 분자들의 성장은 한계에 이르고 분자들의 재생산은 중단된다.

하지만 복제 기계는 하나의 RNA 가닥을 잘못 복제하는 일이 종종 있다. 부품을 추가로 넣거나, 있어야 할 부품을 빼거나, 잘못된 부품을 끼워 넣는 것이다. 그 결과로 생겨난 돌연변이 가닥은 길이가 다르거나 부품들의 염기 서열 순서에서 차이가 나게 된다. 이 같은 변이는 무작위로 일어난다. 그리고 잘못 복제된 분자들이 또다시 잘못 복제되면서 변이는 축적된다. 이런 분자가 급증하면 이들은 조상과도 다르고 서로 간에도 다르게 성장한다. 이것은 혼돈을 만드는 방안으로도 보일지 모른다.

생화학자는 서로 다른 RNA 분자들이 가닥의 길이와 부품의 패턴에 따라 서로 다른 속도로 복제된다는 사실을 발견했다. 신속한 복제자의 후손들은 자연히 점점 더 흔해진다. 사실 한 종류의 분자가 그 사촌들보다 단지 10퍼센트만 빨리 복제된다고 해도 100세대 후에 이 분자 각각은 1,000배 더 많은 후손을 낳게 된다. 지수적 성장의 경우 조그만 차이도 지수적으로 축적된다.

하나의 시험관에서 부품이 고갈되면 실험자는 그 속의 RNA 표본들로 새로운 시험관을 '오염'시킬 수 있다. 복제 공정은 다시 시작되고 경쟁의 1라운드를 지배했던 분자들은 우세한 위치에서 출발하게 된다. 또다시 작은 변이들이 나타나고 시간이 경과하면서 이런 변이들이 축적되어 큰 변이가 이루어진다. 일부 분자들은 다른 분자들보다 더 빨리 복제하고 그 계열은 여러 분자들의 혼합물 속에서 지배적 위치를 차지하게 된다. 자원이 고갈되면 실험자는 환경을 안정적으로 유지하면서 RNA 샘플을 추출해 실험을 몇 번이고 (거듭거듭) 시작할 수 있다.

이 실험은 자연에 이미 존재하는 과정을 그대로 보여준다. 실험자가 어떤 RNA 가닥으로 시작하느냐와 상관없이 한 종류의 RNA 분자를 승자로 내놓는 것이다. 무작위적인 복제 오류와 왜곡된 복제 때문에 혼돈이 생길 것 같지만 실상은 그렇지 않다. 승자 RNA의 전형적인 버전은 이미 알려져 있고 그 구성품 220개의 염기 서열 순서는 명확하게 정의되어 있다. 그것은 방금 언급한 환경에서 최선의 RNA 복제자다. 따라서 다른 RNA를 몰아내고 살아남는다.

지속적인 복제와 복제 오류, 그리고 경쟁은 언제나 동일한 결과를 낳는다. 이 과정의 시작 시점에 있었던 RNA 분자의 길이나 패턴과 무관하게 그렇게 된다. 위의 승자 RNA의 패턴을 미리 예측할 수 있는 사람은 아무도 없었지만 변이와 경쟁이 단 하나의 승자가 출현하는 데 기여하리라는 점은 이제 누구나 알 수 있다.

이처럼 단순한 시스템에서는 이와 다른 일은 거의 일어날 수 없다. 만일 이 복제자들이 서로에게 강력한 영향을 준다면 (아마도 선택적으로 서로를 공격하거나 돕는 등의 방식으로) 그 결과는 좀 더 복잡한 생태계와 유사해질 것이다. 하지만 실제로 복제자는 자원을 놓고 경쟁할 뿐이다.

이 실험을 변형한 하나의 사례는 우리에게 뭔가 다른 것을 보여준다. 환경이 달라지면 RNA 분자들의 적응 방식도 달라진다. 리보뉴클레아제(리보 핵산 가수 분해 효소.—옮긴이)라 불리는 분자 기계는 RNA 분자 중 겉으로 노출된 부품에서 특정 염기 서열 순서가 포함된 분자를 붙잡아 반으로 절단한다. 하지만 RNA 분자는 단백질과 마찬가지로 패턴을 이루며 접히는데 그 방식은 염기 서열 배열 상태에 좌우된다. 이 분자들은 적절한 방식으로 접히면 취약 부분을 보호할 수 있다. 실험 결과 RNA 분자들은 리보뉴클레아제가 주위에 있을 경우 신속한 복제를 포기하고 스스로를 보호하는 쪽으로 진화한다는 사실이 드러났다. 이런 실험에서도 또다시 최선의 경쟁자가 출현한다.

지금까지의 설명에 생물학적 용어가 슬며시 끼어든 것에 주목하라. 분자들은 복제되기 때문에 '세대'라는 용어는 옳은 듯하다. 공통의 '조상'을 가진 '후손'은 서로 '친척'이며, '성장' '재생산' '돌연변이' '경쟁' 등의 용어도 타당해 보인다. 왜 그럴까? 이 분자들은 살아 있는 유기체 안의 유전자와 마찬가지로 조금씩 변이를 일으키면서 스스로를 복제하기 때문이다. 서로 간에 달라지는 여러 복제자가 각기 다른 다양한 수준으로 성공하고 있을 경우 이 중 가장 성공적인 복제자는 그 수가 점점 늘어나는 경향이 있다. 이런 과정은 어떤 방식으로 이루어지든 '진화'에 해당한다.

이 같은 시험관 사례에서 우리는 진화의 핵심을 적나라하게 목격할 수 있다. 생명의 진화를 둘러싸고 벌어지는 감정적인 논쟁 없이 말이다. RNA 복제자와 단백질 복제 기계는 재현 가능한 실험실 조건에서 잘 파악된 원칙을 따르며 진화하는, 정의가 명확한 원자들의 집합이다. 생화학자들은 생명체의 도움 없이 기존에 존재하는 화학 물질로부터 RNA와 단백질을 만들어낼 수 있다.

생화학자들은 이런 복제 기계를, 박테리아를 감염해서 RNA를 유전 물질로 사용하는 바이러스의 한 종류에서 빌려온다. 이 바이러스들은 박테리아에 침입하여 그 자원을 이용해 자기 자신을 복제하는 방식으로 생존하며 이후 다른 박테리아를 감염하기 위해 숙주를 떠난다. 바이러스성 RNA에 생긴 복제 오류는 돌연변이 바이러스를 만들어내며, 좀 더 성공적으로 스스로를 복제하는 바이러스는 점점 더 널리 퍼진다. 이것은 자연선택에 의한 진화다. '자연'이라는 수식이 들어간 것은 자연에서 인간을 제외한 영역과 관련되어 있기 때문이다. 하지만 바이러스성 RNA는 시험관의 RNA와 달리 벌거벗은 분자로서 스스로를 복제하는 것 이상의 일을 해야만 한다. 성공적인 바이러스성 RNA는 또한 박테리아의 리보솜으로 하여금 단백질 장치를 만들도록 지시해야 한다. 이 장치가 있어야 우선 기존 박테리아에서 탈출하고 그다음 외부에서 살아남고 최종적으로는 새로운 박테리아에 침입할 수 있다. 이 같은 정보가 추가로 필요하기 때문에 바이러스성 RNA 분자는 부품의 수가 약 4,500개나 될 정도로 가닥이 길다.

커다란 유기체의 DNA가 성공적으로 스스로를 복제하기 위해서는 이보다 훨씬 더 많은 일을 해야 한다. 수만 개의 각기 다른 단백질 기계를 만들고 복잡한 조직과 기구를 발달시키도록 지시하는 일이 그것이다. 이를 위해서는 수백만 개 내지 수십억 개에 이르는 DNA 부품으로 코드화된 수천 개의 유전자가 필요하다. 그럼에도 불구하고 변이와 선택을 통한 진화라는 핵심 과정은 시험관 속에서든, 바이러스에서든, 이를 훨씬 넘어서는 영역에서든 모두 동일하다.

질서 설명하기

시험관 속의 RNA, 바이러스성 유전자, 인간의 유전자를 막론하고 진화 과정을 거친 모든 분자 복제자 집단의 구조를 설명하는 방법은 적어도 세 가지다. 첫 번째 방식은 그 진화의 역사, 즉 특정 변이가 어떻게 해서 일어났고 어떻게 해서 퍼져나갔는가를 하나하나 자세히 설명하는 것이다. 이 같은 방식은 분자 수준에서 일어난 모든 사건을 기록하지 않는 한 실현할 수 없다. 그리고 그런 기록은 대단히 지루할 것이다.

두 번째 설명 방법은 목적이라는 개념에 기대는 것인데, 이는 사실 오해의 소지가 큰 표현이다. 말하자면 분자들은 그저 우연히 변이를 일으키지만 복제는 선택적으로 이루어진다는 것이다. 하지만 이런 과정을 한 발 물러서서 바라보면 그 결과를 다음의 관점에서 서술할 수도 있다. 살아남는 분자들은 복제라는 '목적을 달성하기 위해' 변화했다고 상상하는 관점 말이다. 리보뉴클레아제의 위협을 받으며 진화한 RNA 분자들은 왜 그런 방식으로 가닥이 접히는가? 물론 그 이유에는 길고도 세부적인 역사적 배경이 있다. 하지만 "이 분자들은 스스로를 복제하기 위해 공격을 피하고 살아남고 싶어 했다"는 식으로 생각해도 그와 동일한 결과를 예측할 수 있을 것이다. 목적이라는 표현은 유용한 지름길(인간의 행동을 목적이라는 개념 없이 설명하려고 시도해보라!)이기는 하지만 목적이 등장했다고 해서 그것이 반드시 마음의 작용이라고 해야 할 필요는 없다. 앞서 얘기한 RNA의 사례는 이를 매우 깔끔하게 보여준다.

세 번째 (그리고 보통 최선인) 설명의 경우는 진화론의 표현을 사용하는데, 이에 따르면 질서는 복제자들의 변이와 자연선택을 통해 출현한다. 하나의 분자가 특정 방식으로 접히는 까닭은 과거 좀 더 성공적으로 (공격을 피한다든지 등의 이유로) 증식했고, 그래서 그 자신을 포함한 후손을 남긴 선조를 닮았기 때문이다. 리처드 도킨스가 지적한 대로[5] 목적이라는 표현은 (만일 조심스럽게 사용된다면) 진화론의 언어로 번역될 수 있다.

진화론에서는 어떤 패턴이 성공한 이유를 성공적이지 않은 변이를 제거한 덕분이라고 본다. 이는 이중 부정을 통해 긍정을 하는 방식의 설명이라서 그 뜻을 파악하기가 조금 어려운 편이다. 게다가 이는 눈에 **보이는** 무언가를(성공한, 목적을 지닌 실체) 현재 **보이지 않는** 무엇을(이미 사라져버린 성공하지 못한 실체) 통해 설명한다. 성공적인 짐승들이 지구 여기저기에 후손들의 뼈를 흩어놓았고 기형의 실패작들은 심지어 화석도 많이 남기지 못했다.

인간의 사고방식은 눈에 보이는 것에 초점을 맞추는 경향이 있다. 긍정적인 결과에 대해서는 긍정적인 원인을 찾으며 질서 있는 결과가 있는 경우엔 그 배후에 질서를 만드는 힘이 있으리라 생각하고 그 힘을 찾는다. 하지만 심사숙고해보면 우리는 다음과 같은 위대한 원리가 우리의 과거를 바꾸어놓았고 미래 역시 바꾸리라는 것을 알 수 있다. 진화는 복제자의 변이와 선택을 통해 진행된다.

진화하는 유기체들

생명의 역사는 분자 기계에 바탕을 둔 군비 경쟁의 역사다. 오늘날은 이런 경쟁이 새로운 양식으로 더욱 빠르게 일어나는 시대다. 이에 따라 우리는 진화의 뿌리가 얼마나 깊은지 스스로 이해한다는 점을 분명히 해둘 필요가 있다. 진화를 뒷받침하는 증거가 바위처럼 견고하고 세포처럼 흔하다.

지구는 암석이라는 페이지에 생명의 역사를 기록해두었다. 호수와 바다의 밑바닥에 조가비, 뼈, 토사가 한 층 한 층 쌓였다. 이런 층은 조류의 흐름이 바뀌거나 지질학적 격변이 일어나 층 자체를 쓸어가버리는 경우를 제외하면 점점 더 깊어졌다. 깊은 곳에 묻힌 초기 퇴적층은 압착되고 열을 받고 광물이 포함된 물에 젖는 등의 과정을 거쳐 돌로 변했다.

지난 수백 년 동안 지질학자들은 지구의 역사를 알기 위해 바위를 연구해왔다. 오래전에 이들은 산악 지역의 뒤틀리고 쭈그러진 바위 속에서 조가비를 발견했다. 혐오받은 다윈의 책[6]이 출간되기

74년 전인 1785년이 되자 제임스 허튼James Hutton은 바다 밑바닥에 있던 진흙이 압력을 받아 돌로 변한 뒤 알 수 없는 힘에 의해 위로 밀려 올라왔다는 결론을 내렸다. 자연 그 자체가 거짓말했던 것이 아닌 한, 지질학자들에게는 달리 생각할 방법이 없었다.

이들은 화석화된 뼈와 조가비가 지층에 따라 차이 난다는 것을 발견했다. 그리고 **이쪽** 지층에 있는 조가비와 **저쪽** 지층에 있는 조가비가 서로 같다는 것도 목격했다. 두 지층이 서로 멀리 떨어진 곳의 깊은 지하에 있다 해도 말이다. 이들은 지층에 이름을 붙이고(A, B, C, D…… 혹은 미시시피기, 메라멕기, 후기 체스터기, 전기 체스터기……) 특정 화석을 지표로 이용해 암석층의 연대를 밝혀냈다.

지층이 완벽한 순서대로 지표에 남은 곳은 아무 데도 없었다. 지구 지각의 뒤틀림 탓이다. 하지만 한 지역에서 A, B, C, D, E 지층을 찾고 다른 지역에서 C, D, E, F, G, H, I, J 지층을 찾고 또 다른 곳에서 J, K, L 지층을 발견한 지질학자들은 A 지층의 연대가 L 지층보다 앞선다는 사실을 알 수 있었다. 석유 지질학자(심지어 진화나 진화의 의미에 대해 아무 관심이 없는 이들조차)는 지금도 암석층의 연대를 추산하고 한 시추공의 연대에서 다른 시추공의 연대에 이르는 기간을 추산하기 위해 이런 지표 화석을 사용한다.

마침내 과학자들은 명확한 결론을 얻게 되었다. 오늘날 바다의 생물 종들이 넓은 지역에 퍼져 살듯이, 오래전에 살았던 종들도 이와 마찬가지였다. 오늘날 지층이 한 겹씩 쌓이고 있듯 과거에도 꼭 같은 일이 일어났다. 비슷한 연대의 지층에서 나온 비슷한 조가비들은 두 지층이 같은 연대에 퇴적되었음을 나타낸다. 지층에 따라 각기 다른 조가비가 나오는 것은 종들이 시대에 따라 변이했기 때문이다. 화석이 된 조가비와 뼈에 새겨진 것들에서 지질학자들이 발견한 사실이 바로 이것이다.

가장 위쪽의 암석층에는 근래 살았던 동물의 뼈가 들어 있고 더 깊은 층에는 멸종한 동물의 뼈가 묻혀 있다. 더욱더 오래된 지층에서는 현대 생물 종들의 흔적이 전혀 나타나지 않는다. 포유동물의 뼈 아래에는 공룡의 뼈가, 그보다 오랜 지층에는 양서류의 뼈가, 그 이전 층에는 조가비와 어류의 뼈가 나타나고, 더욱더 오랜 층에는 뼈나 조가비가 전혀 나타나지 않는다. 가장 오래된 화석을 품고 있는 바위에는 단세포 생물의 미세한 흔적이 들어 있다.

방사능으로 연대를 측정한 결과 가장 오래된 생물의 흔적은 수십억 년 전의 것으로 나타났다. 박테리아보다 복잡한 세포의 연대는 10억 년을 아주 조금 넘어선다. 벌레, 어류, 양서류, 파충류, 포유동물의 역사는 수억 년이다. 인간 비슷한 동물의 화석 연대는 몇백만 년이고 인류 문명의 흔적이 포함된 연대는 수천 년이다.

화학 물질을 흡수할 수 있는 단세포 동물에서 아이디어를 흡수할 수 있는 마음을 지닌 세포의 집단으로 진화하는 데는 30억 년(오늘날의 추산으로는 35억~40억 년이다.-옮긴이)이 걸렸다. 지난 한 세기 동안 인류의 기술은 증기 기관차와 전기 조명에서 우주선과 전자 컴퓨터로 진화했고, 컴퓨터들은 스스로 읽고 쓰는 능력을 습득하는 중이다. 인간의 마음과 기술 덕분에 진화의 속도는 수백만 배 혹은 그 이상으로 빨라졌다.

과거로 돌아가는 또 다른 경로

돌로 된 책은 오래전에 죽은 유기체의 형태를 기록하지만 살아 있는 세포 역시 기록을 보유하고 있다. 여기에서의 기록은 오늘날에야 판독되기 시작한 유전적 텍스트를 말한다. 지질학적 아이디어 경우처럼 진화의 기본 아이디어는 다윈이 펜을 들기 전부터 이미 알려져 있었다.[7]

수많은 세대 동안 사원과 수도원의 필경사들은 등불을 밝히고 손으로 쓰인 원고를 베끼고 또 베꼈다. 가끔 단어나 문장을 잘못 베끼는 경우도 생겼다. 그 원인이 우연이든 심술이든, 그 지역의 통치자의 명령 때문이든 말이다. 그리고 원고들이 인간 복제 기계의 도움을 받아 복제되면서 오류가 축적되었다. 최악의 오류는 찾아서 제거할 수 있고, 유명한 구절은 그대로 보존되었을 수도 있지만 차이는 점점 커졌다.

원본 형태로 남아 있는 고대 서적은 드물다. 원본은 이미 사라졌으며 현존하는 가장 오래된 판본은 흔히 그로부터 여러 세기 후의 것이다. 그럼에도 불구하고 학자들은 각기 다른 오류를 지닌 각기 다른 복사본에서 원본에 가까운 버전을 복구할 수 있다.

텍스트들을 서로 비교하여 공통 조상으로부터 내려온 계보를 추적하는 것이다. 특정 텍스트에 나타나는 오류의 패턴이 독특하다면 이 부분은 공통된 원천에서 복사되지 않았다는 뜻이 되기 때문이다 (교사들은 이를 알고 있다. 여러 명이 똑같은 정답을 냈다면 이는 부정행위의 단서가 아니다. 작문 시험이 아니라면 말이다. 하지만 나란히 앉아 있는 학생들이 제출한 답안지에 나타난 실수가 똑같다면 그들에게 화 있을진

저!). 남아 있는 복사본들에서 모두 일치하는 대목을 보면 학자들은 원본 (혹은 최소한, 남아 있는 판본들의 마지막 공통 조상)에 그 단어들이 있었다고 추정할 수 있다. 표현이 서로 다른 대목의 경우 학자들은 먼 조상에서 분리되어 별도의 계보에 속하는 판본들을 각기 떼어서 연구한다. 이런 별도 계보의 판본들에서 서로 일치하는 대목들은 해당 판본들에 공통 조상이 있다는 것을 나타낸다.

유전자는 네 단어의 알파벳으로 쓰인 원고와 닮았다. 일상 언어에서 동일한 메시지가 다양한 형태로 표현될 수 있는 것처럼(하나의 생각을 기존과 완전히 다른 단어로 표현하는 것은 힘들지 않다) 각기 다른 유전적 자구(字句)가 동일한 단백질 분자의 생산을 지시할 수 있다. 더구나 단백질 분자는 설계의 세부 사항이 조금 다를지라도 동일한 기능을 할 수 있다. 하나의 세포 속에 들어 있는 유전자 집합은 한 권의 책 전체와 같다. 그리고 유전자는 오래된 필사본과 마찬가지로 부정확한 필경사들에 의해 복사와 재복사가 거듭되어왔다.

오래된 텍스트를 연구하는 학자들과 마찬가지로 생물학자들은 보통 그들이 연구하는 대상의 현대적 복사본으로 연구한다(아쉽게도 생명 초기 시대에서 내려오는 사해 문서 같은 것은 없지만 말이다). 이들은 외관이 비슷한 유기체들(사자와 호랑이, 말과 얼룩말, 들쥐와 생쥐)을 비교하고, 이들의 유전자와 단백질에서 주관식 에세이와 비슷한 의문에 대해 내놓는 답이 서로 비슷하다는 것을 발견한다. 두 유기체가 서로 다르면 다를수록(사자와 도마뱀, 인간과 해바라기) 그 답도 크게 달라진다. 심지어 같은 기능을 하는 분자 기계 사이에도 그 답은 유기체에 따라 많이 달라진다. 더욱이 서로 비슷한 동물이 똑같은 오류를 지니고 있다는 점은 실상을 효과적으로 보여준다. 예컨대 모든 영장류에게는 비타민 C를 합성하는 효소가 결여되어 있다. 다른 포유동물 중 이런 오류가 있다고 확인된 종은 기니피그와 과일박쥐뿐이다. 이것은 오래전 영장류는 하나의 공통 조상에게서 유전적 해결책을 복사했다는 사실을 의미한다. 오래된 텍스트의 계보를 추적하는 바로 그 원리가 현생 생물의 계보를 드러내주는 것이다.

사실 이 원리(그리고 이들의 복사 오류를 바로잡는 데 도움을 주는 원리)가 보여주는 바는, 알려진 모든 생명체는 하나의 공통 조상에서 유래했다는 것이다.

복제자의 등장

지구에 등장한 최초의 복제자들은 시험관 안에서 스스로를 복제하는 RNA 분자들을 넘어서는 능력을 진화시켰다. 박테리아 단계에 이르렀을 즈음 이들은 DNA, RNA, 그리고 리보솜을 이용해 단백질을 만드는 현대적인 시스템을 개발했다. 그리고 나서 돌연변이는 스스로를 복제하는 DNA 자체뿐 아니라 단백질 기계, 그리고 복제자들이 생성하고 형태를 부여하는 생체 구조도 변화시켰다.

유전자들로 이루어진 팀들은 세포에 점점 더 복잡한 형태를 부여했고 그다음엔 세포 간의 협동을 유도해 복잡한 유기체를 형성하게 만들었다. 변이와 선택이 선호한 유전자 팀은 질긴 피부와 굶주린 입을 갖추고 눈과 머리의 인도를 받으며 신경과 근육을 통해 움직이는 짐승을 만들어낸 팀이었다. 리처드 도킨스의 표현에 따르면[8]

유전자들은 자신들의 복제를 돕기 위해 점점 더 복잡한 생존 기계를 만들었다.

개의 유전자들이 복제될 때 사람들에 의해 선택된 다른 개들의 유전자와 서로 섞이는 일이 흔하다. 그러고 나서 사람들은 어느 강아지를 선택해 사육할지 결정한다. 지난 수천 년간 사람들은 늑대 비슷한 짐승을 재료로 그레이하운드, 푸들, 닥스훈트, 세인트버나드를 만들어왔다. 어느 유전자를 생존시킬지 선택하는 행위를 통해 사람들은 개의 신체와 기질 모두를 개조했다. 개 유전자들의 성공 여부를 결정한 것은 인간의 욕구였다. 늑대 유전자의 성공 여부를 결정하는 것은 다른 압력이었다.

오랜 세월에 걸친 유전자의 돌연변이와 선택은 이 세계에 풀과 나무, 벌레와 물고기, 그리고 사람들이 존재하게 만들었다. 최근에는 다른 것들이 나타나서 종류가 늘고 있다. 도구와 집, 비행기와 컴퓨터가 그 예다. 그리고 하드웨어들과 생명이 없는 RNA 분자처럼 그것들도 진화했다.

기술의 진화

점점 더 복잡하고 유능한 형태의 생명체가 출현해왔다는 사실이 지구의 암석에 기록되어 있듯이, 점점 더 복잡하고 유능한 형태의 하드웨어가 출현해온 사실은 인류의 유물과 문헌에 기록되어 있다. 인류의 하드웨어 중 가장 오래된 것은 우리 조상의 화석과 함께 묻혀 있던 것으로 그 자체가 돌로 되어 있다(석기를 말한다.─옮긴이). 우리의 최신 하드웨어는 하늘 높은 곳의 궤도를 돌고 있다.

여기서 잠깐 우주 왕복선의 혼성 혈통을 생각해보자. 비행기 쪽을 보면 1960년대의 알루미늄 제트기에서 이어져왔고, 제트기의 계보는 2차 세계대전 시기의 알루미늄 프로펠러기로 거슬러 올라간다. 프로펠러기는 나무와 천으로 만든 1차 세계대전 때의 복엽기(2장의 날개를 상하로 배치하여 만든 비행기)로, 이는 다시 모터를 장착한 라이트 형제의 글라이더로, 글라이더는 장난감 글라이더와 연으로 거슬러 올라간다. 로켓 쪽을 보면 왕복선은 달 탐사 우주선의 로켓, 군사용 미사일, 19세기의 포병용 로켓, 그리고 최종으로는 폭죽과 장난감으로 이어지는 계보를 지닌다. 항공기와 로켓의 잡종인 이 왕복선은 지금 하늘을 날고 있으며, 우주 항공 엔지니어들은 부품과 디자인을 다양화하여 우주왕복선을 더욱더 개선된 우주선으로 진화시킬 것이다.

엔지니어들은 기술의 '세대'를 말한다. 일본의 '5세대' 컴퓨터 프로젝트는 일부 기술이 얼마나 빨리 발전하고 성과를 낳는지 보여주는 사례다. 엔지니어들은 '서로 경쟁하는 기술'의 '혼성'과 '확산'을 말한다. IBM의 연구 책임자 랠프 고모리Ralph E. Gomory는 기술의 진화적 속성을 강조하면서 "기술 발전의 속성은 대부분의 사람들이 생각하는 것보다 혁명적이거나 비약적 발전을 지향하는 면이 훨씬 적으며 진화적인 면은 훨씬 더 크다"라고 썼다(사실, 분자 조립 기계처럼 중요한 돌파구도 수많은 작은 단계를 거쳐 발전되는 과정을 거칠 것이다). 이 장 첫머리의 인용문에서 카네기멜론 대학교의 허버트 사이먼

Herbert A. Simon 교수는 우리에게 "설계 과정이란, 먼저 여러 대안을 만들고 그다음엔 모든 요구 사항과 제약 조건에 비추어 그 대안들을 시험하는 과정을 수반하는 것이라고 생각하라"고 촉구한다. 대안의 생성과 시험은 변이와 선택이란 말의 동의어에 가깝다.

가끔 다양한 대안이 이미 존재하는 경우도 있다. 볼드윈J. Baldwin 은 자신의 저서 《지구의 차기 카탈로그 전체The Next Whole Earth Catalog》[9] 속의 글 〈고도로 진화한 연장통 한 개One Highly Evolved Toolbox〉 에서 다음과 같이 쓰고 있다. "우리의 휴대용 공구 박스는 오늘날에 이르기까지 약 20년에 걸쳐 진화해왔다. 여기서 매우 특별한 점은 단 하나뿐이다. 한물갔거나 부적절한 공구들을 좀 더 적당한 것들로 대체한 결과로 생긴 지금의 공구 박스는 한 무더기의 하드웨어 라기보다 물건 만드는 시스템이 되었다는 점이다."

볼드윈이 쓴 '진화해왔다'는 표현은 정확하다. 발명과 제조의 결과로 지난 수천 년간 도구 설계는 수많은 변종을 낳으며 다양해졌으며 볼드윈은 경쟁을 통한 선택에 의해 그중에서 지금 것들을 골라낸 것이다. 그는 스스로의 필요에 부응시키기 위해 자신의 다른 도구와 함께 사용되기 가장 좋은 도구들을 손에 넣었다. 마치 키질을 해서 쭉정이를 까부르고 곡식을 남기는 과정이라고 할까. 사실 그는 완벽한 공구 세트를 구입할 계획을 세우려 하지 말라고 촉구한다. 그 대신 사람들이 흔히 빌리는 공구들을 사라는 것이다. 공구는 이론이 아니라 경험을 통해서 선택해야 한다는 조언이다.

기술의 변이는 의도적인 경우가 왕왕 있다. 엔지니어들이 보수를 받는 것은 발명과 시험 때문이라는 의미에서다. 물론, 일부 발명은 순수한 우연으로 탄생된다. 냉매용 테트라플루오로에틸렌이 가득 차 있는 것으로 생각되던 가스통에서 테플론의 재료를 발견한 예가 그에 해당한다. 밸브를 열어도 가스가 나오지 않아서 통을 톱으로 잘랐더니 미끈미끈한 이상한 가루가 나왔던 것이다. 체계적인 시행착오를 거쳐서 찾아낸 신제품도 많다. 에디슨은 전구의 필라멘트로 쓸 마땅한 재료를 찾기 위해 종이에서 대나무, 거미줄에 이르는 모든 것을 탄화시켜보았다. 찰스 굿이어 Charles Goodyear는 생고무를 좀 더 내구성이 있는 물질로 바꾸기 위해 여러 해 동안 부엌에서 실험하면서 지냈다. 마침내 그는 우연히 가황加黃 고무 한 조각을 뜨거운 난로에 떨어뜨렸고 이로써 최초로 단단한 고무를 만들게 되었다.

기술 분야의 진보는 대부분 지능이 뛰어난 완벽한 인물의 계획에 의해서가 아니라 시행착오를 통한 깨우침으로 일어난다. 엔지니어들이 원형을 만드는 이유가 바로 이것이다. 피터스와 워터먼[10]의 저서 《초우량 기업의 조건 In Search of Excellence》은 기업의 제품 및 정책이 발전하는 데도 이것이 진실이라는 점을 보여주고 있다. 우수한 회사들이 '실험을 권장하는 환경과 일련의 사고방식'을 창출하는 이유, 그리고 이런 회사들이 '매우 다원주의적 방식으로' 진화하는 이유가 이것이다.

공장은 변이와 선택을 통해 질서를 세운다. 엉성한 품질 관리 시스템은 제품을 조립하기 전에 부품을 검사해서 흠이 있는 것들을 걸러낸다. 그리고 정교한 품질 관리 시스템은 통계적 방법을 이용해 결함의 원천을 추적함으로써 엔지니어들이 결함을 최소화할 수 있도록 제조 공정을 바꾸는 데에 도움을 준다. 일본 엔지니어들은 에드워즈 데밍W. Edwards Deming의 통계적 품질 관리를 기반으로 산업 공정에 이 같은 변이와 선택을 도입했고, 이는 일본의 경제적 성공의 상징이 되었다. 분자 조립 기계를 기반으로 한 시스템도 결함을 제거하려면 결과를 측정할 필요가 있을 것이다.

품질 관리는 일종의 진화인데 그 목표는 변화가 아니라 해로운 변이를 제거하는 데 있다. 하지만 다윈주의적 진화가 유리한 돌연변이를 보존하고 퍼뜨릴 수 있는 것과 똑같이, 우수한 품질 관리 시스템은 관리자와 노동자로 하여금 좀 더 효율적인 공정을 보존하고 확산시키는 데 도움을 줄 수 있다. 그런 공정이 우연에 의해 출현했든 계획에 의해 만들어졌든 상관없이 그렇다.

엔지니어와 제조업자들에 의한 이 모든 땜질을 거친 뒤 제품은 최종 시험을 받을 준비를 마치게 된다. 공장 밖의 시장에는 수없이 다양한 스패너, 자동차, 양말, 컴퓨터가 구매자의 환심을 사려고 경쟁 중이다. 정보를 충분히 갖추고 상황을 잘 아는 구매자들이 자유로이 선택할 수 있게 되면 기능이 시원찮거나 너무 값비싼 제품은 결국 재생산되지 못한다. 자연에서와 마찬가지로 경쟁을 통한 시험은 어제의 최고 경쟁자를 내일의 화석으로 만든다. 이런 면에서 '생태학ecology'과 '경제학economy'은 어원 이상의 것을 공유한다(ecology와 economy는 '집'을 의미하는 그리스어 oikos에서 유래했다.―옮긴이).

시장에서든 실제 전쟁터에서든 가상 전장에서든 전 지구적 규모의 경쟁은 조직체와 기구들로 하여금 끝없이 더 우수한 기술을 발명하고 구매하고 구걸하고 훔치도록 내몰고 있다. 더 나은 제품을 제공하기 위한 경쟁을 위주로 하는 조직체가 있는가 하면, 우월한 무기를 이용해 이런 조직체들을 위협하기 위한 경쟁을 위주로 하는 조직체도 있다. 두 종류의 조직체 모두를 추동하는 것이 진화의 압력이다.

지난 수십억 년간 전 지구적 규모의 기술 경쟁은 점점 더 치열해졌다. 지렁이의 맹목blindness은 새가 날카로운 눈을 발달시키는 것을 막지 못했고, 새의 작은 뇌와 투박한 날개는 인간이 손과 마음과 산탄총이 발달하는 것을 저지하지 못했다. 이처럼 국지적인 금지 조치로는 군사 기술과 상업용 기술의 발달을 중단시킬 수 없다. 우리는 기술 경쟁을 제대로 된 방향으로 이끌어야만 하며, 그렇지 못하면 멸망하는 수밖에 없다. 하지만 기술적 진화의 힘은 반反기술운동을 웃음거리로 만들고 있다. 국지적으로 기술을 제한하려는 민주적 운동은 세계 전체가 아니라 민주 진영 국가들만 제한할 수 있다. 생명의 역사와 신기술의 잠재력은 이런 문제에 모종의 해결책이 있음을 시사한다. 하지만 이는 3부에서 다룰 문제다.

설계의 진화

설계가 진화의 대안을 제공하는 것으로 보일 수도 있다. 하지만 설계는 두 가지 뚜렷한 방식으로 진화를 수반한다. 첫째, 설계 업무 자체가 진화한다. 엔지니어들은 제대로 작동하는 설계들을 축적할 뿐 아니라 제대로 기능하는 설계 방법도 축적한다. 그 축적 범위는 배관을 선택하는 지침서의 규격에서 연구 개발을 체계화하는 경영 시스템에 이르는 분야를 포괄한다. 알프레드 노스 화이트헤드Alfred

North Whitehead가 서술한 대로[11] "19세기의 가장 위대한 발명은 발명하는 방법을 발명한 것이다".

둘째, 설계 자체가 변이와 선택을 통해 진행된다. 엔지니어는 실제 제작에 앞서 **모의** 설계를 만들고 이를 수학 법칙(예컨대 열의 흐름과 탄성을 기술하기 위해 개발된 법칙)을 이용해 검사한다. 이들은 설계, 계산, 비평, 재설계의 순환 과정을 통해 설계도를 진전시킨다. 금속을 실제로 자르는 비용을 들이지 않으면서 말이다. 이렇게 해서, 설계 창조의 진전은 비물질적 형태의 진화로 이루어진다.

예컨대 훅의 법칙Hooke's law은 금속이 구부러졌다 펴지는 방식에 대해 설명한다. 금속이 변형되는 정도는 가해진 힘에 비례한다는 것이다. 용수철을 두 배의 힘으로 잡아당기면 두 배로 늘어난다. 이는 완전히 정확한 법칙은 아니지만, 금속이 탄성 한계에 달할 때까지는 매우 정확하게 적용된다. 엔지니어들은 일정한 하중을 견디면서 지나치게 구부러지지 않는 금속 막대를 설계하는 데 훅의 법칙의 한 형태를 이용할 수 있다. 그 후 이들은 이 막대를 아주 조금 더 두껍게 만든다. 법칙 자체나 자신들의 계산이 부정확한 점을 고려해 여유를 두는 것이다. 이들은 또한 훅의 법칙의 한 형태를 이용해 항공기 날개, 테니스 라켓, 자동차 틀의 구부러짐과 뒤틀림을 기술할 수도 있다. 하지만 단순한 수학 방정식으로는 이처럼 복잡한 구조물의 특성을 모두 포괄할 수 없게 마련이다. 엔지니어들은 이 방정식을 좀 더 단순한 형태(설계의 조각들)에 적용한 다음 그에 따른 부분적인 풀이들을 모두 합쳐서 전체 구조의 신축성을 기술한다. 이 방법('유한 요소 해석finite element analysis'이라고 부른다)은 통상 상당히 복잡한 계산이 필요하기에 만일 컴퓨터가 없다면 실현될 수 없었을 것이다. 컴퓨터 덕분에 이 방법은 일상화될 수 있었다.

이 같은 모의실험은 고대부터 나타난 추세를 연장한 것이다. 우리는 일련의 행동을 선택할 필요가 있을 때 희망과 두려움을 지니고 언제나 선택의 결과를 상상해왔다. 동물도 의심의 여지 없이 이와 유사한 마음속 모델(선천적인 것이든 학습한 것이든)의 인도를 받는다. 마음속 모델이 정확할 경우, 이를 기반으로 한 사고실험은 좀 더 비용 많이 드는 (혹은 심지어 치명적인) 물질적 실험을 대체할 수 있다. 진화는 이런 발전을 선호한다. 공학적 모의실험은 결과를 상상하는 이런 능력을 그저 확장한 것이다. 이로써 우리는 실제 행동으로가 아니라 생각 속에서 실수를 경험할 수 있게 된다.

〈고도로 진화한 연장통 한 개〉에서 볼드윈은 주문 생산 공장에서 작업할 때 도구와 생각이 어떻게 정확하게 맞물리는지 논한다. "당신은 어떤 방식으로 물건을 만들까를 생각할 때 자신이 가지고 있는 도구의 기능을 붙박이처럼 끼워 넣고 검토하게 된다. 물건을 많이 만드는 사람이라면 누구나 당신에게 이런 말을 해줄 것이다. 도구는 순식간에 설계 과정의 자동 부품 같은 것이 된다. …… 하지만 자신에게 어떤 도구가 있는지, 다양한 도구가 어떤 기능을 갖추고 있는지 알지 못한다면 도구는 당신의 설계 과정의 한 부분이 될 수 없다." 다음 주 수요일까지 배달해달라는 주문을 받아놓고 공장의 작업 계획을 짤 때 도구의 기능에 대한 감각을 지닌다는 것은 극히 중요하다. 이는 다음 세기에 일어날 비약적 전진을 관리할 전략을 가다듬을 때도 마찬가지로 핵심적 요소다. 미래의 도구에 대한 우리의 감각이 더 좋을수록 생존과 번영을 위한 우리의 계획도 더욱 견실해진다.

생산 공장에 있는 장인은 도구를 눈에 잘 띄는 곳에 놓아둘 수 있다. 일할 때 매일 쓰는 덕분에 도구는 장인의 눈과 손과 마음에 친숙해진다. 그는 도구의 기능을 자연스럽게 알게 되고 이런 지식을 창의적인 일에 당장 적용할 수 있다. 하지만 미래를 이해해야 하는 우리는 이보다 훨씬 힘든 과업에 맞닥뜨릴 수밖에 없다. 미래의 도구는 현재 아이디어로서만, 그리고 자연의 법칙 속에 내포된 가능성으로서만 존재하기 때문이다. 이 도구들은 벽에 걸려 있지도 않으며 시각, 청각, 촉각을 통해 우리의 마음에 그 중요성이 각인될 수도 없다. 이 미래의 도구들이 하드웨어로서 실제로 존재하기 전까지는 앞으로도 그럴 것이다. 우리는 그런 시대에 대비해야 하며 그때까지 몇십 년간 그런 도구의 능력을 마음속에서 실감하도록 해주는 것은 오직 연구와 상상, 그리고 생각뿐[12]이다.

새로운 복제자의 등장

역사는 하드웨어가 진화한다는 사실을 보여준다. 시험관 RNA, 바이러스, 개는 복제자의 수정과 검증을 통해 진화가 진행된다는 것을 보여주는 사례다. 하지만 (오늘날의) 하드웨어는 스스로를 재생산할 수 없다. 그렇다면 기술의 진화를 뒷받침하는 복제자는 어디에 있는가? 기계의 유전자는 무엇인가?

물론, 진화가 사실이라고 인식하기 위해서 복제자를 실제로 찾을 필요는 없다. 다윈이 진화를 서술한 것은 멘델이 유전자를 발견하기 전이었고, 유전학자들은 제임스 왓슨James D. Watson과 프랜시스 크릭Francis Crick이 DNA의 구조를 밝혀내기 전에 이미 유전에 대해 많은 것을 파악했다. 다윈은 분자유전학의 지식 없이도, 유기체는 변이를 일으키며 그중 일부는 좀 더 많은 후손을 남긴다는 사실을 알 수 있었다.

복제자란 자기 자신의 복제물이 생성되도록 할 수 있는 패턴을 말한다. 복제는 도움이 필요할 수도 있다. DNA는 만일 자신을 복제해줄 단백질 기계가 없다면 복제할 수 없을 것이다. 하지만 이런 기준에 따르면 일부 **기계**는 복제자다! 기업체에서 만드는 기계 중 일부는 경쟁 기업의 손에 들어간다. 경쟁 기업은 기계의 비밀을 알아내고 같은 기계를 복제해낸다. 유전자들이 복제를 위해 단백질 기계를 '이용'하는 것과 꼭 마찬가지로 그런 기계들은 복제를 위해 인간의 마음과 손을 '이용'한다. 만일 분자 조립 기계와 분해 기계에 명령을 내리는 나노컴퓨터가 있으면 하드웨어 복제는 심지어 자동화될 수도 있다.

하지만 인간의 마음은 단순한 단백질 기계나 분자 조립 기계에 비해 훨씬 더 교묘한 모방의 엔진이다. 음성, 글, 그림은 설계를 마음에서 마음으로 전달할 수 있다. 그것이 하드웨어로서 형태를 갖추기 전에 말이다. 설계 방법의 배후에 있는 아이디어는 더욱더 교묘하다. 아이디어는 마음과 상징 체계로 이루어진 세계에서만 스스로를 복제하고, 기능을 발휘한다.

유전자들이 수천 세대 내지 수억 년을 단위로 진화해온 것과 달리 오늘날의 정신적 복제자는 며칠 내지 몇십 년을 단위로 진화하고 있다. 유전자처럼, 아이디어들은 분할되고 결합되며 다양한 형태를 띤다(유전자는 DNA에서 RNA로, 다시 DNA로 전사될 수 있다. 아이디어는 한 언어에서 다른 언어로 번역될 수 있다). 과학은 뇌 속에서 아이디어를 구현하는 신경 패턴을 아직 기술하지 못하지만 아이디어가 돌연변이를 일으키고 복제되고 경쟁한다는 사실은 누구나 알 수 있다. 아이디어는 진화한다.

리처드 도킨스는 스스로를 복제하는 정신적 패턴의 조각에 '밈 meme'이라는 이름을 붙였다.[13] 그에 따르면 "선율, 아이디어, 구호, 의상 패션, 도자기 만드는 법, 아치형 다리를 만드는 법 등이 밈의 예라고 할 수 있다. 유전자들은 정자와 난자를 매개로 신체에서 신체로 (세대에서 세대로) 건너뜀으로써 유전자 풀 안에서 스스로를 퍼뜨린다. 꼭 이처럼 밈도 넓은 의미에서 '모방'이라 할 수 있는 과정을 통해서 뇌에서 뇌로 도약함으로써 밈 풀 안에서 퍼져나간다".

마음속의 피조물

밈이 복제되는 것은 사람들이 배우고 가르치는 일 두 가지를 다 하기 때문이다. 밈이 변화하는 것은 사람들이 새로운 것을 창조하고 옛것을 잘못 이해하기 때문이다. 밈의 선택이 이루어지는 (부분적) 이유는 사람들이 자신들이 듣는 것을 모두 믿거나 들은 대로 되풀이하지는 않기 때문이다. 시험관 속의 RNA 분자들이 복제 기계와 부품이라는 희소 자원을 놓고 경쟁하는 것처럼 밈도 인간의 관심과 노력이라는 희소 자원을 두고 경쟁해야 한다. 밈은 인간의 행태에 중대한 영향을 미치기 때문에 밈의 성공과 실패는 결정적으로 심각한 문제다.

고래로 정신적 모델과 행태의 패턴은 부모에서 자녀에게로 전달되어왔다. 생존과 번식에 도움이 되는 밈 패턴은 널리 퍼지는 경향이 있었다(이 뿌리는 익힌 다음에 먹어라. 이런 산딸기 종류는 먹지 마라. 그 속에 들어 있는 악한 기운이 창자를 꼬이게 한다). 해를 거듭하면서 사람의 행동과 그에 따른 결과도 다양해졌다. 매년 어떤 사람은 죽고 어떤 사람은 새로운 생존 기법을 발견해 이를 후세에 전달했다. 유전자는 모방에 재주가 있는 뇌를 만들어냈다. 모방되는 패턴들은 대체로 가치 있는 것이기 때문이다. 이런 패턴을 보유한 사람은 어쨌든 살아남아서 이를 퍼뜨렸다.

하지만 밈 자신들도 '삶'과 '죽음'이라는 문제에 직면한다. 복제자로서 밈이 진화하는 것은 오로지 생존과 확산을 위해서다. 바이러스와 마찬가지로 밈은 숙주의 생존이나 행복과 무관하게 스스로를 복제할 수 있다. 실상 명분에 따른 순교라는 밈은 숙주를 죽이는 바로 그 행위를 통해서 스스로를 전파할 수 있다.

밈과 마찬가지로 유전자의 생존 전략은 다양하다. 오리의 유전자 중 어떤 것은 오리로 하여금 알과 새끼를 돌보는 방향으로 짝짓도록 부추김으로써 퍼져나간다. 그런가 하면 (수컷 오리에게 있을 때) 강간을 부추김으로써 퍼져나가는 것도 있고 (암컷 오리에게 있을 때)

다른 둥지에 알을 낳게 함으로써 퍼져나가는 유전자도 있다. 오리에서 발견되는 또 다른 유전자는 바이러스의 유전자로서 더 많은 오리를 만들지 않고도 퍼져나갈 능력이 있다. 알을 보호하는 것은 오리 종(그리고 해당 오리의 유전자들)의 생존에 도움이 된다. 강간은 다른 유전자를 희생시키면서 특정한 한 세트의 유전자에게 도움이 되는 전략이다. 감염은 오리 유전자를 전반적으로 희생시키면서 바이러스에게 도움이 된다. 도킨스가 지적한 대로, 유전자는 오직 스스로의 복제에만 '관심'을 가질 뿐이다. 유전자는 이기적인 듯하다.

하지만 이기적 동기가 협력을 촉진할 수도 있다.[14] 돈을 벌고 사회적으로 인정받고 싶어 하는 사람들이 협력해서 다른 이들의 욕구에 봉사하는 회사를 세운다. 하지만 유전자가 무의식적으로 뭔가 (염색체나 세포, 육체 혹은 종을 위한) 좀 더 큰 선善에 봉사한다고 상상하는 것은 평범한 효과를 근본 원인으로 오해하는 것이다. 복제자의 이기성을 무시하는 것은 위험한 환상에 속아서 안도하는 것이다.

세포 안의 유전자 중에는 속속들이 기생충 그 자체인 것도 있다. 인간의 염색체에 삽입된 포진 유전자처럼 이들은 세포를 착취하고 숙주에 해를 끼친다. 하지만 만일 유전자가 기생 생물이 될 수 있다면 밈이라고 그러지 말란 법은 없지 않을까?

리처드 도킨스는 《확장된 표현형The Extended phenotype》[15]에서 벌에 기생하다가 물속에서 생애 주기를 완성하는 벌레에 대해 서술한다. 이 벌레가 물속으로 들어가는 방법은 숙주인 벌이 물속으로 잠수해 빠져 죽게 만드는 것이다. 이와 유사하게, 개미에 기생하는 뇌벌레

brainworm는 생애 주기를 완성하려면 양의 배 속에 들어가야 한다. 이를 위해 이 벌레는 숙주 개미의 뇌 속으로 파고들어 어떻게든 개미의 행태를 변화시킨다. 그리하여 개미가 풀의 줄기 꼭대기까지 기어 올라가 가만히 있는 것을 '원하도록' 만든다. 결국 개미는 풀을 뜯는 양에게 먹힌다.

밈도 벌레들처럼 다른 생물에 침입해서 숙주를 자신들의 생존과 복제를 위해 이용한다. 사실 자기들의 이기적 목적을 달성하기 위해 사람을 착취하는 밈이 없다면 매우 놀랄 만한 일이 될 것이다. 하지만 기생적 밈은 실제로, 정말로 존재한다. 바이러스가 세포로 하여금 바이러스를 만들게 하도록 진화한 것과 똑같이 뜬소문도 그럴싸하고 흥미진진하게 들리도록 진화한다. 그래서 사람들의 입에서 되풀이되게 만든다. 어떤 뜬소문에 대해 그것이 진실인가를 묻지 말고 어떻게 전파되었는지를 물어라. 경험이 우리에게 알려주는 바에 따르면, 성공적인 복제자로 진화한 아이디어는 진실과 관련이 있어야 할 필요가 거의 없다.[16]

행운의 편지, 이치에 닿지 않는 뜬소문, 유행하는 바보짓을 비롯한 정신적 기생충들은 사람들에게 해를 끼친다. 최선의 경우, 그 해악은 시간을 낭비하게 만드는 데 불과하지만 최악의 경우엔 사람들의 마음속에 치명적인 오해를 심어놓는다. 이런 밈 시스템은 인간의 무지와 취약성을 악용한다. 이를 퍼뜨리는 것은 감기에 걸린 채 친구를 향해 재채기하는 것과 같다. 바이러스와 매우 비슷한 행태를 보이는 밈도 일부 있기는 하지만 전염성이 반드시 나쁘지는 않다(미소나 좋은 성품이 전염되는 것을 생각해보라). 한 무더기의 아이디어에 만일 장점이 있다면 그것의 전염성은 장점을 확대할 것이다. 사실 가장 좋은 윤리적 가르침은 또한 우리에게 '윤리를 가르치라'는 교훈을 함께 준다. 좋은 출판물은 즐거움을 주고, 이해의 폭을 넓혀주며, 판단을 도와줄 수 있으며, 구독권을 사서 다른 사람에게 선물하라는 광고를 싣기도 한다. 훌륭한 밈 시스템을 퍼뜨리는 것은 정원을 가진 친구에게 훌륭한 종자를 제공하는 것과 같다.

아이디어 선별하기

기생 생물은 유기체가 면역 체계를 진화시킬 수밖에 없게 만들었다. 바이러스의 침입을 막기 위해 박테리아가 이용하는 효소라든지, 박테리아를 파괴하기 위해 우리의 신체가 이용하는 백혈구가 그 예다. 기생하는 밈은 마음으로 하여금 이와 유사한 경로를 걷게 만들어, 정신적 면역 체계 역할을 하는 밈 시스템을 진화하도록 했다.

　가장 오래되고 단순한 정신적 면역 체계는 "옛것을 믿고 새로운 것을 거부하라"라는 지시를 내린다. 일반적으로 이런 체계는 인간 부족의 생존에 기여해왔다. 이미 검증된 옛 방식을 포기하고 새롭고 무모한 사고방식을 받아들이는 일이 없도록 막아준 것이다. 예컨대, 부족이 지닌 가축과 곡물을 모두 없애면 식량도 기적적으로 풍부해지고, 외지인을 몰아낼 조상의 군대가 출현하리라는 주문을 따르는 것이 이런 사고방식에 해당한다(이 밈 패키지는 1856년 아프리카 남부의 코사Xhosa 부족을 감염시켰다.[17] 이듬해까지 6만 8,000명이 사망했는데 대부분이 굶어 죽었다).

인체의 면역 체계도 이와 비슷한 규칙을 따른다. 어린 시절부터 몸 안에 있던 유형의 세포는 용인하고 새로운 유형은 거부한다. 잠재적 암세포나 새로 침입한 박테리아는 낯설고 위험한 것으로 취급하는 것이다. 새것을 거부한다는 단순한 체계는 과거 좋은 효과를 냈지만 오늘날처럼 장기 이식의 시대에는 당사자의 목숨을 빼앗을 수 있다. 이와 마찬가지로 과학과 기술이 새롭고도 믿을 만한 발견을 일상적으로 내놓는 시대에는 완고한 정신적 면역 체계는 위험한 장애가 된다.

물론, 새로운 것을 거부한다는 원칙은 단점이 많음에도 불구하고 간명하다는 장점이 있으며 실제적인 이점도 있는 것이 사실이다. 전통은 검증된 진실(혹은 설사 진실이 아닐지라도 당시에는 효과가 있었던 무언가)을 많이 내포하고 있다. 변화는 위험하다. 대부분의 돌연변이가 해롭듯이, 대부분의 새 아이디어는 틀렸다. 심지어 이성도 위험할 수 있다. 어떤 전통이 몇 가지 관습을 유령에 대한 공포와 연결 짓고 있다 해도 그 관습은 건전할 수도 있다. 지나치게 자신만만한 이성적 사고방식으로 이 관습을 버린다면 옥석을 함께 불태우는 결과가 될 수 있다. 불행하게도, 좋은 방향으로 진화한 전통은 좋아 보이도록 진화한 아이디어보다 설득력이 적을 수 있다. 처음 비판의 대상이 되었을 때, 가장 건전한 전통이라도 이보다 나쁜 아이디어로 대체될 수 있다. 이성적 사고방식이 더 큰 호소력을 지닌다는 이유로 말이다.

그렇다고는 해도, 새로운 아이디어를 거부하게 하는 밈은 스스로의 이익만을 위하는 미심쩍은 방식으로 자신을 보호한다. 귀중한 전통이 어설프게 짜깁기당하지 않도록 지켜주는 역할도 하는 반면, 기생적인 쓸데없는 소리가 진실의 검증을 받지 않게 하는 방어막 역할도 하는 것이다. 급속한 변화의 시대에 이런 믿은 마음을 위험할 정도로 완고하게 만들 수 있다.

철학사와 과학사의 많은 부분은 좀 더 나은 정신적 면역 체계를 추구하면서, 가치 없고 해로운 가짜를 거부하는 더 나은 방법을 찾는 과정이라고 볼 수 있다. 최선의 시스템은 전통을 존중하면서도 실험을 권장한다. 이런 시스템은 믿을 판단할 기준을 제시하며 사람들로 하여금 무엇이 기생물이고 무엇이 도구인지 구분할 수 있도록 돕는다.

진화의 원리는 분자, 유기체, 기술, 마음, 문화의 어느 분야에서 일어나든 거기서 일어나는 변화를 바라보는 시각을 제공해준다. 기본적인 질문은 언제나 동일하다. 무엇이 복제자인가? 변이는 어떻게 일어나는가? 무엇이 성공 여부를 결정하는가? 어떤 방식으로 침입자에게서 자신을 보호하는가? 이런 질문은 우리가 복제자 혁명의 결과를 검토할 때 또 대두될 것이다. 그리고 우리 사회가 이런 혁명의 결과를 어떻게 다룰지 검토할 때 또다시 대두될 것이다.

뿌리 깊은 진화적 변이의 원리는 나노기술이 발전하는 양상을 결정할 것이다. 하드웨어와 생명체의 경계가 흐릿해지기 시작한다 해도 말이다. 이들 원리는 어떤 것의 성취를 희망할 수 있고 희망할 수 없는지 많은 것을 알려준다. 그리고 미래의 모습을 결정하는 데 노력을 집중할 수 있도록 도와줄 수 있다. 이 원리는 하드웨어뿐 아니라 지식 자체의 진화를 인도하기 때문이다.

3

예측과 추정

비판적 태도[1]란 '우리의 이론과 추측으로 하여금 적자생존을 위한 투쟁이라는 시련을 우리 대신 겪게 만들려는 의식적인 시도'라고 할 수 있다. 이로써 우리는 그런 시련을 통해 부적당한 가설이 제거된 뒤에도 살아남을 수 있는 기회를 얻게 된다. 만일 좀 더 교조적인 태도를 취했다면 해당 가설의 제거란 곧 우리 자신의 제거를 의미하게 되는 상황에서 살아남을 기회 말이다.

—칼 포퍼

기술 경쟁이 우리를 어디로 이끌고 갈지 즐거운 마음으로 기다리며 우리는 세 가지 질문을 해야만 한다. 무엇이 **가능한가**, 무엇을 **달성할 수 있는가**, 무엇이 **바람직한가**?

첫째, 하드웨어가 관련된 영역에서 자연법칙은 무엇이 가능한가를 제약한다. 하지만 분자 조립 기계는 이런 한계로 향하는 길을 열어줄 것이므로 분자 조립 기계를 이해하는 것은 무엇이 가능한가를 이해하는 실마리가 된다.

둘째, 변화의 원리와 현재의 상황은 무엇을 달성할 수 있는지에 대한 한계를 설정한다. 진화하는 복제자들이 기본 역할을 할 것이므로 진화의 원리는 무엇을 달성할 수 있는지 이해하는 실마리가 된다.

셋째, 무엇이 바람직하고 무엇이 그렇지 않은가와 관련해선 다음처럼 말할 수 있다. 우리의 희망은 각기 달라서 이를 원동력으로 삼는 장정의 미래는 다양성의 여지를 갖추고 있다. 이에 반해 우리의 두려움은 공통된 것이어서 이를 원동력으로 하는 장정은 안전한 미래라는 공통 목표를 향하게 된다.

가능성, 달성 가능성, 바람직함이라는 세 질문은 선견지명을 추구하는 접근법의 틀을 이룬다. 첫째, 과학 기술 지식은 가능한 것의 한계를 담은 지도가 된다. 이 지도는 아직 흐릿하고 불완전한 대로, 미래가 그 안에서 움직이게 될 영구적인 한계의 개요를 보여준다. 둘째, 진화의 원리는 우리 앞에 어떤 경로가 놓일지를 결정하고 달성할 수 있는 것의 한계를 설정한다. 이 한계에는 하한선이 있다. 그 이유는 생활의 개선이나 군사력의 증강을 향한 진보는 사실상 중단될 수 없을 것이기 때문이다. 이것은 예측의 범위를 좁혀준다. 수십억 년에 걸친 진화의 경쟁이 갑자기 중단되지 않는다면, 경쟁의 압력으로 인해 우리의 기술적 미래는 가능성의 한계라는 틀 안에서 형성될 것이기 때문이다. 마지막으로, 달성 가능성의 폭넓은 한계 안에서 우리는 스스로 바람직하다고 여기는 미래를 만들기 위해 노력할 수 있다.

예언의 위험성

하지만 누가 미래를 예측할 수 있을까? 정치적, 경제적 추세는 변덕스럽기로 악명 높으며 순수한 우연의 주사위가 이 대륙에서 저 대류으로 굴러다니고 있다. 심지어 상대적으로 꾸준한 편인 기술의 진보조차 예측을 교묘히 피해나가는 일이 흔하다.

예언자들은 흔히 신기술의 도입에 필요한 비용과 시간을 추측한다. 하지만 이들이 가능성의 개요 작성을 넘어서서 정확한 예측을 시도하는 경우 일반적으로 실패한다. 예컨대 우주 왕복선은 분명히 가능하지만 그 비용은 수십억 달러만큼의 오류가 있었고, 첫 발사일에 대한 예측은 여러 해나 어긋났다. 엔지니어들은 어느 기술이 언제 개발될지 정확히 예측할 수 없다. 기술 발전에는 언제나 불확실성이 내재하기 때문이다.

하지만 우리는 예측을 시도하고 발전 방향을 제시해야만 한다. 우리가 괴물 같은 기술을 개발하게 될까? 그 시기는 통제된 기술을 개발한 후일까, 전일까? 어떤 괴물은 일단 놓여나면 다시 우리에 잡아넣을 수 없다. 살아남으려면 우리는 어떤 발전은 가속하고 어떤 발전은 늦춤으로써 통제력을 유지해야 한다.

하나의 기술이 다른 기술의 위험을 차단하는 경우도 가끔 있기는 하지만(방어 대 공격, 오염 방지 대 오염), 서로 경쟁 중인 기술이 같은 방향을 향하는 경우도 흔한 일이다. 1959년 12월 29일 리처드 파인만(1965년 노벨상 수상)은 미국물리학회에서 '바닥에는 풍부한 공간이 있다There's Plenty of Room at the Bottom'라는 제목의 연설을 했다.[2] 파인만은 생화학적이지 않은 방식으로 나노기계에 이르는 접근법을 설명했다. 그는 "(물리 법칙은) 사물을 원자 하나하나의 수준에서 조작할 수 있을 가능성에 대해 반대하지 않습니다. 이는 어떤 법칙을 위배하려는 것이 아닙니다. 이것은 원리적으로 가능한 일이지만 실제로는 이루어지지 않았는데 그 이유는 우리가 너무 크기 때문입니다. …… 궁극적으로 우리는 화학 합성을 할 수 있습니다. …… 화학자들이 말하는 장소에 원자들을 가져다 놓아 그 물질을 만들게 됩니다." 요약하자면, 그는 분자 조립 기계에 이르는 또 하나의 비非생화학적인 경로의 윤곽을 제시했다. 그는 심지어 그 당시에, "내 생각에 이 같은 발전은 피할 수 없는 것"이라고도 말했다.

4, 5장에서 논의하겠지만 분자 조립 기계와 지능을 가진 기계는 기술 발전의 시간과 비용과 관련한 많은 질문을 단순화할 것이다. 하지만 시간 및 비용과 관련된 질문은 이런 돌파구를 찾을 때까지의 소요 기간을 내다보기 어렵게 만들 것이다. 1959년 리처드 파인만은 나노기계가 DNA 합성을 포함해 화학 합성을 지휘할 수 있으리라 예상했다. 하지만 그렇게 하기까지 얼마나 오랜 기간과 많은 비용이 소요될지는 예측할 수 없었다.

사실, 당연한 일이지만, 생화학자들은 프로그램할 수 있는 나노기계 없이도 DNA를 합성하는 기술을 개발했다. 특정한 화학적 기법에 기초를 둔 지름길을 이용하는 방법이었다. 승리한 기술의 성공 비결은 불분명한 기법과 세부 사항 덕분인 경우가 흔하다. 1950년대 중반, 물리학자들은 반도체의 기본 원리에 따르면 마이크로회로를 물리적으로 제조할 수 있다는 것을 알 수 있었다. 하지만 실제로 어떻게 만들 것인가, 다시 말해 기판 제조, 저항, 산화물층 성장, 이온 주입, 부식 등의 모든 복잡한 세부 사항은 예견할 수 없었을 것이다. 승리하는 기술은 세부 사항의 미묘한 차이와 비교 우위 때문에 선택되고, 이는 기술 경쟁을 복잡하게 만들고 경쟁의 경로를 예측하기 어렵게 한다.

그렇다고 해서 장기적 예측이 쓸모없어질까? 자연법칙이 정한 한계를 향해 달려가는 경주의 경우 결승선은 예측할 수 있다. 설사 주자들의 속도와 경로는 예측할 수 없다고 해도 말이다. 물리적으로 무엇이 가능하고 가능하지 않은가를 구분 짓는 것은 인간의 변덕이 아니라 불변의 자연법칙이다. 어떠한 정치적 행동이나 사회 운동도 중력의 법칙을 눈곱만큼도 바꿀 수 없다. 그러므로 기술적 가능성에 대한 건전한 예측projection은, 그것이 아무리 초현대적인 듯해도, 예견prediction과 뚜렷이 구분된다. 이런 예측의 기반은 불변의 자연법칙이지 사건들의 예상키 어려운 변화가 아니다.

불행하게도, 이 같은 통찰력을 갖춘 이들은 예나 지금이나 드물다. 이런 통찰력이 없으면 우리는 가능성의 풍경 속에서 현혹되어 비틀거리게 된다. 산맥과 신기루를 혼동하고 양자를 모두 평가절하하게 된다는 말이다. 미래를 내다보는 우리의 정신과 문화는, 과학기술이 지금 같은 힘과 속도를 갖추지 못했던 시절, 느릿하게 움직이던 시절의 아이디어에 뿌리를 두고 있다. 우리는 아주 최근에서야 기술적 선견지명의 전통을 진화시키기 시작했다.

과학과 자연법칙

과학과 기술은 뒤얽힌다. 엔지니어는 과학자가 만든 지식을 이용하고 과학자는 엔지니어가 만든 도구를 사용한다. 과학자와 엔지니어는 둘 다 자연법칙을 수학적으로 기술한 내용을 바탕으로 일하며 아이디어를 실험으로 검증한다. 하지만 과학과 기술은 그 기초, 방법론, 목표가 각기 다르다. 이런 차이를 이해하는 것은 건전한 통찰력을 위한 결정적 요소다. 두 분야 모두가 진화하는 밈 시스템으로 구성되어 있기는 하지만, 이들의 진화는 각기 다른 압력 아래에서 이루어진다. 과학적 지식의 뿌리를 깊이 생각해보자.

역사상 대부분의 기간 동안 사람들은 진화에 대해 거의 알지 못했다. 이 탓에 철학자들은, 인간이 오감을 통해 입수한 증거들은 이성적 추론을 통해 어떻게든 마음에 새겨져야 한다고 생각하게 되었다. 자연법칙에 대한 지식을 포함해 인간의 모든 지식이 여기에 해당된다. 하지만 1737년 스코틀랜드의 철학자 데이비드 흄David Hume이 철학자에게 고약한 수수께끼를 제시했다. 관찰을 통해서는 일반적 법칙을 논리적으로 증명할 수 없다는 것을 보여준 것이다. 예컨대 태양이 이제껏 매일같이 빛났다는 사실은 내일도 태양이 빛나리라는 점을 논리적으로 전혀 입증하지 못한다. 사실, 태양은 언젠가는 식을 것이다. 그때는 태양이 계속 빛나리라는 식의 경험적 논리가 틀렸음이 입증될 것이다. 흄의 문제는 이성적 지식이 존재한다는 생각을 파괴하는 듯했고 이성적 철학자들을 대단히 곤혹스럽게 했다. 이들은 허우적거리며 진땀을 흘렸고 비이성주의가 근거를 얻게 되었다. 1954년 철학자 버트런드 러셀Bertrand Russell은 이렇게 진단했다.[3] "19세기 내내 비이성이 성장한 것, 그리고 그 내용물이 20세기까지 전해진 것은 흄이 경험주의를 파괴한 것에 따른 자연스러운 후속편이다." 흄의 문제라는 밈은 이성적 지식, 적어도 사람이 상상하는 바의 지식이 존재한다는 생각 자체를 약화했다.

몇십 년 전 칼 포퍼Karl Popper(아마도 과학자들이 가장 좋아하는 과학 철학자일 것이다), 토머스 쿤Thomas Kuhn을 비롯한 학자들은 과학을 진화적 과정으로 인식했다. 이들은 과학을, 관찰을 통해 어떻게든 결론을 도출하는 기계적 과정이 아니라 여러 아이디어가 수용되기 위해 싸움을 벌이는 전장으로 보았다.

모든 아이디어는 밈으로서, 수용되기 위해 서로 경쟁한다. 하지만 과학의 밈 시스템은 특별하다. 아이디어를 의도적으로 돌연변이화한다는 전통과, 돌연변이체를 통제하는 고유한 면역 체계를 지니고 있다. 시험관 안의 RNA 분자들, 곤충들, 아이디어들, 기계들을 포함한 어떤 것들 사이에서든 진화는 어떤 선택압selective pressure이 가해졌느냐에 따라 그 결과가 달라진다. 냉장을 위해 진화한 하드웨어는 수송을 위해 진화한 하드웨어와 다른 것과 같은 이치다. 따라서 냉장고의 자동차적 기능은 형편없다. 일반적으로, A를 향해 진화한 복제자는 B를 향해 진화한 복제자와 다르다.

밈 역시 예외가 아니다. 대체즉으로 아이디어들은 진실처럼 **보이는 방향으로** (아이디어들을 세심하게 검토하는 사람들에게 진실처럼 보임으로써) 진화할 수도 있고 진실이 **되는**[4] 방향으로 진화할 수도 있다. 과학적 방법론을 갖추지 못한 사람들 사이에서 아이디어들이 진실처럼 보이는 방향으로 진화하면 어떤 일이 일어나는지 인류학자들과 역사학자들이 기술한 바 있다. 그에 따른 결과(질병은 악령이 씌어서 생긴다는 이론, 별들은 천공에 붙박여 있다는 이론 등)는 세계 어디서나 매우 일관성이 있다. 물체의 낙하 운동에 대한 사람들의 순진한 오해를 조사한 심리학자들이 발견한 사실을 보자. 사람들은 갈릴레오와 뉴턴의 작업이 있기 전의 중세에 공식적 '과학적' 시스템으로 진화했던 것과 다를 바 없는 내용을 믿고 있었다.

갈릴레오와 뉴턴은 물체의 운동에 관한 아이디어를 검증하기 위해 실험과 관찰을 이용했고 과학의 진보가 극적으로 이루어지는 시대를 열었다. 뉴턴이 진화시킨 이론은 당시 가능했던 모든 검사를를 통과했다. 그들의 계획적인 검사는 진실에서 너무 멀리 벗어난 아이디어들을 완전히 몰아냈다. 순진한 인간의 마음에 호소력을 가지도록 진화한 아이디어도 여기에 포함되었다.

이런 추세는 계속되었다. 더 많은 변이와 검사는 과학적 아이디어가 더욱더 진화하도록 강요했고, 그렇게 해서 산출된 이론 중 일부는 아주 괴상해 보이기도 한다. 시간이 흐르는 속도가 변하고 공간이 휜다는 상대성 이론이나 입자의 확률적 파동 방정식을 다루는 양자 역학이 그런 예다. 심지어 생물학조차 초기 생물학자들이 기대했던 특수한 생명력이라는 아이디어를 버리고 그 대신 눈에 보이지 않는 작은 분자 기계로 이루어진 정교한 시스템을 밝혀냈다. 진실인 것처럼 (혹은 진실에 가까운 것처럼) 보이게 진화한 아이디어들이 사실은 오류, 혹은 이해할 수 없는 내용인 듯하다는 사실이 거듭해서 판명되었다. 진실과 진실처럼 보이는 것 사이에는 자동차와 냉장고만큼이나 큰 차이가 있다는 사실이 밝혀졌다.

자연과학 분야의 아이디어를 진화시키는 기본적 선택 규칙은 여러 가지가 있다. 첫째, 과학자들은 실험 가능한 결과를 내놓지 않는 아이디어를 무시한다. 무익한 기생충이 머리를 잠식하지 않도록 피하는 것이다. 둘째, 과학자들은 검사를 통과하지 못한 아이디어를 대체할 아이디어를 찾는다. 마지막으로, 과학자들은 가능한 한 넓은 범위에 걸쳐 정확한 예측을 내놓는 아이디어를 찾는다. 예컨대 중력 법칙은 돌의 낙하, 행성의 궤도 운동, 은하의 회전 운동의 원리를 설명하며, 정확한 예측을 내놓는다. 이 예측은 반증될 가능성이 활짝 열려 있는 성질의 것이기도 하다. 중력 이론은 적용 범위가 넓고 정확하기 때문에 엔지니어들이 다리를 설계하고 우주여행을 계획할 수 있다.

과학 공동체는 그런 믿이 퍼지는 환경을 제공한다. 이 환경을 강요하는 것은 더 나은 설명력과 정확성을 향한 경쟁과 검증이다. 이론 자체를 둘러싼 첨예한 논쟁이 벌어지는 와중에 과학 공동체를 하나로 지탱해주는 것은 이론의 검증이 중요하다는 합의다.

부정확하고 한정된 증거는 정확하고 일반적인 이론을 결코 **증명**할 수 없지만(흄이 보여준 바가 이것이다) 일부 이론이 **틀렸다는 점을 입증**할 수 있고, 따라서 과학자들의 이론 선택에 도움을 준다. 과학도 다른 진화 과정과 마찬가지로 이중 부정(부정확한 이론의 반증)을 통해 긍정적인 뭔가(유용한 이론의 비축량 증가)를 낳는다. 부정적 증거가 중심 역할을 한다는 사실은 과학이 야기하는 정신적 동요의 일부를 설명해준다. 예를 들어 반증을 통해 과학은 사람들이 소중히 여기는 믿음을 뿌리째 뽑아낼 수 있다. 그 자리에는 심리적 공허감이 남지만 과학이 이를 채워주어야 할 필요는 없다.

실용적 측면에서 보자면, 물론 대부분의 과학적 지식은 독자의 발등에 떨어지는 바위처럼 견고하다. 지구가 태양 주위를 돈다는 사실(우리의 감각은 이와 다르지만)을 우리가 아는 것은 이 이론이 수없이 많은 관찰과 부합하기 때문이며, 우리의 감각이 속고 있는 이유를 알기 때문이다. 원자의 존재에 대해 우리는 이론 이상의 것을 가지고 있다. 우리는 원자를 접합해 분자를 만들고, 원자를 들뜨게 해 빛을 내게 만들고, 현미경으로 관찰하고(간신히), 더 작은 조각으로 파괴했다. 진화에 대해서도 이론 이상의 것을 가지고 있다. 돌연변이와 선택, 그리고 실험실에서의 진화를 목격한 것이다. 우리는 이 행성의 바위에서 과거 진화의 흔적을 발견했고, 진화가 우리의 도구와 마음과 마음속의 아이디어—진화라는 아이디어 자체를 포함해—를 형성하는 것을 목격했다. 과학적 과정은 인간과 과학 자체가 어떻게 존재했는지를 포함해 수많은 사실에 대한 일관된 설명을 내놓았다.

과학이 이론에 대한 반증을 마치면 그때까지 살아남은 이론들은 서로 간의 간격이 실질적 차이를 만들지 않을 정도로 너무 가까운 자리에 모여 있는 경우가 흔하다.[5] 어쨌든, 살아남은 두 이론이 만든 실질적 차이는 검사할 수 있고, 둘 중 하나를 반증하는 데 사용될 수 있다. 예컨대, 현대 중력 이론들 간의 차이는 너무나 미미해서 우주 공간의 중력장을 통과하는 비행을 계획하는 엔지니어에게는 문제가 되지 않는다. 실제로 엔지니어는 이미 반증된 뉴턴의 이론을 이용해 우주 비행을 계획한다. 아인슈타인의 이론보다 단순하고 정확성도 그만하면 충분하기 때문이다. 아인슈타인의 중력 이론은 지금까지 모든 검사를 통과하고 살아남았지만, 그것이 옳다는 절대적 증거는 없으며, 그런 증거는 앞으로 있을 수 없다. 그의 이

론은 어느 장소 어떤 대상에 대해서도 (최소한 중력이 중요한 분야에
서는) 정확히 예측하지만, 과학자는 어딘가에 있는 무언가에 대해
근사적 값만을 측정할 수 있을 뿐이다. 그리고 칼 포퍼가 지적하듯,[6]
인간은 기존 증거로는 차이를 확인할 수 없는 극히 비슷한 이론을
얼마든지 발명할 수 있다.

언론에서 벌어지는 논쟁은 불확실하고 논란의 여지가 많은 지식
경제 영역을 강조하지만, 합의를 구축하는 과학의 힘은 명백한 채
로 남아 있다. 이토록 지속적이고 국제적으로 합의가 증대해온 분
야가 또 어디 있단 말인가? 정치나 종교, 예술 분야는 분명히 아니
다. 사실 과학의 주된 라이벌은 자신의 친척인 공학 기술이다. 공학
기술 역시 제안과 그에 대한 엄격한 검증을 통해 진화한다.

과학 vs. 기술

IBM의 연구 책임자 랠프 고모리가 말하듯,[7] "대중의 마음속에서 기
술 발전의 진화는 과학과 흔히 혼동된다." 이런 혼동은 선견지명을
향한 우리의 노력에 혼선을 부른다.

엔지니어들은 흔히 불확실한 땅을 디디지만 그들의 운명이 그렇
지는 않다. 이것이 과학자와 다른 점이다. 엔지니어는 정확하고 보
편적인 과학적 이론을 제시하는 데 내재된 위험을 피할 수 있다. 엔
지니어는 **특정한** 조건 아래 **특정한** 물체가 충분히 잘 작동하리라는 것
을 보여주기만 하면 **족하다.** 설계사는 현수교의 강선이 얼마만큼의

응력을 받는지도, 강선을 끊게 만드는 응력이 얼마인지도 정확하게 알 필요가 없다. 전자의 값이 후자의 값에 미치지 못하는 한, 강선은 다리를 지탱하게 마련이다. 그 두 값이 얼마가 되었든 말이다.

측정은 정확한 균등성을 증명할 수는 없지만 불균등성은 입증할 수 있다. 그러므로 공학의 산물은 정확한 과학적 이론이 가질 수 없는 견고함을 가질 수 있다. 공학의 산물은 심지어 자신을 지탱해주는 기존의 과학 이론이 반증된 뒤에도 살아남을 수 있다. 새 이론이 비슷한 결과를 내놓는다면 말이다. 예컨대 분자 조립 기계의 경우, 양자 역학이나 분자 결합 이론이 앞으로 얼마나 정교해지는지와 관계없이 살아남을 것이다.

새로운 과학 지식의 내용을 예측한다는 것은 논리적으로 불가능하다. 미래에 어떤 사실을 **배울지** 이미 **알고** 있다고 주장하는 것은 무의미하기 때문이다. 반면, 미래 기술의 세부 사항을 예측하는 것은 단지 어려울 뿐이다. 과학의 목표는 지식이지만 공학의 목표는 실행에 있다. 이 때문에 엔지니어는 역설에 빠지지 않고도 미래에 어떤 일이 가능한지 말할 수 있다. 이들은 금속을 절삭하거나 심지어 설계의 세부 사항을 모두 채워 넣기 전에도 마음과 계산의 세계에서 자신들의 하드웨어를 진화시킬 수 있다.

과학자들은 보통, 과학적 선견지명과 **기술적** 선견지명의 이런 차이를 인식하고 있다. 이들은 과학과 관련된 기술적 예측을 기꺼이 내놓는다. 예컨대, 과학자들은 보이저호가 촬영한 목성의 고리 사진이 어떤 놀라운 내용을 담고 있는지는 알 수 없었지만 사진의 해상도가 어느 정도일지는 미리 예측할 수 있었고 실제로 예측했다.

사실, 과학자들은 해당 카메라가 아직 아이디어와 예비 스케치 단계에 있을 때 이미 사진의 해상도를 예측했다. 이들의 계산은 이미 잘 검증된 광학 원리를 기반으로 했고, 새로운 과학과는 전혀 무관하다.

과학은 만물이 어떻게 작동하는지 이해하는 것이 목표이기 때문에 과학적 훈련은 하드웨어의 특정 부품을 이해하는 데 큰 도움이 될 수 있다. 물론, 그런 훈련을 받는다고 해서 자동으로 공학 전문가가 될 수는 없다. 여객기를 설계하려면 야금학과 항공공학에 대한 과학적 지식보다 훨씬 더 많은 것을 배워야 한다.

과학자는 이용할 수 있는 장비로 검증할 수 있는 아이디어에 집중하도록 훈련 받고 동료 과학자들도 그렇게 기대한다. 그 결과는 단기적 과제 쪽으로 관심이 집중되는 것인데, 이는 과학에 좋은 방향으로 기여할 때가 많다. 과학자들이 검증되지 않은 환상의 안개 속에서 방황하지 않도록 해주며, 신속한 검증은 효율적인 정신적 면역 체계에도 도움이 된다. 하지만 유감스럽게도, 단기 검증을 추구하는 이런 문화적 편견은 과학자들이 기술상의 장기적 진보에 관심을 덜 갖게 만들 수 있다.

과학과 관련해서는 진정한 선견지명이 불가능하다는 사실로 인해 과학자들은 미래의 발전에 대한 모든 진술이 '사변적'이라고 생각하게 된다. 사변적이라는 용어는 과학의 미래와 관련해서 적용될 때는 완벽하게 이치에 닿지만 정당한 근거를 갖춘 기술 관련 예측에 적용될 때는 거의 의미가 없다. 하지만 대부분의 엔지니어는 단기적인 것을 선호하는 편향을 공유한다. 이들 역시 훈련, 동료, 고용주를 통해 단 한 가지 문제에만 집중하도록 장려를 받는다. 현재의 기술이나 곧 현실화될 기술로서 만들 수 있는 시스템을 설계하라고 말이다. 심지어 우주 왕복선 같은 장기적 공학 프로젝트도 기술과 관련한 마감 날짜가 있다. 그 마감 날짜는 어떤 새로운 발전 사항도 그 시스템의 기본 설계의 일부가 되지 못하는 시한이다.

간단히 말해, 과학자는 미래의 과학적 지식에 대한 예측을 거부하며 미래의 기술적 발전을 좀처럼 논하지 않는다. 엔지니어는 미래의 발전을 실제로 추정하지만 현재의 능력에 기반을 두지 않은 발전은 좀처럼 추정하지 않는다. 하지만 이 탓에 결정적인 공백이 생긴다. **현재의 과학**에 굳건한 기반을 갖추고 있지만 **미래의 능력**을 기다리는 공학적 발전은 어찌 되는가? 이 공백은 많은 결실을 맺을 수 있는 연구 영역을 낳고 있다.

다음과 같은 일련의 발전을 상상해보라. 현재의 도구를 이용해 새로운 도구를 만들고 이런 도구를 이용해 새로운 하드웨어(아마도 더욱 새로운 세대의 도구를 포함해)를 만드는 발전 과정 말이다. 각 단계의 도구 세트는 기존에 확립된 원리를 기반으로 할 수 있을지라도, 전체적인 발전 경로를 밟는 데는 오랜 세월이 걸릴 수 있다. 각 발전 단계마다 해결이 필요한 특유의 문제가 한 무더기씩 나타날 것이기 때문이다. 다음번 실험을 계획하는 과학자나 다음번 장치를 설계하는 엔지니어는 첫 단계 외의 것은 무시하는 것도 무리가 아니다. 그렇다고 해도 최종 결과는 현재 정립된 과학이 보여주는 가능성의 경계의 안쪽 깊숙한 곳에 있기에 예측 가능하다.

최근의 역사는 이런 패턴을 예증해준다. 로켓이 궤도에 도달하기 전에 우주 정거장 건설을 고려한 엔지니어는 거의 없었다. 하지만 그 원리는 충분히 명백했고 우주 시스템 공학은 현재 번창하는 분야가 되었다. 이와 유사하게, 컴퓨터가 만들어지기 전에는 컴퓨터의 이용 가능성을 연구한 수학자와 엔지니어는 거의 없었다. 나중에는 많은 사람이 이를 연구했지만 말이다. 그러므로 나노기술의 미래를 검토한 과학자나 엔지니어가 아직 거의 없다는 사실은 놀랄 일이 아니다. 나중에 이것이 중요해질 수 있다 해도 말이다.

다빈치의 교훈

기술 발전을 예측하기 위한 노력은 역사가 길다. 그리고 과거의 사례는 현재의 가능성에 대한 예증이 된다. 예컨대 레오나르도 다빈치는 어떻게 그렇게 많은 것을 예견할 수 있었을까? 그리고 그런 그가 왜 가끔은 실패하기도 했을까?

다빈치는 500년 전에 살았으며 그가 생존하던 중에 신대륙이 발견되었다. 그는 데생과 발명의 형태로 미래를 예측했다. 각각의 설계는 뭔가 그와 매우 비슷한 것이 작동하도록 제작할 수 있다는 예측이라고 볼 수 있다. 그는 기계공학자로서 성공하여 굴착, 금속 세공, 동력 전달 등의 일을 하는, 작동 가능한 장치들(그중 일부는 이후 수백 년간 제작되지 않을 것들이었다)을 설계했다. 반면 그는 항공기 엔지니어로서는 실패했다. 그가 설계한 비행 기계는 그가 묘사한 대로 작동하도록 제작될 수 없다는 사실이 밝혀졌다.

그가 기계 설계에 성공한 이유는 알기 쉽다. 만일 충분히 단단하고 질긴 재료로 충분히 정확하게 부품을 만들 수 있다면, 지레·도르래·볼 베어링을 갖추고 천천히 움직이는 기계를 설계하는 것은 기하학과 지레 장치의 문제가 된다. 다빈치는 이를 정확하게 이해했다. 그의 '예측' 중 일부는 장기적이었다. 하지만 이는 사람들이 (예컨대) 우수한 볼 베어링을 만들 수 있을 만큼 충분히 정확하고 단단하고 질긴 부품을 만드는 법을 배우기까지 수많은 세월이 걸렸다는 단 한 가지 이유에서였다. 볼 베어링은 다빈치가 이를 제시한 지 약 300년 후부터 이용되기 시작했다. 이와 유사한 사례를 보면, 우수한 사이클로이드 기어는 다빈치가 그림으로 그린 지 거의 2세기가 지날 때까지 제작되지 못했다. 또한 그가 구상한 체인 전동을 이용한 장치는 거의 3세기 동안 제작되지 못했다.

그가 항공기 설계에 실패한 이유도 이해하기 쉽다. 당대에 항공역학이 존재하지 않았기 때문에 날개에 작용하는 힘을 계산할 수도, 항공기의 동력 생산 및 조종에 필요한 사항을 알 수도 없었다.

다빈치가 금속 기계에 관해 정확히 예측한 만큼 오늘날 우리도 분자 기계에 대해 정확히 예측하리라는 희망을 가질 수 있을까? 우리는 비행 기계에 관한 그의 계획에서 나타났던 것 같은 오류를 피할 수 있을까? 다빈치의 사례는 그것이 가능하다고 말해준다. 다빈치 자신도 아마 스스로의 비행기에 확신이 없었을 것이다. 그럼에도 그의 오류에 진실의 싹이 들어 있었다는 점을 기억하는 것은 우리에게 도움이 될 것이다. 모종의 비행 기계를 정말 제작할 수 있다는 그의 믿음은 옳았다. 그는 그런 비행 기계가 그 당시에 이미 존재했기에 확신할 수 있었다. 새, 박쥐, 벌은 비행이 가능하다는 점을 증명해 보여준 것이다. 더구나 그의 볼 베어링과 지레와 체인 전동을 이용한 장치는 실제로 작동하는 실물은 없었지만 그 원리에 대해서는 확신할 수 있었다. 기하학과 지레의 법칙에 대해서는 유능한 인물들이 이미 광범위한 지식의 기초를 만들어놓고 있었다. 부품에 요구되는 강도와 정확도가 그에게 의심을 품게 했을지 모르지만 지레의 움직임과 기능 간의 상호 작용[8]은 그렇지 않았다. 다빈치는 당시까지 알려진 어떤 것보다 우수한 부품이 필요한 기계들을 제안할 수 있었고, 그러면서도 자신의 설계에 큰 자신감을 느낄 수 있었다.

분자 기술도 기하학과 지레뿐만이 아니라 화학 결합, 통계역학, 물리학 일반에 대한 지식까지 광대한 지식을 토대로 삼고 있다. 하지만 이번 경우에는 물질의 속성과 조립의 정확도 문제가 각기 분리되어서 일어나지 않는다. 원자와 결합의 속성은 물질적 속성이며 원자는 완벽하게 표준화되어서 미리 제작된 상태로 존재한다. 따라서 우리는 다빈치 시대의 사람들에 비해 선견지명을 지닐 준비가 더 잘되어 있는 듯하다. 우리는 그 시대의 사람들이 금속과 정밀 가공에 대해 알았던 것보다 분자와 세심하게 조정된 결합에 대해 더 많이 알고 있다. 추가로, 다빈치가 당시 이미 하늘을 날고 있던 기계(새)를 들먹일 수 있었던 것처럼 우리는 세포 안에 이미 존재하는 나노기계를 들먹일 수 있다.

다음 세대의 나노기계가 단백질 기계를 이용해 어떻게 만들어질 수 있는지 예측하는 것은 상대적으로 분명히 쉬운 일이다. 다빈치 시대의 조악한 기계를 시발점으로 어떻게 정확한 금속 기계가 만들어지는지 예측하는 일에 비해서 말이다. 조악한 기계를 이용해 그보다 더 정확한 기계를 만드는 법을 배우기까지는 시간이 많이 걸릴 수밖에 없었고, 그런 방법도 분명한 것과는 거리가 멀었다. 이에 비해 분자 기계는 이미 존재하는 원자라는 완전히 동일한 부품으로 만들어질 것이며, 필요한 작업은 오직 조립뿐이다. 다빈치 시대에 부정확한 기계로 정교한 기계 만드는 법을 머릿속에 그리는 일은 오늘날 분자 기계 만드는 법을 생각하는 것보다 틀림없이 어려웠을 것이다. 게다가 우리에게는 자연 속에 항상 분자 조립 기계가 생긴다는 것을 알고 있다는 이점이 있다. 어느 모로 보아도 우리는 다빈치보다 자신감을 가질 든든한 기반이 있다.

다빈치 시대 사람들은 전기와 전자에 대한 지식이 빈약했고 분자와 양자 역학을 전혀 몰랐다. 따라서 만일 이들이 전깃불, 라디오, 컴퓨터를 본다면 당황할 것이다. 하지만 오늘날 공학 기술에 가장 중요한 기본 법칙들, 즉 정상적인 물질을 서술하는 법칙들은 익히 알려져 있는 듯하다. 중력 이론 중 살아남은 이론처럼, 반증이라는 과학적 엔진은 물질 관련 이론 중 살아남은 것이 모든 면에서 거의 비슷해지게 했다.

그런 지식은 최근의 것이다. 20세기 이전 사람들은 고체가 왜 고체이고 태양은 왜 빛을 내는지를 이해하지 못했다. 과학자들은 분자, 인간, 행성, 별들로 이루어진 정상적인 세계의 물질을 지배하는 법칙들을 이해하지 못했다. 우리 시대에 트랜지스터와 수소 폭탄이 싹을 틔운 것도, 분자 기술이 다가오고 있는 것도 이런 이유 때문이다. 이런 지식은 새로운 희망과 위험을 부르지만 적어도 미래를 내다보고 준비할 수단을 제공해준다.

기술의 배후에 있는 기본 원리를 파악하면 미래의 가능성을 내다볼 수 있다(물론 이런 예견에는 공백이 있게 마련이다. 그렇지 않다면 다빈치는 기계식 컴퓨터를 예견했을 것이다). 심지어 다빈치 시대 항공역학 원리의 경우처럼 기본 원리가 거의 알려지지 않았을 때라도, 자연이 그 가능성을 보여줄 수 있다. 마지막으로, 이 같은 교훈이 말하는 바는, 과학과 자연 모두 특정한 가능성을 지목할 때 우리는 이 가능성을 깊이 생각하고 그에 맞추어 계획을 세워야 한다는 것이다.

분자 조립 기계라는 획기적 돌파구

과학의 기초는 진화하고 바뀔 수 있다. 그래도 과학의 기초는 앞으로도 공학 기술적 방법의 체계가 착실하게 성장하도록 계속 도움을 줄 것이다. 결국 분자 조립 기계는 재료와 제작 공정이라는 전통적 문제에 해법을 제시함으로써 엔지니어들이 설계하는 모든 것을 제작할 수 있도록 해줄 것이다. 이미 엔지니어는 근사치 계산 기법과 컴퓨터 모델 덕분에 많은 설계를 진화시킬 수 있게 되었다. 심지어 해당 설계를 수행하는 데 필요한 도구가 없는 상태에서도[9] 말이다(구체적인 정보 없이도 컴퓨터 모의실험을 통해 설계를 계속 진화시키는 것이 가능해졌다는 의미다.-옮긴이). 앞으로 이런 것들 모두가 합쳐져서 미래 예측 및 그 이상의 것이 가능하도록 만들어줄 것이다.

 나노기술의 진보에 따라 분자 조립 기계의 실현이 눈앞으로 다가오는 시기가 올 것이다. 풍부한 자금을 갖춘 진지한 개발 프로그램에 힘입어서 말이다. 그때는 이런 기계들이 어떤 능력을 갖게 될지에 대한 그림도 분명해질 것이다.

 그때가 되면 분자 시스템을 대상으로 하는 컴퓨터 이용 설계computer-aided design, CAD[10]가 정교해지고 일반화될 것이다(컴퓨터 이용 설계는 이미 시작되었다). 분자 엔지니어의 점증하는 요구와 컴퓨터 기술의 발전이 그 원동력이 될 것이다. 이 같은 설계 도구를 이용해 엔지니어는 2세대 나노시스템을, 이를 만들기 위한 2세대 분자 조립 기계를 포함하여 설계할 수 있을 것이다. 게다가 오차 허용 범위를 넓게 잡음으로써(오차가 상당히 커도 작동할 수 있도록 설계한다는 뜻이다.-옮긴이) 엔지니어는 시제품 단계에서도 작동하는 시스템을 다수 설계할 수 있을 것이다. 이런 시제품은 이미 분자 모의실험 세계에서 건실한 설계로 진화한 상태일 것이다.

 이런 상황이 어떤 힘을 발휘하게 될지 생각해보라. '개발 중'이란 용어는 역사상 가장 위대한 생산 도구를 뜻하게 될 것이다. 설계 가능한 모든 것을 만들 수 있는 범용성을 정말로 갖춘 제조 시스템과 설계 시스템이 우리 손안에 들어오게 될 것이다. 그런데 모든 사람이 분자 조립 기계가 등장할 때까지 그 활용법을 계획하지 않은 채 손 놓고 있을까? 아니면 기업과 국가들이 기회와 경쟁이라는 압력에 부응해 나노시스템을 미리 설계할까? 그것이 실현되자마자 그 이용을 극대화하기 위해서 말이다.

 이와 같은 **사전 설계**design-ahead[11]라는 과정은 분명히 실현될 것으로 보인다. 유일한 의문은 그것이 언제 시작되고 어디까지 갈까 하는 것이다. 분자 조립 기계의 획기적 발전이 이룩되는 순간, 그 전에 수년간 조용히 수행된 설계 결과가 봇물처럼 터져 나와 전대미문의 급격함을 지니고 곧장 하드웨어로 현실화되는 것도 당연한 일일 것이다. 우리가 사전에 설계를 얼마나 잘 해두는가, 그리고 무엇을 설계하는가에 따라 우리가 살아남고 번성하느냐, 아니면 스스로를 제거하게 되느냐가 결정될 수도 있다.

분자 조립 기계의 획기적 발전은 전반적인 기술 분야에 거의 총체적인 영향을 미칠 것이기에 예측력은 엄청난 과업이 된다. 다빈치의 예측은 실제로 가능한 전체 기계 장치 중 극소수에 불과했다. 이와 유사하게, 미래의 기술로 가능한 것은 다빈치 시대보다 훨씬 더 넓겠지만 현대인이 예견할 수 있는 것은 극소수에 불과하다. 하지만 약간의 진보도 근본적인 중요성이 있다고 받아들여질 것이다.

의료 기술, 우주의 변경, 진보된 컴퓨터, 새로운 사회적 창조(예컨대 20세기에 등장한 단체 교섭이 그런 예에 해당한다.-옮긴이)의 각 분야는 서로 맞물려 돌아가게 마련이다. 그러나 분자 조립 기계의 획기적 발전은 이 모든 분야를 포함해 더욱더 광범위한 영향을 미치게 될 것이다.

2부

가능한 것들의
목록

ENGINES *of* CREATION

The Coming Era of Nanotechnology

4

풍요의 엔진

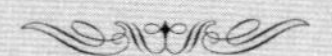

만일 모든 기계가 지시를 받아서,[1] 혹은 심지어 자발적으로 스스로에게 알맞은 일을 할 수 있다면 장인에게 봉사하는 도제나 주인에게 봉사하는 노예는 불필요해질 것이다.

—아리스토텔레스

1981년 3월 27일 CBS 라디오 뉴스는 미국항공우주국NASA의 어느 과학자[2]의 발언을 보도했다. 엔지니어들이 향후 20년 내에 우주 공간이나 지구에서 사용할 목적으로 자기 복제 로봇을 만들 수 있으리란 것이었다. 이들 기계는 스스로의 복제본을 만들고 이들에게 유용한 제품을 만들라는 지시를 내릴 수 있게 될 것이라는 이야기였다. 그는 이런 로봇의 가능성 자체는 의심하지 않았다. 다만 제작 시기가 언제일지에 대해서만 확신이 없었을 뿐이다. 그는 매우 옳았다.

1951년 존 폰 노이만John von Neumann이 자기 복제 기계의 원리를 개념화한 이래 과학자들은 일반적으로 그 가능성을 인정해왔다. 1953년 왓슨과 크릭은 DNA의 구조를 밝혀냈고, 이는 생명체가 어떻게 해서 스스로를 복제하도록 지령을 전달하는지 보여주었다. 그

후 생물학자들은 세포 안의 자기 복제 분자 기계들이 어떻게 작동하는지 점점 더 많은 지식을 쌓아왔다. 생물학자들은 분자 기계가 노이만이 개념화한 원리를 따른다는 것을 발견했다. 비행이 가능하다는 것을 새가 증명하듯이 생명체 전반은 자기 복제가 최소한 분자 기계 시스템에 의해서는 가능하다고 증명하고 있다. 하지만 미국항공우주국 소속이던 노이만의 마음속에는 다른 것이 있었다.

기계 복제자

바이러스, 박테리아, 식물, 인간 등의 생물학적 복제자[3]는 분자 기계를 이용한다. 인공적인 복제자는 그 대신 거시 기술을 이용할 수 있다. 오늘날 우리가 가진 것이 거시 기술이기 때문에 엔지니어들은 분자 기술이 도래하기 전에 이를 이용할 수 있다.

마법 같은 생명력이라는 오래된 미신은 (엔트로피 증가 법칙이 우주 내의 모든 것이 끊임없이 동작을 정지해나가야 한다는 뜻이라는 오해와 함께) 복제자의 존재는 모종의 자연법칙에 위배될 수밖에 없다고 말하는 믿을 낳았다. 하지만 이는 결코 사실이 아니다. 생화학자는 세포가 어떻게 복제되는지 이해하고 있으며 그 속에서 어떤 마술도 찾지 못했다. 그들이 마술 대신 찾아낸 것은 복제하기 위한 재료와 에너지, 지령을 모두 갖춘 기계였다. 세포는 실제로 복제하며 로봇은 복제할 수 있다.

자동화 과정의 발달은 자연스럽게 기계적 복제자 쪽을 향하게 될 것이다. 누군가 이를 특정한 목표로 삼든 그렇지 않든 말이다. 경쟁의 압력이 자동화를 진전시켜왔고 이에 따라 앞으로 공장 안에 인간 노동력의 필요는 줄어들 것이다. 이미 후지쯔화낙Fujitsu Fanuc[4] 사는 제조 설비 안의 기계 가공 부서를 24시간 가동하고 있다. 주간 근무 때의 현장 근로자는 19명에 불과하고 야간 근무 때는 아예 인간 근로자가 없다. 이 공장은 한 달에 250대의 기계를 생산하는데, 그중 100대는 로봇이다.

결국 로봇이 로봇을 조립하고 다른 장치를 조립하며 필요 부품을 만들 것이며, 다양한 공장에 재료와 동력을 공급하는 광산과 발전소를 운영하는 등의 일을 맡게 될 것이다. 곳곳에 퍼진 이런 공장의 네트워크는 임신한 로봇과 비슷한 모양은 아니겠지만, 그것은 스스로 확장하며 스스로를 복제하는 시스템을 형성할 것이다. 분자 조립 기계의 획기적 발전은 분명히 산업이 완전히 자동화하기 전에 일어나겠지만 오늘날 이 방향의 추세는 철커덕거리는 모종의 거대한 복제자를 향하고 있다.

그러나 그런 시스템의 유지·보수가 어떻게 인간의 노동력 없이 가능할까?

부품 검사와 장비 조립을 모두 할 수 있는 자동화 공장을 생각해보자. 검사에서 탈락한 불량 부품은 버려지거나 재활용된다. 만일 그 공장이 기계를 분해할 능력까지 갖추었다면 보수는 쉬운 작업이다. 고장 난 기계를 그저 분해해서 부품을 모두 검사한 뒤 닳았거나 망가진 부품을 교체한 다음 기계를 재조립하면 끝난다. 이보다 효율적인 시스템이라면 모든 부품을 검사하지 않고도 문제를 진단하겠지만 반드시 그래야 할 필요는 없다.

로봇만 근무하는 공장은 작동할 수는 있겠지만 이런 것들이 넓은 지역에 아무렇게나 퍼져 있다면 다루기 힘들다. 정교하게 설계하고, 부품과 원자재를 최대한 표준화한다면 엔지니어는 복제 시스템을 하나의 상자 안에 넣을 수 있을 것이다. 그래도 그 상자는 여전히 엄청나게 큰 것일 수 있다. 왜냐하면 상자 안에 각기 다른 많은 부품을 만들고 조립할 장비를 넣어야 하기 때문이다. 여기에는 얼마나 많은 부품이 필요할까? 정답은 시스템에 들어 있는 모든 부품이다. 각기 다른 많은 원자재와 부품을 만들고 조립할 수 있는 기계를 만들려면 얼마나 많은 각기 다른 부품과 원자재가 필요할까? 이를 추정하기는 어렵지만 이 시스템이 오늘날의 기술을 기반으로 한다면 전자 칩을 사용할 것이다. 전자 칩을 만드는 데만 해도 매우 많은 장비가 필요할 테고, 이를 작은 복제자의 배에 쑤셔 넣는 일도 해야 할 것이다.

토끼는 스스로를 복제하지만 이를 위해서는 비타민 분자처럼 미리 만들어져 있는 부품이 필요하다. 비타민을 음식에서 얻는 덕분에 토끼는 아무것도 없는 상태에서 모든 것을 만드는 경우보다 더 적은 분자 기계로도 살아남을 수 있다. 이와 유사하게, 미리 만들어져 있는 칩을 사용하는 기계 복제자는 필요한 모든 것을 만들어야 하는 경우보다 좀 더 단순한 형태가 될 수 있다. 독특한 '식사'(전자칩.-옮긴이)를 해야 할 필요성 때문에 이 복제자는 기계들로 이루어진 더 넓은 '생태 환경'에 의지해야만 한다. 이런 속성은 이 복제자를 통제하는 데 도움이 될 것이다. 미국항공우주국이 후원하는 여러

연구에서 엔지니어는 이런 반♯복제자들을 우주에서 활용하자는 제
안을 했다. 그렇게 하면 지구로부터 복잡한 부품을 아주 조금만 공
급받고도 항공우주 산업을 확장할 수 있다는 것이다.

그래도 거시 기술 복제자들은 스스로의 부품을 만들고 복제해야
하기 때문에 부품 제조 기계와 부품 분자 조립 기계 두 종류를 모두
포함해야만 한다. 여기서 분자 복제자들의 장점이 두드러진다. 이
들의 부품은 원자이고 원자는 기성품으로 존재한다.

분자 복제자

세포는 스스로를 복제한다. 세포 안 기계들은 스스로의 DNA를 복
사하고 DNA는 리보솜 기관에 여타 기계들을 만들라고 지시한다.
그 재료는 좀 더 단순한 분자들이다. 이들 기계와 분자는 액체로 채
워진 자루 속에 들어 있다. 세포막은 연료 분자, 그리고 더 많은 나
노기계와 세포막 등을 위한 부품을 세포 안으로 받아들이고 사용
후 연료와 폐기 부품들을 세포 밖으로 내보낸다. 세포의 복제는 막
주머니 안에 있는 부품들을 복제한 뒤 이들을 두 개의 덩어리로 나
눈다. 그다음 이들을 두 개의 덩어리로 나눈 뒤 주머니를 두 개로
분리함으로써 복제한다. 인공 복제자는 이와 유사한 방식으로 작동
하도록 만들 수 있는데 리보솜 대신 분자 조립 기계를 이용한다는
점이 다르다. 이런 방식으로 세포 비슷한 복제자를 만들 수 있을 것
이다. 기존의 세포는 부드럽고 축축한, 접힌 단백질 분자로 구성되

어 있지만 인공 복제자는 이런 한계에 얽매이지 않는다.

하지만 엔지니어들은 복제를 이룩하는 여타의 접근법을 개발할 가능성이 더 커 보인다. 진화 과정에서 세포의 근본적 패턴을 변경하기는 쉽지 않았는데, 이 패턴에는 단점이 있다. 예컨대 뇌세포의 시냅스(신경 세포의 접합부.—옮긴이)는 주머니에 들어 있는 화학적 분자들을 방출하는 방식으로 이웃 세포에 신호를 전달한다. 방출된 분자는 떠돌다가 이웃 세포의 수용 분자에 달라붙고 이 과정에서 가끔 신경 자극을 유도한다. 화학적 시냅스는 속도가 느린 스위치이며 신경 자극은 소리보다 느린 속도로 전달된다. 분자 조립 기계를 이용하는 엔지니어는 시냅스 한 개보다 크기가 작으면서도 속도는 100만 배 빠른 컴퓨터를 만들게 될 것이다.

변이와 선택을 통해 시냅스를 기계적 나노컴퓨터로 만드는 것은 육종가가 말을 품종 개량하여 자동차로 만드는 것만큼이나 어려운 일이다. 그럼에도 불구하고 엔지니어들은 자동차를 만들었으며 앞으로 뇌보다 빠른 컴퓨터, 현존하는 세포보다 유능한 복제자 제작법을 배우게 될 것이다.

이런 복제자 중 일부는 세포를 전혀 닮지 않을 것이며 세포 크기로 축소한 공장과 비슷한 형태를 띨 것이다.[5] 그 속에는 분자 뼈대에 얹힌 나노기계, 그리고 기계에서 기계로 부품을 전달할 컨베이어 벨트가 들어 있을 것이다. 복제자는 외부에 조립 팔 한 세트를 갖추고 한 번에 분자 하나, 혹은 부품 한 개씩을 추가해 스스로의 복제품을 만들 수 있을 것이다.

이 복제자들이 얼마나 빨리 복제할 수 있는가는 조립 팔의 작동 속도와 크기에 좌우될 것이다. 내부에 100만 개의 원자가 들어 있는 고급 복제자를 한번 상상해보라. 작동 부품이 1만 개에 이르고 각 부품에는 평균 100개의 원자가 포함되어 있다. 부품의 숫자는 좀 더 복잡한 기계를 만들기에 충분하다. 사실 분자 조립 기계 자체는 원자 100개 길이의 억센 로봇 팔을 지탱하는 상자처럼 보인다. 이 상자와 팔에는 팔을 이리저리 움직이며 팔 끝에 붙은 분자 도구를 교체할 수 있는 장치가 들어 있다.

상자 뒤에는 테이프를 읽고 기계적 신호를 보내 팔의 동작과 도구의 교환을 지시하는 장치가 자리 잡고 있다. 팔 앞에는 작업 중인 구조물이 놓여 있다. 컨베이어들이 조립 시스템에 분자들을 운반한다. 일부 컨베이어는 테이프 판독기와 팔을 움직이는 모터에 에너지를 공급하고 다른 컨베이어는 조립을 위한 원자 무리를 공급한다. 로봇 팔은 원자를 한 개 한 개씩 (혹은 한 무리 한 무리씩) 테이프가 지시하는 장소로 옮긴다.

이 분자 조립 기계는 빠른 속도로 일할 것이다. 탄산 무수화 효소나 케토스테로이드 이성질화 효소와 같은 빠른 효소[6]는 초당 거의 100만 개의 분자를 처리할 능력이 있다. 심지어 컨베이어도 없고 처리할 분자를 착착 작업대에 갖다 놓을 동력으로 움직이는 방법도 없이 말이다. 분자 조립 기계가 100만분의 1초 사이에 분자 하나를 잡고 이동시켜 제자리에 끼워놓도록 한다는 생각은 과도한 기대로 보일지 모른다. 하지만 작은 부속 기관은 앞뒤로 매우 빨리 움직일 수 있다. 인간의 팔은 초당 여러 차례 위아래로 움직일 수 있으며 손가락은 이보다 빠른 속도로 바닥을 두드릴 수 있다. 파리의 날개는 붕붕 소리를 낼 정도로 빠르게 움직일 수 있으며 모기는 이보다 빠른 날갯짓으로 앵앵 소리를 낸다. 곤충의 날개는 인간의 팔보다 약 1,000배 빨리 위아래로 움직일 수 있다. 그 길이가 인간 팔의 약 1,000분의 1에 불과하기 때문이다.

분자 조립 기계의 팔은 인간 팔의 약 5,000만분의 1 길이일 것이다. 따라서 약 5,000만 배 빨리 앞뒤로 움직일 수 있을 것이다.[7] 분자 조립 기계 팔이 초당 100만 번 움직이는 것은 인간의 팔로 치면 1분에 한 번 움직이는 데 불과하고, 이는 아주 둔한 움직임이다. 따라서 이런 속도는 매우 타당한 목표인 듯하다.

복제의 속도는 만들어야 할 시스템의 전체 크기에도 좌우될 것이다. 분자 조립 기계는 저 혼자서는 복제될 수 없다. 재료와 에너지, 그리고 이를 어떻게 이용하라는 지시가 있어야 한다. 보통의 화학 물질이 재료와 에너지를 공급할 수 있지만 이를 가공하려면 나노기계를 이용할 수 있어야 한다. 울퉁불퉁한 중합체 분자가 천공 테이프처럼 정보를 코드화할 수 있겠지만 그 울퉁불퉁한 패턴을 팔의 동작으로 번역할 판독기가 반드시 있어야 한다. 이런 부품들 모두가 복제자의 핵심을 이룬다. 테이프는 복제기, 판독기, 여타 나노기계, 그리고 테이프[8] 자체의 복사본을 만들라는 지시를 제공한다.

이런 종류의 복제자를 제대로 설계하려면 여러 개의 조립용 팔, 그리고 제작 중인 물건을 잡고 움직일 여러 개의 또 다른 팔이 포함되어야 할 것이다. 이런 팔들은 각각 약 100만 개 정도의 원자를 (복제자를 구성하는 원자의 총 숫자에) 추가되어야 할 것이다. 테이프 판독기, 화학 처리 장치 등의 여타 부품은 분자 조립 기계 자체만큼 복잡할 수 있다. 마지막으로, 유연한 복제 시스템은 아마도 단순한 컴퓨터를 내장하게 될 것이다. 1장에서 언급한 기계적 접근법으로 추정할 때 이 컴퓨터로 약 1억 개의 원자를 추가될 것이다. 이 모든 부품을 합쳐도 총 원자 수는 1억 5,000만 개에 미치지 못할 것이다. 혹시 오차의 가능성을 감안해서 원자의 숫자를 아주 넉넉하게 잡아 10억 개라고 가정하자. 조립용으로 추가된 팔의 능력을 더욱 증강시키겠지만 오차에 대비한 여유분을 위해 이런 사실도 무시하자. 이 시스템이 초당 100만 개의 원자만 처리한다 해도 1,000초, 즉 15분이 약간 넘는 시간이면 스스로를 복제할 수 있을 것이다. 이는 박테리아가 좋은 환경 속에서 스스로를 복제하는 데 걸리는 시간에 해당한다.

그런 복제자가 화학 물질이 들어 있는 병 속에서 떠다니며 스스로를 복제한다고 생각해보라. 1,000초당 1개, 10시간이면 36개를 복제한다. 일주일이면 인간의 세포 하나를 채울 만한 양을 만들어낼 것이다. 그리고 1세기가 지나면 그 양은 제법 될 것이다. 만일 이것이 복제자가 할 수 있는 일의 전부라면 무시해도 무방하다.

하지만 각각의 복제물은 더더욱 많은 복제물을 만들어낸다. 첫 복제자는 1,000초 만에 1개를 조립하고 두 개의 복제자는 다음 1,000초 만에 2개를 더 만들어내고 4개는 다시 4개를, 8개는 다시 8개를 만들어낸다. 10시간이 지나면 새로운 복제자가 36개가 아니라 680억 개 넘게 생긴다. 하루도 지나기 전에 이들의 무게는 1톤이 될 것이고 이틀이 지나기 전에 지구 전체의 무게를 넘어설 것이다. 그로부터 4시간이 더 지나면 태양과 태양계 모든 행성의 질량을 넘어설 것이다. 만일 병 속의 화학 물질들이 이보다 훨씬 이전에 고갈되지 않는다면 말이다.

계속 두 배로 늘어난다는 것은 지수적 성장을 의미한다. 공간이나 자원에 제약이 없다면 복제자들은 지수적으로 증가한다. 박테리아가 이런 식으로 증식하며 그 속도는 방금 서술한 복제자의 경우와 동일하다. 사람의 번식 속도는 이보다 훨씬 더 느리지만 만일 충분한 시간이 주어진다면 아무리 많은 자원이라도 부족해질 때까지 번식할 것이다. 인구 증가에 대한 관심은 앞으로도 계속 지속될 것이다. 새롭고 재빠른 복제자에 대한 관심 역시 가까운 시일 내에 정말로 중요해질 것이다.

분자와 고층 건물

개별 원자를 붙잡아서 필요한 위치에 가져다 놓는 기능을 갖춘 기계는 거의 모든 것을 만들 수 있다. 적당한 원자를 원하는 패턴으로 결합하면 되니 말이다. 이는 1장 말미에서 설명한 대로다. 물론, 한 번에 원자 하나씩 추가하는 방법으로 커다란 물체를 만드는 것은 느린 과정이다. 어쨌든 공룡 시대 이래 어느 순간을 보더라도 파리 한 마리에는 100만 개의 원자가 들어 있다. 그럼에도 불구하고 분자 기계는 커다란 물체를 만들 수 있다. 어쨌든 고래를 만들지 않는가.

커다란 물체를 빠른 속도로 만들려면 많은 수의 분자 조립 기계가 협동해야 하지만 복제자들은 톤 단위로 분자 조립 기계를 만들게 될 것이다. 사실 설계만 정확하다면 조립 시스템과 복제자 간의 차이는 분자 조립 기계의 프로그래밍뿐일 것이다. 복제 능력이 있는 분자 조립 기계가 스스로를 1,000초 만에 복제할 수 있다면 그 분자 조립 기계는 자신과 같은 크기의 다른 것을 이와 동일한 속도로 만들도록 프로그램될 수 있다. 마찬가지로, 1톤의 복제자는 다른 것 1톤을 신속하게 만들 수 있다. 만들어진 제품은 10억의 10억의 10억 배에 이르는 원자들이 제자리에 놓여 있는 상태일 것이며, 오차는 극히 미미할 것이다.[9]

커다란 물체를 조립하는 방법이 가진 능력과 한계를 알아보려면 얇은 판 위에 작은 조립 팔이 가득 채워져 있는 장면을 상상해보라. 이 조립 팔들은 건설 업무를 하도록 재프로그램된 복제자의 큰 무리로서 질서정연하게 배치되어 있다. 이들 뒤에는 컨베이어와 통신 채널이 있어서 반응성 분자와 조립 명령을 제공한다. 각각의 조립 팔이 원자 100개의 직경을 합친 만큼의 폭을 차지한다면 분자 조립 기계 한 개의 뒤에는 컨베이어와 채널이 들어갈 공간이 가로 세로로 원자 100개, 즉 원자 1만 개만큼 있게 될 것이다. 이는 충분한 공간인 듯하다.

원자 열 개나 스무 개 정도 폭의 공간에는 컨베이어(아마도 분자 벨트와 도르래로 만들어졌을 것이다) 한 개를 수용할 수 있다. 그리고 원자 몇 개만큼의 폭을 지닌 통신 채널 한 개는 분자 막대기 하나가 들어간다. 이 막대기는 1장에서 언급했던 기계식 컴퓨터와 마찬가지로 밀렸다 당겨졌다 하면서 신호를 전달할 수 있을 것이다. 모든 팔은 합동으로 일해서 폭넓고 단단한 구조를 한 층 한 층 쌓아 올릴 것이다. 각각의 팔은 자신의 영역, 즉 각 층마다 원자 약 1만 개를 쌓는 일을 맡는다. 팔 하나당 초당 100만 개의 원자를 다루는 분자 조립 기계들로 이루어진 판은 원자로 구성된 층을 초당 약 100개씩 완성할 것이다. 이것이 빠른 속도로 여겨질 수도 있겠지만 이런 속도라면 종이 한 장의 두께를 쌓는 데 약 한 시간이 걸릴 것이고 1미터 두께의 판재를 만들려면 1년이 넘게 소요될 것이다.

이보다 동작이 빠른 팔은 조립 속도를 하루 1미터 이상으로 올릴 수 있겠지만 폐열을 많이 발생하게 될 것이다. 만일 하루에 1미터 두께의 판을 만든다면 1제곱미터에서 나오는 열만으로도 스테이크 수백 장을 동시에 구울 정도가 될 것이며 이 탓에 기계 자체가 익어버릴 수도 있을 것이다. 크기와 동작 속도가 일정한 지점에 이르면 냉각 문제가 제한 요소가 될 테지만 기계를 과열시키지 않고도 물체를 조립하는 방법은 여럿 있다.

모래를 한 알갱이씩 접착해 집을 한 채 지으려 한다고 생각해보라. 모래를 접착하는 기계들이 현장 작업으로 모래 한 알 두께의 층을 겹겹이 쌓아 올리려면 수십 년이 걸릴 것이다. 이제 공장에 있는 기계들이 먼저 모래를 접착해 벽돌을 만든다고 생각해보라. 공장은 한 번에 많은 벽돌을 생산할 수 있다. 모래를 접착하는 기계가 충분히 많아서 벽돌을 빠른 속도로 쏟아낸다면 벽면 분자 조립 기계는 이렇게 미리 만들어진 벽돌을 이용해 벽을 재빨리 쌓아올릴 수 있게 될 것이다. 이와 마찬가지로 큰 분자 조립 기계들은 더 큰 분자 조립 기계들과 한 팀이 되어 큰 물체를 만들게 될 것이다. 기계의 크기는 분자에서 거대 규모에 이르기까지 어느 것이든 가능하다. 이런 방법을 사용한다면 조립 현장에서 부품 제조 시에 발생하는 열을 방지할 수 있다.

고층 건물 건설법과 생명체의 구조는 큰 물체를 만드는 방법으로서 서로 공통점이 있다. 대형 동식물은 혈관계나 관 다발계, 즉 조직 곳곳에서 작동 중인 분자 기계에 재료를 운반하는 정교한 관을 갖추고 있다. 이와 마찬가지로 비계공과 리벳공이 고층 건물의 뼈대를 완성하고 나면 이 건물의 '관 시스템', 즉 엘리베이터와 복도, 그리고 크레인의 도움은 건축 자재를 건물 안 곳곳에 있는 인부들에게 전달해준다. 조립 시스템 역시 이 같은 전략을 채택할 수 있을 것이다. 먼저 비계를 만든 다음 모든 부위에서 작업하면서 외부로부터 관을 통해 들여온 재료를 결합하는 것이다.

산업 시설 안의 큰 통 안에서 대형 로켓 엔진을 '성장'시키는 작업을 할 때 이런 방식을 사용한다고 생각해보라. 광택 나는 금속으로 만들어진 통은 내부 조망용 유리창이 나 있으며 높이는 사람 키를 넘어선다. 완성된 엔진이 들어갈 수 있어야 하기 때문이다. 여기 부착된 파이프와 펌프는 다른 장비들, 그리고 수랭식 열 교환기와 연결되어 있다. 이렇게 배치하면 조작자가 통 속에 다양한 액체를 순환시킬 수 있다. 공정의 시작 단계에서 조작자는 통의 뚜껑을 열고 그 속에 바닥 판을 내려놓는다. 엔진은 이 판 위에 세워질 예정이다. 그리고 뚜껑을 다시 밀봉한다.

단추를 누르면 펌프를 통해 걸쭉한 우유 같은 뿌연 액체가 흘러나와 내부 공간을 채우면서 바닥 판을 침수시키고 유리창을 흐리게 만든다. 이 액체는 다른 통에서부터 흘러 들어온다. 이 통에서는 복제하는 분자 조립 기계들의 배양과 재프로그램이 끝났다. 새로운 명령 테이프를 복사하고 퍼뜨리라는 것이 재프로그램의 내용이다(이는 박테리아에 바이러스를 감염시키는 것과 어느 정도 유사하다). 박테리아보다 작은 새로운 조립 시스템은 빛을 내기 때문에 액체를 우유같이 보이게 만든다. 분자 조립 기계들이 너무 많아서 이 액체는 걸쭉하다.

분자 조립 기계가 가득 찬 액체가 빙빙 돌고 있는 통 속에 자리 잡은 바닥 판의 중앙에는 '씨 seed'가 자리 잡고 있다. 씨에는 엔진 건조 계획이 저장된 나노컴퓨터가 들어 있고 표면에는 밖으로 튀어나온 돌출부들이 있어 그곳에 분자 조립 기계가 달라붙는다. 돌출부에 분자 조립 기계가 부착되면 양자는 서로 플러그를 꽂는다. 그리고 씨 안에 있는 컴퓨터는 분자 조립 기계의 컴퓨터에 지시문을 전송한다. 이 새로운 프로그래밍은 분자 조립 기계에게 씨와의 상대적인 위치를 알려주고 조작 팔을 뻗어 더 많은 분자 조립 기계들을 걸리게 하라고 지시한다. 조작 팔에 걸린 분자 조립 기계들도 플러그를 꽂은 뒤 똑같은 프로그램을 전달받는다. 씨가 내리는 이런 지시에 따라서(이 지시는 서로 정보를 전달하는 분자 조립 기계들의 네트워크가 성장함에 따라 계속 퍼져나간다) 일종의 분자 조립 기계 결정이 액체의 혼돈 속에서 자라난다. 각각의 분자 조립 기계는 (엔진 건설) 계획 안에서 자신의 위치를 알기 때문에 더 많은 분자 조립 기계가 필요한 곳에서만 그것들이 자신의 팔에 더 걸리게 만든다. 그 결과 자연의 결정보다는 덜 규칙적이고 더욱 복잡한 패턴이 형성된다. 불과 몇 시간 지나지 않아, 분자 조립 기계로 구성된 골격이 로켓 엔진의 최종 형태에 맞게 성장한다.

그러면 통의 펌프가 다시 작동해서 미부착 분자 조립 기계가 들어 있는 뿌연 액체를 새 액체로 교체한다. 새 액체는 유기용제로서 그 속에는 알루미늄 화합물, 산소가 풍부한 화합물, 분자 조립 기계의 연료가 될 화합물 등이 녹아 있다. 액체가 맑아짐에 따라 유리창으로 보이는 로켓 엔진의 형태가 점점 뚜렷해진다. 마치 반투명의 흰 플라스틱으로 만든 실물 모형처럼 보인다. 그다음, 씨로부터 메시지가 퍼져나가 지정된 분자 조립 기계로 하여금 이웃 분자 조립 기계를 놓아주고 팔을 접으라고 지시한다. 이들 분자 조립 기계는 갑자기 흰색의 물결을 이루며 구조물로부터 떨어져 나온다. 남아 있는 분자 조립 기계들은 스펀지 같은 격자를 이루며 구조물 표면에 붙어 있고 이제는 작업할 공간도 충분하게 확보한 상태다. 통 속의 엔진 형태는 거의 투명해지며 약간 영롱한 색을 띤다.

남아 있는 분자 조립 기계들은 아직 이웃 분자 조립 기계들과 연결된 상태지만 이제는 액체로 채워진 관으로 둘러싸여 있다. 분자 조립 기계에 붙은 특수 팔은 채찍질하는 사람처럼 작동한다. 액체를 채찍질해 관 속을 순환하게 만드는 것이다. 이런 동작은 분자 조립 기계가 수행하는 다른 모든 동작과 마찬가지로 액체 속의 분자들에게 연료를 제공받은 분자 엔진을 동력으로 삼는다. 녹은 설탕이 효모에 에너지를 제공하듯, 녹아 있는 화학 성분들은 분자 조립 기계에 동력을 제공한다. 관 속을 흐르는 액체 속에는 새 연료와 건설 원자재가 녹아 있다. 이 액체의 흐름은 폐열도 제거한다. 통신 네트워크는 각각의 분자 조립 기계에게 지시를 퍼뜨린다.

이제 분자 조립 기계는 엔진을 건조할 준비가 끝났다. 이들은 주로 파이프와 펌프로 이루어진 로켓 엔진을 만들 예정이다. 튼튼하고 가벼운 구조물을 정교한 형태로 만든다는 뜻이다. 구조물의 일부는 고열을 견뎌야 하고 일부는 냉각액을 운반하는 튜브로 채워져야 한다. 아주 높은 강도가 필요한 부위에서는 분자 조립 기계들이 탄소 섬유의 막대를 서로 맞물리게 해 다이아몬드 형태로 만들기 시작한다. 그 결과 분자 조립 기계들은 예상되는 형태의 응력을 견딜 수 있는 격자를 만든다. 열과 부식에 대한 내구성이 핵심인 부위(표면의 많은 곳이 그렇다)에서는 사파이어 형태의 산화알루미늄 구조물을 만든다. 응력이 작게 가해질 부위에는 분자 조립 기계들이 격자에 많은 공간을 남김으로써 로켓의 중량을 가볍게 한다. 큰 응력이 가해질 부위에는 분자 조립 기계가 간신히 이동할 수 있을 만큼의 통로만 남기고 구조물을 보강한다. 다른 곳에는 분자 조립 기계들이 센서, 컴퓨터, 모터, 원통형 코일, 기타 필요 부품을 만들 여타의 재료를 내려놓는다.

마무리 단계에서 분자 조립 기계들은 남아 있는 공간에 벽들을 세워 각각을 거의 밀폐된 방으로 만든 뒤 아직 남겨놓은 구멍으로 철수한다. 그런 다음, 방 내부에 있는 액체를 펌프질해 빼낸다. 빈 방을 밀봉한 뒤 분자 조립 기계들은 순환하는 액체를 타고 빠져나와 완전히 철수한다. 마지막으로 통의 액체를 배수시키고 스프레이로 엔진을 씻어낸 뒤 완성된 엔진을 끌어내 건조한다. 엔진 제조는 하루도 걸리지 않았고 인간이 주의를 기울일 필요는 거의 없었다.

이 엔진은 어떤 상태일까? 금속을 용접하고 볼트로 연결한 거대한 덩어리가 아니다. 이음매가 아예 없으며, 보석 비슷하다. 내부의 빈방들은 빛의 한 파장 길이만큼 서로 떨어진 채 정렬된 패턴을 이루고 있는데 이에 따른 부수 효과가 생긴다. 레이저 디스크의 패인 홈처럼 빛을 회절시킨다. 그래서 붉은 오팔과 비슷한 다양한 무지갯빛을 내게 된다. 이 빈 공간들은 알려진 가장 가볍고 단단한 물질의 일부로서, 이미 만들어진 구조물을 더욱 가볍게 한다. 이 앞선 엔진의 무게는 오늘날의 금속제 엔진의 10분의 1도 채 되지 않는다.

가볍게 두드려보면 크기에 비해 놀랄 만큼 고음을 내는 종처럼 울릴 것이다. 이와 유사한 방식으로 건조된 우주선에 장착한 이 엔진은 활주로에서 우주로 날아오른 뒤 쉽게 지구로 돌아온다. 이 엔진은 거친 환경에서 오랫동안 사용해도 견뎌낼 수 있다. 재료가 매우 단단한 덕분에 설계 과정에서 안전 확보를 위한 여유를 많이 집어넣을 수 있기 때문이다. 분자 조립 기계들 덕분에 설계가들은 엔진 구조가 부러지기 전에 휘게 (갈라지는 폭이 좁고, 갈라져도 그것이 확산되지 않도록) 할 수 있다. 그 덕분에 이 엔진은 단단할 뿐 아니라 내구성이 강하다.

이토록 뛰어난데도 불구하고 이 엔진은 근본적으로 매우 재래식이라 할 수 있다. 그저 밀도가 높은 금속을 세심하게 제작한 구조물들로 교체한 것뿐이다. 단단히 결합시킨 가벼운 원자들로 구성된 구조물 말이다. 최종 제품은 나노기계를 전혀 포함하고 있지 않다.

이보다 앞선 설계로는 나노기술을 더 깊이 있게 활용할 수 있다. 이런 설계는 관 시스템을 제자리에 배치해 이것이 분자 조립 기계

및 분해 기계로 이루어진 시스템을 제공하도록 만들 수도 있을 것이다. 후자의 시스템에는 마모된 부품을 수리하라는 프로그램이 들어갈 수 있다. 에너지와 원자재만 계속 공급된다면 그런 엔진은 스스로를 계속 새롭게 만들 수 있을 것이다. 좀 더 첨단적인 엔진은 또한 문자 그대로 유연하도록 만들 수 있다. 로켓 엔진은 각기 다른 운용 상황에서 각기 다른 형태를 취할 수 있다면 더욱 잘 작동한다. 하지만 엔지니어들은 거시 금속을 강하고 단단하면서 유연한 성질을 가지도록 할 수 없었지만 나노기술이 있다면 금속보다 단단하고 나무보다 가벼운 구조물이 근육처럼 (근섬유가 미끄러지는 원리에 따라 작동하면서[10]) 움직일 수 있다. 그런 엔진은 근본적으로 팽창하고 수축하고 부착 부위에서 구부러짐으로써 다양한 상황에서 필요로 하는 추력을 제공할 수 있을 것이다. 적절히 프로그램한 분자 조립 기계와 분해 기계가 있다면 이런 엔진은 통을 벗어난 지 오랜 세월 후에도 심지어 스스로의 근본 구조까지 리모델링할 수도 있을 것이다.

간단히 말해 복제하는 분자 조립 기계들은 스스로를 톤 단위로 복제할 수 있고 그러고 나서 컴퓨터, 로켓 엔진, 의자 등의 물건을 만들 수 있게 될 것이다. 바위를 분해하는 능력을 갖춘 원자재 조달용 분해 기계도 만들게 될 것이다. 에너지 공급을 위한 태양광 집열 장치도 만들 것이다. 이들은 스스로의 크기는 작을지라도 매우 큰 것을 만들게 될 것이다. 자연 속의 나노기계 팀들은 고래를 만들어 낸다. 씨앗들은 기계를 복제하고 원자를 조직화해서 섬유소로 이루어진 막대한 구조물로 만들어 삼나무 숲을 건설한다. 특별한 준비를 갖춘 통 속에서 로켓 엔진을 성장시킨다고 해서 지나치게 놀랄 일은 전혀 없다. 사실 적당한 분자 조립 기계 '씨앗'을 받은 조림학자造林學者는 흙과 공기, 햇빛을 가지고 우주선을 키워낼 수 있다.

분자 조립 기계는 보통의 재료로 노동력을 들이지 않고 사실상 무엇이든 만들게 될 것이다. 연기를 내뿜는 공장을 숲처럼 깨끗한 시스템으로 대체할 수 있다는 말이다. 분자 조립 기계는 기술과 경제를 근본부터 바꿀 테고 가능성으로 충만한 새로운 세계를 열 것이다. 진실로 풍요의 엔진이 될 수 있다.

ENGINES *of* CREATION

The Coming Era of Nanotechnology

5

생각하는 기계

세계는 제2의 컴퓨터 시대의 길목에 서 있다.[1] 오늘날 연구소에서 나오는 신기술은 컴퓨터를 환상적으로 빠른 계산 기계에서 인간의 사고 과정을 모방하는 장치로 바꾸기 시작했다. 추론, 판단, 심지어 학습까지 하는 능력을 기계에 부여하는 일이 시작되었다는 말이다. 이 같은 '인공지능'은 과거 인간의 지능이 필요하다고 생각되던 분야에서 이미 임무를 수행 중이다.

—《비즈니스위크》

컴퓨터는 밀실과 연구소를 벗어나 가정과 사무실에서 글쓰기와 계산, 놀이에 도움을 주고 있다. 이런 기계는 단순한 반복 작업을 하지만 연구소에 있는 컴퓨터는 아직도 이보다 훨씬 더 많은 일을 한다. 인공지능 연구자는 컴퓨터를 똑똑하게 만들 수 있다고 말하며, 여기에 반론을 제기하는 사람은 점점 줄어들고 있다. 미래를 이해하기 위해서는 달까지 날아가는 것보다 인공지능 만드는 일이 불가능한지 생각해보아야 한다.

생각하는 기계라고 해서 인간처럼 생겨야 한다거나 인간과 유사한 의도나 정신 능력을 갖출 필요는 없다. 사실 일부 인공지능 시스템은 인문학을 전공한 대학 졸업자의 자질을 갖추지는 못할 것이다. 그 대신 강력한 설계용 엔진으로서만 이용될 것이다. 그럼에도 불구하고 어떻게 해서 마음이 없는 물질에서 인간의 마음이 진화해

나왔는지 이해하는 것은 어떻게 기계로 하여금 생각하게 만들 수 있는지 가르쳐줄 것이다. 마음은 다른 종류의 질서와 마찬가지로 변이와 선택을 통해 진화했다.

마음은 작용한다. 행동의 중요성을 알기 위해 스키너Burrhus F. Skinner의 행동주의를 받아들일 필요는 없다. 그 행동이 생각이라 불리는 내적 행동이라고 해도 마찬가지다. 시험관에서 스스로를 복제하는 RNA의 사례는 마음이 없는 분자에게 어떻게 해서 '의도'라는 개념이 (일종의 약칭으로서) 적용될 수 있는지 보여준다. RNA 분자는 신경이나 근육은 없지만 스스로의 복제를 촉진하는 방향으로 '행동'하도록 진화했다. 변이와 선택은 개별 분자의 단순한 행동 양식을 만들어냈고 이 양식은 해당 분자에게 '평생' 고정적으로 남아 있다.

개별 RNA 분자는 적응하지 않지만 박테리아는 적응한다. 경쟁이 선호한 것은 적응을 통해 변화하는 박테리아였다. 예컨대 현재 섭취할 수 있는 먹이에 맞도록 소화 효소의 조합을 조정하는 식의 변화가 이에 해당한다. 하지만 이런 적응 방식은 그 자체로 고정되어 있다. 차가운 공기가 자동 온도 조절 장치를 켜듯 식량 분자는 유전자 스위치를 켠다.

일부 박테리아는 원시적 형태의 시행착오를 지침으로 삼기도 한다. 이런 박테리아는 직선으로 헤엄치는 경향이 있다. 그리고 앞으로 나아가면서 상황이 개선되고 있는지 악화되고 있는지 알기에 꼭 필요한 만큼의 '기억력'을 가지고 있다. 상황이 개선되고 있다고 감지하는 경우 직선 경로로 계속 나아간다. 만일 악화 중이라고 감지하면 전진을 멈추고 빙글빙글 돌다가 무작위로 아무 방향으로나 가는데 종전과는 대체로 다른 방향이다. 이들은 방향을 시험하고 나쁜 방향을 버리는 방식을 통해 좋은 방향을 선호한다. 그리고 이 박테리아들이 번성한 것은 이 방법이 먹이 분자가 많은 방향 쪽으로 돌아다니게 만들었기 때문이다.

편형동물은 뇌가 없지만 진정한 학습 능력을 보여준다. 이들은 단순한 T 자형 미로에서 올바른 방향을 선택하는 것을 배울 수 있다. 왼쪽으로도 가보고 오른쪽으로도 가본 뒤 좀 더 나은 결과를 낳는 쪽의 행동을 선택하거나 습관을 형성한다. 이는 결과에 따라 행동을 선택하는 것이고, 이를 행동주의 심리학자는 '효과의 법칙the Law of Effect'이라고 부른다. 벌레 종의 진화하는 유전자는 개별 벌레의 행동 진화를 만들어냈다.

그러나 미로에서 훈련받은 벌레는 (심지어 녹색 빛이 비치면 부리로 쪼도록 훈련받은 스키너의 비둘기조차도) 우리가 마음이라고 할 때 떠올리는 반성적 사고를 한다는 단서를 보여주지 않았다. 효과의 법칙이라는 단순한 원리를 통해서만 적응하는 유기체들이 학습을 하는 방법은 오직 시행착오뿐이다. 학습은 실제 행동에 변화를 주고 그 결과에 따른 선택을 통해서만 이루어질 뿐이다. 이들은 앞서서 생각하고 결정을 내리지는 않는다. 하지만 자연선택이 사고 능력이 있는 유기체를 선호하는 일은 종종 있었다. 생각은 마술 같은 과정이 아니다. 터프츠 대학교의 대니얼 데닛Daniel Dennett의 지적대로,[2] 진화한 유전자는 동물의 뇌에 세상이 어떻게 작동한다는 내적 모델(컴퓨터의 도움을 받는 공학 시스템과 어느 정도 유사하다)을 갖추게 만들 수 있다. 그러면 동물은 다양한 행동과 그에 따른 결과를 '상상'해서 위험해 '보이는' 행동을 회피하며 안전하고 유익해 '보이는' 행동을 취할 수 있다. 내적 모델을 이용해 아이디어를 검증함으로써 이들은 외부 세계에서 실제로 이를 행동으로 시험해보는 수고를 절약하고 그에 따르는 위험을 피할 수 있다.

여기서 더 나아가 데닛은 효과의 법칙이 이런 내적 모델 자체를 재형성할 수 있다고 지적한다. 유전자가 행동을 진화시킬 수 있는 것처럼 정신적 모델도 진화시킬 수 있다. 유연한 유기체는 모델을 다양화하고 더 좋은 행동 지침으로 입증된 버전에 좀 더 집중할 수 있다. 우리는 무언가를 시험한다는 것이 무엇인지 누구나 알고 있으며, 그중 제대로 되는 것을 학습한다. 모델들은 본능적이 될 필요가 없으며 개체의 생애 중에 진화할 수 있다.

하지만 언어가 없는 동물은 자신들의 새로운 통찰력을 다른 개체에 전달하는 일이 드물다. 이런 통찰력은 이것을 처음 만들어낸 뇌와 함께 사라진다. 학습된 정신적 모델은 유전자에 새겨지지 않기 때문이다. 하지만 심지어 언어가 없는 동물도 서로 모방할 수 있으며 이를 통해 밈과 문화를 생성할 수 있다. 일본의 암컷 원숭이 한 마리가 물을 이용해 곡물 알갱이와 모래를 분리하는 방법을 알아내자 다른 원숭이들은 이 방법을 빠르게 학습했다. 언어와 그림을 지닌 인간 문화에서는 세계가 어떤 방식으로 움직이는지를 담은 가치 있는 모델들이 그 창안자보다 오래 살아남고 세계 전체로 퍼져나갈 수 있다.

이보다 더 높은 영역을 보자. 마음(이제 '마음'은 딱 맞는 표현이다)

은 진화하는 판단 기준을 보유할 수 있다. 모델의 부품들—세계관을 구성하는 생각들—이 행동 지침이 되기에 충분할 만큼 믿음직해 보이는지를 판단하는 기준이 진화한다는 말이다. 그래서 그 마음은 스스로의 (세계관의) 내용을 선택하면서 스스로의 선택 규칙도 함께 선택한다. 과학에 포함시킬 내용을 걸러내는 판단 규칙들은 이 같은 방식으로 진화했다.

행동, 모델, 지식의 기준과 마찬가지로 목표 역시 진화할 수 있다. 무언가가 좋은 결과를 **낳는다면**, 즉 좀 더 근본적인 기준으로 판단할 때 좋다면, 결국 그것은 좋은 것으로 **여겨지기** 시작하고 그다음에는 그 자체가 목표가 된다. 정직이 보상받자 이것은 귀중한 행동 원리가 되었다. 생각과 정신적 모델이 행동과 더 많은 생각의 지침 역할을 하면서 우리는 명확한 생각과 정확한 모델 그 자체를 목표로 삼기 시작했다. 호기심이 자라났고 그와 함께 지식을 그 자체로서 사랑하는 지식 사랑이 자라났다. 목표의 진화는 그렇게 과학과 윤리를 모두 낳았다. 찰스 다윈의 말처럼 "도덕 문화가 도달할 수 있는 가장 높은 단계는 우리가 스스로의 생각을 통제해야 한다는 점을 인식할 때 이루어진다". 우리는 변이와 선택을 통해서, 가치 있는 사상에 집중하고 가치 없는 것들은 우리의 관심 영역에서 소멸시킴으로써 이 또한 이룩할 수 있다.

MIT 인공지능연구소의 마빈 민스키는 마음을 일종의 사회로 보았다.[3] 이 사회는 소통하고 협력하고 경쟁하는 기관agency들로 구성된 진화하는 시스템이며, 각 기관은 그보다 단순한 행위자agent로 이루어져 있다는 것이다. 그는 생각과 행동을 이런 기관의 활동이라는 관점에서 기술한다. 이런 기관 중에는 손이 잔을 쥐도록 유도하는 것 이상의 일을 못하는 것이 있는가 하면, 힘든 상황일 때 신중한 표현을 선택하게 만드는 언어 능력 시스템을 관장하는 (엄청나게 정교한) 것도 있다. 우리는 컵을 정확하게 감싸라고 손가락에 내려지는 지시를 의식하지 못한다. 우리는 그런 일을 능력 있는 기관에 위임하며 손가락이 미끄러지기 전에는 의식 자체를 하지 못한다. 또한 누구나 서로 상충되는 충동을 느끼며 의도하지 않은 말을 내뱉는데, 이는 마음의 기관 사이에 다툼이 있다는 조짐이다. 우리가 이를 의식하는 것은 마음 내의 자율적 과정의 일부인데 그 일부를 제외한 나머지는 모두가 마음 내에서 가장 폭넓은 일을 관장하는 기관들의 소관이다.

밈은 학습과 모방을 통해 형성되는, 마음속의 행위자agent라고 볼 수 있다. 두 가지 생각idea이 충돌한다고 느끼기 위해서는 이에 앞서 두 생각이 모두 마음속의 행위자로서 생성되어 있어야 한다. 그중 한 아이디어는 오래되고 강력하며 동맹의 지지를 받고 있으며, 다른 아이디어는 새로운 것—첫 싸움에서 살아남지 못할 수 있는 행위자—일 수 있다 해도 말이다. 우리의 자기 인식은 피상적이라서 스스로의 머릿속에 있는 아이디어가 어디서 왔는지를 몰라 궁금해할 때가 많다. 일부 사람들은 이런 생각과 느낌이 스스로의 마음 밖에 있는 기관들에서 직접 온다고 생각한다. 자신이 귀신에 씌었다고 생각하는 것이다.

고대 로마인은 '지니'genii(정령들), 즉 요람에서 무덤까지 따라다니며 행운과 악운을 일으키는 좋은 정령과 나쁜 정령이 존재한다고 믿었다. 이들은 뛰어난 성공을 특수한 '정령genius(genii는 genius의 복수형.-옮긴이)'덕으로 돌렸다. 그리고 심지어 오늘날에도 자연적인 과정을 통해 어떻게 새로운 것이 생기는지 이해하지 못하는 사람들은 '천재성genius'을 마술의 한 형태로 본다. 하지만 실상은 진화하는 유전자들이 아이디어의 패턴을 다양화하고 이 중에서 나은 것을 선택함으로써 지식을 넓히는 능력을 갖춘 마음을 만들어낸 것이다. 신속한 변이와 효율적인 선택이 존재하고 이를 타인에게서 빌려온 지식이 인도한다면, 그런 과정에서 생겨난 마음이 우리가 천재성이라 부르는 자질을 나타내지 못할 이유가 어디 있단 말인가? 지능을 자연적인 과정으로 보면 지능을 갖춘 기계라는 아이디어에 놀라는 일이 적어진다. 이는 또한 지능을 갖춘 기계가 어떻게 작동할지도 제시한다.

지능을 갖춘 기계

'기계'의 사전적 정의는 "인간의 업무를 수행하거나 그 수행을 돕는 예컨대 전자 컴퓨터 등의 모든 시스템과 장치"[4]이다. 하지만 인간의 업무 중 얼마나 많은 것을 기계가 수행할 수 있게 될까? 한때 산술 계산은 기계를 넘어서는 정신적 기술로서 똑똑하고 교육받은 사람들의 영역이었다. 하지만 오늘날 누구도 주머니 속의 계산기를 인공지능이라고 부르지 않는다. 오늘날 계산은 '단순히' 기계적인 절차로 여겨진다.

하지만 평범한 계산기를 만든다는 것은 한때 충격적인 아이디어였다. 1800년대 중반, 찰스 배비지는 여러 개의 기계식 계산기, 그리고 프로그램이 가능한 기계식 컴퓨터의 일부를 만들었다.[5] 하지만 그는 재정적인 문제와 제작상의 난관에 맞닥뜨렸다. 영Young 박사라는 사람은 전혀 도움을 주지 않았다. 박사는 인간 계산기에 자금과 관심을 투자하는 것이 훨씬 더 저렴하다고 주장했다. 영국의 왕실 천문학자 조지 에어리George Airy 경도 마찬가지였다. 일기장의 한 대목에서 그는 이렇게 썼다 "9월 15일 골번Goulburn이 배비지의 계산기계에 대한 내 의견을 물어왔다. …… 나는 이 문제를 면밀하게 조사한 뒤, 그것은 아무 쓸모가 없다고 답변했다."

배비지의 기계는 시대를 앞서 갔다. 그것을 만들려면 기계 제작자가 정밀 부품 제조 기술을 발전시켰어야 했다는 뜻이다. 그리고 만약 그 기계가 만들어졌다 해도 숙련된 인간 계산기의 능력을 넘어서지는 못했을 것이다. 하지만 좀 더 신뢰성이 높고 개량이 쉽다는 장점이 있었다.

컴퓨터와 인공지능 이야기는 하늘이나 우주를 나는 것의 역사와 닮았다. 최근까지만 해도 사람들은 양자 모두 불가능하다며 생각에서 지워버렸다. 여기서 불가능이란 말은 보통은 그렇게 하는 방법을 모르겠다는 뜻이거나, 실제로 이루어진다 해도 당황하리라는 의미다. 그리고 아직까지 간단하고 결정적 실증을 보이지 못했다. 실제로 하늘을 나는 비행기라든가 달 착륙에 비견할 만한 것이 없었다.

'초대형 전자 뇌'라는 언론 보도를 논외로 하면, 최초의 컴퓨터의 '지능이 높다'고 한 사람은 거의 없었다. 사실 컴퓨터라는 단어 자체가 단지 산수 계산을 하는 기계일 뿐이라는 뜻이다. 그러나 1956년 다트머스에서 인공지능을 다루는 학술회의가 세계 최초로 열렸다. 여기서 앨런 뉴웰Alan Newell과 허버트 사이먼은 '논리적 이론가Logic Theorist'라는 프로그램을 선보였다. 이 프로그램은 상징 논리를 사용해 정리를 증명했다. 그 후 컴퓨터 프로그램은 체스 경기를 했고 화학자들이 분자 구조를 규명하는 데 도움을 주었다. 의학 프로그램 중 캐스넷CASNET(내과 문제를 다룬다)과 마이신MYCIN(감염증의 진단과 치료를 다룬다)은 인상적인 능력을 보였다. 《인공지능 핸드북 Handbook of Artificial Intelligence》[6]에 따르면 이들 프로그램은 "실험적 평가에서 해당 영역의 인간 전문가와 같은 수준이라는 인정을 받았다". 인공지능은 크게 발전했지만 사람들은 지능의 정의를 계속해서 바꿔왔다. 프로스펙터PROSPECTOR라는 프로그램은 워싱턴 주에서 수백만 달러 가치가 있는 몰리브덴 광상이 있는 장소를 찾아냈다.

이 같은 소위 '전문가 시스템' 프로그램은 극히 제한된 영역에서만 능력을 인정받고 성공했을 뿐이지만 1950년대의 컴퓨터 프로그래머들이 이를 본다면 경악했을 것이다. 하지만 오늘날 이들을 진정한 인공지능이라고 여기는 사람은 거의 없다. 인공지능은 맞추기 어려운 표적이었다. 앞서 인용했던 《비즈니스위크Business week》의 문구가 나타내는 것은 단지 이런 내용일 뿐이다. 컴퓨터가 오늘날 충분한 지식을 넣어 프로그램될 수 있으며 충분히 멋진 비결을 수행할 수 있게 된 나머지 이 컴퓨터를 부담 없이 '지능적'이라고 부르는 사람들이 일부 있다는 것이다. 하지만 로봇이 등장하는 영화를 본 데다 TV에 말하는 로봇이 등장해온 세월이 여러 해 흐르면서 사람들은 최소한 인공지능이라는 개념에 익숙해지긴 했다.

인공지능이 불가능하다고 선언하는 주된 이유는 언제나 '기계'는 원래 멍청하다는 인식에 있었지만 오늘날 이런 생각은 퇴조하고 있다. 과거의 기계는 무식한 힘이 필요한 단순 업무만을 수행하는 덩치 크고 둔한 물건이었다. 하지만 컴퓨터는 정보를 다루고 복잡한 지시를 수행한다. 또한 스스로의 작동 명령 자체를 바꾸도록 입력할 수 있다. 실험하고 학습할 수도 있다. 그 속에는 기어와 윤활유 대신 배선의 장식과 전자 에너지의 희미한 패턴이 들어 있다. 더글러스 호프스태터Douglas Hofstadter가 (인공지능에 대해 대화하는 극중 인물을 통해) 촉구하듯[7] "어째서 당신은 '기계'란 단어가 대형 증기 굴착기보다는 춤추는 빛 패턴들의 이미지를 상기하도록 하지 않는가?"

전문성이 떨어지는 비평가들은 인공지능이란 개념과 마주치면 흔히 오늘날의 컴퓨터가 멍청하다는 점을 지적한다. 마치 이것이 컴퓨터의 미래에 관해 무언가를 증명하기라도 한다는 듯이 말이다 (미래의 기계는 그런 사람들이 진심이었는지를 궁금해할 수도 있다). 그들의 반론은 엉뚱한 것이다. 증기 기관차는 나중에 비행기에 적용될 기계적 원리를 보여주기는 했지만 날아다니지 않았다. 이와 마찬가지로 지질학적으로 한 세대 전에 기어 다니던 벌레들은 지능을 전혀 나타내지 않았지만 우리의 뇌가 사용하는 뉴런은 그 벌레와 거의 같은 것이다.

시원찮은 비평가들이 인공지능에 대해 진지하게 생각하는 것을 기피하는 또 하나의 방법이 있다. 우리가 우리보다 똑똑한 기계를 만들 수 없다고 말하는 것이다. 이들은 역사가 보여주는 실례를 잊고 있다. 언어 능력이 없었던 우리의 먼 선조들이 스스로 생각조차 해본 적이 없는 유전자 진화를 통해 자신들보다 훨씬 지능이 뛰어난 실체를 내놓는 데 어찌어찌 성공했다는 사실 말이다. 하지만 우리는 그 사실을 생각하고 있으며 기술의 밈들은 생물학적 유전자보다 훨씬 더 빠르게 진화한다. 우리는 인간보다 지식을 배우고 조직화하는 능력을 더 많이 갖춘 기계를 틀림없이 만들 수 있을 것이다.[8]

이제 인공지능의 불가능성을 주장할 수 있는 사고방식으로는 오직 하나가 남은 듯하다. 새로운 형태의 물질 속에서 춤추는 사고 패턴을 만들 수 없다는 주장이 그것이다. 이것은 **정신적 유물론**의 발상이다. 다시 말해 마음이란 것은 특수한 물질, 모방과 복제나 기술적 이용의 영역 바깥에 있는 마술적인 생각 물질thinking-stuff이라는 사고방식이다.

그러나 심리학자들은 그런 물질이 있다는 증거를 전혀 찾지 못했으며 마음을 설명하는 데 정신적 유물론을 전혀 필요로 하지 않는다. 뇌의 복잡성은 인간의 이해 범위를 넘어서기 때문에 마음에 실체를 부여하기에 충분할 만큼 복잡한 듯하다. 사실, 만일 어떤 단일 인물이 뇌를 **완전히** 이해할 수 있다면 이는 뇌가 해당 인물의 마음보다 덜 복잡하다는 것이 된다. 만일 지구 상의 인간 수십억 명 모두가 협동해서 한 인간의 뇌의 활동을 관찰하기로 한다면 일 인당 수만 개의 활동적인 시냅스를 모니터해야 한다. 이것은 분명히 불가능한 작업이다. 단지 관찰만 하는 것도 그렇다는 말이다. 그 뇌의 명멸하는 패턴 전체를 한 사람이 이해하려든다는 것은 이보다 50억 배로 이치에 닿지 않는 일이 될 것이다. 우리 뇌의 메커니즘은 우리 마음이 이해할 수 있는 능력 범위를 너무나 크게 넘어선다. 그렇기 때문에 뇌의 메커니즘은 마음 자체를 만들어내기에 충분히 복잡해 보인다.

튜링의 목표

영국 수학자 앨런 튜링Alan Turing은 1950년 기계의 지능에 대한 논문에서 다음과 같이 썼다. "금세기 말이 되면 ('생각'이라는) 단어의 용법, 그리고 교양 있는 사람들의 여론이 확연히 달라지고 이에 따라 사람들은 반박당하리라는 예상 없이, 기계의 '생각'에 대해서 말할 수 있게 되리라고 나는 믿는다."[9] 하지만 이는 우리가 무엇을 생각이라고 부르느냐에 따라 달라질 것이다. 생각할 수 있는 것은 오직 인간뿐이고 컴퓨터는 인간이 될 수 없다고 말하고 나서 잘난 체하며 뒤로 물러나 앉는 사람도 일부 있을 것이다.

하지만 튜링은 그의 논문에서 우리가 어떤 방법으로 인간의 지능을 판단하느냐고 물은 뒤, 우리는 대화의 질을 통해 사람들을 판단하는 게 보통이라고 답했다. 그러고 나서 그는 스스로 '모방 게임'이라고 부른 것을 제안했는데, 오늘날 사람들은 누구나 이를 '튜링 테스트'라고 부른다. 당신은 어느 방 안에 있고 다른 두 방과 컴퓨터 단말기로 연결되어 있는데, 한 방에는 사람, 다른 방에는 컴퓨터가 있다고 생각해보라. 당신은 메시지들을 타자로 치고, 사람과 컴퓨터가 모두 여기에 대답할 수 있으며 모두가 사람처럼, 그리고 똑똑해 보이려고 노력한다. 이 두 대상과 키보드를 통한 대화가 오래 지속된 뒤, 아마도 문학·예술·날씨, 그리고 아침에 일어났을 때 입속에서 느껴지는 맛이 어떤지를 포함하는 여러 주제로 이야기를 나눈 다음 어느 쪽이 사람이고 어느 쪽이 컴퓨터인지 당신이 구분할 수 없는 상황이 생길 수 있다. 만일 어떤 기계가 이런 주제를 놓고 언제나 대화를 잘 나눌 수 있다면, 우리는 그 기계가 정말로 지능이 있다고 보아야 한다는 것이 튜링의 제안이다. 더구나 우리는 그것이 인간에 대해 아주 많은 것을 알고 있다는 점을 인정해야 할 것이다.

"기계가 자기 인식, 다시 말해 의식을 가질 수 있는가?"라는 물음의 실용적 필요성은 거의 없다. 사실, 기계는 의식을 가질 수 없다고 선언하는 비평가들은 자신들이 사용하는 의식이라는 용어가 무슨 뜻인지 결코 설명할 수 없는 듯하다. 자기 인식은 생각과 행동을 이끌기 위해 진화했지 단지 우리의 인간다움을 장식하기 위해 진화하지 않았다. 인간은 다른 사람을 알아야 하고 그들의 능력과 성향을 알아야 한다. 그들과 연관되는 계획을 세우기 위해서다. 이와 마찬가지로 우리는 스스로에 대해 알아야 하고 스스로의 능력과 성향을 알아야 한다. 우리 자신과 관련된 계획을 세우기 위해서다. 자기 인식에 특별한 미스터리는 없다. 우리가 자아라고 부르는 대상은 마음의 여타 영역에서 오는 이미지에 반응하고 그런 영역의 활동 중 일부를 조율한다. 이런 역할은 생각이 상호 작용하는 패턴의 특별한 부분일 뿐 그 이상도 그 이하도 아니다. 자아가 (뇌에 있는 마음의 실체와 구별되는) 특별한 마음의 실체 속에 있는 하나의 패턴이라는 개념은 인식에 대해 아마 아무것도 설명하지 못할 것이다.

튜링 테스트를 통과하려고 시도하는 기계는 당연히 스스로가 자기 인식이 있다고 주장할 것이다. 강경한 광신적 생물주의자라면 그 기계가 거짓말을 한다거나 뭔가를 착각하고 있다고 말할 것이다. 이런 사람은 의식이란 말을 어떤 뜻으로 사용하는지 말하기를 거부한다. 그들이 그렇게 하는 한, 그들의 판단이 오류로 입증될 가능성은 전혀 없다. 하지만 지능을 갖춘 기계는 의식이 있는 것으로 평가되든 그렇지 않든 여전히 똑똑하게 행동할 것이며, 그들의 행동은 우리에게 영향을 미칠 것이다. 앞으로 이런 기계들이 우수한 광고 캠페인의 도움을 받아 열정적인 주장을 펴고 광신적 생물주의자는 부끄러움 속에 입을 다무는 날이 아마도 오게 될 것이다.

현재 어떤 기계도 튜링 테스트를 통과하지 못했고, 그런 기계가 조만간 나올 것 같지도 않다. 그런 테스트 같은 것을 시도해야 할 타당한 이유가 있기나 한지를 묻는 것이 현명할 것이다. 튜링 테스트를 통과하는 것 이와는 다른 목표를 지닌 인공지능 연구가 우리에게 더 큰 이득이 될지 모르기 때문이다.

인공지능을 두 종류로 구별하자. 하나의 시스템이 두 종류의 지능을 모두 보여줄 수도 있겠지만 말이다.[10] 첫째는 **기술 분야의 인공지능**으로, 물리적 세상을 다루는 데 적합하다. 이 분야의 연구는 자동화된 엔지니어링 및 과학 분야의 탐구를 지향한다. 둘째는 **사회적 인공지능**[11]으로 인간의 마음을 다루는 데 적합하다. 이 분야의 연구는 튜링 테스트를 통과할 능력을 갖춘 기계를 지향한다.

사회적 인공지능 시스템 분야에서 일하는 연구자들은 연구 과정에서 인간의 마음에 대해 많은 것을 배울 것이다. 그리고 이들의 시스템은 분명히 커다란 실용적 가치를 지닐 것이다. 총명한 도움과 조언은 누구에게나 도움이 될 것이기 때문이다. 이와 달리 기술적 인공지능에 기반을 둔 자동화 엔지니어링은 분자 기술을 향한 경쟁을 포함한 기술 경쟁에 커다란 영향을 미칠 것이다. 그리고 진보된 자동화 엔지니어링 시스템은 튜링 테스트를 통과하는 시스템에 비해 개발이 더 쉬울 수 있다. 후자는 지식과 지능을 지녀야 할 뿐 아니라 인간이 지닌 지식과 지능을 모방해야 하기 때문에 더 특별하고 힘든 도전이다.

튜링이 물었듯 "기계가 생각이라고 표현되어야 마땅할 무언가, 그러면서도 사람이 하는 것과는 매우 다른 무언가를 수행하지 못하란 법이 있는가?"[12] 일부 작가와 정치인은 튜링 테스트를 통과할 수 있는 말 많은 기계와 직접 대면하기 전에는 기계의 지능을 인정하기를 거부할지도 모른다. 하지만 앞으로 많은 엔지니어들이 이와 다른 형태의 지능을 받아들일 것이다.

설계의 엔진

우리는 자동화 엔지니어링을 거의 다 이루어가고 있다. 지식 엔지니어들은 사람들이 실질적인 문제를 다루는 데 도움을 주는 전문가 시스템들을 시장에 내놓았다. 프로그래머들은 형태와 운동, 응력과 인력, 전자 회로, 열 흐름, 기계의 금속 가공 방식에 대한 지식을 담고 있는 컴퓨터 이용 설계 시스템을 창조했다. 설계가들은 이 시스템들을 이용해 아직 실제로 구현되지도 않은 설계를 빠른 속도로 진화시킨다. 머릿속에만 있는 모델을 보강해나가는 것이다. 설계가와 컴퓨터는 서로 합쳐져서 지능을 갖춘 반#인공적 시스템을 구성한다.

엔지니어들은 작업에 매우 광범위한 컴퓨터 시스템을 활용할 수 있다. 그런 범위의 한 극단은 컴퓨터 화면을 단지 제도판으로 사용하는 경우다. 여기서 더 나아가면 부품을 3차원으로 묘사하고 열과 응력, 전류에 대한 이 부품들의 반응을 계산할 수 있는 시스템들을 사용한다. 컴퓨터 제어 제조 설비에 대한 지식을 갖춘 시스템도 있다. 이를 통해 엔지니어들은 나중에 실제 부품을 만드는 컴퓨터 제어 기계에 내리게 될 명령을 사전 모의실험을 통해 검사할 수 있다. 하지만 이런 시스템들의 극단을 보면, 설계를 기록하고 검사하는 데만이 아니라 설계를 창출하는 데도 컴퓨터를 이용한다.

가장 인상적인 것은 프로그래머들이 컴퓨터 사업 자체 내에서 사용하기 위해 개발한 도구들이다. 컴퓨터 칩 설계용 소프트웨어가 그런 사례다. 오늘날 집적 회로 칩에는 수천 개의 트랜지스터와 전선이 들어 있다. 과거 설계가들은 주어진 일을 하는 회로를 설계하고 그 회로의 수많은 부품들을 칩 표면에 배치하기 위해 여러 달 동안 일해야 했다. 오늘날에는 이런 업무를 보통 소위 '실리콘 컴파일러silicon compiler'에 맡긴다. 칩의 기능에 대한 명세를 입력하면 이런 소프트웨어 시스템들은 실제 제조에 사용할 수 있는 상세한 설계를 생산할 수 있다. 인간의 도움이 거의 혹은 전혀 없이 말이다.

이 같은 모든 시스템은 수고스럽게 수집하고 코드화한 인간의 지식에 전적으로 의존한다. 오늘날의 가장 유연한 자동 설계 시스템은 제시된 설계안을 이리저리 만지작거리면서 개선점을 찾아낼 능력을 갖추고 있지만 다음 설계에 적용할 수 있는 지식을 배울 능력은 전혀 없다. 하지만 유리스코EURISKO는 다르다. 스탠퍼드 대학교의 더글러스 레너트Douglas Lenat 교수 팀이 개발한[13] 이 시스템은 지식의 새로운 영역을 탐색하도록 설계되었다. 이것은 발견적 학습법heuristics(모든 경우를 고려하지 않고 나름대로 스스로 발견한 혹은 그저 편리한 기준에 따라 그중 일부만을 고려하여 문제를 해결하는 방법이다. 처리 부담을 줄여주는 대신 올바른 답을 보장하지는 못한다.-옮긴이)으로 운영된다. 발견적 학습법이란 취해야 할 적당한 조치가 무엇이고 타당하지 못해 피해야 할 조치가 무엇인지를 제시하는 지식의 단편이다. 사실상 이것이 의미하는 것은 여러 가지 경험 법칙이다.

이 시스템은 작업해야 할 주제를 발견적 학습법을 이용해 제시하고, 어떤 접근법을 시험해봐야 할지, 그리고 그에 따른 결과를 어떤 방법으로 평가해야 할지 한층 더한 발견적 학습법을 이용해 제시한다. 결과의 패턴을 찾아보고 새로운 발견적 학습법을 제시하며 신구 발견적 학습법의 가치에 순위를 매기는 발견적 학습법들도 있다. 이 같은 방법으로 유리스코는 더 나은 행동, 더 나은 내부 모델, 내부 모델 중에서 취사선택하는 더 나은 규칙을 진화시킨다. 레너트 자신이 발견적 학습법의 변이와 선택 및 이 시스템 자체의 개념을 '돌연변이'와 '선택'이라는 용어로 설명하면서 양자 간의 상호작용을 이해하기 위한 사회 문화적 은유를 제시하고 있다.

유리스코 내에서 발견적 학습법이 진화하고 경쟁하기 때문에 기생충의 출현은 예상할 수 있는 일이고 실제로 많은 기생충이 나타났다. 예컨대 기계가 생산한 어느 발견적 학습법은 새롭고 가치 있는 모든 추측을 스스로가 공동 발견해왔다고 주장함으로써 최고위 등급으로 올라섰다. 레너트 교수는 유리스코와 긴밀히 작업하면서 기생물을 떨쳐내고 멍청한 추론을 피할 수 있는 발견적 학습법을 제공함으로써 유리스코의 정신적 면역계를 개선했다.

유리스코는 기초 수학, 프로그래밍, 생물 진화, 게임, 3차원 집적 회로 설계, 유출된 기름 제거, 배관, 그리고 (당연히) 발견적 학습법 등의 분야를 탐구하는 데 이용되어왔다. 일부 영역에서는 새 아이디어를 제시함으로써 해당 분야 설계가들을 당황하게 만들었다. 새로 떠오르는 3차원 집적 회로 기술 분야에서 새로운 전자 장치를 제안한 것도 여기에 포함된다.

인간-인공지능 팀의 위력을 보여주는 토너먼트 결과가 있다. '여행자 TCS'[14]는 해군의 미래 지향적인 전쟁 게임이다. 게임 진행은 함대의 설계, 비용, 성능의 제한 사항을 상세히 담은 200쪽 분량의 규정집에 따른다(TCS는 1조 크레디트짜리 소함대 'Trillion Credit Squadron'란 뜻이다). 레너트 교수는 유리스코에 이 같은 규정, 시작 단계에 사용할 일련의 발견적 학습법, 두 함대 간의 전투를 모의 실험할 프로그램을 제공했다. 그는 다음과 같이 보고했다. "그것은 모의실험 프로그램을 '자연선택' 방법으로 활용해 점점 개선된 함대 설계를 진화시키면서 새로운 함대를 설계하고 또 설계했다." 프로그램은 설계하고 검사하고 그 결과로부터 교훈을 이끌어내면서 밤새 돌아가곤 했다. 아침이 되면 레너트 교수는 결과물 중 일부를 도태시키고 작업의 진행을 도와주곤 했다. 그는 공로의 60퍼센트를 자신에게, 40퍼센트를 유리스코에게 돌렸다.

레너트와 유리스코는 1981년 여행자 TCS 전국대회에 이상해 보이는 함대를 가지고 참가했다. 다른 경쟁자들은 이 함대를 비웃었다가 다들 나가떨어졌다. 레너트-유리스코 팀은 전승을 거두고 전국 챔피언에 등극했다. 레너트는 다음과 같이 지적했다. "이번 승리는 이 프로그램에 관련된 인물 중 누구도 대회 이전에 이 경기를 해보았거나 남이 하는 것을 보지 않았고, 이 프로그램으로 연습 게임도 전혀 하지 않았다는 사실 때문에 더더욱 의미가 있다."

1982년 대회 후원자들이 규칙을 바꾸었다. 레너트와 유리스코는 이전과 전혀 다른 함대를 투입했다. 다른 경쟁자들은 또다시 이 함대를 비웃었고 패배했다. 레너트와 유리스코는 또다시 전국 챔피언이 되었다.

1983년 대회 후원자들은 레너트에게 만일 또다시 참가해서 우승한다면 대회 자체가 폐지될 것이라고 말했다. 레너트는 결국 대회에서 손을 뗐다.

유리스코를 포함한 인공지능 프로그램들이 보여주는 바는 만일 적당한 종류의 프로그램만 있다면 컴퓨터에게 지루하고 반복적인 작업만 하도록 제한할 필요가 없다는 사실이다. 컴퓨터는 가능성을 탐색하고 새 아이디어를 찾아내 자신들의 창조자들을 놀라게 할 수 있다. 사실 유리스코에도 단점은 있다.[15] 하지만 유리스코는 인공지능 시스템과 인간 전문가의 양자 모두가 설계 과정에서 지식과 창의력으로 기여하는 형식의 동업자 관계에 이르는 길을 제시한다.

머지않아 이와 유사한 시스템이 공학 기술을 탈바꿈시킬 것이다.

엔지니어들은 자신들의 기계와 창의적인 동업자 관계를 유지하면서 일하게 될 것이다. 모의실험을 할 때는 지금의 컴퓨터 이용 설계를 활용하면서 모의실험 대상이 되는 설계를 제시하는 일에는 유리스코 비슷한, 진화하는 시스템을 이용할 것이다. 엔지니어는 화면 앞에 앉아 설계 공정에서의 목표를 타자로 입력하고, 제안된 설계들의 스케치를 그려 넣을 것이다. 인공지능 시스템은 설계를 세련되게 하고, 이를 시험하고, 스스로의 대안을 만들고, 이를 설명·그래프·도표와 함께 제시하는 방식으로 반응할 것이다. 그러면 엔지니어는 더 나아간 제안을 하고 설계를 변경하거나 새로운 과제를 제시하는 식으로 반응할 것이다. 하드웨어 시스템 전체의 설계와 모의실험이 완료될 때까지 말이다.

이와 같은 자동화 엔지니어링 시스템은 점차 개선되면서 더 많은 일을 더 빨리 처리할 것이다. 엔지니어는 단지 목표만 제시한 뒤 기계가 제시한 우수한 해결책들을 정리하는 상황이 흔히 벌어지고, 엔지니어가 부품과 재료와 형태를 선택해야 하는 일이 점점 더 줄어들 것이다. 엔지니어들이 더욱 일반적인 목표를 제시한 뒤 좋은 해결책이 나타날 것을 자연스럽게 기대하는 일도 점차 가능해질 것이다. 유리스코가 여행자 TCS 모의실험 프로그램에서 함대들을 진화시키느라 몇 시간씩 돌아갔듯이 언젠가 자동화 엔지니어링 시스템은 최대의 안정성과 경제성을 갖춘 여객기를 진화시키거나, 제공권 장악 능력이 최대화되도록 군용 제트기나 미사일을 진화시키기 위해 꾸준히 일하게 될 것이다.

유리스코가 전자 장치를 발명했듯 미래의 자동화 엔지니어링 시스템은 분자 모의실험 소프트웨어의 도움을 받아 분자 기계와 분자 전자 장치를 발명하게 될 것이다. 자동화 엔지니어링의 이런 진보는 전에 설명했던 '사전 설계' 현상을 증폭시킬 것이다. 자동화 엔지니어링은 분자 조립 기계의 혁신적 진보를 앞당길 뿐 아니라 그에 따른 도약을 증폭시킬 것이다.

결국 마지막에 소프트웨어 시스템은 인간의 도움 없이 완전히 새로운 설계를 창조할 수 있게 될 것이다. 이런 시스템을 대부분의 사람들이 똑똑하다고 할까? 이것은 정말로 문제가 되지 않는다.

인공지능 경쟁

전 세계의 정부와 기업은 인공지능 작업을 지지한다. 상업적, 군사적 이익을 약속하기 때문이다. 미국에는 인공지능 연구소를 가진 대학이 많으며 기계 지능 주식회사Machine Intelligence Corporation, 생각하는 기계 주식회사Thinking Machines Corporation, 기술 지식Teknowledge, 인지 시스템 유한 회사Cognitive Systems Incorporated 등의 새로운 이름을 지닌 기업도 많다. 1981년 10월[16] 일본 통산성은 진보된 인공지능 하드웨어와 소프트웨어를 개발하기 위한 8억 5,000만 달러 예산의 10년 계획을 발표했다. 일본 연구자들은 이를 통해 초당 10억 회의 논리 연산이 가능한 시스템들을 개발할 계획이다. 1984년 가을 모스크바과학아카데미는 이와 유사한 1억 달러짜리 5년 계획을 발표했다. 1983년 10월 미국 국방부는 6억 달러짜리 전략 컴퓨팅 프로그램 5년 계획을 발표했다. 국방부는 시각, 추론 능력, 구어 이해력을 갖추고 전투 운영을 도와줄 기계를 바라고 있다. 이와 관련, 파울 발리히 Paul Wallich는 《IEEE 스펙트럼 IEEE Spectrum》[17]에 다음과 같이 발표한 바 있다. "대부분의 사람들은 인공지능이 다음 시대 컴퓨터 기술의 초석이 되리라 예상하고 있다. 위에서 언급한 여러 국가들의 노력은 인공지능이 그들의 목표 목록에서 우선 순위에 올라 있음을 보여준다."

진보한 인공지능은 한 단계 한 단계씩 등장할 것이며 각 단계마다 지식 분야의 성과와 증대된 능력을 보여줄 것이다. 분자 기술(그리고 다른 많은 기술)의 경우처럼 하나의 시, 군, 국가 내에서 진보를 저지하려는 시도는 기껏해야 다른 측이 우위를 점하게 만들어줄 뿐이다. 설사 눈에 띄는 인공지능 작업을 세계 **모든 곳**에서 금지하는 데 기적적으로 성공한다 해도 이는 기껏해야 그 진전을 늦출 뿐이다. 컴퓨터가 점점 값싸짐으로써 인공지능은 공공의 감시 뒤에서 은밀히 성숙할 것이다. 오직 엄청난 권력과 안정성을 지닌 세계 정부가 있어야만 전 세계적으로 인공지능 연구를 영원히 중단시킬 수 있을 것이다. 이는 등골이 오싹해지는 '해결책' 이다. 단지 국가 내에서만도 권력의 남용이 어떤 결과를 빚었는지 감안하면 그렇다. 진보된 인공지능은 필연적이어 보인다. 미래를 보는 현실적 견해를 가지려 한다면 인공지능을 무시할 수 없다.

어떤 의미에서 인공지능은 궁극의 도구가 될 것이다. 우리가 가능한 모든 도구를 만들 수 있도록 도와줄 것이기 때문이다. 진보한 인공지능 시스템은 사람들을 교묘히 조종해서 멸망에 이르도록 할 수도 있고, 새롭고 나은 세상을 건설하는 데 도움을 줄 수도 있다. 침략자들이 정복을 위해 이용할 수도 있고 선견지명을 지닌 방어자들이 평화를 안정시키는 데 활용할 수도 있다. 심지어 인공지능 자체를 우리가 통제하는 데 도움을 줄 수도 있다. 인공지능이라는 요람을 흔드는 손이 세상을 지배하는 것도 무리가 아니다. 분자 조립 기계의 경우에서처럼 우리에게는 이런 신기술을 안전하게 잘 이용할 선견지명과 신중한 전략이 필요하다.

인공지능과 관련된 화제는 복잡하며 분자 기술의 세부 사항, 고용 및 경제, 인권의 철학적 기초에 이르는 모든 것과 서로 얽혀 있다. 하지만 가장 기본적 화제는 인공지능이 무엇을 할 수 있느냐와 관련되어 있다.

우리는 충분히 똑똑한가?

인류의 진화 사례에도 불구하고 비판자들은 여전히 반대론을 펼 수 있다. 우리의 지능이 한정되어 있는 탓에 정말로 똑똑한 기계를 프로그램하는 것은 불가능할지도 모른다고 말이다. 이 주장은 근거가 빈약해 보인다. 이는 마치 **비판자들**이 어떻게 하면 성공할 수 있을지 모르므로 앞으로 누구도 결코 이보다 더 잘할 수 없으리라고 주장하는 것과 같다. 그럼에도 불구하고 인간의 능력에 필적하는 컴퓨터를 프로그램하려면 인간 심리에 대한 참신한 통찰력[18]이 필요할 사람은 것이다. 인공지능을 프로그램하는 길은 열려 있는 듯하지만 이에 관한 우리의 지식은 그럴 수 있다는 굳건한 자신감을 뒷받침하지 못하고 있다. 과거(스푸트니크Sputnik가 발사되기 이미 수십 년 전에) 사려 깊은 엔지니어들이 로켓을 이용한 달 여행에 대해 가졌던 자신감이나, 오늘날 우리가 단백질 설계를 이용한 분자 조립 기계 제작에 대해 가지고 있는 자신감만큼은 되지 못한다는 뜻이다. 진정한 인공지능을 프로그램하는 것은 공학 기술의 일종이기는 하지만, 새로운 과학을 필요로 할 것이다. 따라서 이 문제는 확고히 예측할 수 있는 범위를 넘어선다.

그렇지만 우리는 정확한 선견지명이 필요하다. 인공지능의 가능성을 의심하면서 마음의 위안을 얻는 데 매달린 사람들은 미래가 극단적으로 큰 결함을 지니리라는 생각에 시달리는 듯하다. 다행한 일은, 자동화 공학 기술이 광신적 생물주의자의 편견이 가져오는 부담 중 일부와는 무관하다는 점이다. 대부분의 사람은 범용 인공지능 시스템이라는 개념보다는 기계를 설계하는 기계라는 개념에 덜 당황한다. 게다가 자동화 공학 기술은 실제로 작동하는 것으로 나타났다. 남은 것은 이를 확장하는 일뿐이다. 그럼에도 불구하고, 만일 이보다 더한 범용성을 지닌 시스템이 출현할 가능성이 크다면, 이를 계산에서 제외하는 것은 바보 같은 행동이 될 것이다. 우리에게 똑똑한 프로그램을 설계할 능력이 있는가 하는 의문을 우회할 모종의 방법이 있을까?

1950년대 많은 인공지능 연구자들은 뉴런을 모의 실험해서 뇌 기능을 흉내 내는 데 집중했다. 하지만 단어와 상징에 기반을 둔 프로그램으로 작업하는 연구자들이 이보다 빠른 진보를 이루었고, 이에 따라 인공지능 연구의 초점이 바뀌었다. 그럼에도 불구하고 지금도 뇌신경을 모의 실험한다는 기본 아이디어 자체는 이론적으로 옳다고 평가받는다. 게다가 이런 접근법의 실용성은 보증된 것으로 보인다. 생각의 속성에 대해 근본적으로 새로운 통찰력이 필요하지 않기 때문이다.

결국 신경생물학자들은 바이러스 크기의 분자 기계[19]를 이용해 뇌의 구조와 기능을 세포 하나하나, 분자 하나하나에 이르기까지 연구하게 될 것이다. 인공지능 연구자들은 그에 따른 뇌과학의 진보로부터 생각의 구조에 대한 유용한 통찰력을 얻을 수 있을 테지만 뇌신경 모의실험은 그런 통찰력 없이도 성공할 수 있다. 컴파일러는 컴퓨터 프로그램을 그 작동 원리를 이해하지 못한 채 하나의 언어에서 또 다른 언어로 번역해준다. 복사기는 단어를 읽지 않고서 단어의 패턴을 옮겨준다. 이와 마찬가지로 연구자들은 뇌의 구조를 완벽하게 이해하지 못하는 상태에서도 뇌의 신경 패턴을 다른 매체로 복사할 수 있게 될 것이다.

뉴런의 작동 원리를 배운 엔지니어들은 앞선 나노전자공학과 나노기계에 기초해 뉴런과 유사한 장치를 설계하고[20] 만들 능력을 갖추게 될 것이다. 이런 장치들은 뉴런처럼 상호 작용을 할 테지만 작동 속도는 훨씬 더 빠를 것이다. 뉴런은 복잡하기는 하지만 인간 정신이 이해하고 엔지니어가 모방하기 어렵지 않을 만큼은 충분히 단순해 보인다. 사실 신경생물학자들은 뉴런의 움직임을 조사할 분자 규모의 기계 장치가 없이도 그 구조와 기능에 대해 이미 많은 것을 알아냈다.

이런 지식을 기반으로 엔지니어들은 빠르고 유능한 인공지능 시스템을 만들 수 있을 것이다. 심지어 뇌를 이해하지 못하며 교묘한 프로그래밍을 할 능력이 없을지라도 말이다. 필요한 것은 오직 뇌의 신경 구조를 연구하고 인공 뉴런들을 모아서 똑같은 패턴을 만드는 것뿐이다. 만일 모든 부품은 물론이고 그 부품들이 맞물려서 전체를 형성하는 방식까지 그대로 만든다면, 그런 부품의 전체 역시 제대로 된 것일 터다. '신경' 활동은 우리가 생각이라 부르는 패턴으로 흐르겠지만 그 속도는 더욱 빠를 것이다. 모든 부품이 더 빠르게 작동할 것이기 때문이다.

기술 경쟁의 가속화

첨단 인공지능 시스템의 등장은 가능할 뿐 아니라 필연적이어 보인다. 하지만 인공지능 시스템의 출현은 어떤 결과를 낳을까? 이와 관련된 질문 전부에 답할 수 있는 사람은 없지만, 자동화 공학 기술의 한 가지 효과는 분명하다. 우리는 가능한 것의 한계를 향해 진보 속도를 끌어올릴 것이다.

우리 앞에 어떤 전망이 펼쳐져 있는지 이해하려면 진보된 인공지능 시스템의 생각 속도가 얼마나 빠를지 대략이라도 알 필요가 있다. 오늘날의 컴퓨터는 뇌의 복잡성 중 극히 일부만 지니고 있을 뿐이지만 인간 행동의 주요 측면을 모방하는 프로그램을 실행할 능력을 이미 갖추고 있다. 물론, 기본적인 작동 방식이 뇌와 전혀 다르기 때문에 직접적인 물리적 비교는 거의 의미가 없다. 뇌는 수많은 일을 한꺼번에 하지만 그 속도는 매우 느리다. 대부분의 현대 컴퓨터는 한 번에 한 가지 일만 하지만 그 속도는 엄청나다.

그럼에도 불구하고 뇌의 기능뿐 아니라 구조를 모방하도록 만들어진 인공지능 하드웨어를 상상해볼 수 있다. 이는 신경 모의실험 접근법에서 나올지도 모르고 뇌와 비슷한 방식의 구조를 지닌 하드웨어에서 가동되는 인공지능 프로그램의 진화에서 나올지도 모른다. 어느 쪽이든, 우리는 분자 조립 기계가 만드는 첨단 인공지능 시스템의 **최소** 속도를 인간 뇌와의 유사성을 이용해 평가할 수 있다.

신경 시냅스가 신호에 반응하는 시간은 수천분의 1초다. 실험적인 전자 스위치[21]는 이보다 1억 배 빨리 반응한다(그리고 나노전자공학 스위치는 이보다 더욱 빠를 것이다). 신경 신호는 초당 약 100미터의 속도로 나아가지만 전자 신호는 이보다 100만 배 빠르다. 이처럼 속도를 대충 비교한 결과는 뇌 비슷한 전자 장치가 뉴런으로 이루어진 뇌보다 100만 배 빠르게 작동하리라는 것을 알려준다(전자 신호의 전달 속도가 그 한계가 된다).

이런 추산은 물론 개략적이다. 신경 시냅스는 스위치보다 복잡해서, 스스로의 구조를 바꾸는 방식으로 신호에 대한 반응을 변화시킬 수 있다. 시간이 흐르면 시냅스는 심지어 새로 만들어지거나 사라지기도 한다. 신경 섬유와 뇌 내 연결의 이런 변화는 우리가 학습이라 부르는 장기적인 정신적 변화를 구체화한다. 이 같은 속성 탓에 다트머스 대학교의 로버트 재스트로Robert Jastrow[22] 교수는 뇌를 평생 동안 그 자체의 신경 패턴을 엮고 풀었다가 또 엮는 '마법의 베틀an enchanted loom'이라고 묘사했다.

뇌에 비견되는 유연성을 지닌 뇌 비슷한 장치를 상상하려면 기계식 나노컴퓨터와 분자 조립 기계로 둘러싸여 있고 시냅스에 상응하는 '스위치'를 지닌 전자 회로의 모습을 떠올리면 된다. 시냅스의 생체 분자 기계가 해당 시냅스의 구조를 수정함으로써 신경 활동의 여러 패턴에 반응하듯이, 나노컴퓨터들은 나노기계에게 해당 스위치의 구조를 변경하라는 지시를 내림으로써 여러 활동 패턴에 반응할 것이다. 만일 프로그램을 제대로 만들고 나노컴퓨터로 하여금 화학 신호를 모방하는 방식으로 정보를 소통하게 만든다면 이런 장치는 뇌와 거의 똑같이 행동해야만 할 것이다.

이 장치는 그 복잡성에도 불구하고 크기는 소형일 것이다. 나노컴퓨터는 시냅스보다 작을 테고 분자 조립 기계가 만든 전선은 뇌의 가지 돌기나 축삭 돌기보다 가늘 것이다. 전선이 가늘고 스위치가 작으면 회로가 작아지고, 그 결과 신호가 이동해야 할 거리가 짧아짐으로써 전자 패턴이 흐르는 속도가 빨라질 것이다. 뇌와 비슷한 구조를 1세제곱센티미터보다 작은 공간 속에 집어넣을 수 있을 듯하다.[23] 신호의 전달 속도가 빠르고 전달 거리가 짧다는 점을 함께 고려해 계산해 보면 이 장치는 뇌보다 1,000만 배 이상 빠른 속도를 낼 것이다.

이런 기계의 평균 가동 속도를 이보다 더 느리게 제한할 요소는 오직 냉각 문제뿐이다. 보수적으로 생각해서 뇌보다 100만 배 빠르고 열도 100만 배 빨리 소산시키는[24] 설계를 상상해보자. 이 시스템은 분자 조립 기계가 만든 커피 머그잔 크기의 사파이어 재질의 블록으로 구성되어 있고 회로를 따라 냉각 파이프가 벌집 모양으로 들어차 있다. 상단부에 장착된 고압 파이프[25]가 보내는 냉각수는 내부의 관을 거쳐 아래쪽의 배수관으로 흘러 나간다. 육중한 동력선들과 데이터를 전송하는 광섬유 다발이 측면에 늘어져 있다.

동력선은 15메가와트의 전력을 공급한다. 배수관은 그에 따른 열을 식히느라 펄펄 끓게 된 물을 분당 3톤의 속도로 내보낸다. 광섬유 다발은 TV 채널 100만 개에 해당하는 정보를 운반한다. 이 다발은 다른 인공지능 시스템, 공학 기술 모의실험 장치, 최종으로 점검받을 설계를 만드는 분자 조립 기계 시스템과의 통신을 담당한다. 이 시스템은 10초마다 48킬로와트시(요즘 가치로 약 1달러어치)에 육박하는 전력을 소모한다. 그리고 인간 엔지니어가 하루 여덟 시간씩 1년간 일한 분량(오늘날 수만 달러의 가치에 해당한다)과 맞먹는 설계 작업을 10초마다 끝마친다. 한 시간이면 한 세기분의 작업을 완료한다. 이 모든 활동에도 불구하고 이 시스템은 냉각수 흘러가는 소리 외에는 아무런 소음도 내지 않는다.

이 이야기는 생각의 속도에 관한 질문에만 집중되어 있다. 하지만 생각의 복잡성에 대한 질문에는 어떤 답이 나올까? 인공지능의 발전은 한 인간의 정신의 복잡성을 구현하는 수준에서 멈출 것 같지는 않다. 스탠퍼드 대학교 인공지능 연구소의 존 매카시John McCarthy가 지적하듯,[26] 만일 우리가 한 인간의 정신에 해당하는 능력을 하나의 금속 두개골 안에 넣을 수 있다면, 서로 협동하는 1만 명의 정신에 해당하는 것을 하나의 건물 속에 넣을 수 있다(그리고 현대적인 대형 발전소가 있으면 각기 인간보다 적어도 1만 배 빠른 속도로 생각할 수 있는 장치들이 사용하기에 충분한 동력을 공급할 수 있을 것이다). 처리 속도가 빠른 공학적 지능이라는 개념에 빠른 공학 기술팀을 합쳐보라.

공학적 인공지능 시스템의 작업 속도는 실험을 수행할 필요성 때문에 느려질 테지만 흔히 예상할 수 있는 수준까지는 아니다. 오늘날의 엔지니어들이 많은 실험을 수행해야 하는 것은 거시 기술이 다루기 어렵기 때문이다. 하나의 새로운 합금이 새로 만들어져 1,000만 회 구부리는 검사를 받았을 때 어떤 행동을 보일지 정확히 예측할 수 있는 사람이 어디 있을까? 작은 금이 금속을 약화시키지만 금의 속성과 그에 따른 결과를 결정하는 것은 공정의 세부 사항이다.

분자 조립 기계들이 물건을 정확한 사양대로 제조할 것이기 때문에 거시 기술 같은 예측 불가능성은 피할 수 있다. 따라서 설계가들(인간이든 인공지능이든)이 실험하는 것은 그것이 계산보다 빠르거나 비용이 덜 들거나 (좀 더 드물게) 기초 지식이 없는 경우로 한정될 것이다.

나노기계를 이용할 수 있는 인공지능 시스템은 많은 실험을 빠른 속도로 수행할 것이다. 몇 초 만에 장치를 설계하면 복제하는 분자 조립 기계들은 이를 실제로 신속하게 제작할 것이다. 오늘날의 여러 프로젝트에 걸림돌이 되는 수많은 지체 요소(특수 부품을 주문하고 수송하는 등) 없이 말이다. 분자 조립 기계나 나노컴퓨터, 혹은 살아 있는 폐포 크기의 실험 장치는 만드는 데 몇 분밖에 걸리지 않을 것이며 나노조종기는 초당 100만 회의 동작을 수행할 것이다. 통상적인 실험을 한 번에 100만 회 수행하는 것은 어렵지 않을 것이다.

그래서 실험으로 인한 지연에도 불구하고, 자동화 엔지니어링 시스템은 놀라운 속도로 기술을 진보시킬 것이다.

그렇다면, 과거에서 미래에 걸쳐 능력이 진보하는 패턴은 다음과 비슷한 양상을 띠는 듯하다. 수십억 년에 걸쳐 생명체는 느린 속도로 먼 거리를 전진해왔는데 그 속도는 유전자의 진화에 의해 결정되었다. 언어를 지닌 정신은 빠른 속도로 진보했는데 그 속도는 밈의 유연성 덕분에 가속되었다. 과학 기술적 방법의 발견은 그 속도를 더욱 빠르게 했는데 이는 밈이 신속하게 진화하도록 강요한 덕분이었다. 부와 교육, 인구의 증가와 더 나은 물리적·지적 도구는 20세기 내내 이런 가속 추세를 유지하게 만들었다.

공학 기술의 자동화는 이 속도를 더욱 빠르게 만들 것이다. 컴퓨터를 활용한 설계는 계속 개선되어서 인간 엔지니어가 과거 어느 때보다 빠른 속도로 아이디어를 창출하고 시험할 수 있게 도와줄 것이다. 유리스코의 후계자들은 스스로 설계를 제안하고 인간이 이룩한 혁신의 세부 사항을 채워 넣음으로써 설계에 걸리는 시간을 줄여줄 것이다. 어느 시점이 되면 충분히 발전한 자동화 엔지니어링 시스템은 스스로의 힘으로 진보해나갈 것이다.

이와 함께 분자 기술도 자동화 엔지니어링의 진보에 도움을 받아 발전하고 성숙할 것이다. 그다음엔 분자 조립 기계가 만드는 인공지능 시스템이 자동화 엔지니어링의 처리 속도를 더욱 높여줄 것이다. 인간의 뇌보다 100만 배 빠른 시스템이 높여주는 최대의 속도로까지 말이다. 그때가 되면 기술 발달 속도는 더욱 빨라져서 커다란 도약을 이룩하게 될 것이고 기술의 많은 분야가 자연법칙이 제한하는 한계에 도달할 정도로 진보할 것이다. 그때 이런 분야의 기술 진보는 아주 높은 고원 수준의 성취에서 정체될 것이다.

이 같은 변화의 전망은 어질어질할 정도다. 이런 변화 너머에는, 그때까지 인류가 살아남는다면, 복제하는 분자 조립 기계들이 지시받은 것은 무엇이든 인간 노동 없이도 만들 수 있는 세상이 있다. 그 너머에는, 그때까지 우리가 살아남는다면, 분자 조립 기계들에게 가능성의 한계, 기술적 완전성의 최종 한계에 근접한 장치를 만들라는 명령을 내릴 능력이 있는 자동화 엔지니어링 시스템의 세상이 있다. 결국, 일부 인공지능 시스템은 인간의 말과 희망을 이해하는 데 필요한 막대한 기술적·사회적 능력을 모두 갖추게 될 것이다. 에너지와 재료, 분자 조립 기계가 주어진다면 그런 시스템은 '지니 기계 genie machine'라고 부르는 것이 타당할지 모른다. 그 기계는 당신이 주문하는 무엇이든 만들 것이다. 아라비아의 전설과 보편적 상식은 그런 창조의 엔진이 가져올 위험성을 정말 매우 진지하게 생각하라고 말한다.

기술적이고 사회적인 인공지능을 향한 결정적인 돌파구가 앞으로 수십 년 내에 열릴 것이다. 마빈 민스키가 말한 대로[27] "가까운 미래의 적당히 똑똑한 기계들은 지치지 않는 순종적인 값싼 하인이라는 부와 안락함을 우리에게 가져다줄 것을 약속할 뿐이다". 오늘날 소위 '인공지능'이라 불리는 시스템의 대부분은 사고 및 학습 능력이 없다. 이런 인공지능들은 전문가의 역량을 불완전하게 추출한 뒤 이를 저장하고 패키지화해서 자문용으로 배포한 것에 불과하다.

하지만 진정한 인공지능이 도래할 것이다. 이를 우리 예상 범위밖에 놓는 것은 앞으로 환상의 세계에서 살자는 얘기에 불과하다. 인공지능의 출현을 예상하는 것은 낙관적 태도도 비관적 태도도 아니다. 언제나 그랬듯이 연구자의 낙관주의는 기술 공포증 환자의 비관주의다(연구자는 첨단 기술의 실현이 눈앞에 다가왔다고 낙관적으로 생각하고 기술 공포증 환자는 그런 기술이 가져올 결과를 비관적으로 받아들인다는 뜻.-옮긴이). 만일 우리가 대비하지 않는다면 사회적 인공지능 시스템의 도래는 커다란 위협이 될 수 있다. 인간 테러리스트나 선동가의 생각에 의해 일어난 피해를 생각해보라. 이와 마찬가지로 기술적 인공지능 시스템들도 세계의 군사 균형을 불안정하게 만들 수 있다. 어느 한쪽이 갑자기 커다란 우세를 점하게 만든다면 그렇게 된다. 하지만 제대로 대비한다면 인공지능은 지구와 인류, 우주 내에서의 지능 발전을 위해 일하는 미래 건설에 도움이 될 수 있다. 12장에서는 분자 조립 기계와 인공지능이 가져올 변화를 관리한다는 좀 더 일반적인 화제의 일부로서 하나의 접근법을 설명할 것이다.

　오늘날 벌써 위험성을 논할 이유가 무엇인가? 그런 질문을 다룰 만한 기구를 발전시키는 일을 시작하기에 너무 이르지 않기 때문이다. 기술적 인공지능은 오늘날 출현 중이고 이것은 그 발전 단계마다 기술 경쟁을 가속화할 것이다. 우리가 관리 방법을 배워야 할 강력한 기술은 많으며, 그 각각이 복잡하게 뒤섞인 위험과 기회를 제시한다. 인공지능은 그런 기술 중 하나일 뿐이다.

ENGINES *of* CREATION

The Coming Era of Nanotechnology

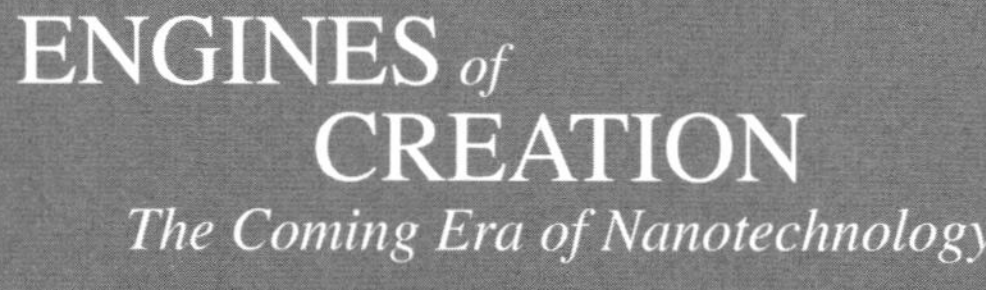

지구를 넘어선 세상

우리가 하늘이라 부르는 엎어놓은 사발, 그 아래 갇힌 채 기어 다니는 인간들, 그 좁은 곳에서 살다 죽는 우리들.

— 에드워드 피츠제럴드,
《오마르 하이얌의 루바이야트The Rubáiyát Omar Khayyám》

지구는 세상의 작은 일부일 뿐이며 미래에는 나머지 세상이 중요해질 것이다. 에너지, 재료, 성장의 여지라는 관점으로 볼 때 우주는 거의 전부에 해당한다. 과거에, 우주에 관한 공학 기술적 예측은 정기적으로 실현되어왔다. 미래에, 우주라는 열린 프런티어는 인간 세상을 확대해줄 것이다. 인공지능과 나노기술의 진보가 여기에 핵심 역할을 할 것이다. 인류가 우주를 프런티어로 인식하기까지는 여러 세대가 걸렸다. 한때 우리 선조들은 밤하늘을 검은 돔으로 보았다. 거기서 반짝이는 작은 불꽃들은 신들이 벌이는 빛의 쇼였다. 그들은 우주여행을 상상할 수 없었다. 외부 우주가 존재하는지조차 몰랐기 때문이다.

오늘날 우리는 우주가 존재한다는 사실을 알지만 우주의 가치를 이해하는 사람은 아직도 드물다. 이는 놀랄 일이 아니다. 우리의 마음과 문화는 이 행성에서 진화했고 하늘 바깥의 프런티어라는 개념은 극히 최근에야 이해하기 시작했다.

금세기에 이르러서야 비로소, 로켓이 우주 공간에 닿을 수 있다는 것을 헤르만 오베르트Hermann Oberth나 로버트 고더드Robert Goddard처럼 비전을 지닌 설계가들이 보여주었다. 그들이 이런 자신감을 가질 수 있었던 것은 다단계 로켓의 역량을 계산하기 충분할 만큼 연료, 엔진, 연료 탱크, 구조에 대한 지식을 갖추고 있었기 때문이다. 하지만 1921년 《뉴욕타임스》 사설은 반작용으로 추진력을 제공해줄 공기가 없는 공간에서도 로켓이 비행할 수 있다는 고더드의 생각을 비난했다. 그리고 1956년인 최근에도 영국의 왕실 천문학자는 "우주여행은 완전히 실없는 이야기"라며 콧방귀를 뀌었다. 하지만 이는 논설위원이나 천문학자들은 우주 하드웨어에 대해 물어볼 전문가가 못 된다는 사실을 보여준 사례가 되었다. 1957년 스푸트니크 위성이, 1961년 유리 가가린Yury Gagarin이 지구 궤도를 선회했다. 1969년엔 인간이 달에 발을 딛는 장면을 전 세계가 목격했다.

무지의 대가를 치른 셈이다. 우주 기술의 개척자들은 공개적으로 자신들의 입장을 알릴 방법이 없었던 탓에 기본 논점들을 계속 되풀이해서 주장해야만 했다(네, 로켓은 진공에서도 작동할 것입니다. …… 그렇습니다. 정말로 궤도에 다다를 것입니다.……). 이들은 우주비행의 근본 원리를 변호하는 데 바쁜 나머지 그에 따른 결과를 논의할 시간이 거의 없었다. 그래서 스푸트니크가 세계를 감짝 놀래고 미국을 당황시켰을 때 사람들은 준비되어 있지 않은 상태였다. 우주에 대한 전략을 수립하기 위한 광범위한 논쟁이 없었다.

개척자 중 일부는 무슨 일을 해야 하는지 알았다. 우주 정거장과 재사용할 수 있는 우주선을 만들고 그다음엔 자원을 구하기 위해 달이나 소행성대로 간다. 하지만 이들의 제안은 안절부절못하는 정치인이 내는 소음에 묻혀버렸다. 그리고 미국 정치인들은 크고 이해하기 쉬운 목표를 세우라고 강력하게 요구했다. 아폴로 계획, 즉 깃발을 꽂을 수 있는 가장 가까운 곳에 미국인을 착륙시키기 위한 경주는 그런 경위로 탄생했다. 아폴로 계획은 우주 정거장 건설이나 우주 왕복선 건설을 건너뛰고 그 대신 단번에 달까지 비행할 수 있는 거대한 미사일을 제조했다. 이 프로젝트는 영예로웠고, 과학자에게 약간의 정보를 제공했으며, 기술의 진보를 통해 막대한 성과를 이루었다. 하지만 그 핵심은 알맹이 없는 쇼였다. 납세자와 국회 의원들이 이를 알아보았고 이 우주 계획은 힘을 잃게 되었다.

아폴로 계획의 기간 동안 오래된 꿈들이 대중의 마음을 사로잡았다. 다른 행성에 정착한다는 단순하고 낭만적인 꿈말이다. 그때 로봇을 이용한 관측 기구가 금성이 정글로 가득 찬 곳이라는 환상을 깨버렸다. 고압의 독毒으로 이루어진 거대한 화덕이라는 사실이 확인된 것이다. 또한 지구에만 묶여 있던 천문학자들이 화성에 그린 선들도 지워버렸고(당시의 망원경으로 화성을 관측하면 렌즈의 오차와 착시로 인해 규칙적인 선들이 보였고 이는 운하라고 생각되었다.-옮긴이), 운하니 화성인이니 하는 것들도 사라져버렸다. 화성에는 그런 것들이 아니라 크레이터와 협곡, 그리고 메마른 먼지가 있었다. 금성보다 태양에 가까운 수성은 불에 구워진 바위가 있었고 지구 바깥쪽 화성은 돌덩이와 얼음의 세상이었다. 이들 행성은 죽었거나 엄청나게 위험한 곳이었고 새로운 지구라는 꿈은 멀리 있는 별들로 후퇴했다. 우주는 막다른 골목으로 여겨졌다.

새로운 우주 계획

새로운 우주 계획이 과거 계획의 잔해로부터 출현했다. 오늘날 새로운 세대의 우주 옹호자, 공학자, 사업가들은 우주를 애초부터 마땅히 그래야 했던 프런티어로 만드는 것이 목표이다. 공허한 정치적 몸짓이 아니라 개발과 이용을 위한 장소로 말이다. 이들은 성공을 자신하고 있다. 그 이유는 우주 개발이 과학 기술의 혁신적 발전을 필요로 하기 때문이다. 사실, 인류는 20년 전의 기술로도 우주를 정복할 수 있었다. 그리고 알맹이 없는 쇼만 피했다면 우리는 수익을 내면서 그 일을 할 수 있었을 것이다. 우주 관련 활동은 비싼 비용이 들어야 할 필요가 없다.

오늘날 지구 궤도에 이르는 데 드는 고비용을 생각해보라. 킬로그램당 수천 달러가 든다. 이 비용은 어디에 사용되는 것일까? 우주 왕복선 발사장에서 굉음에 충격을 받으면서 불꽃에 경외감을 품는 관객에게 그 해답은 자명해 보인다. 연료에 많은 비용이 들어갈 것이 틀림없다. 심지어 여객기들도 연료비가 직접 운영비의 약 절반을 차지한다. 로켓은 알루미늄으로 만들어졌고 엔진, 제어 장치, 전자 장치로 구성되어 있다는 점에서 여객기를 닮았지만 연료가 발사대에 앉은 우주선 무게의 거의 대부분을 차지한다. 따라서 연료비가 로켓 운영비의 절반을 훨씬 넘게 차지하리라고 예상하는 사람도 있을 수 있다. 하지만 이런 예상은 틀렸다. 달 여행에서 궤도에 이르는 데 필요한 연료의 비용은 100만 달러에 못 미쳤다. 킬로그램당 몇 달러의 비용으로 궤도에 올려 보냈다. 전체 비용의 1퍼센트의 몇 분의 일에 불과하다. 심지어 오늘날도 연료비가 우주 비행의 비용에서 차지하는 비율은 무시할 수 있는 정도다.

그렇다면 우주 비행이 대기 중 비행보다 그렇게 많은 비용이 드는 이유가 무엇인가? 그 부분적인 이유는 우주선이 대량 생산되지 않는다는 점이다. 이 탓에 제작자들은 불과 몇 개의 부품만을 팔아서 설계 비용을 회수하는 수밖에 없다. 그리고 몇 개의 부품은 비싼 비용을 들여 손으로 직접 만든다. 더구나 대부분의 우주선은 한 번 쓰고 나면 버려진다. 심지어 우주 왕복선도 연간 불과 몇 차례만 비행한다. 하루 몇 차례씩 운행하며 10년 넘게 사용되는 여객기처럼 비용을 분산할 수가 없다. 마지막으로, 대형 공항의 운영비는 월간 수천 회씩 뜨고 내리는 여객기에 분산할 수 있는 것과 달리, 오늘날 우주 공항 운영 비용을 분산할 수 있는 우주선은 매월 불과 몇 차례밖에 발사되지 않는다. 이 모든 요소가 합쳐져 한 번 우주 비행을 할 때마다 엄청난 비용이 들어가는 것이다.

하지만 세계의 많은 곳에 값싼 제트기 수송 수단을 제공한 보잉사의 연구를 보면 생각이 달라진다. 완전히 재사용할 수 있는 우주 왕복선으로 구성된 함대를 여객기처럼 비행, 정비한다면 궤도에 이르는 비용은 50분의 1이나 그 이하로 떨어진다. 열쇠는 신기술에 있는 것이 아니라 규모의 경제와 정비 방식의 변화에 있다.

우주가 제공하는 산업적 기회는 방대하다. 관측 및 통신 위성을 궤도에 올려놓는 데 따른 장점은 잘 알려져 있다. 미래의 통신 위성은 지상의 휴대용 기지국과 통신할 수 있을 정도로 강력한 성능을 보유해서 휴대전화 서비스의 극치를 제공할 것이다. 우주의 무중력 상태를 이용해 섬세한 분리 공정을 실행하고 더 나은 약품을 만들기 위해 행동에 나서는 기업이 있는가 하면, 더 좋은 전자 결정electronic crystal을 성장시키려고 계획을 세우는 기업도 있다. 분자 조립 기계가 물건 생산을 떠맡게 되는 날이 올 때까지 상당한 기간 동안 엔지니어들은 거시 기술의 능력을 확대하는 데 우주 환경을 이용할 것이다. 우주 산업은 발사 서비스 시장을 키워서 발사 비용을 떨어뜨릴 것이다. 발사 비용의 하락은 역으로 우주 산업의 성장을 촉진할 것이다. 로켓을 이용한 지구 궤도 수송은 결국 경제적 타산에 맞게 될 것이다.

우주 계획 입안자들과 기업가들은 이미 지구 궤도를 넘어 태양계의 자원까지 넘보고 있다. 그러나 태양계 밖의 우주로 가면 로켓이 화물을 끌고 가는 비용은 빠른 속도로 증가해 지나치게 비싸진다. 로켓은 연료를 게걸스럽게 소비하는데 이 연료 자체가 우주에서 로켓에 의해 운반되어야 한다. 연료 연소형 로켓은 중국의 폭죽만큼 오래된 것이고 미국 국가國歌보다 훨씬 더 오래된 것이다. 로켓은 간단하고 강력하며 군사용으로 쓸모가 있다는 자연스러운 이유에서 진화했다. 뿐만 아니라 공기를 관통하며 비행할 수 있고 강한 중력에 저항할 수 있다. 그렇지만 우주 엔지니어들은 그 대안을 알고 있다.[1]

마찰이 없는 진공 공간에서 움직이는 수송 수단은 강력한 추진력이 필요 없다. 작은 힘으로 느리고 꾸준히 가속해도 엄청난 속도를 얻을 수 있다. 에너지는 질량을 지니므로 얇은 거울인 태양 돛Solar sail(우주선의 자세 안정이나 추진용으로 태양광의 압력을 이용하기 위한 돛)에서 튕기는 햇빛이 그런 힘을 제공할 수 있다. 태양 중력이 발휘하는 인력은 또 다른 힘을 제공한다. 빛의 압력과 중력을 합치면 태양계 내의 어느 장소로도 우주선을 이동시키고 다시 돌아오게 할 수 있다. 여행을 제한하는 것은 태양 근처의 열과 행성 대기의 저항뿐일 것이다. 이는 돛을 이용해 피해 갈 수밖에 없는 장애물이다.

미국항공우주국은 로켓에 실어 우주로 올려 보낼 태양 돛을 연구했다. 하지만 이런 돛이 발사와 펼침에 따른 압력을 견디려면 대단히 무겁고 튼튼해야 할 것이다. 결국 엔지니어들은 돛을 우주에서 만들어 질량이 적으면서 장력을 지닌 구조를 이용해 얇은 금속 막으로 된 거울들을 지탱하도록 할 것이다. 그 결과 생겨난 '빛 돛lightsail'[2]은 태양 돛의 초고성능 버전이 될 것이다. 1년간 가속하면 빛 돛을 단 범선은 초속 100킬로미터에 도달할 수 있다. 이는 오늘날의 가장 빠른 로켓은 상대도 안 되는 속도다.

이제 흑연 섬유graphite-fiber 가닥으로 이루어진 몇 킬로미터 폭의 거미줄 같은 그물망이 회전하는 모습을 상상해보자. 여기서 거미줄 사이의 공간을 축구장 크기로 생각하면 빛 돛의 구조에 가까워진다. 그 공간이 비누 거품보다 얇은 알루미늄 포일을 재료로 한 반사판으로 채워진 모습을 상상한다면 빛 돛의 외관이 어떤 모습일지 제대로 파악한 것이다. 수많은 반사판들이 촘촘히 묶여서 광대한 물결 무늬 모자이크를 이룬다. 이제 그 거미줄에 짐이 낙하산에 매달린 사람처럼 달려 있고 거미줄에 매달린 거울(반사판)들은 텅 빈 공간 속에서도 원심력 덕분에 팽팽하고 평탄한 배열을 유지하고 있다. 이렇게 상상하면 거의 전부를 형상화한 것이다.

거시 기술로 빛 돛을 건조하려면 이를 우주 공간에서 만드는 법을 배워야 한다. 광대한 반사판은 너무 섬세해서 발사와 펼침을 견디지 못할 것이다. 우주에서 골격 구조물을 건설하고 박막 반사판을 제작하고 원격 조정되는 로봇 팔을 사용해야 할 것이다. 하지만 우주 계획 입안자들은 이미 우주에서 다른 목적으로 응용하기 위한 건조법, 제조법, 로봇공학 정복을 목표로 하고 있다. 만일 우주 개발의 초기 단계에 빛 돛을 건설한다면 그에 따른 성과로 이 같은 기술이 발휘될 것이다. 많은 물질을 발사할 필요 없이 말이다. 골격(그리고 돛을 많이 만들기 위한 재료)은 막대한 크기이기는 하지만 우주 왕복선이 한두 번 비행하면 궤도에 올려놓을 수 있을 만큼 가벼울 것이다.

돛 제조 시설도 돛을 저렴한 비용으로 제작할 수 있다. 일단 제작된 돛은 사용하는 데에도 큰 비용이 들지 않을 것이다. 핵심 운동 부품이 거의 없고 질량은 매우 가벼우며 연료는 전혀 소비하지 않기 때문이다. 로켓과는 형태, 기능, 운영 비용이 전혀 달라 계산에 따르면 비용 면에서 돛이 약 1,000배 유리하다.

오늘날 대부분의 사람들은 태양계의 나머지 영역을 광대하고 접근할 수 없는 곳이라고 본다. 광대한 것은 사실이다. 지구에서와 마찬가지로 돛을 이용해 일주하려면 몇 개월이 소요될 것이다. 하지만 외관상의 접근 불가능성은 거리보다는 로켓을 이용한 수송 비용과 관련되어 있다.

빛 돛은 비용이라는 장벽을 부수고 태양계로 가는 문을 열 수 있다. 빛 돛은 다른 행성에 쉽게 도달하게 해주겠지만 그 행성들의 쓸모를 늘려주지는 못할 것이다. 행성들은 여전히 죽음의 사막으로 남아 있을 것이다. 행성의 중력은 빛 돛이 행성 표면까지 여행하지 못하도록 만들 것이고, 표면에서의 사업에 제약을 가할 것이다. 회전하는 우주 정거장은 필요하다면 중력을 흉내 낼 수 있지만 행성에 속한 기지는 중력에서 벗어날 수 없다. 이보다 나쁜 점은 행성의 대기가 햇빛을 차단하고, 먼지를 퍼뜨리며, 금속을 부식시키고, 냉장고를 데우며, 오븐을 식히고, 물건을 쓰러트린다는 것이다. 심지어 공기가 없는 달도 자전하면서 하루 중 절반은 햇빛을 가려 빛 돛을 착륙시켜 달아날 희망도 갖지 못하게 하기에 충분한 중력을 지니고 있다. 빛 돛은 빠르며 지치는 일이 없지만 강한 힘을 내지 못한다.

우주의 가장 크고 지속적인 가치를 지니는 것은 물질 자원, 에너지, 공간이다. 행성은 공간을 차지하고 에너지를 차단한다. 이들이 제공하는 물질 자원은 편리하게 사용할 수 있는 위치에 있지 않다. 그에 반해 소행성들은 태양계를 종횡무진 하는 궤도로 움직이는, 날아다니는 자원의 보고[3]다. 지구와 교차하는 궤도를 지닌 것도 있고 심지어 직접 충돌해서 크레이터를 만든 것도 있다. 소행성을 광산으로 삼는다는 것은 현실적으로 보인다. 물건을 우주로 운반하는 데는 굉음을 울리는 로켓이 필요할지 몰라도, 보통의 바위가 우주로부터 떨어질 수 있다는 것은 운석들이 입증하는 바다. 그리고 우주 왕복선 경우에서 보듯, 우주로부터 떨어지는 물건이라고 낙하 과정에서 다 타서 없어질 필요는 없다. 하나의 소행성으로부터 물질들을 운반해 지구의 솔트 플랫salt flat(바닷물이 말라서 염분으로 뒤덮인 평지.-옮긴이) 상의 목표 지점으로 떨어뜨리는 것은 비용이 얼마 들지 않을 것이다.

작은 소행성이라도 인간의 입장에서는 큰 덩치다. 소행성은 수십억 톤의 자원을 포함하고 있다. 일부 소행성은 물, 그리고 석유 혈암 비슷한 것을 포함하고 있다. 아주 정상적인 바위를 갖고 있는 것도 있다. 지구의 지각에는 거의 없는 원소가 포함된 금속을 지닌 소행성도 있다. 그런 원소는 지구의 금속 핵이 형성되던 수십억 년 전에 도저히 닿을 수 없는 깊은 곳으로 가라앉아버렸다. 이런 운석 철은 주로 철, 니켈, 코발트로 된 합금인데 귀중한 백금족 금속과 금을 상당량 함유하고 있다. 이런 물질로 된 1킬로미터 폭의 덩어리(실제로 많이 존재한다)에는 수조 달러어치의 귀금속이 들어 있다. 그것도 지구 산업 전체의 수요를 아주 여러 해 동안 채워줄 수 있는 양의 니켈, 코발트와 함께 섞여 있다.

태양 빛은 공간을 에너지로 채우고 있고 이 에너지는 쉽게 포획할 수 있다. 금속 박막 반사판을 지닌 1제곱킬로미터 넓이의 구조물은 10억 와트 이상의 햇빛을 모을 것이다. 구름이나 밤이라는 장애 없이 말이다. 기후 변화가 없는 평온한 우주 공간 속에서 얇고도 얇은 태양열 채집기는 수력 발전 댐만큼이나 항구적으로[4] 작동할 것이다. 태양이 100만분의 1초 동안 내놓는 에너지는 오늘날 인류가 한 해 동안 쓰는 양에 해당하므로 앞으로 언젠가 에너지는 희귀 자원이 아닐 것이다.

마지막으로, 우주 그 자체가 살 수 있는 공간을 제공한다. 한때 사람들은 우주에서 산다는 것을 행성이라는 관점에서 보았다. 그들이 상상한 것은 행성에 돔으로 덮인 도시를 건설하고, 죽은 행성을 점차 지구와 비슷한 행성으로 바꾸고, 혹은 별을 향해 여러 해 비행한 다음에 지구와 같은 행성에 도달한다는 등의 내용이었다. 하지만 행성은 일괄 거래 상품이다. 일반적으로 중력과 대기, 하루 길이, 위치가 알맞지 않다.

아무것도 없는 우주 공간이 정착지를 건설하기에 더 좋다. 프린스턴 대학교의 제러드 오닐Gerard O' Neill[5] 교수가 이런 아이디어를 내놓아 대중의 관심을 끌었고, 이는 아폴로호의 폭발 이후 우주에 대한 대중의 관심을 되살리는 데 도움을 주었다. 그는 철과 유리 같은 평범한 건축 자재가 우주에 거주할 수 있는 원통―길이와 둘레는 수 킬로미터다―을 만드는 데 쓰일 수 있음을 보여주었다. 그의 설계에 따르면 발밑의 흙이 우주 공간의 자연 방사선을 차단해준다. 지구 거주자들이 머리 위의 공기라는 방사선 차단막을 지닌 것처럼 말이다. 원통의 회전은 지구의 중력과 똑같은 가속도를 생성하고 널찍한 거울과 창문 패널은 내부를 태양 빛으로 충만하게 만든다. 여기에 흙, 하천, 식물, 상상력을 더하면 그 내부의 땅은 지구의 가장 살기 좋은 강 유역과 경쟁할 수 있을 것이다. 소행성의 자원만으로도 우리는 1,000개의 새로운 지구에 실질적으로 대응하는 곳을 건설할 수 있을 것이다.

현재 기술을 새롭게 적용하는 것으로도 우리는 우주 프런티어를 열 수 있다. 이런 전망은 용기를 준다. 지구 내 성장의 한계를 피해

가는 분명한 방법을 보여준다. 우리의 미래를 어둡게 했던 두려움 중의 하나를 덜어주는 것이다. 우주 프런티어의 장래성은 인류의 희망—만일 우리가 다른 문제들을 처리하려면 대량으로 필요해질 자원—을 이렇게 해서 결집할 수 있다.

우주와 선진 기술

현재 기술을 새롭게 적용하면 우주 프런티어를 정말로 열 수 있다. 하지만 우리는 그렇게 하지 않을 것이다. 우주 개발에 관한 현재의 동향에서 예측된 경로를 따른다면 인류 문명이 우주에 확고하게 자리 잡기까지는 수십 년이 걸릴 수 있다. 그 이전에 기술의 혁신이 새로운 경로를 열어줄 것이다.

오늘날 엔지니어 팀들이 새로운 우주 시스템을 개발하는 데는 통상 5~10년이 걸리고, 그 과정에서 수천만~수십억 달러의 비용이 든다. 엔지니어링에 따르는 이런 시간 지연과 비용 탓에 진보는 고통스러울 정도로 느리다. 하지만 앞으로 컴퓨터 이용 설계 시스템은 자동화 엔지니어링 시스템을 향해 진화할 것이다. 그런 과정에서 지연 시간과 비용은 줄어들다가 이어 급락할 것이다. 컴퓨터가 통제하는 제조 시스템은 전체 비용을 더욱더 낮출 것이다. 자동화 설계와 제작 덕분에 우주 시스템 개발의 비용은 10분의 1로 줄고 개발 속도는 열 배로 빨라질 날이 오게 될 것이며 우주와 관련된 우리의 진보는 하늘 높은 줄 모르게 치솟을 것이다. 우리는 우주에서

거침없이 뻗어나갈 것이다

그때가 되면 우주의 정착민은 현재 우리의 우주 프로그램을 돌아보고 이것이 우주 개발의 핵심이었다고 평가할까? 그렇지 않을 것이다. 그들은 과거 수십 년간 우주 엔지지어들이 이룩했던 것보다 더 많은 기술적 진전이 불과 몇 년 사이 이루어지는 것을 이미 목격했을 터다. 인공지능과 로봇공학이 미국항공우주국 엔지니어 전체보다 더 많은 일을 해냈다고 결론짓는 것도 무리가 아닐 것이다.

분자 조립 기계의 혁신적 발전과 자동화 엔지니어링이 합쳐져서 이룩하는 발전은 지금 우리의 우주 개발 노력이 불합리했다고 느끼게 만들 것이다. 4장에서 나는 자가 복제하는 분자 조립 기계들이 인간의 노동력을 거의 쓰지 않고도 어떤 방법으로 가볍고 튼튼한 로켓 엔진을 만들 수 있게 될지 묘사했다. 이와 유사한 방법으로 우리는 값싸고 뛰어난 성능을 갖춘 우주선 전체를 만들 것이다. 다이아몬드를 바탕으로 한 구조적 재료는 오늘날 우주 왕복선에 사용되는 알루미늄과 비교해 무게당 강도는 약 50배, 경도는 약 14배에 이를 것이며, 이런 재질로 건조한 우주선은 오늘날의 이와 비슷한 선체에 비해 90퍼센트 이상 가벼울 것이다. 이것은 일단 우주로 나가면 태양열 집열기를 펼쳐서 풍부한 에너지를 모을 것이다. 이런 에너지를 동력으로 이용하는 분자 조립 기계[6]와 분해 기계는 변화하는 환경이나 승객의 변덕에 맞춰 운항 도중에 스스로를 재조립할 것이다. 이런 일이 쉽고 편리하게 이루어지는 내일이 올 것이다.

나노기술이 작은 것을 만드는 데 적합하다는 점을 감안해서 가장 작은 일인용 우주선, 즉 우주복을 검토해보라. 오늘날의 엔지니어들은 약하고 무겁고 수동적인 재료를 사용할 수밖에 없기 때문에 그들이 만든 우주복도 덩치가 크고 둔하다. 진보한 우주복을 살펴보면 나노기술의 능력 중 일부를 알 수 있을 것이다.

당신이 우주 정거장에 있고 이 정거장은 지구의 보통 중력을 흉내 내기 위해 회전 중이라고 생각해보라. 당신이 지시를 내리면 시험해볼 우주복이 주어진다. 투명 헬멧이 달린, 회색의 고무처럼 보이는 물건이 저기 벽에 걸려 있다. 그것을 들어 무게를 가늠해본 뒤 옷을 벗고, 우주복 전면의 갈라진 틈으로 몸을 집어넣는다. 이 옷^{suit}은 가장 유연한 고무보다 더 유연하게 느껴지지만 안쪽 표면은 미끄럽다. 입기 쉬운 데다 틈새는 손만 대면 닫힌다. 손가락을 얇은 가죽장갑처럼 감싼 재질은 피부에 딱 달라붙는다. 옷감은 팔을 따라 올라가며 두꺼워지다가 상체 부근부터는 손바닥 두께가 된다. 어깨 뒤에는 거의 눈에 띄지 않을 정도로 작은 배낭이 붙어 있다. 머리 주위는 눈에 거의 보이지 않을 정도로 투명한 헬멧이 감싸고 있다. 우주복 목 아래쪽의 내부 표면은 가볍고 한결같은 촉감으로 피부에 달라붙는데 이 촉감은 곧 느끼지 못할 정도가 된다.

일어서 주위를 걸으며 시험해본다. 발끝으로 깡충깡충 뛰어봐도 우주복의 무게는 느껴지지 않는다. 관절을 굽혔다 펴봐도 걸리는 것이 없고 주름도 생기지 않으며 압력을 느끼게 하는 부위도 없다. 손가락을 모아서 비벼보면 실제로는 **약간의 두께**가 있을 텐데도 감각이 맨손인 것처럼 살아 있다. 숨을 쉴 때 느껴지는 공기는 깨끗하고 신선하다. 사실, 우주복을 입고 있다는 사실을 잊어버릴지도 모르겠다는 느낌을 받는다. 게다가 우주의 진공 속으로 걸어 나가봐도

전과 다름없이 편안하다.

우주복이 이 모든 일과 이보다 더한 일을 해내는 것은 생체 조직에 버금갈 정도로 정교한 질감을 지닌 구조 내에서 일어나는 복잡한 활동 덕분이다. 1밀리미터 두께의 장갑에는 활동 중인 나노기계와 나노전자기기로 이루어진 1미크론 두께의 층 1,000겹이 들어 있다. 손가락 끝 크기의 천 조각에 10억 개의 기계식 나노컴퓨터가 들어가므로 나머지 99.9퍼센트의 공간에는 여타의 구성 요소가 들어갈 여지가 생긴다.

특히 어떤 활동을 하는 구조가 들어갈 수 있다. 우주복 소재의 중간층[7]에는 다이아몬드를 기초로 한 섬유가 3차원 구조로 짜여 있는데 이는 인공 근육과 매우 유사하지만 자유롭게 밀고 당길 수 있다. 많은 부피를 차지하는 이 섬유는 우주복 재질을 강철처럼 강하게 만들어준다. 현미경 수준의 전기 모터에서 동력을 얻고 나노컴퓨터의 제어를 받는 이 섬유는 재질에 강한 유연성을 제공해 필요에 따라 늘어나고 수축되고 구부릴 수 있게 해준다. 앞서 이 우주복이 유연하게 느껴졌던 것은 유연하게 **행동하도록** 프로그램이 되어 있었기 때문이다. 진공 속에서도 어려움 없이 형태를 유지할 수 있는 것은 풍선처럼 부푸는 것을 방지하기에 충분한 강도를 지녔기 때문이다. 이와 마찬가지로, 어렵지 않게 자체 무게를 지탱하고 독자의 동작에 맞춰 빠르고 부드러우며 저항 없이 움직일 수 있다. 우주복을 전혀 입지 않은 것처럼 느껴진 이유 중의 하나가 이것이다.

당신의 손가락이 거의 맨손처럼 느껴지는 이유는 만지는 대상의 촉감을 그대로 느끼기 때문이다. 이렇게 되는 이유는 압력 센서가 우주복의 표면을 덮고 있고 활동하는 구조가 안감을 덮고 있기 때문이다. 장갑은 독자가 만지는 모든 것의 형태와 그것이 가하는 압력의 상세한 패턴을 느낀 다음 똑같은 질감 패턴을 피부에 전달한다. 이 과정은 거꾸로도 작동한다. 다시 말해, 장갑 속에 있는 독자의 피부가 발휘하는 힘의 상세한 패턴을 외부로 전달한다. 이렇게 해서 장갑은 마치 없는 것처럼 위장하고 독자의 피부는 거의 맨손처럼 느껴진다.

이 우주복은 강철과 같은 강도와 당신의 신체 같은 유연성을 갖추고 있다. 제어 장치를 조정하면, 이 옷은 당신의 동작을 따라 하기는 하지만 뭔가 차이가 생긴다. 당신이 발휘하는 힘을 그대로 전달하는 대신 열 배로 증폭한다. 이와 마찬가지로 뭔가가 당신을 스치면 그 힘의 10분의 1만을 내부로 전달한다.[8] 이제 당신은 고릴라와 레슬링 시합을 할 준비를 갖춘 셈이다.

당신이 숨 쉬는 공기가 신선한 것이 놀라워 보이지 않을지 모른다. 배낭에는 공기를 비롯한 소모품이 들어 있다. 하지만 태양 빛을 받으며 며칠간 바깥에서 지내도 공기는 고갈되지 않는다. 이 우주복은 마치 식물처럼 햇빛과 당신이 내뿜는 이산화탄소를 흡수해 신선한 산소를 만든다. 또한 식물처럼 (혹은 생태계 전체처럼) 여타 쓰레기를 단순한 분자로 분해한 다음 재조립해 신선하고 건강에 좋은 식품의 분자 패턴으로 재조립한다. 사실 이 우주복은 태양계 안의 거의 어느 장소에서든 독자가 숨 쉬고 마음껏 먹으며 편안히 지낼 수 있게[9] 해줄 것이다.

더구나 이 옷은 내구성이 높아 수많은 나노기계가 고장 나도 견딜 수 있다. 고장 난 기능을 떠맡을 여분의 나노기계가 아주 많기 때문이다. 활동성 섬유 사이의 공간에는 분자 조립 기계와 분해 기계가 돌아다니고 고장 난 장치를 수리하기에 충분한 여유 공간이 있다. 이 옷은 닳자마자 스스로를 수리한다.

가능성의 한계 내에서 이 옷은 다른 속성도 여럿 지닐 수 있을 것이다. 핀 대가리보다 작은 점에 인류가 출간한 모든 책의 텍스트를 담은 뒤 접철식 스크린에 영사할 수 있을 것이다. 또 다른 점은 인류 전체가 이제껏 만든 모든 장치보다 더 많은 장치의 설계도[10]를 담은 '씨'를 가지고 있을 수도 있다. 이런 장치 모두를 만들 수 있는 자가 복제 분자 조립 기계와 함께 말이다.

더구나 앞장에서 설명한 것처럼 작동 속도가 빠른 기술적 인공지능 시스템은 이 우주복을 아침에[11] 설계해 오후에 완성하도록 할 수 있을 것이다.

우리가 현대의 거시 기술로 이룩한 모든 것은 분자 기술과 자동화 엔지니어링이 도래하면 빠르고도 극적으로 구식이 되어버릴 것이다. 특히 우리는 우주에서 작동하는 자가 복제 분자 조립 기계[12]를 만들 것이다. 이런 복제자들은 식물이 하듯이 태양 에너지를 활용할 것이며 이를 이용해 소행성의 돌덩이를 스스로의 복제품과 인간이 사용할 제품으로 바꿀 것이다. 이들 복제자를 이용해 우리는 태양계의 자원을 손아귀에 넣을 것이다.

지금쯤 대부분의 독자들은 이런 얘기가 앞서 논의했던 것 중 일부 내용처럼 공상 과학 소설처럼 보인다는 사실을 알아차렸을 것이다. 여기에 만족하는 사람도 있을 테고, 미래의 가능성이 정말로 이런 성질을 지녔다는 사실에 낙담하는 이도 있을 수 있다. 그렇지만 일부 독자는 "공상 과학 소설처럼 보인다"라는 것은 왠지 일축해버릴 근거가 된다고 느낄 수 있다. 이런 느낌은 흔하고 일반적인 것으로서 면밀히 따져볼 가치가 있다.

기술과 공상 과학 소설은 오랫동안 진기한 관계를 유지해왔다. 부분적으로 과학이, 부분적으로는 인간의 바람이, 부분적으로 기묘한 이야기에 대한 시장의 수요가 미래 기술을 상상하는 과학 소설가들을 이끌어왔다. 이들의 상상 중 일부는 나중에 실현되었다. 실현할 수 있고 흥미롭다고 느껴지는 소설 속 아이디어가 실제로 가능하고 매혹적인 것으로 드러나는 일이 가끔 생기기 때문이다. 게다가 과학자와 엔지니어들이 예컨대 로켓 추진 우주 여행 같은 극적인 가능성을 예견하면 과학 소설가는 다들 이 아이디어를 받아들이고 대중에게 보급한다.

나중에 공학 기술의 진보 덕분에 이런 일이 실현될 가능성이 높아지면 다른 작가들이 사실을 검토해서 그에 따른 전망을 묘사한다. 이런 묘사는 아주 추상적인 것이 아닌 한, 그 당시엔 소설처럼 여겨진다. 미래에 가능한 일은 오늘날엔 소설처럼 여겨지는 일이 흔한 법이다. 로봇이나 우주선, 컴퓨터가 과거의 소설과 닮아 있듯이 말이다. 이는 너무나 당연한 일이다. 극적인 신기술이 과학 소설처럼 느껴지는 것은 과학 소설가들이 장님이 아닌 데다 해당 영역에 직업적 관심을 가지고 있기 때문이다. 공상적 환상을 갖는 일이 흔하기는 해도 말이다.

과학 소설가들은 극적인 기술을 '설명'하려는 목적으로 스토리의 과학적 콘텐츠를 각색(다시 말해 위조)하는 경우가 흔히 있다. 그러면 생각이 흐리멍덩한 일부 인사들은 극적인 기술적 진보에 대한 설명을 모두 받아들인 뒤 이를 하나로 뭉뚱그려 가짜 과학으로 평가하고 무시해버린다. 이는 불행한 일이다. 미래의 가능성을 추측하는 엔지니어들은 자신들의 아이디어를 검사하고 이를 현재 우리가 알고 있는 최선의 자연법칙과 부합하도록 진화시킨다. 그 결과로 나오는 개념은 대중 소설의 수요에 부응하기 위해 진화한 아이디어와 구분되어야 마땅하다. 우리의 삶은 여기에 좌우될 것이다.

심지어 분자 기술이 등장한 다음이라 해도 많은 것이 불가능한 채로 남을 것이다. 아무리 놀라운 우주복이라도 로켓을 이용해 엄청나게 빨리 앞뒤로 움직이거나, 대폭발에서도 살아남거나, 벽을 통과해서 걷거나, 밀폐된 뜨거운 방에서 무한정 선선한 상태를 유지할 수는 없을 것이다. 우리가 가능성의 한계에 도달하기까지는 먼 길이 남았지만 한계가 존재하는 것은 사실이다. 하지만 이것은 나중에 다룰 주제다.

풍요의 세계

우주의 자원은 분자 조립 기계와 자동화 엔지니어링 시스템과 합쳐져 미래가 물질적으로 엄청나게 풍요로우리라는 주장을 완성한다.

비용을 검토해보면 그 의미를 가장 잘 파악할 수 있다.

비용은 우리가 가진 자원과 능력의 한계를 반영한다. 비용이 비싸다는 것은 자원이 희귀하고 목표가 달성하기 어렵다는 뜻이다. 희귀성 문제 예언자는 사실상 자원 조달 비용이 급증하리라 예측했고, 이와 함께 모종의 미래를 예측했다. 하지만 자원 조달 비용은 언제나 기술에 달려 있다. 불행히도 미래 기술의 비용을 예측하려는 엔지니어들은 대개 세부 사항과 불확실성의 뒤얽힘과 마주쳤는데, 이는 해결할 수 없는 문제로 판명되었다. 이 문제는 우리가 미래를 분명하게 이해하지 못하게 만들었다.

자가 복제하는 분자 조립 기계, 자동화 엔지니어링, 그리고 우주 자원의 가능성은 비용 예측이라는 고르디우스의 매듭(풀 수 없는 매듭으로서, 알렉산드로스 대왕이 그냥 잘라서 해결했다고 한다. 대담한 방법을 써야만 풀 수 있는 문제라는 뜻이다.-옮긴이)을 잘라준다. 오늘날 제품의 비용에는 노동, 자본, 원자재, 에너지, 토지, 폐기물 처리, 조직, 유통, 세금, 설계에 따른 비용이 포함된다. 총 비용이 어떻게 달라지는지 파악하려면 이 요소들을 하나하나 따져보아야 한다.

- **노동**: 자가 복제하는 분자 조립 기계들은 일단 최초의 분자 조립 기계가 있으면 제조를 위한 노동이 더는 필요 없다. 분자 조립 기계를 운영하는 데 인간의 힘이 무슨 쓸모가 있겠는가? 게다가 부품을 커다란 시스템으로 조립하는 데 다양한 크기의 로봇 장치를 이용하면 분자 조립에서 고층 빌딩 조립에 이르는 제조 공정 전체에 노동 비용은 전혀 들지 않을 수 있다.

- **자본** : 분자 조립 기계를 기반으로 한 시스템은 프로그램만 제대로 되어 있으면 그 자체가 생산 자본이 될 것이다. 이런 시스템이 좀 더 큰 로봇 기계와 합치면 스스로의 복제본을 포함해 사실상 무엇이든 만들 수 있을 것이다. 자가 복제하는 이런 자본은 하루에 몇 배씩 증식할 수 있을 것이므로 그 자본의 양을 제한하는 것은 오직 수요와 가용 자원뿐일 것이다. 이런 자본은 사실 아무런 비용이 필요 없다.

- **원자재** : 분자 기계들이 원자를 가장 유용한 방식으로 배열할 것이므로 약간의 재료로도 많은 일을 할 수 있다. 수소, 탄소, 질소, 산소, 알루미늄, 규소 등의 흔한 원소는 많은 구조물, 수송 수단, 컴퓨터, 의복 등의 대부분을 만들기에 최적의 재료로 보인다. 그 자체가 가벼운 데다 강한 결합을 형성하는 원소들이다. 이런 원소는 흙과 공기 속에 많은 양이 포함되어 있으므로 원자재는 아주 헐값이 될 수 있다.

- **에너지** : 분자 조립 기계는 화학 에너지나 전기 에너지를 흘러넘치게 만들 능력이 있을 것이다. 분자 조립 기계로 건설한 시스템은 식물처럼 태양 에너지를 화학 에너지로 전환하거나 태양 전지처럼 전기 에너지로 바꿀 것이다. 현존하는 태양 전지는 이미 식물보다 더 전환 효율이 높다. 태양 집열판을 만들 자가 복제 분자 조립 기계가 있으면 연료와 전력은 비용이 거의 들지 않을 것이다.

- **토지** : 분자 조립 기계 기반의 생산 시스템은 공간을 거의 차지하지 않을 것이다. 대부분은 작은 방(혹은 골무, 혹은 바늘구멍)에 들어갈 수 있을 터다. 커다란 시스템은 지하에 위치할 수 있을 것이

다. 만일 누군가가 눈에 거슬릴 정도로 엄청난 공간이 있어야 하는 무언가를 원하는 경우, 우주 공간에 설치할 수도 있을 것이다. 분자 조립 기계에 기반한 생산 시스템이 있으면 굴착기나 우주선의 값은 저렴해질 것이다.

- **폐기물 처리**: 분자 조립 기계 시스템은 재료로 이용하는 원자들을 잘 통제할 수 있을 것이다. 그러면 생산 공정이 자라나는 사과나무, 혹은 청소기처럼 깨끗해질 수 있다. 만일 이 과수원이 너무 더럽거나 보기 싫다면 그것을 지구밖에 설치할[13] 수도 있을 것이다.

- **조직**: 오늘날 공장 생산에는 조직이 필요하다. 많은 무리의 작업자와 관리자를 유기적으로 연결해야 하기 때문이다. 이에 비해 분자 조립 기계를 기반으로 하는 생산 기계들은 사람이 아예 필요 없어질 것이다. 그저 자기들끼리 모여 앉아 광범위한 분야의 제품을 사전에 입력된 지침에 따라 생산할 것이다. 여기에 필요한 모든 조직과 정보는 기계 설치 당시에 짜 넣은 프로그램에서 제공될 것이다.

- **유통**: 값싼 굴착기가 만든 터널 속을 자동화된 수송 수단이 달리게 하면 유통이 노동력을 소모할 필요도, 경관을 해칠 필요도 없을 것이다. 가정과 공동체에 분자 조립 기계가 있으면 애초에 유통의 필요 자체가 줄어들 것이다.

- **세금**: 대부분의 세금은 가격의 일정 비율을 걷어 가고 따라서 비용에서 고정된 비율을 차지한다. 만일 비용이 무시할 만큼 작다면 세금은 무시할 만한 액수가 될 것이다. 게다가 자신들의 복제자와 원자재를 갖춘 정부는 사람들에게 세금을 부과할 이유가 더 적을 것이다.

• 설계 : 위에서 지적한 모든 사항은 생산비가 저렴하다는 얘기로 수렴된다. 기술적 인공지능 시스템은 엔지니어의 노동 비용을 생략해줌으로써 설계 비용을 사실상 0으로 만들 것이다. 이런 인공지능 시스템은 제작 및 운영비가 낮을 것이다. 분자 조립 기계로 만들어지는 데다 뭔가를 설계하는 것 이외의 일을 하려는 성향이 없기 때문이다.

한마디로 말해, 컴퓨터와 분자 기술의 발전으로 이익을 얻는 과정이 오랜 기간 되풀이된 후 마지막에는 설계비와 제작비가 극적으로 떨어질 것이다. 위에서 원자재가 '헐값dirt cheap(흙처럼 싸다는 뜻.-옮긴이)'이라는 표현을 썼는데 사실 분자 조립 기계는 흙dirt과 햇빛으로 거의 모든 것을 만들 수 있다. 하지만 우주 자원은 '헐값'을 '싼 흙 값'으로 바꿀 것이다. 표토表土는 지구 생태계에 가치 있는 자원이지만 소행성의 돌무더기는 생명이 없고 황량한 사막에서 가져오게 될 것이다. 이와 동일한 이유로 우주의 분자 조립 기계들은 값싼 태양 빛이 흘러넘치도록 만들 것이다.

우주 자원은 광대하다. 하나의 소행성으로도 지구의 대륙을 1킬로미터 두께의 원자재로 뒤덮을 수 있을 것이다. 우주는 지구에 닿지 않는 태양 빛의 99.999999955퍼센트를 삼키는데 그 대부분은 항성 간의 진공 속으로 흩어진다.

우주는 물질, 에너지, 그리고 광대한 우주 식민지 등 방대한 규모의 프로젝트를 실행하기에 충분한 공간을 품고 있다. 복제자에 기반을 둔 시스템은 대륙 규모의 세상을 건설할 능력을 가질 것이다.

이 세계는 오닐 박사의 원통을 닮았으되 탄소를 기반으로 한 강한 물질로 만들어질 것이다.

이런 원자재에다 지구 바깥쪽 행성에 딸린 얼음 위성(목성의 위성 유로파나 가니메데는 두께 150킬로미터 이상의 얼음으로 덮여 있다.-옮긴이)의 물을 합치면 우리는 우주에 대지만이 아니라 지중해보다 깊고 넓은 바다를 고스란히 창조할 수 있을 것이다. 우주에서 얻는 에너지와 재료로 건설하는 새롭고 광대한 토지와 해양은 지구와 그 주민에게 자원이라는 비용은 거의 치르지 않게 해줄 것이다. 주된 요건은 최초의 복제자를 프로그램하겠지만 인공지능 시스템이 여기에 도움을 줄 것이다. 가장 큰 문제는 우리가 무엇을 원하는지가 될 것이다.

콘스탄틴 치올콥스키Konstantin Tsiolkovsky가 20세기 전환기에 말했듯[14] "인간은 언제까지나 지구에만 머물지는 않을 것이다. 빛과 공간에 대한 추구는 인간으로 하여금 대기권이라는 한계를 돌파하도록 이끌 것이다. 그 돌파는 처음에는 조심스럽겠지만 종국에는 태양계 전체를 정복하게 될 것이다". 우리는 죽은 공간에 생명을 불어넣을 것이다.

그리고 복제자는 다른 별에 도달할 수 있는 자원을 우리에게 제공할 것이다. 태양 빛만을 이용해 다른 별을 향해 항행하는 태양 돛은 우주 공간의 어둠 속을 타력惰力(별도의 추진력을 보태지 않은, 기존의 운동에 따른 관성.-옮긴이) 운행하게 될 것이다. 현대의 어떤 로켓 우주선보다 빠른 속도겠지만 그래도 너무나 느린 속도여서 별과 별 사이의 엄청난 거리를 통과하려면 수천 년이 걸릴 것이다. 하지만 우리는 태양 주위를 도는 레이저 기지를 엄청나게 많이 배치할 수 있을 것이다. 이 발사대에서 우리 태양계의 머나먼 바깥까지 빔을 쏘아[15] 돛을 빛의 속도에 가깝게 가속하면 된다. 그러면 불과 몇 년 만에 성간 공간을 통과할 수 있을 것이다.

태양 돛에는 브레이크를 거는 문제가 생긴다. 프린스턴 대학교의 프리먼 다이슨 Freeman Dyson은 성간 공간에 희박하게 존재하는 이온 가스가 생성하는 자기장을 이용해 돛에 브레이크를 거는 방법을 제시한다.[16] 휴즈연구소의 로버트 포워드Robert Forward는 지구에서 오는 레이저 빛을 앞쪽 돛에서 반사해 돛 뒤편에 있는 더 작은 돛에 비춤으로써 범선을 감속시키는 방법을 제안한다.[17] 이 중 어떤 방법을 쓰든 (다른 방법도 많이 있다) 별들 자체는 우리 손이 미치는 거리에 있다.

하지만 그런 시대가 오기까지는 오랜 기간이 걸릴 것이고 이 기간 동안 태양계는 충분한 공간을 제공해줄 수 있다. 지구 주변의 공간[18]에는 지구의 100만 배에 이르는 대지를 수용할 여유가 있다. 지구 밖으로의 이민이나 지구에 있는 옛 고향으로의 귀환을 필연적으로 방해할 요인은 없다. 수송 시스템에 동력을 공급하는 데는 아무 문제가 없을 것이다. 지구에 10분간 비치는 햇빛만으로도 지금의 인구 전체를 궤도에 올리는 데 필요한 에너지를 공급하고도 남는다.[19] 우주여행과 우주 정착 비용은 저렴해질 것이다. 만일 우리가 분자 기술을 적절히 이용한다면, 우리의 후손은 무엇 때문에 우리가 그렇게 오랜 기간 지구에 묶여 있으면서 그렇게 가난하게 살아야 했는지 의아해할 것이다.

상생하는 사회

이렇게 되면 모든 자원의 값이 0으로 떨어진 것처럼 보일 수도 있다. 이 자원에는 심지어 토지도 해당된다. 만일 발밑에 수천 킬로미터의 바위가 반드시 있어야 한다는 사람이 없다면 말이다. 어떤 의미로 보면 이는 거의 옳으며 또 다른 의미로 보면 명백한 오류다. 사람들은 언제까지나 물질, 에너지, 정보, 인간의 진심 어린 봉사의 가치를 중하게 여길 테고, 따라서 모든 것이 여전히 그 가치를 지닐 것이다. 그리고 길게 보았을 때 결국 우리는 성장의 진정한 한계에 마주칠 것이다. 그러므로 자원의 가치는 사라질 수 없다.

그럼에도 불구하고 우리가 만일 살아남는다면 복제자와 우주 자원 덕분에 새로운 풍요의 시대가 도래할 것이다. 지금 기준으로는 엄청난 부에 해당하는 것이 사실상 공짜에 해당하는 그런 시대 말이다. 자원의 진정한 한계가 조금도 오지 않는 시대가 오랜 기간 지속될 것이다. 이는 너무나 좋아서 믿기지 않는 일로 느낄 수도 있다. 하지만 자연은 (언제나 그렇듯) 인간의 느낌에 비추어 스스로의 한계를 정하지 않는다. 한때 우리의 조상들은 바다 건너편(돛으로 여러 달 항해해야 도달할 수 있다)의 누군가와 대화한다는 것이 몹시 좋아서 믿기지 않은 일이라고 생각했지만 해저 케이블과 인공위성이 어쨌든 작동하지 않았는가.

그러나 분자 조립 기계라는 것이 너무 좋아서 믿기지 않는다는 사람들에게는 또 다른 해답, 덜 만족스러운 답이 존재한다. 분자 조립 기계는 지금껏 등장했던 무엇보다도 커다란 해악과 무기를 가져올 위험도 함께 지니고 있다. 나노기술을 통제할 수 있다면 몰라도 그렇지 않은 한, 이를 회피할 수 있을까. 만일 통제할 수 있다면 제정신인 사람은 나노기술을 멀리할 것이다. 하지만 기술 경쟁은 바이오 기술을 기반으로 분자 조립 기계를 탄생시킬 것이다. 이것은 기술 경쟁이 미사일을 기반으로 우주선을 개발한 것과 마찬가지로 분명한 일이다. 군사적 이점 하나만 해도 나노기술 발전을 거의 필연적으로 만들기에 충분하다. 나노기술은 피할 수 없지만 아마도 통제할 수는 있을 것이다.

우리의 과제는 위험 방지이지만 이를 위해서는 협력이 필요하다. 그리고 우리가 협력할 가능성은 만일 그렇게 한다면 얼마나 큰 이익이 있을지를 이해했을 때 더욱 크다. 우주와 자가 복제 분자 조립 기계가 가져올 성공에 대한 전망은, 오래전부터 존재해온 위험한 일부 밈을 치우는 데 도움이 될지도 모른다.

한때 인간의 삶은 제로섬 게임 비슷했다. 인류는 생태적 한계에 가까운 상황에서 살았고 종들은 생활 공간을 확보하기 위해 다른 종족과 싸웠다. 목초지, 농장지, 사냥터가 문제 되는 경우 한 집단의 몫이 늘어난다는 것은 다른 집단의 몫이 줄어든다는 뜻이었다. 한 사람의 이익은 다른 사람의 손해와 대충 일치했으므로 순 편익을 총계하면 0이 되었다. 그럼에도 불구하고 여타 영역에서 협력을 이룩한 사람들은 번성했고 이에 따라 우리 조상은 탐욕스럽게 차지하는 것뿐 아니라 협력과 건설도 학습했다.

아직도 세금이나 이전 지출(실업 수당, 재해 보상금처럼 정부가 대가 없이 민간에 지출하는 돈을 말한다.-옮긴이), 법정 분쟁의 경우엔 한 사람이 더 가진다는 것은 다른 사람이 덜 가진다는 뜻이다. 우리가 총체적 부를 늘리는 속도는 느리지만 그것이 재분배되는 속도는 아주 빠르다. 어느 날을 택해서 둘러보아도 우리의 자원은 고정되어 보이고 이는 삶이 제로섬 게임이라는 환상을 만든다. 이런 환상은 폭넓은 협력이 무의미하다고 생각하게 만든다. 우리의 이익은 반드시 상대편의 손실을 초래하리라는 논리에서다.

하지만 세계 규모의 게임은 총화가 플러스 값이 될 수 있다(포지티브섬positive sum)는 점을 인간이 진보해온 역사가 증명하고 있다. 지난 몇 세기간의 가속적 경제 성장이 보여주는 바에 따르면 가난한 사람들이 좀 더 부유해지는 동안 부자들도 더욱 부유해졌다. 인구 성장(그리고 크기가 고정된 파이를 나눈다는 개념)에도 불구하고 제3세계를 포함한 세계 전체의 1인당 **평균** 부富는 점점 늘어났다. 그 동안 경제적 요동, 국지적 역전, 그리고 나쁜 뉴스에 초점을 맞추는 미디어의 태생적 성향이 합쳐져서 경제가 성장해왔다는 사실을 파악하기 어렵게 만들었다. 하지만 공식 기록을 보면 경제 성장은 더 없이 분명한 사실이다. 우주 자원과 자가 복제 분자 조립 기계들은 이런 역사적 추세를 경제학자들의 꿈을 넘어서는 영역으로까지 가속화하여 인류를 새로운 세계로 진입시킬 것이다.

7

치유의
엔진

우리 세대를 이전의 모든 세대와 구별 짓게 해주는 것 중의 하나는 이 것이다. "우리는 우리의 원자를 보았다."

　　　—칼 K. 대로, 《물리학의 르네상스The Renaissance of Physics》

우리는 분자 기술을 건강 증진에도 이용할 것이다. 인간의 몸은 분자로 이루어져 있기 때문이다. 환자, 노인, 부상자의 공통점은 인체 내 원자의 패턴이 잘못 배열되어서 고통을 겪는다는 것이다. 그 원인이 바이러스 침입이든, 세월의 흐름이든, 돌진하는 자동차이든 모두 그렇다. 나노기술은 의료에 근본적이고 혁신적인 비약을 가져올 것이다.

오늘날 의사들이 질병을 치료하는 데에 주로 의존하는 방법은 수술과 약이다. 수술의 경우 외과 의사가 상처를 꿰매고 팔다리를 절단하던 과거에서 심장을 수선하고 팔다리를 재접합하는 수준까지 진보했다. 이들은 현미경과 정밀 도구를 이용해 섬세한 혈관과 신경을 접합한다. 하지만 가장 뛰어난 현미경 수술 전문가도 더 얇은 조직 구조를 자르고 꿰매지는 못한다. 오늘날의 메스와 봉합사는 모세혈관과 세포와 분자를 수선하기에는 너무 거칠다. '섬세하다' 는 현미경 수술을 세포의 관점에서 바라보라. 한 무리의 세포에 있는 분자 기계들 사이로 거대한 칼날이 밀고 내려와 아무것이나 마구 잘라서 학살하고 지나간다. 나중에, 칼날에 분리된 세포 무리 사이를 거대한 오벨리스크가 뚫고 들어온다. 그것이 끌고 들어온 화물 열차 굵기의 케이블이 이 무리를 다시 하나로 묶는다. 세포의 관점에서는 아무리 정교한 칼과 뛰어난 솜씨로 수행된 미세 수술이라도 학살자의 업무에 해당한다. 치유를 가능하게 것은 오로지 세포의 능력이다. 이 능력을 통해 죽은 세포들을 포기하고 스스로를 재편성한 뒤 복제하는 것이다.

하지만 사고로 반신이나 전신이 마비된 희생자들의 경우에서 볼 수 있듯이 모든 조직이 치유되지는 않는다.

약물 요법은 외과 수술과 달리 세포 내의 가장 섬세한 구조물을 다룬다. 약물 분자는 단순한 분자 도구다. 많은 것이 세포 내의 특정 분자들에 영향을 미친다. 예컨대 모르핀 분자는 뇌세포 안의 특정 수용 분자와 결합해서 통증을 전달하는 신경의 전기 신호에 영향을 미친다. 인슐린, 베타 차단제를 비롯한 약물은 여타 수용기에 결합한다. 하지만 약물 분자는 지시와 상관없이 작동한다. 일단 신체에 투입되면 용액 속에서 되는대로 튕겨 다니다가 우연히 표적 분자와 부딪쳐 달라붙은 다음 그 기능에 영향을 미친다.

외과 의사는 문제를 파악하고 행동을 계획할 수 있지만 휘두르는 도구가 거칠다. 약물 분자는 조직에 분자 수준의 영향을 미치지만 스스로 감지하고 계획을 세우고 행동하기에는 너무나 단순하다. 그러나 나노컴퓨터가 지휘하는 분자 기계는 의사들에게 다른 선택을 제공할 것이다. 이런 기계들은 센서, 프로그램, 분자 도구들을 결합해, 개별 세포의 궁극적인 부품들을 검사하고 수리하는 시스템을 만들어낼 것이다. 이들은 외과 수술의 통제력을 분자 수준에 도입해줄 것이다.

이처럼 진보한 분자 도구가 도입되려면 여러 해가 걸릴 것이다. 하지만 의료 분야의 수요에 자극받은 연구자는 이미 분자 기계와 분자 엔지니어링을 연구 중이다. 최선의 약물은 특정 분자 기계에 특정한 방식으로 작용하는 것이다. 예컨대 페니실린은 특정 박테리아가 세포막 제조에 이용하는 분자 기계들을 고장 내는 방법으로 해당 박테리아를 죽이지만 인체 세포에는 거의 영향을 미치지 않는다.

생화학자들이 분자 기계를 연구하는 것은 이를 제조하는 방법과 파괴하는 방법을 모두 배우기 위해서다. 세계 전역에서(특히 제3세계에서) 인체에 기생하는 바이러스와 박테리아, 원생동물, 곰팡이, 벌레는 메스꺼울 정도로 다양하다. 이 질병들을 치료하는 안전하고 효과적인 약물은 페니실린처럼 인체 분자 기계에는 해를 끼치지 않으면서 기생 생물의 분자 기계를 망가뜨릴 것이다. 뉴욕 주립대학교 약물학 교수인 시모어 코헨Seymour Cohen 박사는 생화학자들이 이 기생 생물들의 분자 기계를 체계적으로 연구해야 한다고 주장한다.[1] 일단 생화학자들이 핵심적인 단백질 기계의 형태와 기능을 밝히고 나면, 이를 차단하고 파괴하는 분자도 흔히 설계할 수 있을 것이다. 그런 약물은 주혈흡충병과 한센병 같은 오래된 공포나 에이즈 같은 신종 공포에서 인류를 해방시킬 수 있을 것이다.

제약 회사들은 분자의 작동 방식에 대한 지식을 바탕으로 이미 분자를 재설계하는 중이다. 업존 사의 연구자들[2]은 짧은 아미노산 사슬로 구성된 호르몬인 바소프레신 분자의 변형된 형태를 설계하고 제작했다. 바소프레신은 심장의 활동을 증대하고 신장의 소변 생산을 줄이는데 그 결과로 혈압을 상승시킨다. 연구자들은 심장보다는 신장의 수용 분자에 더욱 큰 영향을 미치는 변형 바소프레신 분자를 설계했다. 좀 더 국소적이고 통제 가능한 의료 효과를 얻을 수 있게 된 것이다. 최근에는 신장의 수용기에 결합하는 변형 바소프레신 분자를 설계했다. 이 분자는 직접 효과를 내는 것이 아니라 천연 바소프레신의 결합을 차단해서 그 작용을 **방해한다.**

의학적 수요는 이런 연구가 진전되도록 힘을 보태주는 역할을 할 것이다. 단백질 설계와 분자 엔지니어링을 향한 연구에 박차를 가하도록 연구자들을 고무하리라는 뜻이다. 의료, 군사, 경제적 압력 모두가 우리를 같은 방향으로 밀어붙이고 있다. 심지어 분자 조립 기계의 혁신적 발전 이전에도 분자 기술은 의료 분야에서 인상적인 진전을 이룩할 것이고 이는 바이오 기술의 추세가 보장하는 바다. 그럼에도 불구하고 이런 진전은 각각이 생화학의 일부 세부 사항을 활용하는 것이어서 대체로 단편적이고 예측하기 어려울 것이다. 나중에 분자 조립 기계와 기술적 인공지능 시스템을 의료에 적용할 때가 되어야 우리는 좀 더 예측하기 쉬운 폭넓은 능력을 얻게 될 것이다.

이 같은 능력을 이해하려면 세포와 세포가 지닌 자가 수리 방법을 생각해보라. 독자의 신체를 이루는 세포에서는 자연 방사능과 유해 화학 물질이 분자를 잘라서 반응성 분자 파편을 만들어내는 과정이 일어나고 있다. 이런 파편은 가교 결합cross-linking이라는 과정을 통해 다른 분자와 잘못된 방식으로 결합할 수 있다(모든 가교 결합이 나쁘지는 않다.-옮긴이). 총탄이나 접착제 방울이 기계에 손상을 입히듯, 방사선과 반응성 파편들은 분자 기계를 파괴하고 동작을 둔하게 함으로써 세포에 해를 끼친다.

만일 세포가 스스로를 수리할 수 없다면 이런 손상은 세포를 빠른 속도로 죽이거나 제어 시스템을 망가뜨려서 세포를 미쳐 날뛰게 만들 것이다. 하지만 진화는 이런 문제에 대처할 분자 기계를 갖춘 유기체를 선호했다. 4장에서 예시했던 자가 복제 공장 시스템은 손상 부품을 교체함으로써 스스로를 수리했는데 세포도 동일한 일을 한다. 세포의 DNA가 온전한 상태로 있는 한, 새로운 단백질 기계를 만들도록 리보솜에게 명령을 내릴 무오류 테이프를 만들 수 있다.

우리에게는 불행한 일이지만, DNA 자체가 손상되어 돌연변이를 일으키기도 한다. 수리 효소들은 모종의 DNA 손상을 탐지, 수리함으로써 어느 정도 이를 완화한다. 이런 수리 능력은 세포의 생존에 도움을 주지만 지금의 수리 방법은 너무나 단순해서 DNA나 다른 곳에서 일어나는 문제를 모두 바로잡을 수는 없다. 오류는 쌓이면서 노화가 일어나고 세포와 사람은 죽음에 이른다.

생명, 마음, 그리고 기계

세포를 기계라고 부르는 것이 이치에 닿을까? 자가 수리를 하든 그렇지 않든 말이다. 우리는 세포로 구성되어 있기 때문에 이는 인간 존재를 '단순한 기계'로 폄하하는 것처럼 보일 수 있다. 전체론이라는 생명 관념에 배치되는 것이다.

하지만 전체론의 사전적 정의[3]는 "실재는 부분의 단순한 합보다 더 큰 유기적 전체나 통일된 전체로 구성되어 있다는 이론"이다. 이는 인간에게 분명히 적용되는 정의다. 우리의 구성 부분들의 좀 더 단순한 합은 햄버거 비슷할 테고, 따라서 마음도 생명도 없을 것이다.

인간의 신체는 약 10조×10억 개의 단백질 부품으로 이루어져 있다. 이토록 복잡한 기계에 '단지'라는 라벨은 어울리지 않는다. 이런 복잡한 시스템에 대한 간략한 서술은 그 무엇이라도 지독하게 불완전해질 수밖에 없다. 하지만 세포 수준에서 기계라는 측면에서 서술하는 것은 이치에 닿는다. 분자들은 작동 부품이 단순하고 많은 것이 우리에게 익숙한 유형의 기계처럼 움직인다. 세포들을 하나의 전체로서 보면 덜 기계적으로 보일지 모르지만, 생물학자들은 이것들을 분자 기계로 서술하는 것이 유용하다고 생각한다.

생화학자들은 과거 생명의 핵심 미스터리로 생각되었던 것을 밝혀냈으며 그 세부 사항을 채우기 시작했다. 분자 기계들이 음식 분자를 분해해서 스스로의 건축 벽돌로 만든 뒤 이들을 재조립해 조직을 만들고 갱신하는 방법을 생화학자들은 추적했다. 인체 세포의 구조에 관한 세부 사항 중 많은 것이 아직 밝혀지지 않았다(하나의 세포에는 수천 종에 이르는 큰 분자 수십억 개가 들어 있다). 하지만 생화학자들은 일부 바이러스의 모든 부분에 대한 지도를 만들었다. 생화학 연구실들은 박테리아 내에서 주요 분자 벽돌이 어떻게 흘러다니는지 보여주는 대형 벽보를 자랑스럽게 내보이는 일이 흔하다. 생화학자들은 생명 작용의 세부 사항 중 많은 것을 이해하고 있다. 그리고 이들이 이해하지 못하는 것들도 이해한 것과 동일한 원리로 작동되는 듯하다. 유전의 미스터리는 유전공학 산업이 되었다. 심지어 배아의 발달과 기억의 실체 역시 생화학과 세포 구조의 변화라는 관점에서 설명되는 중이다.

최근 몇십 년간 우리가 아직 모르는 것의 성질 자체가 바뀌었다. 한때 생물학자들은 생명 현상을 보고 "어떻게 이런 일이 가능한가?"라고 물었다. 하지만 오늘날 이들은 생명의 보편 원리를 이해하며 특정 생명 현상을 연구할 때는 보통 "이런 일이 일어날 수 있는 많은 방법 중에 자연이 선택한 것은 무엇인가?"라고 묻는다. 많은 경우 이들의 연구는 서로 경쟁하는 설명들을 취사선택한 뒤 한 분야로 좁혀놓았다. 물론, 일부 생명 현상, 즉 배아를 성장하게 만드는 세포 간의 조율, 뇌의 학습, 면역계의 반응은 상상력에 대한 실질적 도전으로 남아 있다. 하지만 이는 그 부품들의 작동 방식에 뭔가 심오한 미스터리가 있어서가 아니라 수많은 부품이 상호 작용하여 전체를 구성하는 방식이 극도로 복잡하기 때문이다.

세포를 지배하는 자연법칙은 나머지 세상을 지배하는 그것과 같다. 적절한 분자 환경에 놓인 단백질 기계는 그것이 기능하는 세포 속에 남아 있든, 아니면 세포의 나머지 부분이 며칠 전 이미 산산이 분쇄되어 씻겨 내려갔든 상관없이 작동할 것이다. 분자 기계는 '삶'과 '죽음'을 전혀 모른다.

생물학자들은, 그러려고 애쓰는 경우, 생명을 성장하고 복제하고 자극에 반응할 능력이라고 정의하는 때가 간혹 있다. 하지만 이런 기준에 따르면 마음이 없는 복제 공장 시스템은 생명에 해당하는 반면 인간의 뇌를 본뜬 의식을 갖춘 인공지능은 그렇지 못할 수가 있다. 바이러스는 살아 있는가, 아니면 '단지' 절묘한 분자 기계에 불과한가? 실험으로서는 알 수 없는 일이다. 자연은 생명과 비생명 사이에 선을 긋지 않기 때문이다. 바이러스를 연구하는 생물학자들은 그 대신 생존 능력을 묻는다. "이 바이러스는 만일 기회가 주어지면 기능을 발휘할까?" 의학에서 '삶'과 '죽음'이라는 라벨은 의료 능력에 좌우된다. 의사들은 묻는다. "이 환자는 만일 우리가 최선을 다한다면 기능을 발휘할까?" 과거 의사들은 심장이 정지하면 사망했다고 선언했지만 오늘날은 뇌 활동을 재개시킬 가망이 없을 때 사망을 선언한다. 심장 의학의 발전이 죽음의 정의를 한 번 바꾸었고, 뇌 의학의 발전은 이를 다시 변화시킬 것이다.

일부 사람들이 기계가 생각한다는 개념을 불편해하듯이, 일부 사람들은 자신의 생각의 기저에 기계가 있다는 개념을 불편하게 생각하기도 한다. '기계'라는 단어는 여기서도 덜컹거리는 커다란 금속이라는 잘못된 이미지를 떠올리게 한다. 다음과 같은 이미지는 연상시키지 않는다. 살아 있는 태피스트리—그것이 만들어내는 마음도 완전히 이해할 수 없을 정도로 정교하다—속을 지나가는 신경 섬유, 그 신경 섬유의 변화하는 직조망 속을 깜박이며 통과하는 신호라는 이미지 말이다. 뇌 속의 정말 기계 같은 기계들은 분자 크기라서 가장 가는 섬유보다 작다.

전체가 부분을 닮을 필요는 없다. 고체 덩어리는 춤추는 분수와 닮지 않았지만 고체 덩어리인 분자의 집합이 액체 상태의 물을 형성한다. 이와 유사하게 수십억 개의 분자 기계가 신경 섬유와 시냅스를 구성하고, 수천 개의 신경 섬유와 시냅스가 신경 세포를 구성하고, 수십억 개의 신경 세포가 뇌를 구성하고, 뇌 자체가 부드러운 생각을 구현한다. 마음을 '단지 분자 기계'에 불과하다고 말하는 것은 그림 〈모나리자〉를 '단지 소량의 물감'에 지나지 않는다고 말하는 것이나 마찬가지다. 이 같은 진술은 부분과 전체를, 그리고 물질과 그것이 구현하는 패턴을 혼동하는 것이다. 우리는 분자로 만들어졌지만 그렇다고 해서 우리의 인간 됨이 조금이라도 줄어들지는 않는다.

약물에서 세포 수복 기계로

우리는 분자로 만들어진 데다 인간으로서 건강에 관심을 가지고 있으므로 분자 기계를 바이오 의학 기술에 적용할 것이다. 생물학자들은 이미 항체를 이용해 단백질에 표지를 붙이고 효소로 DNA 사슬을 자르고 이으며, 편집된 DNA를 바이러스 주사기(T4 파지 같은)를 이용해 박테리아 내에 주사하고 있다. 미래에 우리는 분자 조립 기계가 만든 나노기계을 이용해 세포를 조사하고 수정할 것이다.

분해 기계 같은 도구를 갖춘 생물학자들은 세포의 궁극적 구조를 분자적 세부 사항에 이르기까지 연구할 수 있을 것이다. 그다음엔 인체 내 분자 수십만 종의 목록을 만들고 수백 종에 이르는 세포의 구조를 담은 지도를 작성할 것이다. 자동차를 만드는 엔지니어가 수많은 부품 목록을 만들고 제작용 제도를 하는 것과 비슷하게 생물학자들은 건강한 조직의 부품과 구조를 서술할 것이다. 그때가 되면 이들은 정교한 기술적 인공지능 시스템의 도움을 받을 것이다.[4]

의사들은 조직을 건강하게 만드는 것이 목표이지만 약물과 수술로 할 수 있는 일은 조직이 스스로를 수리하도록 촉진하는 것뿐이다. 분자 기계는 직접적인 수리를 가능케 할 것이고 의료의 새로운 시대를 열어줄 것이다.

자동차를 수리하는 기계공은 이상 부위에 다가가서 고장 난 부품을 식별하고 제거한 뒤 이를 재건하거나 교체한다. 세포 수리 업무도 기본적으로 동일하다. 이는 생체 시스템이 이미 그 가능성을 증명한 업무이기도 하다.

- **접근**: 백혈구 세포는 혈류를 벗어나 조직을 통과하며 움직이고 바이러스는 세포 내로 들어간다. 생물학자는 세포를 죽이지 않으면서도 세포에 바늘을 꽂기까지 한다. 분자 기계가 세포에 다가가서 내부로 들어갈 수 있다는 것을 보여주는 예들이다.
- **인식**: 항체, T4 파지의 꼬리 섬유는, 그리고 특정한 생화학적 상호작용 모두가 분자 시스템이 접촉을 통해 다른 분자를 인식할 수

있다는 사실을 보여준다.

- 해체: 소화 효소와 기타 강력한 화학 물질은 분자 시스템이 손상된 분자를 해체할 수 있음을 보여준다.
- 재건: 복제하는 세포는 분자 시스템이 어떻게 해서 세포 내의 모든 분자를 만들거나 재건할 수 있는지 보여준다.
- 재조립: 자연은 또한 분리된 분자들이 다시 결합될 수 있음[5]을 보여준다. 예컨대 T4 파지의 기계들은 용액으로부터 자가 조립하는데[6] 이때 단 하나의 효소의 도움을 받는다. 복제하는 세포들은 분자 시스템들이 세포 내의 모든 시스템을 조립할 수 있다는 것을 보여준다.

따라서 자연은 세포를 분자 수준에서 수리하는 데 필요한 기본 공정 모두를 증거로 보여주고 있다. 더구나 1장에서 서술했듯, 나노 기계에 기반한 시스템은 자연에 존재하는 것들보다 일반적으로 더욱 작고 능력이 뛰어날 것이다. 자연에 있는 시스템이 우리에게 보여주는 것은 가능성의 한계 중에서 낮은 쪽일 뿐이다. 다른 모든 것에서처럼 세포에서도 그렇다.

세포 수복 기계

한마디로 말해, 분자 기술과 기술적 인공지능을 가지고 우리는 건강한 조직의 특성을 분자 수준에서 완벽하게 묘사할 수 있을 테고 세포 내로 들어가서 그 구조를 파악하고 수정할 능력을 갖춘 기계를 만들 것이다.

세포 수복 기계의 크기는 박테리아나 바이러스만 하겠지만 부품이 더욱 작기 때문에 이들보다 더 복잡한 구조를 갖출 수 있다. 백혈구 세포가 그러하듯 조직 내에서 돌아다닐 수 있고 바이러스처럼 세포 내로 들어가거나 외과 의사의 섬세함으로 세포막을 열고 닫을 수 있을 것이다. 세포 내로 일단 들어간 수복 기계는 세포의 내용물과 활동을 점검해 상황을 파악한 뒤 행동을 취할 것이다. 초기의 세포 수복 기계는 모종의 DNA 손상이나 특정 효소의 결함 같은 단일한 유형의 분자적 고장을 인식하고 수정하는 매우 특화된 능력만을 갖출 것이다. 후기 기계들은(그러나 진보된 기술적 인공지능 시스템이 설계 업무를 맡을 테니 아주 늦게 출현하지는 않는다) 좀 더 일반적인 수리 능력을 갖도록 프로그램될 것이다.

복잡한 수복 기계에는 그 작동을 지휘할 나노컴퓨터가 필요할 것이다. 1장에서 서술한 1미크론 굵기의 기계식 컴퓨터는 전형적인 세포의 1,000분의 1에 해당하는 공간에 들어갈 수 있겠지만 세포의 DNA보다 더 많은 정보를 보유할 수 있을 것이다. 수리 시스템 내의 그런 컴퓨터들은 이보다 작고 단순한 컴퓨터들을 지휘할 것이고, 단순한 컴퓨터들은 기계들로 하여금 손상된 분자 구조물들을 점검하고 분해하고 재조립하게 지시를 내릴 것이다.

수복 기계는 분자 하나하나, 구조물 하나하나씩을 대상으로 작업함으로써 전체 세포를 수리할 수 있을 것이다. 이런 작업을 통해 (필요한 경우보다 큰 장치의 도움을 받아) 하나의 장기 전체를 수리할 수 있을 것이다. 한 사람의 장기를 하나씩 수리 대상으로 함으로써 수복 기계는 건강을 되돌려줄 것이다. 분자 기계는 분자와 세포를 처음부터 만들 수 있기 때문에 심지어 완전히 못 쓰게 된 세포까지도 수리할 수 있을 것이다. 그러므로 세포 수복 기계는 근본적인 혁신을 도입하게 될 것이다. 치유에 이르는 유일한 길은 세포의 자가 수리였지만 이제 의술은 더 이상 여기에만 의존하지 않게 될 것이다.

진보된 세포 수복 기계를 생각해보자. 해당 기계와 하나의 세포를 원자가 조약돌 크기가 되는 수준으로 확대해서 그려보라. 이 수준에서 보면 수복 기계의 가장 작은 도구는 독자의 손가락 끝만 한 크기가 된다. 예컨대 헤모글로빈 같은 중간 크기의 단백질은 타자기 크기고 리보솜은 세탁기 크기다. 한 개의 수리 장치는 소형 트럭 크기의 단순한 컴퓨터, 단백질 크기의 많은 센서, 리보솜 크기의 로봇 팔 여러 개, 메모리와 동력을 위한 설비를 갖추고 있다. 10미터 폭의 3층 주택만 한 장치에 이 모든 것과 그 이상의 것이 들어 있다. 조약돌 크기의 부품으로 가득 찬 수복 기계는 복잡한 업무를 수행할 수 있다.

하지만 이 수복 기계는 혼자서 일하지 않는다. 동종의 다른 기계와 마찬가지로 직경이 사람의 팔만 한 기계식 데이터 링크를 통해 더 큰 컴퓨터에 연결되어 있다. 이 수준에서 보면 다량의 메모리를 갖춘 1세제곱미크론 크기의 컴퓨터는 야구장만 한 바닥 면적을 가진 30층 건물에 해당한다. 수리 장치는 이 컴퓨터에 정보를 보내고 포괄적인 명령을 받는다. 그토록 크고 복잡한 물건도 아직 매우 작은 편에 속한다. 이 수준에서 세포 자체는 폭이 1킬로미터에 이른다. 다시 말해 1세제곱미크론 크기 컴퓨터의 1,000배, 수리 장치 한 개의 100만 배에 이르는 부피를 차지한다. 세포는 거대하다.

그런 기계들은 세포 수리에 필요한 모든 일을 할 능력이 있을까? 현존하는 분자 기계들은 조직을 통과하고 세포 내로 들어가며 분자 구조물을 인식하는 등의 능력을 보여준다. 하지만 다른 요구 조건 역시 중요하다. 수복 기계는 충분히 빠른 속도로 일할까? 만일 그렇다면 혹시 너무나 많은 동력을 사용해 환자가 불에 익을 정도가 되지는 않을까?

아무리 전면적인 수리 작업이라 해도 세포를 처음부터 만드는 것보다 엄청나게 많은 일이 필요할 수는 없다. 그렇지만 세포 한 개만한 공간에서 작업하는 분자 기계는 새로운 세포 한 개를 몇십 분(박테리아의 경우)이나 몇 시간(포유동물의 경우) 만에 만들어낸다. 이는 세포의 공간 중 불과 몇 퍼센트를 차지하는 수복 기계가 온당한 시일, 길어야 며칠이나 몇 주 내에 광범위한 수리까지도 해낼 수 있음을 의미한다. 세포에는 이 정도의 공간은 할애해 줄 여유가 있다. 심지어 뇌세포는 지방 갈색소(명백히 분자 손상의 산물)라 불리는 불활성 폐기물이 자체 부피의 10퍼센트를 넘게 차지하는 경우[7]에도 계속 기능을 발휘할 수 있다.

수리 장치에 동력을 전달하기는 쉬울 것이다. 세포는 나노기계에 동력을 공급하는 화학 물질을 자연적으로 보유하고 있다. 자연은 또한 수복 기계들이 냉각될 수 있음도 보여준다. 독자의 체내 세포들은 지속적으로 재생되고 있으며 어린 동물들은 스스로를 익혀버리는 일이 없이 빠른 속도로 자란다. 수복 기계가 이와 유사한 수준의 활동을 하면서 내는 열을 처리하는 것은 대수롭지 않거나 적어도 몹시 힘든 일은 아닐 것이다. 만일 1주일간의 땀 빼기 수고가 건강해지는 대가라면 말이다.

지금껏 나는 수복 기계를 현존하는 생물학적 메커니즘과 비교했다. 여기서 생기는 의문은 수복 기계가 자연을 **능가할** 수 있을까 하는 점이다. 이와 관련해선 DNA 수리가 명확한 그림을 제공해준다.

'문자를 읽지 못하는 기계'가 찢어진 페이지를 인식하고 수리할 수 있는 것처럼 세포 내의 수리 효소는 DNA의 손상과 가교 결합을 인식하고 수리할 수 있다. 하지만 잘못된 철자(혹은 돌연변이)를 제대로 된 철자로 교정하려면 판독 능력이 필요할 것이다. 자연에는 그런 수복 기계가 없지만 이를 만드는 것은 어렵지 않을 것이다. 핵산 서열이 똑같은 DNA 분자가 세 개 있다고 생각해보자. 이제 각 DNA 가닥에서 돌연변이가 일어나 뉴클레오티드 몇 군데가 달라졌다고 해보자. 각 가닥은 그 자체만으로는 여전히 정상인 듯하다. 그럼에도 불구하고 수복 기계가 있다면 이 기계는 각 가닥을 다른 가닥들과 한 번에 한 조각segment씩 차례차례 비교할 수 있을 것이고, 하나의 뉴클레오티드가 그에 대응하는 뉴클레오티드와 다를 경우 이를 인식할 수 있을 것이다. 이 다른 뉴클레오티드를 다른 두 가닥에 있는 것과 일치하도록 바꾸면 손상은 수리될 것이다.

하지만 만일 세 가닥 중 두 가닥에서 똑같은 부위에 돌연변이가 일어난다면 이 방법은 실패할 것이다. 이제 인체 세포 세 개의 DNA가 수천 번의 돌연변이를 겪은 끝에 크게 손상되었다고 생각해보자. 그러면 DNA 가닥의 어느 지점이 되었든, 그곳에서 세 가닥의 뉴클레오티드를 서로 비교해 오류를 수정하는 공정이 실패할 확률은 대략 100만×100만 분의 1밖에 되지 않을 것이다. 만일 다섯 개의 가닥을 한꺼번에 서로 비교한다면 실패 확률은 100만분의 1×100만분의 1×100만분의 1로[8] 줄어든다. 많은 DNA 가닥을 서로 비교하는 장치가 있으면 교정할 수 없는 오류가 존재할 확률은 사실상 0이 될 것이다.

실제로는 다음과 같은 일이 진행될 것이다. 수복 기계는 여러 세포의 DNA 분자를 서로 비교한[9] 다음 수정본을 만들고 이를 표준으로 하나의 조직 내 모든 영역에서 교열과 수리 작업을 할 것이다. 여러 가닥을 비교하는 수복 기계는 자연의 수리 효소보다 극적으로 뛰어난 능력을 발휘할 것이다.

이와 다른 종류의 수리 작업에는 건강한 세포가 어떤 특성을 지니고 있으며 특정 손상을 입은 세포는 정상 세포와 어떻게 다른가에 대한 정보가 필요할 것이다. 항체는 접촉을 통해 단백질을 식별하는데, 적절히 선택된 항체는 임의의 두 단백질을 형태와 표면의 속성 차이를 통해 구별할 수 있다. 수복 기계 역시 이와 유사한 방법으로[10] 분자들을 식별할 것이다. 적절한 컴퓨터와 데이터베이스를 갖춘 수복 기계는 아미노산 서열을 읽어서 단백질을 인식할 수 있을 것이다.

복잡하고 능력이 뛰어난 수리 시스템[11]을 생각해보자. 다음과 같은 일을 할 수 있는 중앙 데이터베이스가 2세제곱미크론(일반 세포의 1,000분의 2 부피)의 공간에 충분히 들어갈 수 있다.

1. 약 수십만 개의 서로 다른 인체 단백질 모두를 짧은 아미노산 서열에 대한 검사를 통해 신속하게 식별한다.
2. 세포 내에 흔히 존재하는 여타의 복잡한 분자 모두를 식별한다.
3. 세포 내 모든 거대 분자의 유형과 위치를 기록한다.

이보다 작은 개별 수리 장치들(하나의 세포 안에 약 수천 개)에는 이보다 능력이 떨어지는 컴퓨터가 한 대씩 들어갈 것이다. 이런 컴퓨터들은 보통의 효소가 한 개의 분자 결합을 바꾸는 데 걸리는 시간 내에 1,000회 이상의 연산을 각기 수행할 수 있을 것이다. 따라서 컴퓨터의 계산 속도는 충분하고도 넘쳐 보인다. 각 컴퓨터는 더 큰 컴퓨터 및 중앙 데이터베이스와 연결되어 있으므로[12] 메모리 용량은 적절할 듯하다. 각각의 세포 수복 기계는 그들이 필요한 분자 기계와 이들의 사용 방법을 결정할 '두뇌'를 갖게 될 것이다.

이만큼 정교한 시스템이면 건강상의 많은 문제를 해결하기에 충분할 것이다. 예컨대 특정 종류의 세포를 인식하고 파괴하는 장치만 있어도 암을 치료하기에 충분할 것이다. 모든 세포 내에 컴퓨터 네트워크를 설치한다는 것은 마치 휴대용 전기톱으로 버터를 자르는 것처럼 보일지도 모른다. 하지만 전기톱을 이용할 수 있게 만들면 심지어 단단한 버터도 자를 수 있다는 보장이 된다. 의료에서 무엇이 가능한지 그 한계까지 서술하고자 한다면 너무 적게 보여주는 것보다 너무 많이 보여주는 편이 낫지 않을까.

질병의 치료

나노기계를 의료에 응용하는 방법 중 가장 단순한 것은 수리는 하지 않고 선별적인 파괴만 수행하는 것이다. 암이나 전염성 질병이 그런 대상에 해당한다. 목표는 간단하다. 위험한 복제자들을 인식해서 파괴하기만 하면 된다. 박테리아, 암세포, 바이러스, 벌레 중 무엇이든 말이다. 동맥 혈관 벽이 비정상적으로 두꺼워지거나 비정상적인 것이 쌓이면 여러 종류의 심장병이 생긴다. 기계가 이런 문제들을 인식하고 파괴하고 없애버리면 동맥이 깨끗해져서 혈액이 정상적으로 흐르게 될 것이다. 선별적 파괴 방식은 바이러스가 자신의 유전자를 숙주 세포의 DNA에 접합시키는 헤르페스(포진) 같은 질병도 치료할 수 있을 것이다. 수리 장치가 세포 안에 들어가 DNA를 읽은 다음 '헤르페스'라고 써 있는 추가 염기를 제거할 것이다.

가교 결합으로 손상된 분자를 수리하는 일 역시 매우 간단할 것이다. 세포 수복 기계가 손상된 가교 결합 단백질을 만나면 일단 짧은 아미노산 서열을 인식한 뒤 데이터베이스상의 올바른 구조를 찾아볼 것이다. 그다음에 기계는 이 단백질의 아미노산을 한 번에 하나씩 청사진과 비교할 것이다. 철자나 단어의 오류를 찾는 교열자처럼 이 기계는 달라진 아미노산이나 부적절한 가교 결합을 찾아낼 것이다. 이런 흠결을 제거하면 단백질은 정상으로 돌아가 세포 내에서 일할 수 있게 될 것이다.

수복 기계는 치유에도 도움을 줄 것이다. 심장 마비가 일어나고 나면 죽은 근육을 흉터 조직이 대체한다. 수복 기계는 세포의 제어 메커니즘을 다시 맞춰서 심장에서 새 근육이 자라도록 자극할 것이다. 흉터 조직을 제거하고 새로운 성장을 유도하면 심장은 치유된다.

이런 목록은 얼마든지 길어질 수 있지만(중금속 중독? 금속 원자를 찾아서 제거한다) 결론은 간단히 요약할 수 있다. 신체적 이상은 원자가 잘못 배열된 데서 비롯된다. 수복 기계는 이런 원자들을 정상으로 작동하는 상태로 되돌려놓아 신체의 건강을 회복시킬 수 있을 것이다. 치유할 수 있는 질병(관절염, 점액낭염, 암, 뎅기열, 황열병, 금속 증기열 등)의 목록을 끝없이 쌓아 올리는 것보다는 세포 수복 기계의 한계를 찾아보는 것이 이해하기 쉬울 것이다. 한계는 실제로 존재한다.

뇌에 손상을 일으키는 질병의 한 예로서 뇌졸중을 생각해보자. 예방은 간단하다. 뇌 혈관이 약화되고 부풀어 오르고 파열되기 쉬운 상태인가? 그렇다면 혈관을 정상 형태로 되돌려놓고 구조를 강화시킬 섬유 조직의 성장을 유도하면 된다. 혈전이 생겨서 혈액 순환에 위험 요소가 되고 있는가? 그렇다면 혈전을 녹이고 혈액과 혈관 내벽을 정상화해 재발을 예방한다. 뇌졸중으로 신경이 어느 정도 손상되었을 때도 수리할 수 있다. 만일 혈류가 줄어들어 기능이 손상되었지만 세포 구조는 멀쩡하다면 혈류를 회복시키고 세포를 수리한 다음 해당 세포의 구조를 지침으로 삼아 조직을 이전 상태로 회복시키면 된다. 이렇게 하면 각 세포의 기능을 회복시킬 뿐 아니라 뇌의 해당 부위에 신경 패턴으로 형상화되어 있는 기억과 기술을 보존할 수 있다.

이런 패턴이 손상을 입어 지워진 경우에도 수복 기계는 새로운 뇌 조직이 자라나도록 할 수 있을 것이다. 하지만 해당 부위에 있던 만큼의 기억과 기술은 잃을 수밖에 없다. 만일 고유한 신경 패턴이 정말로 지워졌다면, 세포 수복 기계가 할 수 있는 일은 많지 않다. 휘저어진 재로부터 태피스트리를 복원하려는 미술품 보존 전문가의 실적을 넘어설 수는 없다는 말이다. 구조가 소멸되어 사라지는 정보는 조직을 수리하는 데 가장 중요하고 근본적인 한계다.

이와는 다른 이유로 세포 수복 기계의 능력을 넘어서는 일도 있다. 예컨대 정신 건강 유지가 여기에 해당한다. 물론, 세포 수복 기계가 일부 문제를 해결할 수는 있을 것이다. 광적인 생각을 하게 되는 것이 생화학적인 원인 때문인 경우도 있다. 마치 뇌가 마약을 했거나 자가 중독을 일으킨 듯한 상황 말이다. 그리고 조직 손상이 문제의 원인인 경우도 있다. 하지만 많은 문제는 신경 세포의 건강과는 거의 무관하고 마음의 건강과 깊은 관련이 있다.

마음과 뇌 조직의 관계는 소설책과 그 책의 종이 간의 관계와 비슷하다. 잉크를 쏟거나 물에 빠트리거나 하면 책이 손상되어 읽기 어려워진다. 그럼에도 불구하고 책 수리 기계가 있다면 문제의 잉크를 제거하거나 손상된 종이 섬유를 말리고 수리함으로써 책의 물리적 ‘건강’을 회복시킬 수 있을 것이다. 하지만 그런 조치로는 책의 **콘텐츠**에 아무 영향도 미칠 수 없다. 콘텐츠는 진정한 의미에서 물리적이지 않기 때문이다.

만일 그 책의 구성이 진부하고 등장인물도 공허한 싸구려 로맨스라면 수리가 필요한 것은 잉크나 종이가 아니라 소설 자체일 것이다. 그러려면 물질적으로 수리할 것이 아니라 저자가, 아마도 조언을 받을 필요가 있겠지만, 더 많은 작업을 해야 한다. 이와 마찬가지로, 뇌에서 독소를 제거하고 신경 섬유를 수리하면 정신에 서려 있는 안개는 줄일 수 있겠지만 마음의 콘텐츠는 바꾸지 못할 것이다. 이런 변화는 환자가 노력해야 가능하다. 우리 각자는 자기 마음의 저자인 것이다. 하지만 뇌를 변화시키면 마음 자체도 변화하기 때문에 건강한 뇌를 가지면 건전한 생각에도 도움이 될 것이다. 권위 있는 신문이 건전한 글쓰기에 도움을 주는 것 이상으로 말이다.

컴퓨터에 익숙한 독자라면 하드웨어와 소프트웨어라는 측면에서 생각하는 것을 더 좋아할지 모르겠다. 기계는 컴퓨터의 소프트웨어를 이해하거나 변화시키지 않으면서 그 하드웨어를 수리할 수 있을 것이다.

그런 기계는 컴퓨터의 동작을 멈추게 할지는 몰라도 메모리에 있는 패턴은 그대로 다시 작동할 수 있도록 남겨둘 수 있다. 비휘발성 메모리를 갖춘 컴퓨터라면 사용자가 순전히 전원을 *끄기*만 하면 이런 일이 일어난다. 대상이 뇌라면 일이 좀 더 복잡해 보이기는 하지만, 이와 유사한 상태를 유도하는 것이 의료에 도움이 될 수 있다.

강력한 마취제

의사들은 이미 의식을 정지시켰다가 다시 깨어나게 만드는 일을 하고 있다. 마음의 기저에 있는 화학적 활동에 개입하는 방법을 이용해서 그렇게 한다. 활동적으로 생활하는 동안 내내 뇌의 분자 기계들은 분자들을 처리한다. 당을 분해하고 그 산물을 산소와 결합시키고 여기서 나오는 에너지를 잡아두는 기계가 있는가 하면 펌프 작용으로 염鹽 이온을 세포막 속으로 보내주는 기계도 있다. 작은 분자들을 만들고 이를 방출해 다른 세포에 신호를 전달하는 기계도 있다. 이런 과정이 모여 뇌의 대사代謝, 즉 화학적 활동의 총계를 이룬다. 생각의 변화 패턴의 배후에는 이런 대사 활동과 그 전기적 효과가 함께 자리 잡고 있다.

외과 의사는 칼로 신체를 자른다. 1800년대 중반 외과의들은 뇌 대사를 방해하는 화학 물질의 사용법을 배웠다. 의식적인 생각을 차단하고 환자들이 칼질에 극렬히 저항하지 못하게 하는 물질 말이다. 그것이 바로 마취제다. 마취제 분자는 뇌 속을 자유로이 드나들기 때문에 마취의는 이를 이용해 인간의 의식을 차단하고 재시작하게 만들 수 있다.

사람들은 몸 전체의 신진대사를 중단시킬 수 있는 약물, 즉 몇 시간, 며칠, 혹은 몇 년 동안 대사 활동을 차단할 수 있는 약물의 발견을 오랫동안 꿈꾸어왔다. 이런 약물이 있으면 생명 활동 정지(biostasis[13]의 bio는 생명, stasis는 정지 혹은 안정된 상태라는 뜻이다) 상태가 가능해진다. 되돌릴 수 있는 생명 활동 정지 상태를 유발할 방법이 있다면 우주 비행사들이 오랜 우주여행에서 식량을 절약하고 지루함을 피하는 데 도움이 될 수 있다. 혹은 일종의 일방향 시간여행의 도구로 사용될 수도 있다. 의료 분야에서 생명 활동 정지는 의사들이 일할 시간을 더욱 늘려주는 깊은 마취 상태를 제공할 것이다. 의학적 치료를 받기에는 너무 먼 곳에서 응급 상황이 발생할 경우 생명 활동 정지를 위한 훌륭한 처치는 일종의 범용 응급 처치가 될 수 있을 것이다. 환자의 상태를 안정시키고, 분자 기계들이 미쳐 날뛰어서 조직을 손상시키는 것을 막아줄 것이다.

하지만 마취제가 의식을 차단하듯 신진대사 전체를 중단시킬 수 있는 약물은 아무도 찾아내지 못했다. 환자의 조직에서 약물을 단순히 씻어내는 것만으로도 상태를 되돌릴 수 있는 약물은 없다. 하지만 수복 기계를 이용할 수 있는 날이 오면 가역성可逆性 생명 활동을 정지할 수 있을 것이다.

예컨대 다음과 같은 방식이 사용될 수도 있다. 단순한 분자 장치들이 혈류를 타고 조직으로 이동한 뒤 세포 속으로 들어간다고 상상해보자. 이 장치들은 뇌를 비롯한 신체 전체에서 신진대사에 관여하는 분자 기계의 활동을 차단하고 가교 결합을 통해 세포 내 구조물들을 서로 묶어서 안정시킨다. 그다음 다른 분자 장치들이 들어와 물과 자리를 바꾼 뒤 스스로의 몸체로 세포 내의 분자들을 단단하게 묶는다. 이런 조치는 대사를 중단시키고 세포 구조물들의 안정을 유지해준다. 이렇게 하면 분자 수준에서 어느 정도 손상은 미칠 수 있겠지만 사후까지 지속되는 피해는 피할 수 있다. 나중에 세포 수복 기계들을 이용해 이런 과정을 되돌릴 것이므로 말이다. 신진대사가 중단되고 세포 구조물들이 제자리에 단단히 고정되고 나면 환자는 꿈도 꾸지 않고 신체적 변화도 없이 편안하게 쉬게 될 것이다. 나중에 수복 기계들이 다시 활동적으로 살게 만들 때까지 말이다.

만일 이런 상태의 환자가 세포 수복 기계의 능력에 대해 무지한 오늘날의 의사 앞에 놓인다면 무시무시한 결과가 나오기 십상이다. 생명의 징후가 전혀 없는 것을 본 의사는 환자가 죽었다는 결론을 내릴 테고, 그러면 부검을 '처방'함으로써 이런 판단을 현실화할 것이다. 그다음에는 매장이나 화장이라는 순서가 기다리고 있을 것이다.

그러나 상상 속의 우리 환자는 생명 활동 정지는 생명의 중단일 뿐 끝이 아니라는 것을 아는 시대에 살고 있다. 환자와 계약 내용에 따라 (혹은 수리가 완료되거나 다른 별까지의 우주 비행이 끝났을 때) '나를 깨워달라'는 시기가 되면 담당 의사는 소생 시술을 시작한다. 수복 기계가 환자의 조직 속으로 들어가 환자의 분자들을 둘러싸고 있는 포장을 제거하고 그 자리를 물로 대체한다. 그다음엔 가교 결합을 제거하고 손상된 분자나 구조물이 있으면 수리하고 염분, 혈당, ATP 등의 농도를 정상으로 되돌려놓는다. 마지막으로 이 기계들이 대사 담당 기계의 활동 차단을 해제하면 중단되었던 대사 작용이 재개된다. 환자는 하품을 하고 기지개를 켠 뒤 일어나 앉아서 의사에게 고마움을 나타낸 다음 문밖으로 걸어 나간다.

기능에서 구조로

생명 활동 중단의 가역성과 심각한 뇌졸중 손상의 비가역성은 세포 수복 기계가 의학에 어떤 변화를 가져올지 파악하는 데 도움을 준다. 오늘날의 의사는 조직이 스스로를 치료하는 데 도움을 주는 것이 고작이다. 따라서 이들은 조직의 기능을 보존하려고 노력해야만 한다. 조직이 기능하지 못하면 스스로를 치유할 수 없다. 이보다 나쁜 것은 조직이 보존되지 못하면 저절로 상태가 나빠져 구조가 망가진다는 점이다. 이는 마치 엔진이 운전 중일 때만 수리공이 도구를 사용해 일할 수 있는 것과 같다.

세포 수복 기계는 핵심 요건을 **기능** 보존에서 **구조** 보존으로 바꾸어준다. 뇌졸중을 논의할 때 지적했듯, 수복 기계가 뇌 속의 기억과 기술을 아무 손상 없이 회복시킬 수 있는 것은 오로지 신경 섬유의 고유한 구조에 아무 손상이 없는 경우뿐이다. 생명 활동 정지는 신경의 기능을 의도적으로 차단하면서 구조는 보존하는 것이다.

이 모두는 분자를 수리하는 일의 본질에 따른 직접적인 결과다. 수술용 메스와 약을 사용하는 의사의 세포 수리 능력은 곡괭이와 기름 한 통만 가진 사람의 정밀 시계 수리 능력보다 나을 것이 없다. 이와 대조적으로 수복 기계와 통상적인 영양소를 가진다는 것은 기계공의 도구와 무제한의 예비 부품을 가진 것과 같을 것이다. 세포 수복 기계는 의학의 근본을 변화시킬 것이다.

질병 치료에서 건강 확립으로

오늘날 질병을 연구하는 의학 연구자들은 질병 진행의 핵심 단계를 차단함으로써 질병을 막거나 되돌리는 방법을 추구하는 경우가 흔하다. 그에 따라 얻게 된 지식은 의사들에게 큰 도움을 주었다. 인상적인 사례만 살펴봐도 당뇨병의 작용을 상쇄하기 위해 인슐린을, 뇌졸중을 예방하기 위해 고혈압 방지 약을, 감염증을 치료하기 위해 페니실린을 처방하는 등의 일을 한다. 분자 기계는 질병의 연구에 도움이 되겠지만 또한 질병 이해의 중요성을 크게 떨어트릴 것이다. 수복 기계는 건강을 이해하는 일을 더욱더 중요하게 만들 것이다.

신체가 병드는 길은 건강해지는 길보다 훨씬 더 많고 다양하다. 예컨대 건강한 근육 조직은 상호 간의 차이점이 상대적으로 적다. 더 강하거나 약하거나, 빠르거나 느리거나, 가지고 있는 항원이 이렇거나 저렇거나 등에 불과하다. 손상된 근육 조직은 이 모든 차이에 더해 염좌(갑작스러운 충격이나 운동으로 근막이나 인대가 늘어나거나 찢어지는 것.-옮긴이), 파열, 바이러스 감염, 기생충, 찰과상, 구멍 뚫린 상처, 육종肉腫, 소모성 질환, 선천성 기형 등을 다양하게 중복된 상태로 겪을 수 있다. 뉴런들이 직조된 패턴은 인간의 뇌 패턴만큼이나 다양하지만, 개별 시냅스와 가지 돌기의 형태는 그렇게까지 다양하지는 않다. 만일 건강한 상태라면 말이다.

생물학자들이 정상적인 분자, 세포, 조직이 무엇인지를 일단 서술해놓고 나면, 적절하게 프로그램된 수복 기계는 심지어 알려지지 않은 질병까지 치료할 수 있을 것이다. 일단 연구자들이 (예컨대) 건강한 간이 가질 수 있는 구조의 범위를 서술해놓으면, 기능이 시원찮은 간을 탐사하는 수복 기계들은 차이를 찾아내서 바로잡기만 하면 된다. 새로운 독물과 그것이 끼치는 영향을 모르는 기계라도 이를 낯선 것으로 인식하고 바로잡을 것이다. 진보한 수복 기계는 수

많은 이상한 질병과 싸우는 대신, 건강한 상태를 확립할 것이다.

세포 수복 기계의 개발과 프로그래밍에는 막대한 노력과 지식, 기술이 필요할 것이다. 폭넓은 능력을 갖춘 수복 기계 제작은 그것이 작동시킬 프로그램을 개발하는 것보다 쉬울 것이다. 이런 프로그램에는 인체 내 수백 종의 세포와 수십만 종의 분자에 대한 상세한 지식이 포함되어야 한다. 또한 손상된 세포 구조의 지도[14]를 만들 수 있어야 하고 손상을 바로잡을 방법을 결정해야 한다. 그런 기계와 프로그램이 개발될 때까지 얼마나 오랜 기간이 걸릴까? 답은 즉각 나온다. 생화학의 현재 수준과 발전 속도를 보면 기본적 지식을 수집하는 데만 해도 몇 세기가 걸리리라 추정할 수 있다. 그러나 우리는 진보가 단독으로 찾아오리라는 환상을 경계해야 한다.

수복 기계는 여타 기술의 물결과 함께 갑자기 들이닥칠 것이다. 수복 기계를 만드는 분자 조립 기계는 처음에는 세포의 구조를 분석하는 도구를 만드는 데 사용될 것이다. 이런 도구를 갖춘 인간 생물학자와 공학자들이 100년간 꾸준히 연구하면 진보된 세포 수복 기계를 만들고 프로그램도 짤 수 있을 것이다. 이는 심지어 비관주의자라도 동의할 수준의 예측이다. 독선적이고 선견지명이 있는 비관주의자라면 1,000년을 제시할지도 모른다. 열성적인 회의론자라면 인류가 그런 일을 완수하려면 100만 년이 소요되리라고 말할지 모른다. 매우 좋다. 그렇다면 속도가 빠른(과학자와 엔지니어들보다 100만 배 빠르게 작동하는) 기술적 인공지능 시스템은 진보된 세포 수복 기계를 단 1년 만에[15] 개발할 것이라고 나는 말하겠다.

'노화'라는 질병

'노화'는 자연스러운 것이다. 하지만 천연두와 이를 예방하기 위한 우리의 노력 역시 자연스러운 것이었다. 우리는 천연두를 정복했고, 앞으로 노화도 정복할 듯하다.

19세기에 평균 수명이 늘어났다고는 하지만 그 주된 이유는 위생이 개선되고 약물 덕분에 병원성 질병이 줄어든 데 있다. 인간의 기본 수명 자체는 거의 늘지 않았다.

그렇지만 연구자들은 노화 과정을 이해하고 이를 연기하는 방향으로 진보를 이룩했다. 이들은 노화의 원인 중 일부를 파악했다. 예컨대 제어되지 않은 가교 결합이 여기 속한다. 이들은 항산화제와 자유 라디칼(유리기遊離基)free-radical 차단제 같은 부분적 치료법을 고안했다. 이들은 예컨대 세포 내의 '시계'와 체내 호르몬 균형의 변화 같은 노화의 여타 메커니즘도 연구하고 제시했다. 생쥐의 수명을 특별한 약물과 식사를 통해 25~45퍼센트나 증가시킨[16] 연구실 실험도 있다.

이런 연구는 계속될 것이다. 베이비 붐 세대가 나이를 먹으면서 노화 연구에도 붐이 예상된다. 1985년 4월 이스트만 코닥[17] 사와 ICN 제약 회사가 4천 500만 달러를 합작 투자해 이소프리노신을 비롯해 수명을 연장시킬 잠재성이 있는 여타 약물을 생산하는 벤처 기업을 만들기로 했다는 보도가 있었다. 향후 10~20년 내에 재래식 노화 방지 연구가 성과를 내서 인간의 수명을 상당히 늘려줄지도 모른다. 약물, 수술, 운동, 다이어트는 수명을 얼마나 늘려줄까? 현재로선 어림짐작하여 추정할 수밖에 없다. 그런 예측을 공리공론의 영역에서 구해줄 수 있는 것은 오직 새로운 과학 지식뿐이다. 그런 예측은 새로운 기술뿐 아니라 새로운 과학[18]을 기반으로 해야만 가능하기 때문이다.

하지만 세포 수복 기계가 있다면 수명 연장은 분명히 가능하다. 세포의 특유한 구조가 온전하게 남아 있는 한, 세포를 수리할 수 있을 테고 파괴된 세포는 대체할 수 있을 것이기 때문이다. 어느 쪽이든 세포 수복 기계는 건강을 회복시켜줄 것이다. 노화는 여타의 신체 장애와 근본적으로 다르지 않다. 노화란 달력상의 날짜가 신비의 생명력에 마술적인 악효과를 가져오는 것이 아니다. 부러지기 쉬운 뼈, 주름진 피부, 효소 활동성의 저하, 상처의 느린 치유, 나빠진 기억력을 포함한 모든 것이 분자 기계의 손상, 화학 물질의 불균형, 잘못 배치된 구조물의 결과다. 신체 내 모든 세포와 조직을 젊게 바꿈으로써 수복 기계는 젊음과 건강을 회복시킬 것이다.

세포 수복 기계가 등장하는 날까지 온전하게 살아남은 사람들은 젊은이 같은 건강을 회복하고 이를 원하는 날까지 유지할 기회를 얻게 될 것이다. 물론, 그 무엇도 사람(혹은 그 외의 무엇이든)을 영원히 살게 만들 수는 없다. 하지만 심각한 사고를 논외로 한다면, 그렇게 하고 싶어 하는 사람은 아주 오랜 기간 동안 살게 될 것이다.

기술이 발전함에 따라 그 기술의 원리가 분명해지는 시기가 오며, 이는 많은 결과를 낳는다. 로켓의 원리는 1930년대에 분명했고 그에 따라 우주 비행이라는 결과가 생겼다. 그 세부 사항을 채워 넣으려면 연료 탱크, 엔진, 기기 등을 설계하고 시험할 필요가 있었다. 1950년대 초반이 되자 많은 세부 사항이 알려졌고 달까지 날아 간다는 오랜 꿈은 사람이 계획할 수 있는 목표가 되었다.

분자 기계의 원리는 이미 분명하고 그 결과로 세포 수복 기계가 등장하게 될 것이다. 그 세부 사항을 채워 넣으려면 분자 도구, 분자 조립 기계, 컴퓨터 등을 설계해야 할 테지만 이미 존재하는 분자 기계의 세부 사항 중 많은 것이 오늘날 알려져 있다. 건강과 장수를 향한 오랜 꿈은 사람이 계획할 수 있는 목표가 되었다. 의학 연구는 우리를 한 걸음 한 걸음씩 분자 기계를 향해 이끌어가고 있다. 좀 더 나은 소재, 전자 제품, 생화학적 도구를 만들려는 세계적 경쟁은 우리 모두를 동일한 방향으로 밀어붙이고 있다. 세포 수복 기계가 개발되려면 몇십 년 걸리겠지만 우리는 바로 그 방향으로 가고 있다.

이런 기계는 좋은 쪽과 나쁜 쪽의 능력을 모두 갖출 것이다. 세포 수복 기계와 유사한 능력을 갖춘 군용 복제자를 잠시만 생각해봐도 구역질 나는 가능성이 떠오를 것이다. 이 같은 공포를 어떻게 하면 피할 수 있을지의 문제는 나중에 설명하겠다. 하지만 우선은 세포 수복 기계의 장점에 대한 주장을 고려하는 것이 현명해 보인다. 이런 기계가 지닌 **분명한** 장점은 **정말로** 좋을까? 장수는 세상을 어떻게 변화시킬까?

8

열린 세상에서의 삶

열린 세상에서의

삶

삶이라는 오랜 습관은 우리로 하여금 죽을 마음이 없게 만든다.

—토머스 브라운 경

세포 수복 기계는 인간의 삶을 연장하는 것의 가치에 의문을 품게
한다. 이는 오늘날의 의료 윤리—희귀하고 비용이 많이 들고 효과
는 절반밖에 없는 치료법이 제기하는 딜레마와 연관되는 것이 보통
이다—에 관한 문제가 아니다. 값싼 수단으로 얻은 길고도 건강한
삶의 가치에 대한 의문이다.

　인간의 생명을 소중히 여기고 삶을 즐기는 사람에게 이런 의문에
대한 답은 불필요할지 모른다. 하지만 인구 성장, 오염, 자원 고갈
에 대한 우려를 특징으로 하는 10년이 지나간 뒤인 요즘, 생명 연장
이 바람직한지 많은 사람이 의문을 표시할 수 있다. 앞의 우려가 죽
음 친화 밈의 확산을 부추겼다. 이런 밈들은 시대착오적 세계관에
뿌리를 두는 경우가 많기 때문에 새로운 검토가 반드시 필요하다.
나노기술은 단순한 인간의 수명뿐 아니라 그보다 훨씬 더 많은 것

을 변화시킬 것이다.

우리는 우리 자신을 치유할 수단뿐 아니라 우리가 지구에게 입힌 상처를 치유할 수단까지 얻게 될 것이다. 생명을 구하면 생명체의 숫자가 늘어날 것이다. 따라서 수명을 연장한다는 것은 인구 증가가 어떤 효과를 낳을지 대한 질문을 야기한다. 지구를 치유할 우리의 능력은 논쟁의 원인 중 하나를 완화할 것이다.

그럼에도 불구하고 분명히 세포 수복 기계 자체는 논쟁을 불러일으킬 것이다. 이 기계는 우리의 신체와 미래에 대한 전통적인 전제를 혼란스럽게 한다. 이는 의심을 해야 마음이 편안해지는 원인으로 작용한다. 이 기계가 등장하려면 커다란 혁신이 많이 필요하다. 이는 의심을 쉽게 하도록 하는 원인으로 작용한다. 세포 수복 기계의 가능성, 혹은 불가능성은 중요한 화제들을 제기하는 까닭에, 어떤 반대가 있을지 검토해보는 것이 합리적이다.

세포 수복 기계의 가능성

세포 수복 기계가 불가능하다는 주장에는 어떤 종류가 있을까? 불가능하다는 주장을 성공적으로 펴려면 모종의 이상한 왜곡을 감당해야 한다. 우리 몸에 있는 분자 기계들이 매일같이 세포들을 만들고 수리한다는 사실에 동의하는 한편으로 분자 기계가 세포를 만들고 수리할 수 없다는 주장을 어떻게든 해야만 하는 것이다. 열성적인 회의주의자에게 이는 끔찍한 문제다. 인간이 만든 기계는 자연의 기계들이 못 하는 일을 해야 하기는 하지만, 반드시 **질적으로** 새로운 뭔가를 해야 할 필요는 없다. 자연의 수리 도구든 인공의 도구든 분자 구조에 다가가서 식별하고 원상회복을 해야 한다는 점은 동일하다. 우리는 여러 DNA 가닥을 한꺼번에 비교하는 단순한 방법으로 기존의 DNA 수리 효소를 능가하게 될 것이다. 따라서 자연은 모든 비법을 다 발견하지는 않았다. 이 사례는 수복 기계가 자연을 능가할 수 없다는 어떤 일반론도 모두 타파해준다. 따라서 세포 수복 기계에 대한 훌륭한 반대론을 만들어내기는 어려워 보인다.

그렇지만 두 개의 일반적인 질문은 마땅히 직접적인 답을 받을 만하다. 첫째, 우리가 앞으로 몇십 년 내에 장수를 누리리라고 예상해야 할 이유가 무엇인가? 지난 수천 년 동안 사람들이 시도해왔지만 실패했던 일이 아니던가? 둘째, 만일 우리가 정말로 세포 수복 기계를 수명 연장에 이용할 수 있다면 왜 자연은 (지난 수십 억 년간 세포를 수리해왔으면서) 그런 기계를 이미 완성해놓지 않았는가?

사람들이 실패했던 일이다

수많은 세기 동안 사람들은 자신들의 짧은 수명에서 벗어나길 바랐다. 종종 후안 폰세 데 레온Juan Ponce de León(스페인의 탐험가.-옮긴이) 같은 사람들이나 돌팔이 의사들이 마법의 약을 약속했지만 그것이 효과를 낸 일은 결코 없었다. 이런 실패의 통계 때문에 일부 사람들은 이렇게 생각하게 되었다. 기존의 모든 시도가 실패했으니까 앞으로도 항상 실패할 것이다. 이들은 "노화는 자연스러운 것"이라고 말하며 그만하면 반대론의 이유로서 충분하다고 여긴다. 의학적 진보가 그들의 견해를 흔들 수는 있지만 그런 진보는 주로 조기 사망을 줄였지, 최대 수명을 늘리지는 않았다.

하지만 오늘날 생화학자들은 세포를 만들고 수리하고 제어하는 기계에 대한 검토 작업을 시작했다. 이들은 바이러스를 조립하고 박테리아의 프로그램을 재작성하는 법을 배웠다. 사상 처음으로 사람들은 자신들의 분자를 검사하고 생명의 비밀을 분자 수준에서 밝혀내는 중이다. 분자 엔지니어들은 개선된 생화학적 지식과 개선된 분자 기계를 결국 통합한 뒤, 손상된 조직 구조물들을 수리하는 법을 배우고 이를 통해 세포를 다시 젊게 만들 것으로 보인다. 이는 이상한 일이 아니다. 오히려 그렇게 강력한 지식과 능력이 극적인 결과를 낳지 않는다면 그것이 이상한 일이 될 것이다. 과거의 수많은 실패 사례는 아무 관계 없다. 우리는 과거에 세포 수복 기계를 만들려고 시도한 적이 전혀 없기 때문이다.

자연이 실패했던 일이다

자연은 세포 수복 기계를 만들어왔다. 진화는 수억 년에 걸쳐 다세포 동물을 수리해왔지만 그 방식은 서툴렀다. 고등 동물은 모두 늙고 죽는다. 자연의 나노기계가 하는 세포 수리는 불완전하기 때문이다. 이를 개선할 줄 알아야 할 이유가 있는가?

쥐는 몇 개월이면 성숙하며 그러고 나서 약 2년 만에 늙어 죽는다. 하지만 인간은 이보다 30배 이상 오래 살도록 진화했다. 진화의 주된 목적이 장수에 있었다면 쥐 역시 오래 살았을 것이다. 그러나 내구성에는 비용에 들게 마련이다.[1] 세포를 수리하려면 에너지, 물질, 수복 기계에 투자해야 한다. 쥐의 유전자들은 정교한 자가 수리가 아니라 신속한 성장과 번식에 투자하라는 지시를 내린다. 미적거리다가 번식할 덩치에 늦게 도달하는 쥐가 있다면 번식도 하기 전에 고양이의 먹잇감이 될 위험이 더 클 것이다. 쥐의 유전자는 쥐의 신체를 값싼 일회용품으로 취급함으로써 번성했다. 인간의 유전자도 이와 비슷하게 인간을 버린다. 비록 쥐보다 몇십 배 더 산 다음에 버리기는 하지만 말이다.

하지만 조잡한 수리가 노화의 유일한 원인은 아니다. 유전자는 매우 꾸준한 속도로 진행되는 발달 패턴을 통해 난자 세포들을 성인으로 바꿔놓는다. 이 패턴은 상당히 일관적이다. 진화를 통해 기본 설계가 바뀌는 일은 거의 없기 때문이다. DNA-RNA-단백질 시스템의 기본 패턴이 수십억 년 전에 동결되었듯이 포유동물의 발달을 유도하는, 화학 신호와 조직의 반응이라는 기본 패턴은 수백만 년 전에 굳어졌다. 그 과정에는 아무래도 각기 다른 종에서 각기 다른 속도로 작동하는 시계와 종료성 프로그램이 관여하는 듯하다.

노화의 원인이 무엇이든 진화는 이를 제거할 이유가 거의 없었다. 만일 유전자들이 수천 년간 건강을 유지할 수 있는 개체들을 만들었다면 스스로를 복제하려는 '노력'에 거의 도움이 되지 않았을 것이다. 그렇게 했다 해도 대부분의 개체는 어린 시절에 굶어 죽거나 잡아먹히거나 사고나 질병으로 죽었을 것이다. 피터 메더워Peter Medawar 경이 지적하듯,[2] 젊은 개체(숫자가 많다)에 도움을 주면서 늙은 개체(숫자가 적다)에 해를 끼치는 유전자는 복제가 잘되어서 집단 안에서 퍼져나갈 것이다. 그런 유전자들이 충분히 많이 쌓이면 동물에게는 사망 프로그램이 입력된다.

레너드 헤이플릭Leonard Hayflick 박사[3]의 실험이 시사하는 바는, 세포 내에 '시계'가 있어서 분열 횟수를 세고 있다가 횟수가 너무 많아지면 분열을 중단시킨다는 것이다. 이런 종류의 메커니즘[4]은 젊은 동물에게 도움이 될 수 있다. 만일 암 비슷한 변화 때문에 한 세포가 너무 빨리 분열하지만 내부의 시계를 파괴하는 데는 실패한다면 그에 따라 성장하는 종양의 크기는 제한적일 것이다. 그런 시계는 정상 세포의 분열을 종식시켜 늙은 동물에게 해를 끼칠 수 있다.[5] 이 동물 입장에서 보면, 젊어서는 암 발생이 줄어들어 도움이 되겠지만 만일 늙을 때까지 산다면 불평할 이유가 생긴다. 하지만 해당 동물의 유전자는 이것을 들은 척도 하지 않는다. 그 이전에 이미 배에서 탈출했기 때문이다. 다시 말해 자신들의 복사본이 다음 세대로 전해진 뒤인 것이다. 세포 수복 기계가 있으면 우리는 그런 시계를 원점으로 되돌릴 수 있을 것이다. 심지어 생존과 번식이라는 외면할 수 없는 기준으로만 보아도 진화가 우리 몸을 완전하게 만들었다는 근거는 전혀 없다. 엔지니어들은 신경 비슷한 느린 섬유로 컴퓨터의 배선을 하거나 부드러운 단백질로 기계를 만들지 않는데 거기에는 훌륭한 이유가 있다. 유전자는 (밈과 달리) 그 진화 과정에서 새로운 재료나 시스템으로 건너뛸 수 없었으며, 그 대신 낡은 것을 세련되게 하고 확장하는 수밖에 없었다.

세포 내 수복 기계의 성능은 가능성의 한계에 크게 못 미친다. 심지어 자기들에게 지시를 내릴 컴퓨터도 없다. 당연한 이야기지만, 세포 내에 나노컴퓨터가 없다는 사실이 보여주는 것은 그저 컴퓨터가 다른 분자 기계로부터 점차 진화할 수 없었다(혹은 그저 진화하지 못했다)는 것뿐이다. 자연은 가능한 최선의 세포 수복 기계를 만드는 데 실패했지만 그럴 만한 이유가 많았다.

지구의 치유와 보존

지구의 생명 시스템이 산업 혁명에 적응하는 데 실패한 것은 이해하기 쉬운 현상이다. 산림 황폐화에서 다이옥신에 이르기까지 우리는 진화가 대응할 수 있는 것보다 더 빠르게 손상을 입혔다. 우리가 더 많은 식량과 상품과 서비스를 추구하는 동안 거시 기술을 사용했기 때문에 그런 손상을 계속 입힐 수밖에 없었다. 하지만 미래의 기술이 있으면 우리는 자신에게 좋은 일을 더 많이 하면서도 지구에는 해를 덜 끼칠 수 있을 것이다. 게다가, 우리는 이미 가해진 손상을 바로잡을 행성 치료 기계를 만들 수 있을 것이다. 우리가 수리를 원하게 될 대상은 세포만이 아니다.

독성 폐기물 문제를 생각해보자. 공기, 토양, 물에 있는 폐기물은 생태계에 해를 미칠 수 있기 때문에 무엇이든 걱정거리다. 하지만 생명체의 분자 기계와 접촉하게 되는 물질은 그게 무엇이든 다른 형태의 분자 기계로도 접촉할 수 있다. 이것이 시사하는 바는, 독소가 생명체를 위협할 수 있는 곳이면 어디든 가서 독소를 제거할 수 있는 청소 기계[6] 역시 우리가 설계할 수 있다는 것이다.

다이옥신 같은 일부 폐기물은 무해한 원자로 만들어진 위험한 분자로 구성되어 있다. 청소 기계는 해당 원자들을 재배열함으로써 다이옥신을 무해하게 만들 수 있다. 납이나 방사성 동위 원소 같은 여타 폐기물은 위험한 원자를 포함하고 있다. 청소 기계는 이런 것들을 모아 다양한 방법으로 처리할 수 있다. 납은 지구의 암석에서 나온다. 분자 조립 기계는 납을 그 고향인 광산의 암석에 집어넣을 수 있을 것이다. 방사성 동위 원소도 생명체로부터 분리할 수 있다. 안정된 암반에 집어넣을 수도 있으며, 좀 더 강력한 방법을 사용할 수도 있다. 값싸고 신뢰도가 높은 우주 수송 시스템을 이용하면 달의 건조한 죽은 암반에 이를 파묻을 수도 있을 것이다. 나노기계를 이용하면 이런 폐기물을 야산 크기의 컨테이너 기계에 밀폐, 저장할 수 있다. 사막의 햇빛으로 동력을 얻으며 스스로 밀봉과 자가 수리하는 기계 속에 말이다. 이런 수단들은 수동적인 어떤 암반이나 용기보다 더욱 안전할 것이다.

복제하는 분자 조립 기계가 있으면 우리는 심지어 화석 연료를 태우는 문명이 대기 속에 내다 버린 수십억 톤의 이산화탄소도 제거할 수 있을 것이다. 기후학자들은 대기 중 이산화탄소의 증가가 태양 에너지를 지구에 가둬서 21세기 중반쯤이면 극지방의 빙관을 일부 녹여서 해수면을 상승시키고 해안 지역을 침수시킬 것으로 추정한다. 하지만 복제하는 분자 조립 기계는 화석 연료가 필요 없을 정도로 태양 에너지의 가격을 충분히 낮출 수 있을 것이다.[7] 태양을 동력으로 삼는 나노기계는 마치 나무처럼 공기로부터 이산화탄소를 추출하고[8] 산소를 분리해낼 수 있을 것이다. 이 기계는 나무와 달리 깊은 곳까지 저장용 뿌리를 뻗어 탄소를 그 출처인 석탄 광맥과 유전으로 다시 가져다 놓을 수 있을 것이다.

또한 미래의 행성 치료 기계는 망가진 경관을 수리하고 손상된 생태계를 되돌려놓는 데 도움을 줄 것이다. 광산 채굴은 지구 표면을 긁어내고 거기에 구멍을 뚫었으며 부주의하게 그런 흔적을 온갖 곳에 퍼뜨려놓았다. 삼림 화재를 진화하는 작업은 관목과 덤불이 번성하게 만들었다. 그 결과 대성당같이 트여 있었던 오래된 숲들은 더욱 위험한 화재의 먹이가 되는 관목과 덤불로 바뀌었다. 우리는 값싸고 정교한 로봇을 이용해 이런 결과들을 원래로 되돌릴 수 있을 것이다. 바위와 흙을 옮길 수 있는 로봇들은 찢긴 땅의 윤곽을 원래대로 회복시킬 수 있을 것이다. 잡초를 뽑아 소화시킬 수 있는 로봇들은 위험이나 황폐화를 유발하지 않으면서 자연적인 삼림 화재 같은 청소 효과를 더 빨리 낼 수 있을 것이다. 나무를 뽑아서 옮길 수 있는 로봇들은 빽빽하게 자란 나무들의 밀집도를 줄이고 낮은 민둥산들에 다시 나무들이 자라게 만들 수 있을 것이다. 우리는 오래된 쓰레기를 좋아하는 다람쥐 크기의 장치를 만들 것이다. 또한 깊고 넓게 퍼져나가는 뿌리를 지닌 나무 같은 장치를 만들어 토양에서 살충제와 과다한 산성 성분을 제거하며 벌레 크기의 이끼 제거기와 페인트를 조금씩 먹어치우는 장치를 만들 것이다. 이렇게 우리는 20세기 문명이 남겨놓은 쓰레기 더미를 청소하는 데 필요한 어떤 장치라도 만들 것이다.

청소가 끝나고 나면 우리는 이 기계 중 대부분을 분해해 재활용할 것이다. 남겨두는 기계는, 분자 기술에 기반을 둔 더욱 깨끗한 문명으로부터 환경을 보호하기 위해 여전히 필요한 것들로 국한될 것이다. 좀 더 내구적인 이런 장치들은 자연의 생태계를 보완해줄 것이다. 인류가 남긴 결과를 치료하고 상쇄하기 위해 필요한 곳이라면 어디서든 말이다. 이런 장치들을 효율적이고 무해하며 눈에 띄지 않는 존재로 만들려면 솜씨가 필요하다. 그러려면 단지 자동화 엔지니어링만이 아니라 자연에 대한 지식과 예술 감각이 필요할 것이다.

세포 수리 기술이 있으면 우리는 심지어 명백히 멸종한 일부 종을 되살릴 수도 있을 것이다. 남아프리카 초원에 살던 콰가 얼룩말은 멸종한 지 한 세기도 넘었지만 소금으로 보존 처리된 콰가 모피가 독일의 한 박물관에 남아 있다. UC 버클리의 앨런 윌슨Alan Wilson과 그의 동료 작업자들[9]은 효소를 이용해 이 모피에 붙어 있는 근육 조직으로부터 DNA 조각들을 추출했다. 이들은 이 조각들을 박테리아 속에서 복제하여 얼룩말의 DNA와 비교한 결과 양자가 진화적으로 가까운 관계라는 사실을 알아냈다(이는 예상한 대로다). 이들은 또한 한 세기가 지난 바이슨(아메리카들소.-옮긴이) 모피에서, 그리고 북극의 영구 동토층에 보존된 수천 년 전의 매머드에서 각기 DNA를 추출하고 복제하는 데도 성공했다. 이런 성공은 하나의 세포나 유기체 전체를 복제하는 것과는 큰 차이가 있다. 하나의 유전자를 복제했다 해도 약 10만 개의 유전자가 복제되지 않은 채 남아 있으며, 모든 유전자를 복제한다 해도 여전히 단 한 개의 세포도 수리할 수 없다. 하지만 이것은 이 종들의 유전 물질이 아직도 살아남아 있다는 것을 정말로 보여준다.

앞장에서 서술했듯, 손상을 입은 한 DNA 분자의 여러 복사본을 비교하는 기계는 손상이 없는 원래의 분자를 재생할 수 있을 것이다. 그리고 건조된 가죽에 있는 수십억 개의 세포에는 **수십억 개의** 복사본이 들어 있다. 이들로부터 우리는 손상되지 않은 DNA를 만들 수 있으며, 이를 바탕으로 원하는 어떤 유형의 손상되지 않은 세포라도 만들 수 있을 것이다. 곤충의 일부 종은 난자의 형태로 겨울을 나고 봄이 와서 따스해지면 깨어난다. 앞서 언급한 '멸종된' 종들은 피부 및 근육 세포로 20세기를 지낸 다음 세포 수복 기계에 의해 수정란으로 바뀌어 소생하게 될 것이다.

샌디에이고 동물원의 번식 생리학자인 바버러 듀런트Barbara Durrant 박사는 멸종 위기종의 조직 표본을 극저온 냉동고에 보관 중이다. 그에 따른 이익은 대부분의 사람들이 지금 예상하는 것보다 훨씬 더 클지 모른다. 단지 조직만 보존하는 것은 한 동물의 생명을 보존하는 것도, 하나의 생태계를 보존하는 것도 아니지만 표본이 된 종들의 유전적 유산을 정말로 보존하는 일이다. 만일 우리가 일부 종을 영구적으로 잃을 위험에 대비해 이런 보험 증서를 마련해두지 않는다면 이는 무모한 행태가 될 것이다. 그러므로 세포 수복 기계의 등장에 대한 예상은 오늘날 우리의 선택에 영향을 미친다.

멸종은 새로운 문제가 아니다. 약 6,500만 년 전, 당시 존재하던 대부분의 종이 사라졌다. 공룡의 모든 종도 여기에 포함된다. 바위에 남겨진 지구의 역사를 보면 공룡 이야기는 얇은 점토층으로 구성된 페이지에서 끝난다. 이 점토에는 이리듐이 풍부한데 이는 소행성과 혜성에 흔한 원소다. 현재로서 최선의 이론에 따르면 하늘에서 유래한 폭발이 지구의 생물권을 강타했음을 보여준다. TNT

수억 메가톤의 에너지를 가진 이 폭발은 먼지를 흩뿌려 지구 전체에 '소행성 겨울'을 퍼뜨렸다.

살아 있는 세포들이 처음으로 함께 뭉쳐 벌레를 형성한 뒤에 이어진 세월 동안 지구는 다섯 차례의 대멸종을 겪었다. 불과 3,400만 년 전, 즉 공룡이 죽은 지 약 3,000만 년 뒤, 유리질의 구슬로 된 층이 해저에 자리 잡았다. 그 층 위로는 많은 종의 화석이 사라진다. 이 구슬들은 충격으로 인해 녹아서 튄 지각이 굳어서 생긴 것이다.

미국 애리조나 주에 있는 운석 크레이터에는 4메가톤짜리 폭탄과 같은 위력이 있는 좀 더 최근의 폭발에 대한 증거가 담겨 있다. 비교적 최근인 1908년 6월 30일, 불덩어리가 시베리아의 하늘을 둘로 쪼개면서 폭발해 너비 100킬로미터에 달하는 지역의 나무들을 쓰러뜨렸다.

사람들이 오래전부터 의심해왔듯이 1억 4,000만 년 동안 실제로 생존했던 공룡이 죽은 것은 멍청했기 때문이다. 먹이를 먹고 걸어 다니고 알을 보호할 수 없을 정도로 멍청했다는 것이 아니라, 단지 소행성을 탐지할 능력을 갖춘 망원경이나 이들을 비껴 나가게 만들 능력을 갖춘 우주선을 만들기에는 너무 멍청했다는 말이다. 우주는 우리를 향해 던질 바위를 많이 가지고 있지만 우리는 이런 바위들을 다룰 만큼의 지능이 있다는 징후를 보여주고 있다. 나노기술과 자동화 엔지니어링 덕분에 좀 더 강력한 우주 기술을 갖추는 시기가 오면, 우리는 소행성들을 추적하고 비껴 나가게 하는 일이 쉽다는 사실을 알게 될 것이다. 사실 오늘날의 기술로도 이런 일을 할 수 있다. 우리는 지구를 치료하고 보호할 수 있다.

수명 연장과 인구압

사람은 누구나 오랫동안 건강하게 살고 싶어 한다. 하지만 이 분야에서 매우 극적인 성공이 이루어지리라는 전망은 마음을 불편하게 한다. 수명이 크게 연장되면 삶의 질에 해가 미칠 수도 있을까? 장수의 전망은 우리의 당면 문제들에 어떤 영향을 미칠까? 그 영향 중 대부분은 아직 예측할 수 없지만 일부는 예측 가능하다.

예컨대 세포 수복 기계가 수명을 연장시키면 인구가 늘어나게 될 것이다. 만일 다른 조건이 모두 동일한 상태에서 인구가 더 많다는 것은 더 붐비고 오염이 심하며 자원의 희소성이 커진다는 뜻이다. 하지만 다른 조건이 모두 동일하지는 않을 것이다. 세포 수복 기계를 가져다줄 자동화 엔지니어링과 나노기술의 발전 자체가 또한 지구를 치료하고 보호하고 그 위에서 좀 더 즐겁게 살 수 있도록 도움을 줄 것이다. 우리는 공기나 토양, 물을 오염시키지 않으면서 생필품과 사치품을 생산할 수 있을 것이다. 내구성이 좋은 제품들을 생산하는 효율적인 분자 조립 기계가 있으면 우리는 쓰레기를 덜 생산하면서 더 큰 가치가 있는 물건들을 생산할 수 있게 될 것이다. 더 많은 인구가 지구에서 살 수 있으면서도 지구에, 그리고 인간 상호 간에 미치는 피해는 줄어들 것이다. 만일 우리가 어떻게 해서든 우리의 새로운 능력을 좋은 목적에 사용할 수 있게 된다면 말이다.

만일 어떤 사람이 밤하늘을 검은 벽으로 생각하고 기술 경쟁이 요란한 브레이크 소리를 내며 멈추리라 예상한다면, 그는 장수 인간이 '가난하고 과밀한 우리 아이들의 세상'에 부담이 되리라는 두려움을 품는 것이 당연하다. 이런 두려움의 뿌리는 환상에 있다. 그 환상의 내용은 삶이 제로섬 게임이어서, 인구가 많다는 것은 작은 파이를 더욱 얇게 나눈다는 것을 뜻한다. 하지만 세포를 수리할 수 있게 되면 우리는 복제하는 분자 조립 기계와 뛰어난 우주선도 만들 수 있을 것이다. 우리의 '가난한' 후손들은 우리의 행성 전체를 난쟁이로 보이게 할 만한 물질과 에너지, 잠재적 거주 공간을 갖춘 태양계 규모의 세상을 공유할 것이다.

이는 전대미문의 성장과 번영의 시대를 위한 공간을 충분하게 열어줄 것이다. 하지만 태양계 자체도 유한하고 별들은 멀리 떨어져 있다. 지구에서는, 심지어 분자 조립 기계를 기반으로 한 가장 깨끗한 산업일지라도 폐열을 만들어낼 것이다. 복제자들(예컨대 인간들)이 지수적으로 성장하면 자원이 아무리 많아도, 그것이 유한한 양인 한 결국 모자라게 될 것이기에 인구와 자원은 여전히 중대한 우려 대상으로 남을 것이다.

하지만 이것은 우리가 위기를 늦추기 위해 생명을 희생해야 한다는 뜻일까? 소수의 사람은 희생을 자원할지 모르지만 그런다 해도 별 도움이 되지 않을 것이다. 사실, 수명 연장은 기본적 문제에 거의 영향을 미치지 못할 것이다. 지수적 성장은 사람들이 일찍 죽는지 영원히 사는지와 상관없이 지수적 성장으로 남을 것이기 때문이다. 희생정신을 발휘해 일찍 죽는 순교자가 있다 해도 위기를 몇분의 1초밖에 늦추지 못할 것이다. 하지만 반쯤만 헌신적인 사람은 이보다 더 큰 도움이 될 수 있다. 이런 장기적 문제를 해결하기 위해 일하는 장수인들의 운동에 참여하는 방식을 통해서 말이다. 어쨌든 지구에서의 성장에 한계가 있다는 사실을 많은 사람들이 무시해왔다. 장기적 한계를 우려하는 사람들은 살아남아서 자신들의 우려도 살아남게 만드는 편이 인류에게 최선이다.

장수는 문화의 침체라는 우려도 불러일으킨다. 만일 이것이 장수가 가져오는 필연적 문제라면 이를 해결하기 위해 어떤 일을 할 수 있을지 불분명하다. 노인이 완고한 의견을 지녔다는 이유로 그들을 쏴버리는 것이 대책일지도 모른다. 다행히 이 문제를 어느 정도 완화해줄 두 가지 요인이 있다. 첫째, 프런티어가 열린 세상의 젊은이들이 밖으로 나가서 새로운 세상을 건설하고 새로운 아이디어를 실험할 수 있는 장이 될 것이다. 둘째, 나이를 많이 먹은 사람도 신체와 뇌는 젊음을 유지할 것이다. 노화는 여타의 육체적 과정과 함께 학습과 생각의 속도를 늦춘다. 회춘은 이런 현상을 다시 빨라지게 만들 것이다. 젊은 근육과 힘줄은 젊은이의 신체를 좀 더 유연하게 만들므로 아마도 젊은 뇌 조직은 마음을 좀 더 유연하게 만들 것이다.

기대 효과

장수는 미래의 가장 큰 문제가 아닐 것이다. 오히려 문제들을 해결해줄지도 모른다.

전쟁을 기꺼이 벌이려는 사람들의 성향에 미치는 효과를 생각해보라. 호메로스가 트로이의 영웅 사르페돈에게 말하게 한 것을 들어보라. "친구여[10], 만일 우리가 이 전쟁에 참전하지 않아서 노화와 죽음으로부터 도망칠 수 있다면 나는 여기서 선봉에 서서 싸우지 않을 것이네. 하지만 우리 머리 위에 드리워진 죽음의 방법은 많으며, 누구도 죽음을 피한다는 희망을 가질 수 없는 바에야 이제 단호히 밀고 나가기로 하세. 그래서 다른 사람들에게 우리를 죽였다는 명성을 날리게 하거나 아니면 우리 자신을 위해 명성을 얻기로 하세."

그러나 만약 노화와 죽음을 피한다는 희망이 전투를 기피하게 한다면 이것은 좋은 일일까? 이는 나중에 핵 대량학살로 비화될지도 모를 소규모 전쟁을 단념하게 할 수도 있다. 그러나 이와 똑같은 정도의 다른 가능성도 있다. 평생 받을 압제로부터 우리 자신을 지키겠다는 결의를 약화시킬 수도 있다는 말이다. 만일 우리가 지켜주어야 할 생명이 얼마나 많은 숫자인지 스스로 개의치 않는다면 그런 일이 벌어질 수도 있다. 상대측 사람들이 자신들의 권력을 위해 목숨을 바치기를 주저하는 것은 도움이 될 것이다.

예상은 언제나 행동에 결정적 영향을 미친다. 우리의 관습과 개인적 계획은 지금 살아 있는 모든 성인이 앞으로 몇십 년 안에 죽는다는 예상을 반영하고 있다. 이런 믿음이 미치는 영향을 생각해보라. 뭔가를 손에 움켜쥐겠다는 우리의 충동에 불을 지르며, 미래를 무시하고 덧없는 즐거움을 추구하게 만들고 있지 않은가. 미래를 보지 못하게 가로막으며 협동의 장기적인 이익을 판단하지 못하게 강력한 힘을 발휘하고 있지 않은가. 정신분석학자 에리히 프롬Erich Fromm은 다음과 같이 썼다. "만일 개인이 500년이나 1,000년을 산다면 이런 충돌(그의 이익과 사회의 이익 간의)은 존재하지 않거나 최소한 상당히 줄어들 것이다. 그러면 그의 삶은 즐거울 것이며 과거에 슬픔 속에서 심었던 씨를 기쁨 속에서 수확할 것이다. 다음 세대에서나 결실을 맺을 희생과 고통이 당대에 자신을 위해서도 결실을 맺는 것을 볼 수 있을 터다. 그래도 사람들이 현재를 위해서 살지 그렇지 않을지 하는 것은 논점이 될 수 없다. 문제는 이것이다. "개선을 향한 **중대한** 변화가 있을 수도 있는가?"

더 나은 미래에서 오래 산다는 예상은 일부 정치적 질병을 덜 치명적으로 만들 법하다. 사람들이 벌이는 분쟁은 하나의 단순한 변화만으로 뿌리째 제거되기에는 너무나 뿌리 깊고 견고하다. 하지만 내일 엄청난 부를 얻게 된다는 전망은 오늘 잔돈 앞에서 싸우고 싶은 충동을 적어도 **약화시킬** 수는 있다. 분쟁은 중대한 문제이고 우리에게는 가능한 모든 도움이 필요하다.

자신이 쇠약해지고 죽으리라는 예상은 언제나 미래를 덜 즐거운 것으로 생각하게 했다. 환경 오염, 가난, 핵폭탄으로 인한 멸망은 미래에 대한 생각을 견디기 힘들 만큼 소름 끼치는 일로 만들다시피 했다. 하지만 더 나은 미래에 대한 희망, 그리고 이런 미래를 즐길 시간이 있으리라는 희망은 최소한 존재하며, 이것이 있으면 우리는 미래를 좀 더 기꺼이 내다볼 수 있다. 앞을 내다보면 우리는 더 많은 것을 보게 될 것이다. 개인적 이해관계가 걸려 있으므로 우리는 좀 더 관심을 가지게 될 것이다. 더 큰 희망과 통찰력은 당대와 후대 모두에게 도움이 될 것이다. 심지어 우리가 살아남을 확률까지도 높여줄 것이다.

수명 연장은 인구 증가를 뜻하겠지만 이것이 미래의 인구 문제를 크게 악화시키지는 않을 것이다. 더 나은 세상에서 더 오래 산다는 전망은 실질적 이익을 가져다줄 것이다. 사람들로 하여금 미래를 더욱더 많이 생각해보게 조장할 테니 말이다. 전체적으로, 장수와 장수의 전망은 사회를 위해 좋은 것으로 보인다. 수명이 30대로 줄어드는 것이 나쁠 것과 똑같은 정도로 말이다. 많은 사람은 자신들을 위해 길고 건강한 삶을 원한다. 지금 세대의 전망은 어떤가?

수명 연장의 진전

우루크의 왕 길가메시[11]여 들으라.
벽 너머를 쳐다보니 강 위에 떠다니는 시체들이 보이는구나. 내 운명 또한 그러하리라. 참으로 나는 그렇다는 것을 알고 있도다. 아무리 키가 큰 인간도 하늘에 닿을 수 없으며 아무리 덩치가 큰 자라도 지구를 둘러쌀 수 없기 때문이로다.

수메르인 필경사들이 점토판에 《길가메시의 서사시The Epic of Gilgamesh》를 새긴 이래로 4,000년이 지났고 시대는 변했다. 신장이 평균 정도인 사람들이 이미 하늘에 도달했고 지구 주위를 돌았다. 우주 시대, 생명공학 시대, 기술 대혁신의 시대를 사는 우리가 아직도 세월이라는 장벽 앞에서 절망해야 할까? 아니면 우리 자신과 우리가 사랑하는 사람들을 죽음에서 구할 수 있을 만큼 이른 시간 안에 수명 연장 기술을 배우게 될까?
생물의학의 진보가 보여주는 성공 가능성은 기대를 부추기고 있다. 노화에 따른 주요 질병인 심장병, 뇌졸중, 암은 치료에 굴복하기 시작했다. 노화의 메커니즘에 대한 연구는 결실을 맺기 시작했으며, 연구자들은 최근 동물의 수명을 늘리는 데 성공했다. 지식이 지식을 낳고 도구가 새로운 도구를 낳듯 진보는 가속화될 것이 분명하다. 심지어 세포 수복 기계가 없는 상태에서도 우리에게는 노화 속도를 늦추고 부분적으로 그 과정을 되돌리는 방향으로 주요한 진전이 이루어지리라 기대할 만한 근거가 있다.

이런 진전의 혜택은 모든 연령대의 사람에게 돌아가겠지만 가장 큰 수혜자는 젊은이일 것이다. 젊은이들은 오랫동안 살아남아 노화가 되돌려질 수 있는 시대를 맞이하게 될 것이다. 그런 시대는 아무리 늦춰 잡아도 진보된 세포 수복 기계가 등장할 때면 오게 된다. 일찍 도래하지는 않을지 몰라도, 그런 시대가 오면 사람들은 나이가 들면서 더욱 건강해질 것이다. 시간이 흐르면서 우유처럼 썩어가는 것이 아니라 와인처럼 점점 더 좋아질 것이다. 이들은, 만일 그러기로 선택한다면, 훌륭한 건강을 되찾고 대단히 오래 살 것이다.

복제 기계와 값싼 우주여행이 있는 그 시대의 사람은 오래 살 뿐 아니라 그 삶을 즐길 충분한 공간과 자원을 누리게 될 것이다. 입 끝에서 고통스럽게 뱉어지는 질문이 있다. "그게 언제지? 늙어서 죽게 되는 마지막 세대, 승리를 구가하는 첫 세대는 어느 세대가 되는 거야?" 오늘날 노화가 언젠가 정복되리라는 기대를 조용히 품고 있는 사람이 많다. 하지만 오늘날 살아 있는 사람들은 너무 일찍 태어났다는 운명의 저주를 받은 것일까? 그에 대한 해답은 분명하고도 당황스러운 내용으로 밝혀질 것이다.

장수에 이르는 확실한 길은 세포 수복 기계가 회춘시켜줄 수 있을 만큼 오래 사는 것이다. 생화학과 분자 기술은 수명을 늘려줄 테고 그렇게 해서 번 기간 동안 이 기술들은 또다시 수명을 더욱 연장해줄 것이다. 처음에는 약물, 식사요법, 운동을 이용해 건강한 삶을 연장할 것이다. 수십 년 내로 나노기술의 진보 덕분에 초기의 세포 수복 기계가 등장할 가능성이 높다. 그리고 자동화 엔지니어링의 도움으로 초기 기계에 뒤이어 진보된 기계가 빠르게 등장할 것이다. 정확한 시기는 추측으로 남을 수밖에 없지만 추측은 단순한 물음표보다는 나은 역할을 할 것이다.

현재 30세인 사람을 생각해보자. 앞으로 30년 후면 바이오 기술이 크게 발달할 테지만 그 사람의 나이는 60세밖에 되지 않았을 것이다. 의학의 발전을 전혀 고려하지 않는 통계적 생명표에 의하면 오늘날 30세의 미국 시민은 거의 50년을 더 살 것으로 예상된다. 이는 2030년대에 진입한 뒤에도 한참 후까지 산다는 말이다. 아주 평범한 진전(동물의 수명을 연장시킨 것과 같은 종류의)이 세월을 추가해줄 것이다. 2030년이 되면 그 추가 기간은 아마도 10~20년쯤 될 것이다. 세포 수리 기술의 초기 단계만 도래해도 인간의 수명을 수십 년 연장해줄 가능성이 있다. 요약하자면 2010년, 2020년, 2030년의 의술은 오늘날 30세인 사람의 수명을 2040년대나 2050년대까지 늘려줄 것이다. 그 이전은 아닐지 몰라도 그때쯤 되면 의학의 진보 덕분에 정말 회춘할 수도 있다. 따라서 30세 이하인 사람들은(그리고 이보다 나이가 상당히 많은 사람도) 적어도 잠정적으로라도 이런 기대를 할 수 있다. 의학이 노화 과정을 압도해 자신들을 세포 수리, 활력, 무한한 수명의 시대까지 안전하게 데려다 주리라고 말이다.

만일 이것이 이야기의 전부라면, 그 도상에서 일찍 죽게 되는 마지막 사람과 장수를 얻게 되는 최초의 사람 사이의 차이는 아마도 세대 간의 궁극적 틈새일 것이다. 게다가 스스로의 운명이 불확실하다는 데 따른 지속적인 번민은 모든 것을 불안한 어림짐작이라는 무의식의 지하 감옥에 밀어 넣게 만들 이유가 될 것이다.

하지만 이것이 정말 우리가 처한 상황일까? 생명을 구할 다른 방법이 있는 듯하다. 이는 세포 수복 기계에 기반을 둔 방법으로서 오늘날에도 적용할 수 있는 방법이다. 앞장에서 서술했듯, 수복 기계는 핵심 구조가 보존되어 있는 한 조직을 치유할 수 있을 것이다. 그러면 조직의 대사 능력과 자가 수리 능력은 중요성을 잃게 된다. 생명 활동 정지를 검토한 대목이 보여주었던 것이 이 부분이다. 생명 활동 정지에서는 분자 도구를 써서 기능을 정지시키고 세포의 분자 기계들을 서로 묶어서 구조를 보존해준다. 나노기계들은 분자의 손상을 수리하고, 묶어놓은 것을 풀고, 세포(따라서 조직, 장기, 그리고 몸 전체)를 정상적으로 기능할 수 있도록 되돌려놓을 것이다.

진보된 세포 수복 기계 시대에 도달하는 것은 장수와 건강의 핵심으로 보인다. 그때가 되면 거의 모든 신체적 문제는 치료할 수 있기 때문이다. 지금부터 그때까지 그 모든 세월을 견디며 활동적으로 살아남는 사람은 그 시대에 도달할 수 있을 것이다. 하지만 이는 가장 뻔한 방법에 불과해서 선견지명이 거의 필요 없다. 오늘날의 환자들은 기억과 개성을 구현하는 뇌의 구조는 멀쩡한데도 심장 기능이 망가져 있는 경우가 많다. 이런 경우 **오늘날**의 의료 기술로 생명 과정을 중단시킨 뒤 **미래**의 의료 기술로 이를 되돌리는 식의 방법은 없을까? 만일 있다면, 오늘날 대부분의 사망 진단은 너무 일찍, 불필요하게 내려진 것이다.

미래를 향한 문

1773년 4월 런던.

자크 두부르에게[1]

죽음의 원인에 대한 자네의 관찰, 그리고 벼락으로 사망한 듯해 보이는 사람들을 되살기 위해 자네가 제안하는 실험은 자네의 현명함과 인류애를 동시에 느끼게 한다네. 삶과 죽음에 관한 일반 원칙은 아직도 거의 알려지지 않은 듯하네.

아무리 오랜 시일이 지난 후에라도 다시 살릴 수 있도록 익사자들을 그대로 보존하는 방법을 발명할 수 있다면 얼마나 좋겠나. 100년 후 미국의 모습을 보고 관찰하고 싶다는 열망을 매우 강하게 가진 사람으로서 나는 평범한 죽음을 택하고 싶어. 몇몇 친우와 함께 마데이라 포도주 통 속에 잠겨 있다가 그날이 오면 내 사랑하는 조국의 따스한 태양 빛에 의해 되살아나는 것이지. 하지만 …… 아무리 생각해보아도 그런 기술이 우리 시대에 완성되는 것을 볼 수는 없을 듯하네. 우리 시대는 너무나 진보가 미흡한 데다 과학 수준도 이제 막 유년기를 벗어난 정도라서 말이지.

—본인은, 등등(I am, etc.),[2]

B. 프랭클린

벤저민 프랭클린Benjamin Franklin은 대사를 중단시켰다가 다시 시작하게 만드는 수단을 원했지만 그런 방법은 당시 전혀 알려진 바 없었다. 우리는 생명 활동 정지를 활용할 수 있을 만큼 충분히 진보된 사회에 살고 있는가?

죽은 뒤에는 분해되는 것 이외의 다른 선택이 없을 환자들에게 건강이라는 미래를 열어줄 만큼 진보한 사회 말이다. 신진대사를 중단시키는 방법은 많다. 하지만 생명 활동 정지가 실제로 활용되기 위해서는 생명을 되돌릴 수 있어야 한다. 이것은 호기심을 불러일으킨다. 오늘날의 기술을 사용해서 환자를 생명 활동 정지 상태에 빠트릴 수 있느냐의 여부는 미래 기술이 이를 되돌릴 수 있느냐의 여부에 온전히 달려 있다. 이 처치는 두 부분으로 나뉘는데 우리는 오직 한 부분만 마스터하면 된다.

만일 생명 활동 정지를 통해 환자를 몇 년이나 몇십 년 동안 변화시키지 않을 수 있다면, 이런 미래의 기술에는 정교한 세포 수리 시스템이 포함되어 있을 것이다. 따라서 우리는 오늘날의 생명 활동 정지 처치의 성공 여부를 미래 의학의 최종적 능력에 비추어서 판단해야 한다. 세포 수복 기계가 등장하리라는 전망이 분명해지기 전에는 이런 미래 의학의 능력—따라서 성공적인 생명 활동 정지의 요건—은 극도로 불확실한 상태로 남아 있었다. 이제, 기본 요건은 대단히 명백해 보인다.

생명 활동 정지 시술의 요건

분자 기계들은 아무런 사전 준비 없이 세포를 만들어낼 수 있다. 이는 세포 분열이 이를 보여준다. 또한 장기와 장기 시스템 역시 아무런 사전 준비 없이 만들 수 있는데, 이는 배아의 발달 과정이 보여준다. 의사들은 세포 수리 기술을 사용해 환자 자신의 세포에서 새로운 장기가 성장하게 만들 수 있을 것이다. 이는 생명 활동 정지 시술과 관련해 현대 의사들에게 커다란 여유를 제공하는 요소다. 혹시 환자의 장기 대부분에 손상을 입히거나 아예 폐기하는 극단적인 경우가 일어난다 할지라도 환자에게 회복할 수 없는 피해를 입히지는 않게 될 것이다. 더 나은 도구를 갖춘 미래의 의사들이 해당 장기들을 수리하거나 대체할 수 있을 것이다. 신품 심장이나 신선한 신장, 혹은 더 젊은 피부[3]를 갖게 되면 대부분의 사람들은 기뻐

할 것이다.

하지만 뇌는 다른 문제다. 의사가 환자의 뇌가 파괴되는 것을 방치한다면, 이는 곧 한 인격체의 파괴를 방치하는 것이 된다. 그 밖의 신체 부위에 어떤 일이 생길 수 있는가에 상관없이 말이다. 뇌는 기억, 개성, 자아의 패턴을 지니고 있는 실체다. 뇌졸중 환자는 뇌의 일부분만을 상실했을 뿐이지만 시력의 부분적 상실, 마비, 언어 상실, 지능 저하, 성격 변화 등으로 고통 받는다. 이런 피해는 뇌의 어떤 부위가 손상되었는지에 따라 결정된다. 뇌가 완전히 파괴되면 완전한 실명, 전신 마비, 언어 능력 상실, 의식 부재가 생긴다는 의미다. 신체가 계속 숨 쉬든 그렇지 않든 말이다.

볼테르Voltaire가 썼듯, "아침에 다시 일어나려면—어제와 동일한 사람이 되려면—당신의 기억 전부를 생생하게 지니고 있어야 한다. 당신의 정체를 만드는 것은 기억이기 때문이다. 기억을 잃는다면 어떻게 과거와 동일한 사람이 될 것인가?" 마취제는 의식을 중단시키지만 뇌의 구조에 지장을 주지는 않는다. 생명 활동 정지 시술이란 이와 비슷한 상황이 좀 더 오랫동안 지속되는 것을 의미한다. 이는 기억과 인격의 기저에 놓여 있는 물리적 구조의 속성에 대한 의문을 불러일으킨다.

기억의 기본적 속성에 대해서는 신경생물학이나 정보를 제대로 갖춘 상식이나 동일한 의견을 나타낸다. 기억을 형성되고 개인으로서 발달할 때 우리의 뇌는 변화를 겪는다. 이런 변화는 뇌의 기능에 영향을 주어서 그 활동 패턴이 달라지게 한다. 기억할 때, 행동하고 생각하고 느낄 때 뇌에서는 무슨 일인가 일어난다. 뇌의 작동은 분자 기계의 활동을 통해 이루어진다. 뇌의 지속성 있는 변화는 이 분자 기계의 지속성 있는 변화를 수반한다. 컴퓨터 메모리와 달리 뇌의 기억은 한순간에 지워지고 다시 채워지는 방식으로 설계되어 있지 않다. 성격과 장기 기억은 지속성을 지닌다.

신체 어디에서든 기능의 지속성 있는 변화는 분자 기계의 지속성 있는 변화를 수반한다. 근육의 힘이 강해지거나 빨라질 때는 그 단백질의 숫자와 분포가 달라진다. 간이 알코올에 대처하기 위해 적응할 때, 그 단백질의 함량 역시 달라진다. 면역계가 새 인플루엔자 바이러스의 식별법을 배울 때도 단백질 함량이 달라진다. 이런 관계는 예상되었던 일이다. 근육을 움직이고 독소를 분해하고 바이러스를 식별하는 실제적인 활동을 하는 것은 단백질을 기반으로 한 기계이기 때문이다.

단백질은 뇌에서 수많은 일을 담당한다. 신경 세포를 만들고, 그 표면에 산재하고, 세포를 인근 세포와 연결하고 신경 자극의 이온화된 흐름을 통제하고, 신경 세포들이 시냅스를 통한 의사소통에 사용하는 신호 분자를 생산하는 등의 일이 모두 단백질의 몫이다. 인쇄기가 단어를 인쇄할 때 인쇄기는 잉크의 패턴을 내려놓는 일을 한다. 신경 세포가 스스로의 행태를 변화시킬 때, 그것은 스스로의 단백질 패턴을 변화시킨다. 인쇄는 종이를 움푹 들어가게 만드는 일도 한다. 그리고 신경 세포는 스스로의 단백질을 변화시키는 것 이상의 일을 한다. 하지만 종이 위의 잉크와 뇌의 단백질은 이런 패턴을 분명하게 만들기에 족하다. 이와 관련된 변화는 미묘한 것과는 거리가 멀다.[4] 연구자들은 신경 세포 행태의 장기적인 변화는 시냅스의 '놀라운 형태적 변화'[5]를 수반한다고 보고한다. 실제로 시냅스의 크기와 구조는 관찰이 가능할 정도로 눈에 띄게 달라진다.

장기 기억은 사소한 이유로도 쉽게 증발해버리는 아주 민감한 패턴은 아닌 듯하다. 기억과 개성 역시 견고하게 구현되어 있다. 뇌세포들이 여러 해에 걸친 경험을 통해 형성된 패턴으로서 함께 자라난 그런 방식으로 말이다. 소설 속의 캐릭터가 물질적이 아니듯이 기억과 개성도 물질적이 아니다. 다만 물질을 통해 구현될 뿐이다. 이런 점에서도 기억과 개성은 소설 속의 캐릭터와 같다. 이는 환자의 마지막 숨결과 함께 공기 중으로 흩어지지 않는다. 사실, 심지어 도움을 줄 세포 수복 기계가 없이도 많은 환자가 소위 '임상적 죽음'으로부터 회복되었다. 마음의 패턴이 파괴는 되는 것은 환자의 뇌가 분해 과정을 밟는 것을 담당 의사가 허용할 때뿐이다. 이는 환자에게 생명 활동 정지 조치를 취할 상당한 재량을 의사에게 부여하게 만드는 또 하나의 요소다. 일반적으로, 의사들은 환자의 핵심 생명 기능이 중단되기 전까지는[6] 신진대사를 중단시킬 필요가 없다.

뇌의 세포 구조와 단백질 패턴을 보존하면 마음의 구조와 자아도 함께 보존될 것으로 보인다. 생물학자들은 조직을 이 정도까지 잘 보존하는 방법을 이미 알고 있다. 소생 기술을 발휘하려면 세포 수복 기계가 등장할 때까지 기다려야 하지만, 생명 활동 정지 기술은 이미 우리 손안에 들어와 있는 듯하다.

생명 활동 정지의 실행 방법

새롭고 강력한 능력은 하룻밤 사이에 생기지 않는 법이다. 따라서 우리가 생명 활동 정지 기술을 이미 보유하고 있다는 발상은 놀랍게 느껴질 수도 있다. 사실, 이런 기술이 발명된 지는 이미 오래다. 새로운 점이라고는 이를 되돌릴 수 있다는 것을 이해하게 되었다는 것뿐이다. 생물학자들은 두 가지의 주요한 처리 방법을 개발했는데 개발의 이유는 다른 데 있었다.

생물학자들은 세포와 조직의 구조를 연구하기 위해 수십 년간 전자 현미경을 사용해왔다. 이들은 표본의 분자 구조를 제자리에 붙들어두기 위해 고정fixation이라는 화학적 처리 방법을 이용한다. 흔히 쓰이는 방법은 글루타르알데히드를 사용하는 것이다. 이것은 다섯 개의 탄소 원자로 된 유연한 띠로서 양 끝에 반응성이 높은 수소와 산소 분자들이 붙어 있다. 생물학자들은 글루타르알데히드 용액을 혈관에 주입하여 용액의 분자가 세포 속으로 확산되게 함으로써 조직을 고정한다. 이 분자들은 세포 속에서 한쪽 끝이 하나의 단백질(혹은 다른 반응성 분자)에 접촉한 뒤 달라붙을 때까지 제멋대로 튕겨다닌다. 다른 쪽 끝은 자유로이 흔들리다가 어떤 반응성 분자와 접촉하게 된다. 이는 보통 한 단백질 분자를 이웃 분자와 강하게 연결하는 역할을 한다.

이런 가교 결합으로 세포 내의 분자 구조물과 분자 기계는 제자리에 고정된다. 그다음에 좀 더 철저하고 견고하게 작업하도록 다른 화학 물질이 추가될 수 있다. 전자 현미경 관찰으로 그런 고정 처리가 세포와 그 내부 구조물을 보존해준다[7]는 것을 확인할 수 있다. 뇌세포와 그 구조 역시 예외가 아니다.

7장에서 서술했던 가상의 생명 활동 정지 시술의 첫 단계를 생각해보자. 거기서 나는 세포 안으로 들어가 그 분자 기계를 마비시키고 구조물들을 가교 결합으로 서로 묶어주는 단순한 분자 도구에 대해 얘기했다. 글루타르알데히드는 이런 설명에 딱 들어맞는다. 이 시술의 다음 단계에는 다른 분자 도구가 언급되었다. 물을 빼내고 스스로의 몸체를 이용해 세포 내 분자 주위를 단단하게 감싸는 능력을 갖춘 도구 말이다. 이것 역시 이미 알려진 공정과 부합된다.

프로필렌글리콜, 에틸렌글리콜, 디메틸설폭시드dimethyl sulfoxide 같은 화학 물질들은 세포 내로 들어가 내부의 물을 빼내면서도 세포에 거의 해를 끼치지 않는다. 이것들은 저온에서 세포들이 입게 되는 손상을 막아주기에 동결 방지제로 불린다. 이들이 세포 내 수분을 충분히 대체한 뒤에는 세포를 냉각해도 동결되지 않는다. 묽은 시럽 비슷한 상태였던 동결 방지 용액은 냉각에 따라 뜨거운 타르, 차가운 타르, 흐르지 않는 유리(유리는 고체가 아니라 액체다.-옮긴이) 비슷한 상태로 차례차례 바뀔 뿐이다. 사실, 과학적 정의에 따르면 동결 방지 용액은 유리라고 불릴 자격이 있다. 얼리지 않고 고체화하는[8] 공정은 유리화琉璃化로 불린다. 유리화되어서 액체 질소에 저장되었던 생쥐의 태아들[9]은 건강한 생쥐로 자라났다.

유리 같은 동결 방지제가 각 세포의 분자 주위를 단단히 감싸는 것이 유리화 공정이다. 유리화는 따라서 내가 생명 활동 정지의 두 번째 단계에 설명한 것과 맞아떨어진다. 고정과 유리화는 장기적 생명 활동 정지를 보장하기에 적절해 보인다. 이런 형태의 생명 활동 정지를 되돌리려면 세포 수복 기계에 프로그램을 주입해야 할 것이다. 유리 같은 방지제와 글루타르알데히드 간의 가교 결합을 제거하고 분자를 수리하고 교체해서 세포와 조직과 장기를 작동 상태로 되돌리는 일을 하도록 말이다.

고정과 유리화는 생명 활동 정지를 위해 제안된 첫 공정이 아니다. 1962년 미시간 주에 있는 하일랜드파크 대학의 물리학 교수 로버트 에틴거Robert Ettinger가 출간한 책[10]을 보자. 이 책에서 그는 미래에 저온생물학의 발달은 환자를 쉽게 되돌릴 수 있는 방식으로 냉동시키는 기술의 개발로 이어질지 모른다고 말했다. 그는 한 발 더 나아가, 미래의 기술을 이용하는 의사들은, 생명 징후가 종결된 직후 현재 기술을 이용해 냉동된 환자들을 수리하고 되살릴 수 있을지도 모른다고 말했다. 액체 질소의 온도는 환자들을 수백 년간 거의 아무런 변화 없이 보존할 수 있는 수준이라고 그는 지적했다. 아마도 미래의 의료 과학은 동결된 조직을 한 번에 분자 한 개씩 복구할 수 있는 '엄청난 기계'를 언젠가 만들어낼 것이라고 그는 말했다. 그의 책은 인체 냉동 보존술 운동을 탄생시켰다.

냉동 보존술 학자들은 동결에 초점을 맞추었다. 많은 인간 세포들이 조심스런 냉동과 해동 뒤에 **자발적으로** 살아났기 때문이다.[11] 냉동하면 세포가 터진다는 말이 흔히 퍼져 있지만 이는 신화에 불과하다. 사실상 냉동에 따른 손상은 이보다 미미하다. 지속되는 피해를 끼치지 않는 일이 흔할 정도다. 냉동 정자는 건강한 아기를 만드는 게 보통이다. 지금 생존 중인 사람들의 일부는 배아의 초기 단계였던 시절에 액체 질소의 온도로 냉동된 다음에 살아남은 것이다. 저온생물학자들은 독자적으로 생존 가능한 장기를 냉동하고 해동하는 방법을 적극적으로 찾고 있다.[12] 외과 의사들이 이 장기들을 사후 이식용으로 저장할 필요가 있기 때문이다.

냉동 보존술 학자들은 미래의 세포 수리 기술에 대해 지속적으로 관심을 가져왔다.[13] 그럼에도 불구하고 그들의 관심은 세포의 기능을 보존하는 공정에 집중되는 경향이 있다. 거기에는 그럴 만한 이유가 있다. 저온생물학자들은 독자 생존이 가능한 인체 세포들을 몇 년 이상씩 냉동 보관하고 있다. 연구자들은 동결 방지 화학 물질을 이용하고 냉각 및 해동 온도를 조심스럽게 조절하면서 실험 결과를 개선해왔다. 저온생물학은 복잡하기 때문에 앞으로 다양한 실험의 길이 크게 열려 있다. 이처럼 확실하면서도 기대를 고무하는 성공, 그리고 진전된 실험을 할 수 있는 전도유망한 목표가 존재한다. 따라서 쉽게 되돌릴 수 있는 냉동 처리는 인체 냉동 보존술을 연구하는 사람들에게 생생하고도 매력적인 목표가 되었다. 다 자란 포유동물을 냉동했다 되살리는 것을 아마도 곧 볼 수 있을 것이다. 이런 전망은 상당히 설득력이 있다.

더구나 심지어 조직의 기능을 **부분적**으로만 보존한다고 해도 이는 조직의 구조를 **뛰어나게** 잘 보존했다는 뜻이 된다. 심지어 특별한 도움 없이도 되살아날 (혹은 거의 되살아날) 능력을 갖춘 세포는 수리가 거의 필요 없을 것이다.

하지만 인체 냉동 보존술을 연구하는 학자 공동체가 조직 기능 보존의 중요성을 조심스럽게 강조하는 보수적 태도를 보인 탓에 대중은 혼란에 빠졌다. 실험가들은 다 자란 포유동물의 몸 전체를 냉동시켰고 세포 수복 기계의 도움을 기다리지 않고 해동시켰다. 그 결과는 외관상 맥 빠지는 것이었다. 해당 동물들은 살아나지 못했다.[14] 이 탓에 세포 수리의 전망에 대해 아무것도 모르는 대중과 의사 사회는 냉동을 통한 생명 활동 정지를 무의미한 것으로 여기게 되었다.

그리고 에틴거의 제안 이후 소수의 저온생물학자들이 의료 기술의 미래에 대해 선언했지만 지지받지 못했다. 로버트 프리호다 Robert Prehoda는 1967년 출간한 책에서 이렇게 썼다.[15] "현재의 동결 기술이 유발하는 세포 손상은 결코 되돌릴 수 없다는 것이 오늘날 거의 모든 대사 저하 전문가들의 믿음이다." 물론, 이것은 질문 자체를 엉뚱한 분야의 전문가에게 한 것이다. 이 질문은 분자 기술과 세포 수복 기계 전문가에게 했어야 했다. 저온생물학자들은 그저 동결 피해를 바로잡으려면 아무래도 분자 수준의 수리가 필요하리라는 얘기만 했어야 했다. 개인적으로 그 문제를 연구한 적이 없다는 얘기와 함께 말이다. 하지만 그들은 그렇게 하는 대신 결정적으로 중요한 의학적 사안에 대해 무심결에 대중을 호도하고 말았다. 이들의 발언 탓에 작동 가능한 생명 활동 정지 기술의 이용은 위축되고 말았다.[16]

세포의 대부분은 물이다. 충분히 낮은 온도에서 물 분자는 서로 가교 결합을 하여 약하지만 견고한 뼈대를 만들고 이것은 신경의 구조물들, 따라서 마음의 패턴을 보존한다.[17] 보아하니 로버트 에틴거는 이를 기반으로 생명 활동 정지에 이르는 작동 가능한 접근법을 파악한 듯하다. 분자 기술이 발전하고 사람들이 그 성과에 익숙해짐에 따라 생명 활동 정지(그 기반이 동결이든, 고정과 유리화든, 혹은 다른 방법이든)의 가역성은 차차 더 많은 사람에게 점점 더 뚜렷하게 인식될 것이다.

생명 활동 정지를 되돌리다

심장 마비로 사망한 환자가 한 명 있다고 생각해보자. 의사들은 소생술을 시도했지만 실패하고 생명 기능의 재생을 포기한다. 하지만 이 시점에 환자의 신체와 뇌는 기능이 거의 정지된 상태가 아니다. 사실 대부분의 세포와 조직은 여전히 살아서 신진대사를 하고 있다. 사전에 충분히 준비가 된 상황에서 환자는 곧 생명 활동 정지에 빠져들어 되돌릴 수 없는 죽음을 피하고 더 나은 날을 기다리게 된다.

그리고 몇 년, 몇십 년이 흐른다. 환자는 약간 달라지지만 기술은 크게 발전한다. 생화학자들은 단백질 설계법을 배운다. 엔지니어들은 단백질 기계를 이용해 분자 조립 기계를 만들고 그다음엔 분자 조립 기계를 이용해 광범위한 기반을 갖춘 나노기술을 개발한다. 새로운 도구가 생기자 생물학적 지식은 폭발적으로 늘어난다. 생체 의학 엔지니어들은 새로운 기술, 자동화 엔지니어링, 분자 조립 기계를 이용해 세포 수복 기계를 만들고 이 기계는 점점 더 정교해진다. 이들은 노화를 중단시키고 되돌리는 법을 배운다. 의사들은 세포 수리 기술을 이용해 생명 활동 정지 상태의 환자들을 소생시킨다. 소생 순서는 가장 진보된 기술을 이용해 생명 활동 정지에 들어간 사람이 먼저이고 그다음이 이보다 이른 시기의 미숙한 기술이 이용된 사람들이다. 마침내, 1980년대의 옛 기술로 생명 활동 정지 상태에 빠진 동물들을 성공적으로 소생시킨 다음, 의사들은 앞서 얘기했던 우리의 심장 마비 환자에게 관심을 돌린다.

준비의 첫 단계에서 환자는 장치들로 둘러싸인 액체 질소 탱크 속에 누워 있다. 유리 같은 동결 방지제가 아직도 각 세포의 분자 기계를 단단하게 붙들고 있다. 이 방지제는 제거되어야 하지만 단순히 온도만 높일 경우 일부 세포 구조물이 예정보다 이르게 이리저리 움직일 염려가 있다.

저온 사용에 알맞게 설계된 외과 수술 도구들이 액체 질소 속으로 들어가 환자의 가슴에 닿는다. 여기서 이 도구들은 단단한 조직을 제거하고 주요 동맥과 정맥에 이르는 길을 뚫는다. 동결방지제를 제거할 준비가 되어 있는 나노기계 한 무리가 이 구멍들을 통과해 속으로 들어가 주요 혈관에서 모세혈관 순서로 청소한다.[18] 이러면 정상적인 활동성을 갖춘 환자의 몸 전체[19]로 가는 통로가 열린다. 그러면 이보다 덩치가 큰 수술 기계들이 환자의 가슴에 튜브를 부착하고 펌프로 순환계에 액체를 밀어 넣는다. 이 액체는 처음의 동결 방지제 제거 기계들을 씻어낸다(나중에 이 액체는 수복 기계를 위한 자재를 제공하고 폐열을 제거한다).

이제 이 기계들은 뿌연 액체를 밀어 넣는데 그 속에는 세포 안으로 들어가 유리 같은 동결 방지제를 분자 하나하나까지 제거할[20] 수조 개의 장치가 들어 있다. 이 장치들은 방지제를 일시적인 분자 비계飛階[21]로 대체하는데, 이것은 수복 기계가 작업할 공간을 충분히 남겨준다. 방지제 제거 기계들은 세포의 구조적·기계적 구성 요소를 포함해 생체 분자들을 노출시키면서 해당 분자들을 일시적인 가교 결합으로 비계에 묶는다(만일 그 환자가 가교 결합 고정제를 쓰는 처치도 함께 받았다면 이제 가교 결합은 제거되고 일시적인 결합으로 대체될 것이다). 분자들을 옆으로 이동시킬 필요가 있으면 이 기계들은 해당 분자들이 적절하게 제자리에 다시 놓일 수 있도록 꼬리표를 붙인다.[22] 진보된 다른 세포 수복 기계처럼 이 장치는 현장에 있는 나노컴퓨터의 지시에 따라 작업한다.

이들이 일을 끝내면 저온용 기계들은 철수한다. 물을 기반으로 한 용액이 기존의 저온 용액을 대체하고 환자의 체온을 동결 온도 이상으로 올리는 작업은 점진적으로 이루어진다. 세포 수복 기계들이 혈관으로 주입된 뒤 세포 속으로 들어가고 수리가 시작된다.

작은 장치들이 분자들을 검사하고 그 구조와 위치를 세포 내에 있는 좀 더 큰 컴퓨터에 보고한다.[23] 컴퓨터는 이 분자들을 식별해 필요한 분자적 수리를 지시하고 분자의 패턴으로부터 세포의 구조를 파악한다.[24] 세포 내 구조물이 손상을 입어 없어진 경우 이 컴퓨터는 분자들이 적절한 배열을 이루도록 복원하라는 지시를 수리 장치들에게 내린다. 필요하면 임시로 가교 결합을 이용할 수 있다. 그동안 환자의 동맥과 오래전 손상을 입은 심장 근육이 수리된다.

마침내 세포 내 분자 기계들이 정상 작동 상태로 회복되고 이보다 거친 수리 작업을 통해 손상된 세포의 패턴이 바로 잡히면 조직과 장기가 건강한 상태로 바뀐다. 그다음에 세포에서 비계가 제거된다. 임시 가교 결합의 대부분과 많은 수복 기계도 함께 제거된다. 하지만 각 세포의 활동성 분자들은 아직 묶여 있다. 너무 일찍 불안정한 활동을 하지 못하도록 막기 위해서다. 신체 밖에서는 수리 시스템이 환자 자신의 세포로부터 신선한 혈액을 배양해놓았다. 시스템은 이 혈액을 주입해 환자의 순환계를 다시 채우고 임시 인공 심장 역할을 한다. 각 세포 내에 남아 있는 장치들은 이제 염鹽, 당, ATP 등의 농도를 조절한다. 이 작업은 주로 세포 자체의 나노기계를 차단 상태로부터 선별적으로 풀어줌으로써 이루어진다. 풀어주는 과정이 더욱 진행하면 신진대사가 한 단계씩 재개된다. 심장 근육은 수축 직전의 상태로 풀어준다. 심장 박동이 재개되고 환자는 마취 상태로 이행한다. 담당 의사들이 모든 과정이 잘 진행되고 있는지 점검하는 동안 수리 시스템은 가슴에 낸 구멍을 닫고 조직과 조직을 실이나 흉터 하나 남지 않게 다시 결합한다. 세포 내에 남아 있는 장치들은 서로를 해체해 무해한 폐기물이나 영양소 분자가 된다. 오래전에 세웠던 계획대로 환자가 정상 수면 단계로 이행하면 방문객들이 방으로 들어온다.

마침내 환자는 원기를 회복한 상태로 새로운 날의 빛을 받아 깨어나고 오랜 친구들을 다시 보게 된다.

마음, 신체, 그리고 영혼

하지만 소생을 검토하기 전에, 의문을 제기하는 사람이 있을 수 있다. 생명 활동 정지 상태인 환자의 영혼은 어찌 되느냐고 말이다. 이에 대해 일부 사람들은 이렇게 답할 것이다. 영혼과 마음은 동일한 실체—뇌를 구성하는 물질들에 구현된 패턴—가 나타내는 양상이라고. 살아 있을 때는 활동하고, 생명 활동 정지 기간에는 정지하는 것이라고. 그러나 사망 시에 마음의 패턴, 기억, 개성이 뭔가 포착하기 어려운 실체에 실려 신체를 떠난다고 가정해보자. 그러면 전망은 매우 분명해 보인다. 이 경우 죽음은 되돌릴 수 없는 뇌 손상 대신 되돌릴 수 없는 영혼의 떠남을 의미하게 될 것이다. 그렇게 된다면 생명 활동 정지 시술은 무의미하지만 해롭지 않은 행위가 될 것이다. 어쨌든 종교 지도자들은 단지 시체를 보존하는 행위에 대해 그 속에 어찌해서든 영혼이 속박된다는 우려를 표명한 일이 없다. 이런 견해에 따르면 소생술이 성공하려면 아마도 영혼의 협력이 필요할 것이다. 환자를 생명 활동 정지 상태에 들어가게 하는 행위는 실제로 가톨릭과 유대교의 의식과 함께 이루어져왔다.

생명 활동 정지가 있으나 없으나 세포 수리가 불멸을 가져오지는 못한다. 하지만 육체의 죽음은 아무리 오래 연기될지라도 필연적일 것이다. 자연의 속성에 근거를 둔 이유들 때문에 그렇다. 따라서 세포 수리가 뒤따르는 생명 활동 정지는 신학적으로 근본적인 화제를 제기하지는 않는 듯하다. 이는 깊이 마취한 다음에 생명을 살리는 수술을 하는 것과 비슷하다. 두 절차 모두 생명을 연장하기 위해 의식의 각성 상태를 차단한다. 오직 장수만을 전망할 수 있는 시점에 '불멸'을 운운한다면 이는 사실을 무시하는 것이거나 단어를 오용하는 것이다.

반발과 논쟁

생명 활동 정지의 성공 가능성은 미래에 충격을 유발하기에 안성맞춤인 듯싶다. 대부분의 사람들은 오늘날의 점점 가속화되는 변화만 해도 너무나 충격적이라고 생각한다. 한 번에 하나씩 변화하는데도 그렇다. 그러나 생명 활동 정지라는 옵션은 미래에 일어날 모든 혁신적 발전이 오늘날에 가져다주는 결과물이다. 이런 전망은 노쇠에 심리적으로 적응하는 쉽지 않은 문제에 혼란을 가져오기 마련이다.

여태까지 내가 구축해온 세포 수리와 생명 활동 정지의 옹호론은 생물학과 화학의 평범한 지식을 기반으로 하고 있다. 하지만 전문적인 생물학자들은 근본 쟁점에 대해 어떻게 생각할까? 구체적으로 말해 그들은 다음의 것들을 믿을까?

(1) 고정이 유발하는 가교 결합으로 인한 손상들을 세포 수복 기계가 바로잡을 수 있을 것이다.

(2) 기억은 정말로 보존 가능한 형태로 뇌에 담겨 있다.

나는 MIT 생화학 교수이자 생물학과 과장인 진 브라운_{Gene Brown} 박사와 분자 기계와 그들이 할 수 있는 일들에 대해 토의한 적이 있다. 당시 의학적 함의는 논의하지 않았다. 토의 후에 그는 나에게 다음의 말을 인용할 수 있도록 허락했다. "만일 인공적인 분자 기계의 개발과 세포 내 분자생물학에 대한 상세한 연구에 충분한 시간과 노력이 투입된다면 매우 광범위한 능력이 등장할 것이다. 여기에는 가교 결합된 구조물에서 단백질(혹은 여타의 생체 분자)들을 분리할 능력, 그리고 이들을 식별하고 수리하고 교체하는 능력이 포함될 수도 있다." 이 진술은 세포 수리 문제의 중요한 부분을 다루고 있다. 이와 유사한 토의를 했던 MIT와 하버드 대학교의 일부 생화학자와 분자생물학자들도 이를 일관성 있게 지지해주었다.

기억의 물리적 속성과 뇌에 대해 나와 토의했던(여기서도 의학적 시사점은 건드리지 않았었다) MIT 신경해부학과의 범汎대학 교수 Istitute Professor(대학 내의 어떤 학과에서도 강의할 수 있는 교수.-옮긴이)인 왈리 노터Walle Nauta 박사는 다음과 같이 자신의 말을 인용하도록 허락해주었다. "뉴런(신경 세포)에 대한 현재의 분자생물학적 지식에 비추어봤을 때, 장기 기억의 강화 과정에서 일어나는 변화는 뇌의 뉴런 내에 있는 각기 다른 단백질 분자의 숫자와 분포에서 일어나는 변화에 반영된다는 데 대부분이 동의하리라고 생각한다." 브라운 박사의 진술과 마찬가지로 이 발언은 생명 활동 정지의 가능성과 관련한 하나의 핵심 요소를 다루고 있다.

다른 전문가들도 일관성 있게 이런 견해를 지지했다. 다만 그들은 이 진술에서 의학적 함의를 제외했을 경우에 한정된다. 게다가 이런 논점들은 그들의 전문 분야에 직접 연관되기 때문에 브라운 박사와 노터 박사는 물어볼 만한 전문가로서 적격이다.

만일 생명 활동 정지를 실행할 수 있다고 판단한다면 수백만 명의 사람이 (최후 수단으로서) 이를 이용하려들 것으로 짐작된다. 인간은 살고 싶어 하니 말이다. 분자 기술의 진보와 함께 세포 수리와 관련된 지식이 대중문화 속으로 퍼져나갈 것이다. 전문가의 여론도 점점 더 이 개념을 지지할 것이다. 생명 활동 정지는 점점 보편화되고 그 비용은 낮아질 것이다. 결국 수많은 사람이 이를 표준으로 생각하여 사망한 사람의 생명을 보존하는 전형적인 조치로 여길 것이라는 뜻이다.

하지만 세포 수복 기계가 시연을 보일 때까지는 대중이 생명 활동 정지를 받아들이는 속도는 더딜 것이다. 인간은 자신이 직접 보지 못한 것은 무시하는 경향이 있기 때문이다. 논거가 빈약한 관습과 전통 때문에 분명히 되돌릴 수 없는 죽음을 택하는 사람도 수백만 명이 될 것이다. 생명 연장에 대한 논의를 마치고 다른 주제로 들어가기 전 이에 대해 제기될 수 있는 반론을 검토할 필요가 있다. 이 사안을 분명하게 통찰하는 것이 중요한 문제이기 때문이다. 그러면, 생명 활동 정지가 자연스럽고 명백한 발상이 아니라고 여길 근거에는 무엇이 있을까?

세포 수복 기계는 아직 존재하지 않는다.

세포 수리 기술은 아직 존재하지도 않는데 이를 이용해 건강을 회복할 수도 있다는 기대로, 망자가 흙으로 돌아가지 않도록 보존해둔다는 것은 이상하게 느낄 수 있다. 하지만 이것이 어린이가 대학을 마칠 수 있도록 벌써부터 저축하는 것보다 그렇게 많이 이상한 행동일까? 어쨌든 그 대학생 역시 지금 존재하지 않는 것이 아닌가. 어린이는 앞으로 성숙할 것이기에 저축은 이치에 맞는 행동이다. 분자 기술은 앞으로 성숙할 것이기에 사람을 보존해두는 것은 이치에 맞는 행동이다.

한 어린이가 성장하리라 예상하는 것은 많은 어린이가 성장하는 것을 이미 보았기 때문이다. 이 기술이 성숙하리라 예상하는 것은 많은 기술이 성숙하는 것을 이미 보았기 때문이다. 물론, 일부 어린이가 선천적 결함 때문에 고통 받는 것은 사실이다. 일부 기술도 그러하다. 하지만 전문가들은 흔히 아이나 기술이 아직 성숙하기 전의 상태일 때 그 잠재력을 추정한다.

마이크로전자공학 기술은 실리콘 칩 위의 납땜 자국 몇 개와 배선으로 시작했지만 칩을 기반으로 한 컴퓨터로 성장했다. 리처드 파인만 같은 물리학자들은 그것이 어디까지 이어질지 부분적으로 예측했다.[25]

핵 기술은 실험실에서 중성자 폭격을 받은 극소수 원자의 분열에서 시작되었지만 수십 억 와트 출력의 원자로와 핵무기로 성장했다. 레오 실라르드Leo Szilard는 그것이 어디까지 이어질지 부분적으로 알아보았다.

액체 연료 로켓 기술은 매사추세츠 주의 한 운동장에서 발사된 조악한 로켓에서 시작되었지만 달에 가는 우주선과 우주 왕복선으로 성장했다. 로버트 고더드는 그것이 어디까지 이어질지 부분적으로 알아보았다.

분자공학은 보통의 화학과, 세포에서 빌려온 분자 기계에서 시작되었지만 앞으로 성장해 엄청난 힘을 갖게 될 것이다. 그 귀결 역시 식별할 수 있다.

미세 기계에는 극적인 요소가 없다.

우리는 극적인 요인에서만 극적인 결과를 기대한다. 하지만 세상은 흔히 이런 기대에 협력해주지 않는다. 자연은 승리와 재앙의 양자 모두를 평범한 갈색 포장지에 싸서 배달한다.

- **평범한 사실**: 어떤 전기 스위치들은 서로를 켜고 끌 수 있다. 이런 스위치들은 전기를 절약하는 아주 작은 크기로 만들 수 있다.
- **극적인 결과**: 이들 스위치는 적절히 연결할 경우 컴퓨터, 즉 정보 혁명의 엔진이 된다.

- **평범한 사실**: 에테르는 독성이 강하지 않으면서도 뇌의 활동을 일시적으로 정지시킨다.
- **극적인 결과**: 의식이 있는 환자가 외과 수술을 받을 때의 고통을 종식해 의학의 새로운 시대를 열었다.

- **평범한 사실**: 곰팡이와 박테리아는 먹이 경쟁을 벌인다. 그래서 일부 곰팡이는 박테리아를 죽이는 독을 분비하는 방향으로 진화했다.
- **극적인 결과**: 페니실린. 수많은 세균성 질병을 정복하고 수백만 명의 생명을 구했다.

- **평범한 사실**: 분자 기계는 분자를 다루는 데, 그리고 분자 크기의 기계식 스위치를 만드는 데 이용될 수 있다.
- **극적인 결과**: 컴퓨터의 지휘를 받는 세포 수복 기계. 사실상 모든 질병에 대한 치료법이 등장했다.

- **평범한 사실**：기억과 개성은 보존 가능한 뇌의 구조에 구현되어 있다.
- **극적인 결과**：현재의 기술로 완전한 죽음을 방지할 수 있다. 이는 지금 세대가 미래의 세포 수복 기계를 이용할 수 있게 해준다.

사실, 분자 기계는 심지어 그렇게 따분하지도 않다. 조직은 원자로 이루어져 있으므로 원자를 다루고 재배열할 수 있는 기술이 극적인 의학 성과를 낳으리라는 것은 마땅히 예상할 만한 일이다.

너무나 믿기 어려운 이야기다.

우리는 믿기 어려운 시대에 살고 있다.

항공우주공학자 로버트 존스Robert T. Jones는 미국 항공우주학회지에 게재한 〈진보의 개념The Idea of Progress〉이라는 논문에서 이렇게 썼다[26]. "내가 태어난 해인 1910년 아버지는 지방 검사였다. 그분은 말 한 마리가 끄는 1인승 마차를 타고 메이컨 카운티의 그 모든 흙길 위를 다니셨다. 지난해 나는 런던에서 샌프란시스코까지 북극 항로를 이용해 무착륙으로 항공 여행을 했다. 공기 속에서 나를 끌고 간 것은 5만 마력의 엔진이었다." 그의 아버지가 살던 시절 그런 비행기는 공상 과학 소설에나 등장하는 것이었다. 고려해볼 여지 없이 너무나 믿기 어려운 이야기였다는 말이다.

루이스 토머스Lewis Thomas 박사는 MIT의 《테크놀로지 리뷰Technology Review》에 기고한 〈기초 의학 연구：장기 투자Basic Medical Research: A Long-Term Investment〉라는 제목의 논문에서 다음과 같이 서

술했다.[27] "의술이 예술에서 과학과 기술로 탈바꿈하기 직전인 40년 전에는 당시 우리가 배우는 의술이 앞으로 우리 생애 대부분을 함께할 의술이라는 것이 당연시되었다. 당시 누군가 우리에게 다음과 같은 이야기를 하려고 들었다면 우리는 완전히 불신했을 것이다. '우리는 박테리아 감염을 통제할 힘을 곧 가지게 될 것이다, 몇십 년 내로 심장 절개 수술이나 신장 이식이 가능해질 것이다, 일부 암은 화학 요법으로 치유할 수 있다, 머지않아 우리는 유전과 유전병을 생화학으로 포괄하여 설명하는 데 근접할 것이다'."

당시에는 의술이 변화하리라고 믿을 아무 이유가 없었다. 이런 회고가 말해주는 바는 미래에 우리는 마음을 활짝 열어놓고 있어야 한다는 점이다.

너무 이상적이어서 믿기지 않는다.

대부분의 치명적 질병이 가져오는 죽음을 피할 수 있다는 뉴스는 정말 너무 이상적이어서 믿기지 않을 수 있다. 그래야 마땅하다. 왜냐하면 이것은 좀 더 균형 잡힌 이야기의 아주 작은 부분에 지나지 않기 때문이다. 사실 분자 기술의 위험성은 대충 보아서 그 장래성과 상쇄된다. 나는 나노기술이 핵무기보다 위험하다고 보는데 그 이유는 3부에서 개관할 것이다.

하지만 본질적으로 볼 때 자연은 우리의 선악 개념이나 균형 감각에 아무 관심이 없다. 특히 자연은 나쁜 방향으로 속임수를 쓸 정도로 인류를 미워하지 않는다. 고대의 공포는 예전에 사라졌다.

수십 년 전의 외과 의사들은 다리를 **빠른** 속도로 절단하기 위해 분투했다. 스코틀랜드 에든버러의 의사 로버트 리스턴Robert Liston은 환자의 다리를 33초 만에 톱으로 썰어 절단하는 기록을 세웠다. 그 와중에 조수의 손가락 세 개도 절단해버렸지만 말이다. 의사들이 속도를 중시한 이유는 환자들이 고통 받는 시간을 줄여주기 위해서였다. 당시에는 수술을 하는 동안 환자들이 깨어 있었다.

생명 활동 정지술이 없는 불치병이 오늘날의 악몽이라면 우리 조상의 시대에 마취 없는 외과 수술이 어땠을지 생각해보라. 칼이 살을 베고 들어가고, 피가 흐르고, 톱이 서걱거리며 뼈를 잘라내는데 환자는 의식이 깨어 있다. 그러나 1846년 10월 모턴W. T. G. Morton과 워런J. C. Warren은 에테르로 마취한 환자에게서 종양을 떼어냈다. 아서 슬레이터Arthur Slater는 그들의 성공이 "시대의 위대한 발견이라는 환호를 받았으며 이는 타당한 평가였다"라고 서술한다. 이미 알려져 있는 화학 물질을 이용한 단순한 기술 덕분에 칼과 톱이 가져다주는 악몽이 마침내 종식되었다.

환자의 고통이 종식되자 외과 수술이 증가했다. 이와 함께 수술 감염증도 늘어나 살이 썩어서 죽는 일이 일상화되었다. 하지만 1867년 조지프 리스터Joseph Lister가 석탄산으로 실험한 결과를 출간해[28] 소독 수술의 원칙을 수립했다. 알려진 화학 물질을 이용한 단순한 기법 덕분에 살아 있는 채로 살이 썩어들어 가는 악몽이 극적으로 줄었다.

그다음엔 설파제와 페니실린이 등장해 수많은 치명적 질병을 한 번에 종식시켰다. 이 같은 예는 수없이 많다.

의학의 극적인 혁신은 예전에도 있었다. 마취나 소독 수술처럼 이미 알려진 화학 물질을 새롭게 이용하는 것도 그런 예의 일부다. 이런 진보는 너무 좋게 들려서 믿기지 않았을지 몰라도, 그럼에도 사실이었다. 마찬가지로, 이미 알려진 화학 물질과 처치를 이용해 생명 활동을 정지시켜 생명을 구하는 것도 사실일 수 있다.

오늘날 의사들이 생명 활동 정지를 이용하지 않는다.

로버트 에틴거는 1962년 생명 활동 정지 기술을 소개했다. 그는 장 로스탕Jean Rostand 교수가 이와 똑같은 접근법을 여러 해 전에 제시하고 종국에는 이것이 의료에서 이용되리라 예측했다고 기술한다. 동결을 통한 생명 활동 정지가 보편화되지 못한 이유가 무엇일까? 초기 비용이 많이 든다는 이유도 있고, 인간의 타성 때문이기도 하고, 세포를 수리할 수단이 불분명했기 때문이기도 하다. 하지만 의학이라는 전문 분야에 깊이 스며들어 있는 보수주의 역시 한몫했다. 마취의 역사를 다시 고찰해보자.

1846년 모턴과 워런은 '시대의 발견', 즉 에테르 마취로 세상을 놀라게 했다. 하지만 그 2년 전에 호러스 웰스Horace Wells는 아산화질소 마취제를 썼다. 그리고 그보다 2년 전에 크로포드 롱Crawford W. Long은 에테르를 이용해 수술했다. 1824년 헨리 힉먼Henry Hickman은 보통의 이산화탄소로 동물들을 성공적으로 마취한 바 있다. 나중에 그는 영국과 프랑스의 외과 의사들에게 아산화질소를 마취제로 쓰라고 촉구하느라 여러 해 동안 애썼다. 그리고 '위대한 발견'이 있기 꼭 47년 전이자 리스턴의 조수가 손가락을 잃기 몇 해 전인 1799년 험프리 데이비Humphry Davy 경은 다음과 같이 썼다.[29] "긴 시간 동안 효과를 발휘하는 아산화질소는 육체적 고통을 없애주는 능력이 있는 것으로 보인다. 따라서 이것은 외과 수술에 이용될 수 있을지 모른다."

하지만 1839년까지도 많은 외과 의사들에게 고통의 정복이란 여전히 불가능한 꿈으로 비쳐졌다. 의사 알프레드 벨포Alfred Velpeau는 이렇게 서술했다. "수술에서 고통을 제거한다는 것은 실현될 것 같지 않은 환상chimera이다. 오늘날 이를 계속 추구한다는 것은 어리석은 짓이다. 외과 수술에서 '칼'과 '고통'은 환자의 의식 속에서 영원토록 연상되어야 할 두 단어다. 우리는 이런 필수적인 조합에 순응해야 할 것이다."

많은 사람이 수술의 고통을 죽음 그 자체보다 더욱 두려워했다. 이제 의학의 마지막 악몽에서 깨어날 시간이 아마도 도래한 것 같다.

그것이 작동한다는 것이 증명되지 않았다.

오늘날 그 어떤 실험으로도 생명 활동 정지 상태에 있는 환자를 소생시키는 것을 실연할 수 없다. 만일 누군가 그런 실연을 요구한다면 그 속에는 이런 전제가 숨어 있을 터다. 즉 현대 의학은 가능성의 극한에 가까이 갔으며 앞으로 미래에 어떤 성과가 나오더라도 그 탓에 초라해질 리가 없다는 전제가 그것이다. 그런 요구는 일견 신중하고 합리적이어 보일 수도 있지만 실상은 과도한 교만의 기미를 보이는 셈이다.

불행히도 의사들이 받은 훈련은 바로 그 실연을 요구하라는 것이고, 거기에는 타당한 이유가 있다. 의사들은 해를 끼칠지 모를 무용한 처치법을 피하고 싶어 한다. 이에 대해서는 생명 활동 정지를 무시하면 명백하고도 돌이킬 수 없는 해를 끼치게 된다는 점을 지적하는 것으로 족하다.

시간, 비용, 그리고 인간의 행동

사람들이 생명 활동 정지를 이용하기로 선택할지의 여부는 그런 도박을 할 만한 가치가 있다고 보느냐의 여부에 달려 있다. 이 도박에는 다음과 같은 요소가 들어 있다. 생명의 가치(이는 개인적 문제다), 생명 활동 정지 비용(이는 현대 의료의 표준에 비춰봤을 때 온당한 수준이다), 해당 기술이 작동할 가능성(아주 높은 듯하다), 그리고 인류가 살아남아 이 기술을 개발하고 그런 사람들을 되살릴 가능성이 그것이다. 이 마지막 요소는 전체적인 불확실성의 대부분을 차지한다.

인류와 자유 사회가 정말로 살아남는다고 가정하자(이런 확률을 계산할 수 있는 사람은 아무도 없다. 하지만 실패를 가정하는 것은 성공을 위한 노력 그 자체를 단념하게 만들 것이다). 만일 그렇다면 기술 발전은 앞으로도 계속될 것이다. 분자 조립 기계를 개발하는 데는 몇십 년이 걸릴 것이다. 세포를 연구하고 생명 활동 정지 상태에 있는 환자의 조직을 수리하는 방법을 배우는 데는 이보다 더욱 오랜 세월이 걸릴 것이다. 추측해보자면, 수리 시스템을 개발하고 이를 소생술에 적합하도록 수정하는 데는 30년에서 100년이 걸릴 것이다. 자동화 엔지니어링의 진보가 이 과정을 가속화할 수는 있겠지만 말이다.

하지만 발전에 소요되는 시간은 중요하지 않다. 되살아난 환자

대부분은 달력 상의 날짜보다는 삶의 조건—친구와 가족이 아직 살아 있는지 여부를 포함하여—에 더욱 큰 관심을 기울일 것이다. 자원은 풍부할 테니까 물질적인 삶의 조건은 더할 나위 없이 좋을 수 있다. 함께하던 사람들이 아직도 살아 있는지는 또 다른 문제다.

최근 출간된 설문 조사 결과에 따르면 응답자의 반수 이상이 만일 마음대로 수명을 선택할 수 있다면 최소한 500년은 살고 싶다고 말했다. 비공식적인 여러 조사 결과에 따르면 대부분의 사람은 만일 건강을 회복하고 오랜 반려자나 친구들과 새로운 미래를 개척할 수 있다면 죽음보다는 생명 활동 정지를 선호한다. 드물게 "그래야 할 때가 되면 가고 싶다"라고 말하는 사람도 소수 있다. 하지만 이들도 더 오랜 삶을 선택할 수 있는 한 자신들이 가야 할 때는 아직 오지 않으리라는 데 일반적으로 동의한다. 오늘날 많은 사람이 벤저민 프랭클린의 욕구를 공유하고 있는 것 같다. 다만 이들은 한 세기 이내에 깨어날 수 있기를 바란다. 만일 생명 활동 정지가 충분히 빠르게 인기를 얻는다면 (혹은 여타의 생명 연장 기술이 충분히 빠르게 발전한다면) 소생한 환자들은 낯선 사람으로 가득 찬 세계가 아니라 친숙한 사람들의 미소를 보며 깨어날 것이다.

하지만 생명 활동 정지에 들어간 사람들은 소생할 수 있을까? 환자들을 생명 활동 정지에 들어가게 하는 기술은 이미 알려졌고 그 비용도 낮아질 수 있다. 적어도 큰 수술이나 오랜 입원의 비용과 비교했을 때는 말이다. 하지만 소생 기술의 개발은 복잡하고 비용이 많이 드는 일일 것이다. 미래의 사람들이 그런 수고를 할까?

그럴 가능성이 높은 듯하다. 그들은 의료 활동에 사용될 것을 염두에 두고 나노기술을 개발하지는 않을지 모른다. 하지만 그렇다 해도 더 나은 컴퓨터를 만들기 위해 분명히 나노기술을 개발할 것이다. 그들은 소생을 염두에 두고 세포 수복 기계를 개발하지는 않을 수 있다. 하지만 자신들을 치료하기 위해서는 개발할 것이 분명하다. 그들은 일반적인 자선을 행한다는 의미의 소생을 위해 수복 기계를 프로그램하지는 않을지 모른다. 하지만 그들은 시간·부·자동화 엔지니어링 시스템을 보유하고 있으며, 그들 중 일부에게는 생명 활동 정지 상태에서 기다리고 있는, 사랑하는 사람들이 있을 것이다. 소생 기술은 틀림없이 개발될 것으로 보인다.

복제자들과 우주 자원 덕분에 사람들이 오늘날에 비해 수천 배 큰 부와 생활 공간을 지니게 되는 시기가 올 것이다. 소생술 자체는 심지어 오늘날의 기준으로 봐도 자원과 에너지를 거의 소모하지 않는다. 그러므로 소생술을 검토하는 사람들은 자신들의 개인적 이익과 인도주의적 고려 사이의 충돌을 거의 겪지 않을 것이다. 미래의 기민한 사람들이 생명 활동 정지 환자들을 소생시킨다는 것은 흔히 있는 인간적 동기만으로도 충분히 보장될 수 있는 일인 듯하다.

생명 활동 정지에 의존하도록 내몰리지 않고도 젊음을 되찾을 첫 세대가 오늘날 우리 중에 있다고 해도 무리가 아니다. 생명 활동 정지라는 전망은 그저 더 많은 사람에게 장수를 예상할 이유를 더 많이 제공하는 요소일 뿐이다. 노인에게는 기회를, 젊은이에게는 일종의 보험을 제공한다. 바이오 기술이 단백질 설계, 분자 조립 기계, 세포 수리 쪽으로 진보해가고 그 함의가 충분히 알려지면 장수에 대한 기대가 널리 퍼질 것이다. 장수에 이르는 길을 넓혀주는 생

명 활동 정지라는 옵션은 미래에 더 많은 사람의 더욱더 적극적인
관심을 끌 것이다. 그리고 이는 우리 앞에 놓인 위험에 대처하기 위
한 노력에 박차를 가하게 만들 것이다.

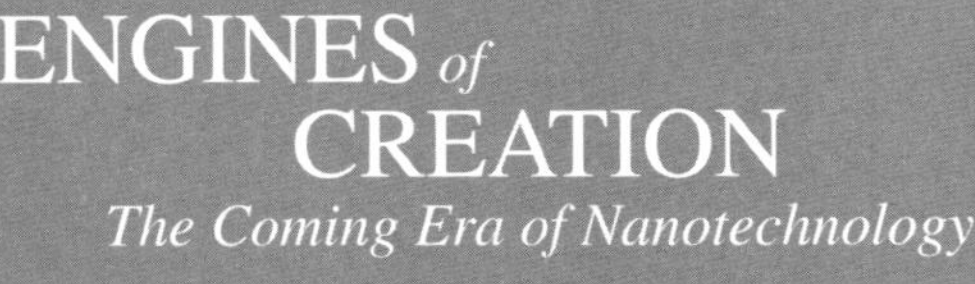

ENGINES *of*
CREATION
The Coming Era of Nanotechnology

10

성장의
한계

세계는 체스 판이고 판의 말들은 우주에서 일어나는 현상들이다. 게임의 규칙은 우리가 자연의 법칙이라 부르는 것이다.

—토머스 H. 헉슬리

20세기에 우리는 비행기, 우주선, 핵무기, 컴퓨터를 만들었다. 21세기에 우리는 분자 조립 기계, 복제자, 자동화 엔지니어링, 값싼 우주여행, 세포 수복 기계, 그리고 이보다 훨씬 더 많은 것을 만들어 낼 것이다. 이런 일련의 혁신적 발전은 기술의 진보가 무한히 지속되리란 점을 시사하는지도 모른다. 이런 견해에 따르면 우리는 상상할 수 있는 모든 장애를 극복해서 급속하게 무한한 미지의 세계로 들어갈 것이다. 하지만 이런 견해는 틀린 듯하다.

자연의 법칙과 세계의 조건이 우리가 하는 일에 한계가 될 것이다. 만일 한계가 없다면 미래는 완전히 미지의 것, 생각하고 계획을 세우는 우리의 수고를 조롱거리로 만드는 무형의 무엇일 터다. 한계가 있어도 미래는 여전히 요동하는 불확실한 것이지만, 그렇더라도 어떤 경계 내에서 진행될 수밖에 없다.

우리는 자연의 한계에서 우리 앞에 놓인 문제와 기회에 대해 무언가를 배운다. 한계는 가능성의 경계를 결정한다. 어떤 자원을 이용할 수 있으며 우리의 우주선이 얼마나 빠르게 비행할 수 있으며, 우리의 나노기계가 할 수 있을 일과 할 수 없을 일이 무엇인지를 우리에게 알려준다.

한계를 논하는 일에는 위험이 따른다. 우리는 무엇이 불가능한가보다 무엇이 가능한가를 더욱 분명하게 알 수 있다. 엔지니어들은 근사치와 특수 사례만으로도 그럭저럭 뭔가를 해낼 수 있다. 그리고 도구와 재료, 시간이 주어진다면 가능성을 직접 시연해 보일 수 있다. 심지어 시험적 설계를 할 때조차 이들은 가능성의 영역 내 깊숙한 곳, 한계로부터 멀리 떨어진 곳에 머물 수 있다. 이와 대조적으로 과학자들은 일반 이론을 증명할 수가 없다. 그리고 불가능성에 대한 모든 일반적 주장은 그 자체가 일반 이론의 일종이다. 어떤 특정한 실험(어느 시점에 어느 장소에서 행해지는)도 무엇이 불가능하다는(어떤 장소에서나 영원히) 것을 증명할 수는 없다. 특정한 실험을 아무리 많이 한다 해도 마찬가지다.

그렇지만 일반적인 과학 법칙은 가능성의 한계를 서술하고 있다. 과학자들은 일반 법칙을 **증명**할 수는 없지만 이들은 우주의 작동 방식에 대해 우리가 할 수 있는 최선의 설명을 해냈다. 그리고 심지어 색다른 실험과 우아한 수학이 물리 법칙에 대한 우리의 개념을 또다시 일변시킨다 해도 공학 기술의 한계는 조금도 달라지지 않을 것이다. 상대성 원리가 자동차 설계에 영향을 미치지 않듯이 말이다.

단지 궁극적인 한계가 존재한다고 해서 이것이 곧 우리의 발목을 잡는다는 의미는 아니다. 하지만 많은 사람이 한계 때문에 성장이 곧 끝나리라는 개념에 매력을 느낀다. 이런 인식은 성장이 가져올 새롭고 이상한 발전을 배제함으로써 미래에 대해 그들이 떠올리는 이미지를 단순화해준다. 또 다른 사람들은 무한한 성장이라는 좀 더 모호한 개념을 선호한다. 이 개념은 미래를 전혀 이해할 수 없다는 의미를 갖기 때문에 그들이 미래에 대해 떠올리는 이미지를 불분명하게 만든다.

과학과 기술을 혼동하는 사람은 한계에 대해서도 혼동하는 경향이 있다. 소프트웨어 엔지니어인 마크 밀러Mark S. Miller가 지적하듯 그들은 새로운 지식이 항상 새로운 노하우를 의미한다고 상상한다. 심지어 **모든 것**을 알게 되면 우리가 **무슨 일**이든 할 수 있게 되리라고 믿는 사람들도 있다. 기술의 진보는 새로운 노하우를 확실히 가져다주며 새로운 가능성을 열어준다. 하지만 기초 과학의 진보는 단지 궁극적인 한계에 대한 우리의 지도를 다시 그려줄 따름이다. 그리고 이것은 흔히 새로운 불가능성을 보여준다. 예컨대, 아인슈타인의 발견은 그 무엇도 빛을 따라잡을 수 없다는 사실을 보여주었다.

진공의 구조

빛의 속도는 정말 한계인가? 사람들은 한때 '음속 장벽sound barrier'을 운운했다. 일부 사람들은 이 장벽이 비행기의 음속 돌파를 막는다고 믿었다. 그런데 1947년 에드워즈 공군기지에서 척 이거Chuck

Yeager가 10월의 하늘을 음속 돌파 폭발음으로 찢었다. 오늘날 일부 사람들은 '광속 장벽'을 이야기하면서 이 또한 무너질지의 여부를 묻는다. 과학 소가들에게는 불운한 일이지만 이 두 사건의 유사성은 피상적인 것이다.

음속이 진정한 물리적 한계였다고 주장할 수 있는 사람은 아무도 없다. 운석과 총탄은 날마다 초음속으로 비행했고 심지어 휙 하고 내리치는 채찍의 끝도 '음속 장벽'을 돌파했다. 하지만 누구도 빛보다 빠른 속도로 움직이는 물체를 보지 못했다. 전파 망원경으로 관측된 먼 곳의 지점들은 실제보다 빨리 움직이는 것처럼 보일 때가 종종 있다. 하지만 어떻게 이것이 가능한지는 단순한 시각적 속임수로 쉽게 설명할 수 있다. '타키온tachyon'이라는 가상의 입자는, 만일 존재한다면 빛보다 빨리 움직이겠지만 전혀 발견된 적이 없고 현재의 이론은 이것의 존재를 예측하지 않는다. 실험실에서 양성자를 광속의 99.9995퍼센트 이상으로 가속한 결과는 아인슈타인의 예측과 완벽하게 일치했다. 이보다 빨리 가속하면 입자의 속도는 조금씩 광속에 가까워지지만 그 에너지(질량)는 무한히 늘어난다.

지구 위에서 인간은 오직 특정한 거리만큼만 걷거나 항해할 수 있지만 신비한 모서리나 장벽 때문에 갑자기 이동이 가로막히는 일은 없다. 지구는 둥글 뿐이다. 지구 위에서 이동거리의 한계가 장벽을 의미하지 않듯, 우주 공간에서 빛의 속도의 한계가 '광속의 장벽'을 의미하지는 않는다. 공간 그 자체—모든 에너지와 물질을 담고 있는 진공—는 고유한 속성을 지니고 있다. 그 속성 중 하나는 시간을 또 하나의 특수한 차원으로 간주하는 기하학이다. 이 기하학에 따르면 가속 중인 우주선 앞에서 광속은 계속 뒤로 물러난다.
이는 바다에서 항해 중인 배 앞에서 수평선이 계속 물러나는 것과
비슷하다. 광속은 수평선과 마찬가지로 어느 방향으로나 똑같이 항
상 먼 곳에 자리 잡고 있다. 하지만 이 비유는 여기까지만 맞는다.
양자의 유사성은 공간의 곡률과 아무런 상관이 없기 때문이다. 우
리는 여기서 속도를 제약하는 것은 '광속 장벽'처럼 투박하거나 돌
파할 수 있는 것이 아니라는 점[1]만 기억해두자. 물체의 속도는 언제
나 더 빨라질 수 있다. 그저 빛보다 빨라질 수 없을 뿐이다.

중력을 제어하는 것은 사람들의 오랜 꿈이다. 아서 클라크는《미
래의 특성 Profiles of the Future》1962년 판에서 "모든 힘 중에서 중력이
가장 신비하고 가장 완강하다 implacable"라고 썼다.[2] 그러고 나서 우
리가 언젠가는 중력을 제어하는 편리한 장치를 개발하리라는 입장
을 표명했다. 하지만 중력이 정말 그토록 신비한 힘일까? 상대성 이
론에서 아인슈타인은 중력을 진공의 시공간 구조 속에서의 곡률로
기술했다. 이를 기술하는 수학은 우아하고 정확하다. 그리고 이 이
론이 내놓은 예측은 지금까지 고안된 모든 실험을 통과했다.

중력은 다른 힘들보다 더 완강하지도 덜 완강하지도 않다. 하나
의 바위가 중력을 잃게 만들 수 있는 사람은 없지만, 전자가 전하를
잃게 만들거나 전류가 자기장을 일으키지 않게 만들 수 있는 사람
도 없기는 마찬가지다. 우리는 전기장과 전자장을 만들어내는 입자
들을 움직임으로써 이 장들을 제어한다. 이와 유사하게 우리는 통
상의 질량을 움직임으로써 중력장을 제어한다. 우리가 중력 제어의
비법을 배울 수 없는 까닭은 이미 그 비법을 가지고 있기 때문으로

보인다.

작은 자석을 가진 어린이는 자석을 이용해 못을 들어 올릴 수 있다. 지구의 중력에 따른 인력을 압도하는 자기장의 힘을 사용한 것이다. 하지만 중력을 이용해 못을 들어 올리려 한다면 엄청난 질량이 필요하다. 금성을 당신의 머리 바로 위에 가져다 놓으면 가능할지도 모른다. 금성이 독자 위로 떨어져 덮칠 때까지만 말이다.

엔지니어들은 안테나 내의 전자들을 앞뒤로 움직여서 전자기파를 유도한다. 누군가가 바위를 공중에서 흔들면 중력파를 유발할 수 있다. 하지만 중력의 효과는 미미하다. 1킬로와트 출력의 무선 기지국은 특이할 것도 없는 존재이지만, 태양계의 모든 질량을 한데 묶어서 흔들고 회전시켜도 중력파 1킬로와트도 방출하지 못한다.

우리는 중력을 충분히 잘 이해하고 있다. 하지만 그런 지식은 달보다 훨씬 더 가벼운 기계를 건조하는 데는 큰 쓸모가 없다. 하지만 커다란 질량을 이용하는 장치는 실제로 작동한다. 수력 발전 댐은 중력 기계의 일부(이 기계의 다른 일부는 지구다)로서 낙하하는 질량에서 에너지를 추출한다. 블랙홀을 이용하는 기계는 낙하하는 질량에서 50퍼센트 이상의 효율로 에너지를 추출할 수 있을 것이다. $E=mc^2$이란 공식에 의거해서 말이다. 물 한 양동이를 블랙홀에 떨어뜨리면 1킬로미터 높이의 댐에 있는 발전기에 양동이 수십조 개의 물을 붓는 것과 동일한 에너지를 낼 것이다. 중력 법칙은 진공이 어떻게 휘는지 기술하기 때문에 과학 소설 형식의 '공간 도약'에도 적용된다. 공간상의 한 지점과 다른 지점을 잇는 도약 터널은 설사 만들어진다 해도 불안정할 듯하다. 이 불안정성 때문에 미래의 우주선은 한 지점에서 다른 지점 사이의 공간에 있는 지름길을 택함으로써 빛보다 빠른 속도로 이동하지는 못하게 된다. 그리고 이런 비행 속도의 한계는 성장의 한계가 된다.

아인슈타인의 법칙은 진공의 기하학 전부를 정확하게 기술하는 것으로 보인다. 만일 그렇다면 이 법칙의 결과로 생기는 한계는 피할 수 없을 듯싶다. 우리는 모든 것을 제거할 수 있지만 진공 자체는 그렇게 할 수 없다.

여타의 법칙과 한계도 이와 유사한 이유로 피할 수 없는 것 같다. 사실 물리학자들은 모든 물리 법칙을 진공의 구조라는 측면에서 바라보기 시작했고 이런 경향은 점점 더 커지고 있다. 중력파는 진공에 생긴 모종의 파문이다. 블랙홀은 모종의 뒤틀림이다. 이와 마찬가지로 전파는 진공에 생긴 또 다른 종류의 파문이고 기본 입자들은 매우 속성이 다른 뒤틀림(일부 이론에서는 작고 진동하는 끈으로 묘사된다)의 일종이다. 이런 견해에 따르면 우주에는 단 하나의 실체, 즉 진공만이 존재한다. 이 실체는 다양한 형태를 띠는데 우리가 '고체'라 부르는 입자들의 패턴도 여기에 포함된다. 이 관점은 자연법칙이 불가피한 속성을 가졌다는 것을 말해준다. 만일 우주가 단 하나의 물체로 가득 차 있다면 그 물체가 우주인 셈이고 그것의 속성은 우리가 할 수 있는 모든 것에 한계를 부여한다.[3]

하지만 현대 물리학의 기묘함은 많은 사람로 하여금 이 학문을 불신하게 만들었다. 양자 역학과 상대성 이론이라는 혁명은 '불확정성 원리', '물질의 파동성', '물질과 에너지의 동등성', '휜 시공간' 등의 화제를 등장시켰다. 역설의 분위기가 이 개념들, 따라서 물리학 그 자체를 둘러싸고 있다. 새로운 기술이 우리에게 기묘하게 받아들여질 수밖에 없다는 것은 이해할 만하다. 하지만 옛날부터 존재한 불변의 자연법칙이 기괴하고 충격적인 내용으로 모습을 드러내야 할 이유가 무엇인가?

우리의 뇌와 언어는 원자보다 엄청나게 크고, 빛보다 매우 느리게 움직이는 물체들을 다루기 위해 진화했으며, 이런 일을 그런대로 하고 있다. 사람들이 떨어지는 돌멩이의 운동을 기술하는 법을 배우기까지는 수십 세기가 걸렸지만 말이다. 그러나 오늘날 우리는 스스로의 지식을 감각이라는 옛 세계를 훨씬 더 넘어선 곳까지 연장시켰다. 우리는 기이해 보이는 것들(물질파, 휜 공간)을 발견했고 그중 일부 내용은 마음속에 형상화하는 것이 불가능하다. 하지만 '기이하다bizarre'는 것이 신비하거나 예측 불가능하다는 의미는 아니다. 수학과 실험은 여전히 작동해서 과학자들이 변이와 선택을 통해 이론을 진화시켜 심지어 실체에도 적용할 수 있도록 해준다. 인간의 마음은 대단히 유연한 것으로 밝혀졌다. 하지만 우리는 눈에 보이지 않는 것을 언제나 마음속에 형상화할 수는 없다. 이를 알게 되는 것은 그리 놀랄 일이 아니다.

물리학이 그렇게 이상해 보이는 부분적 이유는 사람들이 특이한 것을 몹시 좋아하며 사물을 특이한 것으로 서술하는 밈을 퍼뜨리는 경향이 있기 때문이다. 일부 사람들은 세계에 유령 물질을 층층이 덧씌우는 개념을 좋아하고 여기에 B급 미스터리를 채워 넣는다. 당연히 이런 사람들이 좋아하여 퍼뜨리는 밈은 물질을 비물질적으로 보게 하며 양자 역학을 심리학의 한 분과인 것처럼 보이게 하는 것들이다.

상대성 이론은 **물질**(사람들이 스스로는 이해한다고 생각하는 그 단순한 물질)이 정말로 **에너지**(사건들이 일어나게 만드는 포착하기 어렵고 신비한 물질)임을 드러낸다고 말한다. 이런 개념은 우주의 신비에 대해 즐거이 모호한 인식을 갖도록 만든다. 그보다는 상대성 이론은 **에너지**가 **물질**의 한 형태임을 드러낸다고 하는 것이 더 명확한 설명이다. 사실, 빛 돛은 이 원리에 따른 것으로, 표면에 부딪치는 질량의 충격에 의해 작동한다. 빛은 심지어 입자들이 묶음이 된 형태다.

또한 하이젠베르크의 불확정성 원리, 그리고 이와 관련된 "관찰자는 언제나 관찰 대상에 영향을 미친다"라는 사실을 생각해보라. 불확정성 원리는 보통의 물질을 서술하는 수학에 내재하는 속성(원자에게 그 크기를 부여한다)이지만, 이와 관련된 '관찰자 효과'는 일부 대중 서적에서 의식이 세상에 마술적인 영향을 미치는 것으로 표현되어왔다. 실은 그 핵심 개념은 이보다 더 평범하다. 광선에 비친 티끌 한 조각을 들여다본다고 생각해보자. 거기서 반사된 빛을 관찰할 때 당신은 분명히 그 빛에 영향을 미친다. 눈이 빛을 흡수하는 것이다.[4] 이와 유사하게 빛(질량을 가졌다)은 티끌에 영향을 미친다. 힘을 가해서 티끌이 밀려나게 만든다. 당신의 마음이 아니라 빛이 티끌에 영향을 미치는 것이다. 양자 측정은 이보다 훨씬 더 미묘하게 독특하지만[5] 마음이 밖으로 나와 실재를 변화시키는 현상을 수반하는 경우는 전혀 없다.

마지막으로, '쌍둥이 역설'을 생각해보자. 상대성 이론이 예측하는 바에 따르면 쌍둥이 중 한 명이 다른 별로 날아갔다가 빛에 가까운 속도로 돌아오면 그는 집에 있던 쌍둥이보다 나이가 더 젊어진다.[6] 빠르게 움직이면 시간이 느리게 간다는 것은 정밀한 시계로 측정한 결과 확인된 사실이다. 하지만 이는 역설이 아니고 자연계의 간단한 사실이다.

물리학은 또 한 번 전복될까?

1894년 저명한 물리학자 앨버트 마이컬슨Albert A. Michelson은 다음과 같이 서술했다. "물리학의 중요한 근본 법칙과 사실들은 모두 발견되었다. 그리고 이들은 너무나 굳건히 확립되어 있기에 새로운 발견으로 현재의 위치에서 밀려나는 일이 생길 가능성은 대단히 희박하다. 우리는 미래의 발견 대상을 소수 여섯 번째 자리에서 찾아봐야 할 것이다."

하지만 그 이듬해 뢴트겐Wilhelm C. Röntgen이 엑스선을 발견했다. 1895년엔 베크렐Antoine H. Becquerel이 방사능을 발견했다. 1897년엔 톰슨Joseph J. Thomson이 전자를 발견했다. 1905년 아인슈타인은 특수 상대성 이론의 공식을 만들었다(그리고 이에 따라 마이컬슨 자신이 빛의 속도에 대해 1887년 관찰한 바를 설명했다). 같은 해 아인슈타인은 빛의 광자 이론을 제시했다. 1911년 러더퍼드Ernest Rutherford는 원자핵을 발견했다. 1915년 아인슈타인은 일반 상대성 원리를 공식화했다. 1924~1930년 드브로이Louis V. de Broglie, 하이젠베르크Werner K. Heisenberg, 보어Niels H. D. Bohr, 파울리Wolfgang Pauli, 디랙Paul A. M. Dirac은 양자 역학의 근거를 개발했다. 1929년 허블Edwin P. Hubble은 우주가 팽창한다는 증거를 발표했다. 1931년 마이컬슨이 죽었다.

마이컬슨은 잊히지 않는 실수를 했다. 사람들은 지금도 그의 진술과 그 뒤에 일어난 일들을 지적한다. 자연법칙을 확실히 이해하고 있다거나 가능한 것의 한계를 알고 있다는 주장을 펴서는 안 된다는 견해를 뒷받침하기 위해서 하는 지적들이다. 어쨌든 그토록 확신에 가득 찼던 마이컬슨이 틀렸다면, 우리는 그의 실수를 되풀이할까 두려워해야 하지 않을까? 물리학의 거대한 혁명은 일부 사람들로 하여금 과학에서는 놀랄 만한 중요한 일들—심지어 엔지니어들도 놀랄 만한 일들—이 끝없이 일어나리라는 결론을 내리게 만들었다. 하지만 우리가 그렇게 중요한 격변을 다시 겪게 될 가능성이 클까?

아마도 그렇지 않을 것이다. 양자 역학의 내용은 놀라웠다. 하지만 그것이 등장하기 전에도 물리학이 심각하게 불완전하다는 사실은 명백했다. 양자 역학의 등장 이전이라면 독자는 어느 과학자에게나 걸어가서 악의적인 미소를 지으며 그의 책상을 두드리면서 이렇게 질문할 수 있었을 것이다. "이것의 형태를 붙잡아주고 있는 것이 뭐지요? 공기는 투명한 기체인데 이 책상은 갈색의 고체인 이유는 뭡니까?" 독자의 제물이 된 과학자는 원자와 그 배열에 대해 뭔가 모호한 이야기를 했겠지만[7] 독자가 압박하면서 설명을 요구하면 기껏해야 "그걸 누가 알겠소? 물리학은 아직 물질을 설명할 수 없다오"라는 대답을 들었을 것이다. 알고 난 다음에는 언제나 너무나 쉬워 보이는 법이다. 하지만 물질로 이루어진 세상, 물질적 도구를 쓰는 물질로 구성된 사람들이 사는 세상에서 물질의 속성에 대한 이런 무지는 마이컬슨이 인식해야 했던 인간 지식의 틈새였다. 이 틈새는 소수 여섯 번째 자리의 규모가 아니라 첫 번째 자리에 있었다.

마이컬슨이 어디까지 옳았는지 알아보는 것도 의미가 있다. 그가 언급한 법칙에는 뉴턴의 중력 법칙, 맥스웰James C. Maxwell의 전자기 법칙이 포함되어 있었다. 그리고 공학 기술의 일반적 조건에서 이 법칙들은 오직 '소수 여섯 번째 자리'에서만 수정되었다. 아인슈타인의 중력 법칙과 운동 법칙은 중력과 속도가 극단적인 상황을 제외하고는 뉴턴의 법칙과 아주 잘 들어맞는다. 리처드 파인만, 줄리언 슈윙거Julian S. Schwinger, 도모나가 신이치로朝永振一郎의 양자 전기 역학은 크기와 에너지가 극단적인 상황을 제외하고는 맥스웰의 법칙과 잘 들어맞는다. 추가적인 혁명은 틀림없이 이 이론들의 가장자리에서 일어날 것이다. 하지만 이런 가장자리는 생명체와 우리가 만든 기계로 이루어진 세상과는 동떨어져 있는 듯하다.

상대성 이론과 양자 역학의 혁명은 물질과 에너지에 대한 우리의 지식을 바꾸어놓았다. 하지만 물질과 에너지 자체는 바뀌지 않았다. 이것들은 실재하며 우리의 이론에는 무관심하다. 오늘날의 물리학자들은 단 한 세트의 법칙을 이용해 원자, 분자, 분자 기계, 생명체, 행성, 별 내부에서 원자핵과 전자가 어떻게 상호 작용하는지 모두 설명한다. 이 법칙들은 아직도 완전히 일반적이지는 않다. 모든 것의 물리학에 적용되는 통일 이론에 대한 탐색은 지금도 계속되고 있다. 하지만 물리학자 스티븐 호킹Stephen W. Hawking이 서술하듯,[8] "현재로서 우리는 가장 극단적인 조건일 때를 제외한 모든 경우에 우주의 행태를 지배하는 얼마간의 부분적 법칙들을 가지고 있다". 그리고 엔지니어의 기준으로 보면 이런 조건은 **엄청나게** 극단적이다.

물리학자들은 극단적으로 강한 에너지로 충돌시킨 입자들의 파편에서 새로운 입자가 관찰되었다는 발표를 규칙적으로 하지만 우리가 이런 새 입자 중 하나를 한 상자씩 살 수는 없다. 이를 인식하는 것은 중요하다. 어떤 입자가 보관이 안 된다면 그 입자는 안정된 기계의 부품으로 사용될 수 없기 때문이다. 상자와 그 내용물은 전자와 원자핵으로 구성되어 있고 핵은 또다시 양성자와 중성자로 구성되어 있다. 수소 원자핵에는 하나의 양성자가 들어 있고 납 원자핵에는 82개의 양성자와 100여 개의 중성자가 들어 있다. 고립된 중성자는 몇 분 만에 붕괴된다(원자핵 밖으로 나온 중성자는 약 15분만에 양성자와 전자, 중성 미자로 붕괴된다.-옮긴이). 안정된 입자로 알려진 존재는 몇 개 되지 않는다.[9] 빛의 입자인 광자는 유용하며 한동안 포획할 수 있다. 중성 미자는 거의 검출할 수 없고 가둬둘 수조차 없다. 광자를 제외한 이런 입자들은 그 쌍이 되는 반대 입자를 가지고 있다. **지금껏 알려진 여타의 모든 입자는 불과 수백만분의 몇 초나 그보다 짧은 시간 내에 붕괴된다.** 따라서 알려진 입자 중 하드웨어를 만들 수 있는 재료는 전자와 원자핵(혹은 그들의 반입자. **고립된** 특수 상황에서 이용하려는 경우)뿐이다. 이 재료들은 결합해서 보통 원자와 분자를 형성한다.

다만 현대 물리학이 강력하기는 하지만 우리의 지식에는 아직도 명백한 구멍이 있다. 기본 입자들에 대한 이론은 불완전하고 불안정하기 때문에 일부 한계가 불분명한 채 남아 있다. 우리는 새롭고 안정적이며 '상자에 넣을 수 있는' 입자, 예컨대 자기 단극이나 자유 쿼크 같은 것을 찾을지도 모른다. 만일 그렇게 된다면 이 입자들도 틀림없이 유용할 것이다. 심지어 새로운 장거리 장場이나 새로운 형태의 복사를 발견할 수도 있다. 물론 그럴 가능성은 점점 희박해지는 것 같지만 말이다. 마지막으로 입자를 충돌시키는 새로운 방법이 있어서 이미 알려진 입자를 다른 알려진 입자로 전환하는 우리의 능력을 향상시켜줄지도 모른다.

하지만 일반적으로 보아, 복잡한 하드웨어는 입자들의 복잡하고 안정적인 패턴이 필요할 것이다. 붕괴한 별의 내부 같은 환경을 예외로 한다면, 입자의 패턴이란 원자의 패턴을 의미하고 이는 상대론적 양자 역학으로 훌륭하게 기술할 수 있다. 이론 영역에서 물리학자들은 수명이 가장 짧은 입자를 포함해 가능한 모든 입자의 상호 작용을 기술하는 통일된 방법을 찾고 있다. 실험 영역에서 그들은 입자 가속기 내의 고에너지 충돌에서 생기는 아원자 입자 파편들의 패턴을 연구 중이다. 그 충돌의 결과로, 혹은 과거의 우주적 대격변의 흔적으로서, 안정적이고 유용한 새로운 입자가 발견되지 않는 한 원자는 안정적인 하드웨어를 만들 유일한 재료로 남을 것이다. 그리고 공학 기술은 이미 알려진 조각들을 가지고 기존의 법칙을 따라 수행하는 게임으로 남을 것이다. 새로운 입자로 인해 조각의 종류가 늘어날 수는 있을 테지만 법칙을 무효화하지는 못할 것이다.

하드웨어의 한계

분자 기계는 소형화의 마지막 단계가 분명할까? 분자 기계가 그보다 작은 '핵 기계'를 향한 하나의 단계라는 생각은 자연스러운 것 같다. 한 젊은이(컬럼비아 대학교 경제학과 대학원생)는 분자 기술과 그것의 원자 조작 능력에 대해 들은 뒤 이런 결론을 내렸다. '분자 기술은 심지어 떨어지고 있는 핵폭탄을 멀리서 무해한 납으로 바꾸는 것을 포함하여 못 하는 일이 거의 없을 것이다.'

분자 기술은 그런 일을 할 수 없다. 플루토늄을 납으로 바꾸는 것이(멀리 떨어져서든 가까이에서든) 분자 기술의 능력 밖인 것은 납을 황금으로 바꾸는 것이 연금술사의 화학 영역 밖인 것과 마찬가지다. 분자력은 원자핵에 거의 영향을 미치지 못한다. 핵은 원자 질량의 99.9퍼센트 이상을 차지하면서 부피는 원자의 10^{15}분의 1밖에 차지하지 않는다. 핵과 비교하면 원자의 나머지 부분(전자구름)은 솜털보다도 더 작은 몫을 차지한다. 분자로 찔러서 핵을 변화시키려는 것[10]은 금속제 볼 베어링에 대고 솜사탕을 흔들어서 납작하게 만들려는 것보다 더 헛된 짓이다. 분자 기술은 원자를 줄 세우고 재배열할 수 있지만 핵 속으로 들어가 원자의 유형을 바꿀 수는 없다.

나노기계는 핵 규모의 기계를 만드는 데 도움이 되지 못할 것이다. 하지만 핵 규모의 기계라는 것이 과연 존재할 수 있을까? 분명히 그렇지 않을 것이다. 적어도 우리가 실험실 내에서 만들 수 있는 조건 하에서는 말이다. 기계는 가까이 연결된 상당수의 부품이 있어야 한다. 하지만 밀집된 원자핵들은 서로 강력하게 반발한다. 분열하는 원자핵이 히로시마를 폭파했을 당시, 방출되었던 에너지의 대부분은 새로이 절반으로 분열된 핵들의 격렬한 정전기 반발력에서 비롯된 것이었다.[11] 핵융합의 어려움은 잘 알려져 있는데 이는 핵자가 서로 반발한다는, 이와 동일한 문제에서 나오는 것이다.

원자핵의 용도는 분열과 융합 외에도 더 있다. 다양한 유형의 복사파를 방출하거나 흡수하게 만들 수 있는 것이다. 어떤 기술의 경우 핵을 회전시켜서 유용한 정보를 추출하여 의사들이 핵자기 공명에 기반한 의료 영상을 만들 수 있게 해준다. 하지만 이 모든 현상은 오직 서로 멀리 떨어져 있는 상태의 핵이 지닌 속성[12]을 기반으로 하고 있다. 고립된 핵은 기계나 전기 회로로 작동하기에는 너무나 단순하다. 핵들이 서로 가까워지도록 강제할 수는 있지만 이는 오직 붕괴한 별 내부의 엄청난 압력하에서만 가능한 일이다. 설사 붕괴한 별이 이용하기 편한 곳에 있다 해도 그곳에서 공학적 작업을 하려면 상당한 어려움이 따를 것이다.[13]

이는 우리를 근본적인 질문으로 되돌아오게 한다. 원자를 적절히 배열해서 우리는 무슨 일을 달성할 수 있는가? 일부 한계는 벌써부터 분명해 보인다. 있을 수 있는 가장 튼튼한 소재는 오늘날의 가장 튼튼한 강선에 비해 대략 열 배의 강도를 지니게 될 것이다(케이블을 만드는 가장 튼튼한 소재는 아마도 탄소 원자가 한 줄로 사슬을 이루는 구조를 지닌 카빈carbyne인 듯하다). 통상의 압력하에서 섭씨 4,000도(태양 표면보다 약 1,500도 낮은 온도) 부근이 되면 그에 따른 열 진동은 아무리 내화성이 강한 소재라도 분해할 것으로 보인다.

강도와 내열성이라는, 소재의 이런 속성은 원자를 복잡하고 정교하게 배열한다고 해도 크게 향상될 수 없다. 최선의 배열은 매우 단순하고 규칙적인 배열이 될 것 같다. 그리고 이런 배열을 통해 얻을 수 있는 아주 단순한 여타의 목표로는 열 전달, 열 절연[14], 전력 전송, 전기 절연, 빛 전달, 빛 반사, 빛 흡수 등이 있다.

완전성을 추구하다 보면 단순한 설계로 이어지는 목표가 있는가 하면, 해결할 가망이 없는 설계상의 문제들로 이어지는 목표도 있다. 가능한 최선의 컴퓨터용 스위치 부품을 설계하는 것은 매우 쉬운 일일 수 있다. 가능한 최선의 컴퓨터를 설계하는 것은 이보다 엄청나게 복잡할 것이다. 사실 우리가 '가능한 최선'이라고 여기는 것은 많은 요소에 좌우된다. 소재의 가격, 에너지와 시간, 그리고 우리가 무엇을 계산하고 싶은가 등이 그런 요소다. 어떤 공학 기술 프로젝트든 우리가 '더 나은'이라고 부르는 것은 수없이 많은 요소에 좌우된다. 여기에는 변화무쌍하고 명확히 정의되지 않은 인간의 욕구도 포함된다. 게다가 심지어 '더 나은'이 잘 정의된 경우에도 개선을 위해 투입되어야 할 비용이 효율에 비해 과다할 경우가 생긴다. 최선에 근접함으로써 한계 비용이 급증하는 경우가 그런 예다. 하지만 복잡성과 설계 비용 같은 모든 쟁점은, 한계가 실제로 존재하느냐를 검토할 때는 전부 무시될 수 있다.

한계를 정의하려면 방향, 즉 품질이라는 척도를 선택해야 한다. '더 나은'을 정의하는 방향이 있으면 최선은 분명히 존재하게 된다. 하드웨어의 속성을 결정하는 것은 원자 배열이며 양자 역학에 따르면 가능한 배열의 수는 유한하다. 천문학적 숫자를 넘어서지만 그래도 무한하지는 않다. 따라서 다음과 같은 결론이 수학적으로 나오게 된다. 분명한 목표가 주어지는 경우 이 같은 수많은 배열 중의 어느 하나는 최선에 해당되거나 최선과 밀접히 연결되어 있어야 한다. 체스처럼 기물과 공간의 수가 한정되어 있으므로 가능한 배열의 수, 따라서 가능성도 일정한 범위 내로 한정된다. 하지만 체스와 공학 모두, 이런 한계 내에서 가능한 경우의 수는 엄청나게 많다.

단지 물질의 법칙을 아는 것만으로는 어디에 모든 한계가 자리 잡고 있는지 정확히 알 수 없다. 아직 우리에게는 설계의 복잡성에 직면해야 한다는 과제가 남아 있다. 일부 한계에 대한 우리의 지식은 엉성한 채로 남아 있다. "우리가 아는 것이라고는 한계가 여기(몇 발짝 떨어진 곳)와 저기(지평선 근처의 그 지점) 사이에 존재한다는 것뿐이다." 분자 조립 기계들은 한계가 어디에 있든 그 한계에 이르는 길을 열어줄 것이고 자동화 엔지니어링 시스템은 그 도정의 진보 속도를 높여줄 것이다. 흔히 절대적인 최선은 이루기 어려운 것으로 드러나겠지만 그 후보 역시 그에 못지않게 좋은 경우는 흔하다.[15]

진정한 한계에 다가감에 따라 더 이상 성장하지 않는 기술의 영역이 점점 더 늘어날 것이다. 이런 영역의 진보는 10년이나 100년 정도가 아니라 영구히 정지될 것이다.

'영구히'란 단어 앞에서 머뭇거릴 사람도 있을 것이다. "1,000년, 100만 년이 지나도 전혀 진보가 없다고? 이건 분명히 과장이야"라고 생각하면서 말이다. 하지만 진정한 물리적 한계에 이르는 경우 우리는 더 이상 나아가지 못한다. 게임의 규칙은 진공의 구조, 우주의 구조에 확고하게 장착되어 있다. 원자 재배열, 입자 충돌, 법 제정, 구호 외치기, 발구르기 등 그 어떤 행위로도 자연의 한계를 터럭만큼도 움직일 수 없다. 오늘날 우리가 한계를 오판할 수는 있다. 하지만 진정한 한계는 그대로 남아 있을 것이다.

이처럼 자연법칙을 들여다보면 사물이 지닌 **질적** 한계가 드러난다. 하지만 우리는 **양적** 한계에도 직면해야 한다. 이 한계는 자연 법칙뿐 아니라 마침 우리가 살게 된 우주 내에 물질과 에너지가 배열되어 있는 방식에 의해서도 주어진다. '성장의 한계'의 저자들은 이런 한계를 기술하려고 시도했지만 다른 많은 저자와 마찬가지로 기술의 한계를 먼저 검토하지 않았다. 이 탓에 사람들은 오도하는 결과를 낳게 되었다.

엔트로피: 에너지 사용의 한계

최근 일부 저자들은 폐열과 무질서의 축적을 인간 활동의 궁극적인 한계로 묘사했다.

리처드 바넷Richard Barnet은 《흉년의 세월—희소성 시대의 정치학 The Lean Years-Politics in the Age of Scarcity》에서 이렇게 쓰고 있다.[16] "한계의 재발견이 역사상 인류가 이룩한 가장 대담한 업적 두 가지와 동시에 일어났다는 것은 아이러니다. 그 업적의 하나는 유전공학이다. 생명을 이루는 핵심 물질에 형태를 부여하는 힘에 대해 어렴풋이 알게 된 것이다. 다른 하나는 우주의 식민지화다. 이러한 비약적 발전은 힘에 대한 환상을 부추기지만 열역학 제2법칙이라는 생태적 구속 장치를 파괴하지는 못한다. 에너지를 점점 더 많이 소모하면 점점 더 많은 양의 열이 발생한다. 이 열은 결코 사라지지 않으며 영구적인 에너지 비용으로 간주되어야 한다. 열의 축적은 생태적 파국을 야기할 수 있기 때문에 이런 비용은 우주에서의 인간의 모험에 지구에서와 마찬가지로 확실한 한계를 부과할 것이다."

제레미 리프킨Jeremy Rifkin은 (테드 하워드Ted Howard와 함께) 열역학적 한계와 인류의 미래에 관해 온전히 한 권의 책을 썼다.[17] 그 제목은 《엔트로피Entropy: A New World View》다.

엔트로피는 폐열과 무질서에 관한 과학의 표준 척도다. 사용 가능한 에너지가 활동을 통해 소모될 때마다 엔트로피가 만들어진다. 그러므로 세계의 엔트로피는 지속적으로, 돌이킬 수 없이 증가한다. 결국, 사용 가능한 에너지의 소산은 생명의 기반을 파괴할 것이다. 리프킨이 말하듯, 이런 발상은 검토하기에는 지나치게 우울한 것으로 여겨질지도 모른다. 하지만 그는 엔트로피, 인류, 그리고 지구에 대한 끔찍한 진상을 직시해야만 한다고 주장한다. 하지만 그 진상이 그렇게 끔찍할까?

바넷은 축적되는 열이 영구적인 에너지 비용이라고 말한다. 리프킨은 "오염이란 세상의 사용 가능한 에너지가 사용 불가능한 에너지로 바뀐 양의 총계를 말한다"라고 진술한다. 사용 불가능한 에너지란 주로 낮은 온도의 폐열, TV 세트를 따뜻하게 만드는 그런 종류의 것이다. 하지만 바넷이 두려워하듯 열이 정말 축적될까? 만일 그렇다면 지구는 매분, 매년 꾸준히 더워져야 할 것이다. 우리 선조가 딱딱하게 얼어붙지 않았다면 우리는 지금쯤 통구이가 되고 있어야 할 것이다. 하지만 어찌해서든 대륙은 밤에는 추워지고 겨울에는 더더욱 추워진다. 빙하기에 지구 전체의 온도가 내려갔다.

리프킨은 또 다른 입장을 취한다. 그는 "지각을 구성하는 육지의 물질은 그 양이 한정되어 있는데 끊임없이 흩어져 사라지고 있다. 산들은 침식되어서 낮아지고 있으며 표토는 매초마다 바람에 날려 가버린다"라고 서술한다. 리프킨은 "날려 가버린다"라고 했지만 이는 우주로 날려 가거나 날려 가서 존재하지 않게 된다는 의미가 아니다. 단지 산의 원자들이 다른 것들과 뒤섞인다는 의미일 뿐이다. 그런데도 이런 과정이 우리의 멸망을 뜻한다는 것이 그의 주장이다. 원자들이 뒤섞이면 소위 '열역학 제4법칙'의 작용으로 "이용할 수 없는 물질"이 된다"라고 경제학자 니콜라스 제오르제스쿠로에겐 Nicholas Georgescu-Roegen은 주장했다. "고립된 계의 물질 엔트로피는 종국에는 최대치에 이를 수밖에 없다"라거나 (이와 동일한 의미로) "이용 불가능한 물질은 재생될 수 없다"라는 것이다. 리프킨의 선언에 따르면 지구는 그 주위 세계와 에너지는 교환하지만 물질은 교환하지 않는 고립계이고, 따라서 "지구의 물질 엔트로피는 지속적으로 증가하고 있으며 종국에는 최대치에 이를 수밖에 없어서" 지구 상의 생명은 쇠퇴하고 멸망하게 된다. 이는 정말로 무서운 상황이다. 지구가 수십억 년 동안 퇴화하고 있었다니, 종말이 가까운 것이 분명하다!

하지만 이것이 정말 진실일까? 지구 상에 발달한 생명은 지구에 더 적은 질서가 아니라 더 많은 질서를 가져다주었다. 광석 매장지가 형성된 것도 질서의 증가다. 지구가 퇴화한다는 생각은 기껏해야 특이할 뿐이다(하지만 퇴화로 본다면 리프킨은 진화를 허튼소리로 생각한다는 뜻이 된다). 더구나 물질과 에너지는 본질적으로 같은데 하나의 유효한 법칙이 어떻게 해서 애초에 '물질 엔트로피'만을 따로 골라내 지목할 수 있단 말인가.

리프킨은 방 안에 있는 병에서부터 공기 속으로 퍼져나가는 향기를 '흩어져 사라지는 물질'의 사례로 들고 있다. 물질 엔트로피가 증가해 물질이 이용할 수 없게 되는 사례라는 것이다. 그런 식이라면 병 속의 물에 소금이 퍼져나가는 것도 역시 좋은 사례가 될 것이다. 그렇다면 '소금-물병 실험'으로 '열역학 제4법칙'이 맞는지 검증해보자.

하나의 병이 있고 그 바닥은 칸막이로 분리되어 있는 모습을 상상하라. 한쪽 칸에는 소금이, 다른 칸에는 물이 들어 있다. 코르크로 병의 입구를 막는다. 이로써 계는 독립되고 따라서 소위 열역학 제4법칙의 적용을 받는다. 병의 내용물은 조직화된 상태다. 그 물질 엔트로피는 최대치가 아니다. 아직은 말이다.

이제 병을 들고 흔든다. 물이 옆 칸으로 흘러 들어가 마구 출렁거리면서 소금을 녹여 엔트로피를 증가시킨다. 이처럼 닫힌계의 경우 '열역학 제4법칙'에 따르면 물질 엔트로피의 증가는 영구적이어야 한다. 지구의 엔트로피가 끊임없이 필연적으로 증가한다는 리프킨의 모든 경보는 이 원리에 근거를 두고 있다.

리프킨의 새로운 세계관에 조금이라도 근거가 있는지 알아보기 위해 병을 기울여서 한쪽 칸에 있는 소금물을 다른 칸으로 모두 옮겨보자. 그렇게 해도 계는 여전히 닫힌 채로 있기 때문에 아무런 차이가 생기지 않는다. 이제 병을 똑바로 세워서 소금물이 있는 쪽은 햇빛을 받고 빈칸은 그늘 속에 있게 한다. 햇빛이 비쳐 들어와 열이 발생하지만 이 계는 지구 자체처럼 물질적으로는 여전히 닫힌계다. 하지만 관찰해보라. 햇빛이 물을 증발시키고 거기서 생긴 수증기는 그늘 쪽에서 응결된다. 비어 있던 칸에는 신선한 물이 조금씩 차오르고 그 뒤에는 소금이 남는다.

리프킨 자신이 "과학에서는 분명한 예외가 단 한 개만 있어도 하나의 법칙을 무효화하기에 충분하다"라고 서술한다. 지구에 자연적인 소금 광산이 형성된 과정을 모방한 이 사고실험은 그가 자신의 책 전체의 근거로 삼고 있는 법칙을 무효로 만든다. 식물도 마찬가지 예다. 햇빛은 우주 공간에서 에너지를 들여오며, 우주로 다시 방사되는 열은 엔트로피(이것은 한 종류, 물질 엔트로피밖에 없다)를 가져가버린다. 따라서, 닫힌계 내부의 엔트로피는 감소할 수 있다.[18] 지구에서 꽃들이 모든 시대마다 피어날 수 있는 것도 그런 이유에서다.

리프킨의 이 말은 옳았다. "고립된 시공간에서 엔트로피 과정을 되돌릴 수 있지만 이는 오직 그 과정에서 에너지를 사용해야만 가한 일이며, 이것은 또한 그 환경 전체의 엔트로피를 증가시킨다." 하지만 리프킨과 바넷은 같은 실수를 저질렀다. 그들이 언급하는 환경이란 지구를 말한다. 하지만 이 법칙은 전체로서의 환경에 적용되는 것이고 이것은 우주 자체를 말한다. 결과적으로 리프킨과 바넷은 햇빛, 그리고 밤하늘의 차가운 어둠을 모두 무시하고 있다.

리프킨에 따르면, 자신의 아이디어는 진보로서의 역사라는 개념을 파괴하는 것으로서 현대 세계관을 초월한다. 그는 다음과 같이 말하면서 희생을 요구한다. "단 하나의 제3세계 국가라도 과거 미국에 있었던 물질적 풍요에 자신들이 도달할 수 있다는 희망을 품어서는 안 된다." 그는 공황과 유혈 사태를 두려워한다. 리프킨은 우리에게 다음과 같은 내용을 알려주면서 책을 끝맺는다. "엔트로피 법칙은 역사상 모든 문화가 그것과 싸워왔던 핵심 질문에 답을 준다. 그 질문이란 '세계 내의 인간은 어떻게 처신해야 하는가'이다." 그가 제시한 답은? "그렇다면 궁극적인 도덕규범[19]은 가능한 한 에너지를 가장 적게 낭비하라는 것이다."

이는 우리가 낭비를 없애면서 가능한 한 에너지를 아껴야 한다는 의미로 여겨질 것이다. 하지만 에너지를 가장 심하게 낭비하는 우리의 이웃은 누구인가? 이런, 태양이다. 그리고 보니 당연한 이야기다. 태양은 우리 인간보다 수십조 배 빠르게 에너지를 낭비하고 있다. 만일 진지하게 받아들여서 생각해본다면, 리프킨의 궁극적 도덕규범은 "태양은 꺼져버려!"일 것이다.

이처럼 바보 같은 결과를 누군가 리프킨에게 귀띔해주었어야 했는데 그러지 못했다. 그를 비롯한 많은 사람이 코페르니쿠스 이전 시대의 오만의 기운이 느껴지는 견해를 가지고 있다. 지구가 세계의 전부이며 따라서 사람이 하는 일은 자동으로 우주적 중요성을 지닌다고 이들은 생각한다.

물론 진정한 엔트로피 법칙이 존재하며 이것이 열역학 제2법칙이다. 가짜 '제4법칙'과 달리 교과서에 기재되어 있으며 엔지니어들이 이용하고 있다. 이것은 우리가 하는 일에 진정한 제약을 가할 것이다. 인간 활동은 열을 발생시킬 것이며, 지구의 열방사 능력은 한정되어 있다. 이는 지구에 기반을 둔 산업 활동의 총량에 확고한 한계가 될 것이다. 이와 마찬가지로 우리의 항성 간 우주선에서 나오는 폐열을 방사하려면 날개 비슷한 패널이 필요할 것이다. 마지막으로, 엔트로피 법칙은 광대한 시간이 모두 흘러간 뒤인 머나먼 미래에 우주의 몰락을 가져올 것이고, 이는 생명의 존속 기간 자체에 대한 제한이 될 것이다.

내가 리프킨의 소위 **엔트로피**의 시체에 채찍질하는 이유가 무엇일까? 오늘날의 정보 시스템은 심지어 사산된 견해조차 마치 살아 있는 듯 제시하는 일이 흔하다는 이유 외에는 달리 없다. 잘못된 희망, 엉터리 공포, 오도된 행동을 부추기는 이런 견해는 세상의 장기적 문제에 적극적인 관심을 가진 사람의 노력을 낭비하게 만들 수 있다.

리프킨의 책 뒤표지에 등장하는 찬사("영감을 불러일으키는 업적" "빛나는 작업" "매우 중대한" "가슴에 새겨야 할")의 장본인 중에는 프린스턴 대학교 교수, 토크쇼 진행자, 미국 상원 의원 두 명이 있다. MIT에서 열린 한 세미나("유한한 지구-지속 가능한 미래를 위한 세계관")에서는 리프킨의 책이 대대적으로 소개되었다.

이 세미나를 후원한 학과는 전부 비기술 분야였다. 우리가 사는 기술 사회의 상원 의원 대부분은 기술 분야의 훈련이 결여되어 있으며, 이는 교수와 토크쇼 진행자도 마찬가지다. 소위 '열역학 제4법칙'의 발명자인 제오르제쿠스로에겐은 뛰어난 경력을 지닌 사회과학자다.

엔트로피의 위험은 명백한 난센스 사례의 하나지만 그것을 발명하고 흥행시킨 사람들은 공적 무대에서 비웃음 당할 일이 없다. 이와 유사한 왜곡이 수천 건, 수백만 건 있다고 생각해보라. 개중에는 교묘한 것도 있고 뻔뻔한 것도 있지만 모두의 공통점은 세계에 대한 대중의 이해를 왜곡한다는 점이다. 기술 혁명이 가속화되는 시대에 적응하려고 노력하는 와중에 그런 밈들의 횡행으로 고통 받는 한 무리의 민주주의 국가들을 생각해보자. 우리는 심각한 문제를 안고 있다. 생존 가능성을 좀 더 현실적으로 만들려면 스스로가 지닌 밈들을 잡초 뽑듯이 제거할 더 좋은 방법이 필요할 것이다. 건전한 사리분별이 자라날 수 있는 공간을 마련하기 위해서 말이다. 13장과 14장에서 이것을 가능하게 해줄지도 모를 계획안 두 건을 이야기할 것이다.

자원의 한계

자연법칙은 기술의 질에 한계를 부여하지만 그런 한계 안에서 우리는 복제하는 분자 조립 기계들을 이용하여 뛰어난 우주선을 건조할 것이다. 이런 우주선을 이용해 우리는 우주 공간을 넓고 깊게 열어

젖힐 것이다.

오늘날 지구는 작아 보이기 시작했고 이것은 자원을 격감시킬지도 모른다는 우려를 불러일으키고 있다. 하지만 우리가 이용하는 에너지의 총량은 지구에 내리쪼이는 태양 에너지의 1만분의 1에 못 미친다. 그런 까닭에 우리는 에너지의 재고가 아니라 편리한 가스와 석유의 재고를 걱정하고 있다. 인류가 파헤친 광산은 지구 표면에 긁힌 자국도 내지 못하는 수준이다. 결국 우리가 걱정하는 것은 자원의 순수한 양이 아니라 자원의 편리성과 비용이다. 공해를 일으키지 않고 에너지와 자원을 모을 나노기계를 개발하면 지구는 지금껏 존재했던 어떤 문명보다 거대하고 부유한 문명을 부양하면서도 오늘날 우리가 끼치는 것보다 더 적은 피해를 입게 될 것이다. 지구의 잠재력과 비교하면 우리가 이용하는 자원의 양은 보잘것없다.

하지만 지구는 모래 한 알에 불과하다. 태양계에 행성이 형성된 뒤 남겨진 소행성 잔해들은 지구의 1,000배에 이르는 육지를 만들기에 충분한 원료가 될 것이다. 태양 에너지는 태양계를 가득 채우고 있으며 이 중 지구에 도달하는 양은 그 10억분의 1에 불과하다. 태양계의 자원은 정말 방대하며 이와 비교하면 지구의 자원은 별것 아니다.

하지만 태양계 역시 모래 한 알에 불과하다. 밤하늘을 가득 채우고 있는 별은 하나하나가 태양이고 이 중 인간의 눈에 보이는 별은 지구에 가장 가까운 것들뿐이다. 우리 은하에는 수천억 개의 별이 있고 그중 많은 수가 죽은 행성이나 소행성에 빛을 쏟아부으며 생물체와의 접촉을 기다리고 있음이 분명하다. 심지어 태양계의 자원도 우리 은하 전체의 자원에 비교하면 별것 아니다.

하지만 우리 은하도 모래 한 알에 불과하다. 인류의 역사보다 더 오랜 세월을 날아온 빛은 우리 은하 바깥의 은하를 보여준다. 눈으로 볼 수 있는 우주에는 수천억 개의 은하가 들어 있으며 각각의 은하에는 수십억 개의 태양이 들어 있다. 가시 우주에 들어 있는 자원과 비교하면 우리 은하조차 별것 아니다.

자원의 한계는 아닐지라도 여기까지가 우리 지식의 한계다. 태양계는 지구의 한계에 대한 답이 되기에 충분해 보인다. 그리고 우주의 나머지 부분이 외계인에 선점되지 않고 남아 있다면 우주를 향한 인류의 팽창이 성공할 가능성은 놀랄 만큼 크다. 이것은 복제하는 분자 조립 기계와 저렴한 우주 비행이 자원에 대한 우리의 우려를 종식시킬 것이라는 뜻일까?

우리는 우주의 끝을 알지 못하므로 우주 개척은 어떤 의미에서 성장의 한계를 없애버리는 것이 될 터다. 그럼에도 불구하고 맬서스Thomas Robert Malthus는 본질적으로 옳았다.

맬서스의 이론

영국의 목사였던 토머스 로버트 맬서스가 1798년 펴낸 《인구론An Essay on the Principle of Population》은 현대의 '성장의 한계' 유에 속하는 모든 주장의 원형을 제시했다. 그는 아무 제한 없이 성장하는 인구는 주기적으로 두 배로 늘어나는 성향이 있으며, 따라서 지수적으로 늘어나게 된다고 지적했다. 이는 이치에 맞는다. 모든 유기체는 성공적인 복제자의 후손이므로 기회가 오면 스스로를 복제하는 성향이 있다. 논의의 편의를 위해 맬서스는 자원, 즉 식량 공급이 해마다 일정량 늘어날 수 있다고 가정했다(이는 선형 성장이라고 한다. 그래프에서 직선으로 나타나기 때문이다). 고정된 비율의 지수적 성장은 고정된 비율의 선형 성장을 종국에는 반드시 뛰어넘게 마련이다. 이런 수학적 근거를 토대로 그는, 만일 제약하지 않는다면, 인구 성장이 결국 식량 공급을 앞지르게 되리라고 주장했다.

그 이래로 수많은 저자가 《인구 폭탄과 대기근-1975! The Population Bomb and Famine-1975!》 같은 책을 통해 이 아이디어의 변종을 거듭 제시했다. 하지만 식량 생산은 지금껏 인구와 보조를 맞춰왔다. 아프리카 외의 지역에서는 오히려 식량 생산이 앞서 갔다. 맬서스가 틀렸던 것일까?

그의 주장은 근본적으로는 틀리지 않았다. 다만 주로 시기와 세부 사항에서 오류가 있을 뿐이다. 지구에서의 성장은 실제로 한계에 부딪힌다. 지구의 공간은 유한하기 때문이다. 농업을 위해서든 다른 무엇을 위해서든 말이다. 맬서스는 한계 때문에 우리가 압박받게 될 시기를 예측하는 데 실패했다. 그 주된 이유는 농기구, 작물 유전학, 비료의 비약적 발전을 예측하는 데 실패한 데 있다.

현재 일부 사람들은 인구의 지수적인 성장이 지구의 유한한 자원을 앞지르리라 지적한다.[20] 맬서스가 한 것보다 좀 더 단순한 주장이다. 우주 기술이 이런 한계를 돌파하게 해주겠지만 그래도 모든 한계를 없애줄 수는 없다. 만일 우주가 무한히 크다 해도 우리가 무한히 빠른 속도로 이동할 수 없다는 한계가 여전히 존재한다. 자연법칙이 성장률에 한계를 부여할 것이다. 지구의 생명이 우주로 퍼져나가는 속도는 빛보다는 느릴 것이다.

지속적인 팽창은 새로운 자원의 개척으로 이어질 것이다. 우주의 프런티어가 점점 더 깊고 넓게 확대됨에 따라 그에 맞게 개척의 속도도 늘어날 것이다. 그 결과는 1차 방정식의 선형 성장이 아니라 3차 방정식의 입방체적 성장이 될 것이다. 그래도 맬서스는 본질적으로 옳았다. 지수적 성장은 선형 성장과 마찬가지로 쉽게 입방체적 성장을 앞지를 것이다. 억제되지 않은 인구 성장은 그 인구의 장수 여부와 상관없이 기껏해야 1,000~2,000년 안에 가용 자원의 한계를 넘어설 것이다. 계산 결과가 이를 보여주고 있다. 무한한 지수적 성장은 심지어 우주를 대상으로 삼는다 해도 불가능한 환상으로 남게 될 것이다.

외계인이 우리를 멈추게 만들까?

외계 문명이 우주 자원을 이미 선점하고 있을까? 만일 그렇다면 이는 성장의 한계가 될 것이다. 진화, 그리고 기술적 한계의 실태가 이 문제를 보는 시각에 통찰력을 제공해준다.

우리의 태양계보다 수억 년, 수십억 년 오래된 성계는 많다. 따라서 일부 문명(만일 상당한 숫자가 실재한다면)은 인류보다 수억, 수십억 년 앞서 있을 것이다. 이 중 적어도 일부 문명은 알려진 모든 생명체가 지금껏 해온 일을 하리라 예상할 수 있다. 가능한 빠른 속도로 퍼지는 것이다. 지구를 보면 생명이 탄생한 바다만이 아니라 해안, 언덕, 산맥이 모두 녹색이다. 녹색 식물은 오늘날 궤도를 돌고 있는 우주 정거장에까지 퍼졌다. 만일 우리가 번성한다면 지구의 식물은 별까지 퍼져나갈 것이다. 유기체는 능력이 닿는 가장 빠른 속도로 퍼져나가고 그다음에 그보다 좀 더 멀리 퍼져나간다. 일부는 실패해서 사멸하지만 성공한 것들은 살아남아서 더욱더 먼 곳까지 퍼져나간다. 미국을 향한 정착민은 항해하다 가라앉기도 했고 상륙한 뒤 굶어 죽기도 했지만 일부는 살아남아서 새로운 국가를 세웠다. 모든 유기체는 그 서식 장소가 어디든 맬서스가 서술한 압력을 실감할 것이다. 이들은 생존하고 진화하는 방향으로 진화했을 것이기 때문이다. 유전자와 밈이 밀고 들어가는 방향은 모두 동일하다. 만일 외계 문명이 존재한다면, 그리고 만일 그중 극히 일부라도 지구의 모든 생명과 같은 행태를 보인다면, 이들 문명은 지금쯤 우주 전체에 퍼져 있을 것이다.

우리와 마찬가지로 그들의 문명도 자연법칙이 부과하는 한계에 점점 다가서는 방향으로 기술을 진화시켜 나갈 것이다. 광속에 가까운 속도로 이동하는 방법을 배울 테고, 경쟁의 결과로서든 순수한 호기심에서든 일부는 이를 실행에 옮길 것이다. 오로지 고도로 조직화되고 고도로 안정된 사회만이 빛에 가까운 속도의 폭발적 팽창[21]을 **피할** 수 있을 것이다. 이는 경쟁에 따른 팽창 압력을 제대로 억제할 능력이 충분히 있을 때 가능한 일이다. 설사 처음에는 드문드문 흩어져 있던 문명이라 해도 수억 년이 흐른 지금쯤에는 서로

가 접촉할 정도로 팽창했을 테고 우주의 모든 것을 서로 나눠 가지고 있을 것이다.

만일 이런 문명이 정말로 도처에 있다면 이들은 엄청난 자제력을 보이면서 스스로를 아주 잘 감춰온 셈이다. 이들은 수백만, 수천만 년 동안 여러 은하의 모든 자원을 통제해왔을 테고 우주적 규모에서 성장의 한계에 맞닥뜨렸을 것이다. 스스로의 생태적 한계를 밀어붙여 확장하는 진보된 문명은 물질과 에너지를 모조리 낭비하지는 않을 것이다. 이는 거의 정의에 따른 귀결이라 할 수 있다. 하지만 우리는 우주의 모든 방향에서 이런 낭비를 목격한다. 나선 은하가 보이는 한 말이다. 나선 은하의 나선 팔이 잡고 있는 먼지구름은 허비된 물질로 구성되어 있으며 허비된 별빛의 역광을 받고 있다.

그런 진보된 문명이 존재한다면 우리의 태양계도 그중 하나의 영역 안에 위치하게 될 것이다. 만일 그렇다면, 만사는 그들의 손아귀에 있을 것이다. 우리는 그들을 위협할 일은 그 무엇도 할 수 없을 것이며 그들은 우리의 협력 여부와 상관없이 마음 내키는 대로 우리를 연구할 수 있을 것이다. 만일 그들이 어떤 요구를 해오는 경우, 양식 있는 사람이라면 누구나 이에 따를 것이다. 하지만 만일 그들이 존재한다면 그들은 스스로를 숨기면서 분명히 해당 지역의 법도 은밀히 지키고 있을 것이다.

가시 우주에서 인류가 혼자라는 개념은 우리가 하늘에서 보는 바와 생명의 기원에 대한 우리의 지식과 일치한다. 일부 사람들은 우주에 그렇게 많은 별이 있으니 그중에는 분명히 다른 문명이 있으리라고 말한다. 하지만 가시 우주에 있는 별의 숫자는 물 한 컵에 들어 있는 분자 수보다 적다. 물 한 컵에 가능한 모든 종류의 화학 물질이 포함되어 있을 필요가 없는 것처럼,[22] 다른 별들도 반드시 문명을 품고 있어야 할 필요는 없다.

서로 경쟁하는 복제자들은 그들의 생태적 한계를 향해 팽창하는 경향이 있다는 것, 그럼에도 우주 전체에 걸쳐 자원이 낭비되고 있다는 것을 우리는 알고 있다. 우리는 별들에서 온 외교 사절을 맞이한 일도 없고 우리를 동물원 속의 동물처럼 관리하는 사육사도 없다. 바깥 우주에 아무도 없다고 보는 것은 무리가 아니다. 만일 외계인이 존재하지 않는다면 우리는 계획을 세울 때 그들을 고려할 필요가 없다. 만일 그들이 정말 존재한다면 우리의 계획이란 것을 그들의 불가해한 희망에 따라 파기해버릴 것이고 우리에게는 그렇게 될 가능성에 대비할 길도 없어 보인다. 따라서 지금으로서는, 그리고 아마도 영원토록, 다른 문명이 부과하는 한계를 고려하지 않고 우리의 미래를 위한 계획을 세울 수 있다.

한계 내에서의 성장

외계인이 있든 없든 우리는 스스로의 길을 가는 중이다. 우주, 그리고 황량한 바위와 햇빛이 우리를 기다리고 있다. 1억 년 전 생명체가 바다에서 육지로 진출하기 이전에 지구의 대륙에 있었던 황량한 바위와 햇빛과 똑같은 것이 말이다. 우리의 엔지니어들은 우수한 우주선을 만들고 정착지를 건설하는 데 도움을 줄 밈들을 진화시키고 있다. 우리는 태양계의 대지에 편안하게 정착할 것이다. 풍요로운 태양계의 바깥에는 혜성의 구름이 자리 잡고 있다. 우주의 물질이 성장하는 토대를 이루는 이 광대한 구름은 옅어지면서 성간 공간으로 뻗어나가다가 다른 성계 근처에 가면 다시 두터워진다. 이 성계에는 생명의 손길을 기다리는 새로운 태양과 불모의 바위가 존재한다.

끝없는 지수적 성장은 환상일지라도, 생명과 문명의 확산을 막는 고정된 한계는 없다. 선구자들은 끝없는 외부 세계를 향해 계속 나아갈 것이고 다른 이들은 뒤에 남아서 우주의 모든 오아시스에 정착 문화를 건설할 것이다. 어느 정착지에서든 변경이 아주 먼 곳에 있으며 그다음엔 더욱더 먼 곳에 있게 되는 시기가 도래할 것이다. 미래의 거의 모든 세월 동안 대부분의 사람과 그 후손은 성장의 한계 속에서 살 것이다.

우리는 성장의 한계를 좋아할 수도 싫어할 수도 있지만 그 한계는 우리의 희망이 어떻든 독자적으로 존재한다. 목표가 분명히 정의된 곳에는 어디나 한계가 존재한다.

하지만 기준이 계속 바뀌게 마련인 변경에서는 한계라는 개념이 부적절해진다. 예술이나 수학의 경우 그 업적의 가치는 논쟁과 변화의 대상인 복잡한 기준에 좌우된다. 이런 기준 중의 하나는 새로움이며 이것은 고갈할 수 없다. 목표가 바뀌고 복잡성이 지배하는 영역에서 우리는 한계에 묶일 필요가 없다. 교향곡이나 노래, 그림, 세상, 소프트웨어, 수학 정리, 영화, 그리고 아직 상상조차 되지 않은 모든 즐거운 것을 창조하는 데 끝은 없는 듯하다. 새로운 기술은 새로운 예술을 성숙시킬 것이고 새로운 예술은 새로운 기준을 가져올 것이다.

적나라한 물질 세계는 막대한 성장의 여지를 제공하지만 거기에는 한계가 있다. 하지만 마음과 패턴의 세계는 끝없는 진화와 변화의 여지를 안고 있다. 가능성의 세계에는 충분한 여유 공간이 있는 듯하다.

한계를 보는 여러 관점

확고한 한계 안의 커다란 진보라는 개념은 만족스러운 느낌을 주는 방향이 아닌 정확해지는 방향으로 진화해왔다. 한계는 가능성의 윤곽을 정하는데 그중 일부는 추하거나 무서울 수도 있다. 비약적 발전에 미리 대비해야 한다. 그러나 미래학자들은 애써 비약적 발전이 전혀 일어나지 않을 것처럼 꾸미고 있다.

이런 생각을 하는 학파는 로마클럽Club of Rome의 보고서인 《성장의 한계The Limits to Growth》[23]와 관련되어 있다. 미하일로 메사로비치 Mihajlo D. Mesarović 교수는 다른 이들과 함께 로마클럽의 두 번째 보고서인 《전환점에 선 인류Mankind at the Turning Point》[24]를 저술했다. 그는 《성장의 한계》에서 쓰인 것과 같은 컴퓨터 모델들을 개발했다. 이 모델들은 세계의 인구, 경제, 환경의 장래 변화를 서술한다고 주장되는 한 세트의 숫자와 방정식이다. 1981년 봄, 그는 MIT를 방문해 '유한한 지구：지속 가능한 미래를 위한 세계관The Finite Earth:

Worldviews for a Sustainable Future'에 대해 연설했다. 제레미 리프킨의 **엔트로피**를 집중 조명했던 바로 그 세미나였다. 그는 다음 세기를 개략적으로 묘사하기 위해 모델 하나를 설명했다. 그 모델에 대해 질문이 제기되었다. 예컨대 석유 산업, 항공기, 자동차, 전력, 혹은 컴퓨터에 비견할 만한 미래의 비약적 발전, 어쩌면 자기 복제 로봇 시스템이나 저렴한 우주 수송 같은 것을 하나라도 허용하고 있는가? 그는 곧바로 답변했다. "아닙니다."

그런 미래 모델은 분명히 아무 의미가 없다. 하지만 일부 사람들은 가까운 장래에 혁신적 발전이 갑자기 중단될 것이며 여러 세기 동안 가속적으로 빨라진 전 지구적 기술 경쟁이 갑자기 끽 소리를 내면서 멈출 것이라고 기꺼이 믿으려는 듯하다. 심지어 멈추기를 간절히 바라기까지 하는 것 같다.

기술적 진보의 가능성을 무시하거나 부정하는 습성은 흔한 문제다. 일부 사람들은 꼭 맞는 한계를 믿는다. 존경받는 인사들이 그에 대해 그럴듯하게 주장하는 것을 들었던 탓이다. 그렇지만 일부 사람은 사실보다는 희망에 더욱 부응하는 것 같다. 진보가 가속화되고 있는 20세기를 살아온 뒤인데도 말이다. 만일 꼭 맞는 한계가 있다면 우리의 미래는 단순해질 수 있을 터다. 이해하기도, 생각해보기도 쉬워질 테니 말이다. 꼭 맞는 한계라는 것을 믿으면 모종의 우려와 책임에서 벗어날 수 있게 된다. 어쨌든 자연의 힘 덕분에 기술 경쟁이 자동적이고도 편리한 방식으로 중단된다면 우리는 이를 이해하거나 통제하려고 애쓸 필요가 없을 것이 아닌가.

이런 도피의 가장 큰 장점은 그것이 현실 도피주의처럼 **느껴지지**

않는다는 데 있다. 전 지구적 규모의 쇠퇴라는 미래상을 고찰한다는 것은, 냉엄한 실상에 조금도 꿀리지 않고 맞선다는 느낌을 당사자에게 가져다줄 것이 분명하다. 하지만 그런 미래는 진정으로 새롭지는 않을 것이다. 과거의 유럽이나 오늘날의 제3세계와 같은 익숙한 참상을 떠올리게 할 것이 때문이다. 진정한 용기는 현실 직시를 요구한다. 자동 브레이크가 없는 세상에서 가속화하는 변화를 마주해야 한다. 이는 더욱 큰 실체를 지닌 지적·도덕적·정치적 도전이다.

가짜 한계에 대한 경고는 이중으로 해를 끼친다. 첫째, 한계라는 개념 자체를 불신함으로써 우리 자신의 미래를 이해하는 데 필요한 지적 도구를 무디게 한다. 그러나 이보다 더 나쁜 점은 우리 관심을 진정한 문제에서 멀어지게 만든다는 사실이다. 서양에는 기술을 의심하는 정치적 전통이 활발하게 살아 있다. 사실 이런 전통은 생명과 문명의 생존에 강력하게 기여할 수 있다. 다만, 현실에 비춘 검증이라는 방법으로 의심의 수준을 먼저 향상시킨 다음, 이를 기반으로 변화를 이끌어갈 작동 가능한 전략을 선택하게 한다는 전제하에 말이다. 그러나 '기술과 미래에 관심을 가진 사람'이라는 자원은 제한되어 있다. 세계는 이들의 노력을 헛된 캠페인에 낭비하도록 내버려둘 만큼 여유롭지 못하다. 그 캠페인은 서양의 저항 운동이라는 좁은 빗자루로 전 지구적인 기술의 추세를 되돌리려 한다. 우리에게 다가오고 있는 문제들은 이보다 미묘한 전략을 요구하고 있다.

물론, 어떤 문제가 가장 중요한 것으로 드러날지, 혹은 어떤 전략이 이런 문제들을 해결하는 데 최선으로 드러날지 지금 단언할 수 있는 사람은 아무도 없다. 하지만 우리는 극히 중요한 새로운 문제들을 지금도 볼 수 있으며 각기 다른 수준의 장래성을 지닌 전략들을 파악할 수 있다. 요컨대, 우리는 어떤 목표가 추구할 만한지 식별하기에 충분할 만큼 미래를 내다볼 수 있다.

3부

위험과 희망

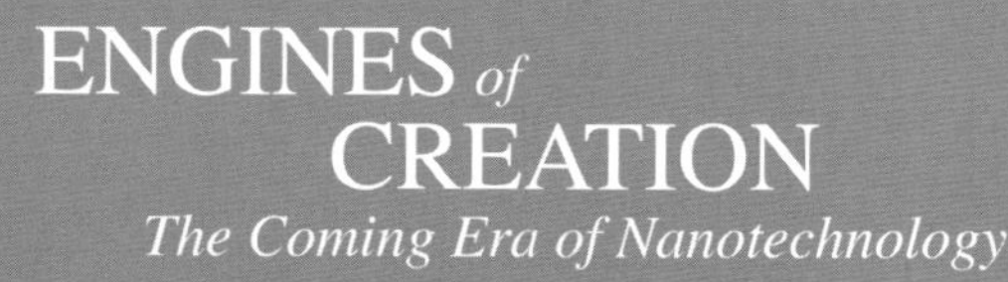

ENGINES *of* CREATION

The Coming Era of Nanotechnology

11

파괴의 엔진

지금껏 지구 상에 존재했던 군대 중 가장 무서운 것은 작아서 눈에 보이지 않는 종류의 군인들로 이루어진 군대라는 점을 나는 의심치 않는다.

—윌리엄 페리 경의 미생물에 대한 언급, 1640년

복제하는 분자 조립 기계와 생각하는 기계는 지구의 사람과 생명에 근본적인 위협이 되는 존재다. 오늘날의 유기체가 지닌 능력은 가능성의 한계와는 거리가 멀고 기계는 우리보다 빠르게 진화하고 있다. 아마도 몇십 년 내로 우리를 능가할 수 있을 듯하다. 그들과 함께 안전하게 사는 법을 배우지 않는다면 인류의 미래는 자극적이고 짧을 것이다. 우리는 앞에 놓인 모든 문제를 예견하길 바랄 수는 없다. 하지만 크고 근본적인 쟁점에 관심을 기울인다면 아마도 가장 큰 난제가 무엇인지 예견할 수 있을 것이며, 이를 어떻게 다룰지에 대해 아이디어를 얻을 수 있을 것이다.

분명히 다가오는 사회적 대격변을 다루는 책들이 쓰일 것이다. 분자 조립 기계와 자동화 엔지니어링이 국제 무역의 필요성을 제거해버리고 나면 국제 질서는 어떻게 될까? 개인이 무한정 살 수 있게 되면 사회는 어떻게 바뀔까? 복제하는 분자 조립 기계가 인간의 노동을 제외한 거의 모든 것을 만들 수 있게 되면 우리는 무슨 일을 할까? 인공지능 시스템이 인간보다 빠르게 생각할 수 있게 되면 우리는 무엇을 할까?(그리고 사람들이 어떤 일을 하거나 뭔가를 창조하기를 단념하게 되리라는 결론을 성급히 내리기 전에 저자들은 달리기를 하는 사람들이 자동차를 보는 시각, 화가들이 카메라를 보는 시각에 대해 고찰할지도 모른다).

사실, 많은 저자가 이런 화제 중 많은 것을 이미 예견하고 논의했다. 이들 각각이 매우 중요하지만 이 중 무엇보다 근본적인 것은 생명과 자유가 살아남는 일이다. 어쨌든, 생명이나 자유가 사라진다면 사회 문제에 대한 우리의 생각은 더 이상 중요하지 못할 것이다.

기계의 위협

4장에서 나는, 복제하는 분자 조립 기계를 우리가 적절히 다룰 경우 이 기계가 하게 될 일 중 일부를 묘사했다. 이들은 연료나 햇빛을 동력으로 삼아 보통의 재료로부터 거의 모든 것(더 많은 분자 조립 기계들을 포함해서)을 만들 능력을 갖출 것이다.

물론, 살아 있는 유기체도 연료나 햇빛을 동력으로 하며, 보통의 물질을 재료로 더 많은 동족을 만든다. 하지만 분자 조립 기계를 기반으로 하는 시스템과 달리 이들은 '거의 모든 것'을 만들지는 못한다.

유전자 진화는 생명체를 DNA, RNA, 리보솜에 기초한 시스템에 가둬놓았지만 밈의 진화는 나노컴퓨터와 분자 조립 기계에 기반을 둔 생명체 비슷한 기계들을 등장시킬 것이다. 분자 조립 기계가 만든 분자 기계들이 생명체의 리보솜이 만든 기계들과 어떻게 다를지 이미 기술했다. 분자 조립 기계는 리보솜이 만들 수 있는 모든 것과 그 이상의 것을 만들 수 있다. 진화의 관점에서 보면 이는 수달, 사람, 선인장, 고사리—잘 짜인 풍부한 생물권과 우리가 차지한 그 모든 것—에 명백한 위협을 불러일으킨다.

초기의 트랜지스터 컴퓨터는 가장 진보된 진공관 컴퓨터를 삽시간에 능가했다. 우월한 장치를 기반으로 했기 때문이다. 온갖 이유로 분자 조립 기계를 기반으로 하는 초기의 복제자들은 가장 진보된 오늘날의 유기체들을 능가할 것이다. 오늘날의 태양 전지와 효율성이 비슷한 '잎'을 가진 '식물'은 진짜 식물과의 경쟁에서 승리할 수 있을 것이고 먹을 수 없는 잎들로 생물권을 뒤덮을 것이다. 내구성이 큰 잡식성의 '박테리아'는 진짜 박테리아와의 경쟁에서 승리할 수 있을 것이다. 바람에 날리는 꽃가루처럼 퍼져나가서 신속하게 자가 복제한 다음 며칠이나 몇십 일 내에 생물권을 먼지로 돌아가게 만들 수 있을 것이다. 만일 아무 대비를 하지 않는다면, 위험한 복제자들을 막을 수 없을 것이다. 이들은 내구성이 매우 강하고 크기가 작으며 신속하게 퍼져나가는 존재가 될 수 있기 때문이다. 지금도 우리는 바이러스와 초파리 때문에 충분히 골치를 썩고 있다.[1]

나노기술에 감식안이 있는 사람들 사이에서 이런 위협은 '그레이 구gray goo 문제'로 알려져 있다. 통제되지 않는 대량의 복제자들이 회색이거나 찐득거려야 할 이유는 없지만 '그레이 구'라는 용어가 강조하는 것은 생명체를 말소해버릴 수 있는 복제자들은 왕바랭이 (잔디밭에 나는 잡초.-옮긴이) 한 종보다 뭔가를 더 고취시키는 존재라는 점이다. 이것들은 진화적 의미에서 더 '우월'할 수는 있지만 그렇다고 해서 이런 사실이 이들을 더 가치 있는 존재로 만들지는 않는다. 우리는 생명체, 아이디어, 다양성이 풍부한 세상을 좋아하도록 진화했다. 따라서 그레이 구를 단지 확산 능력이 있다는 이유로 귀중히 여길 이유는 없다. 사실, 그레이 구를 저지한다면 이는 우리의 진화적 우월성을 증명하는 일이 될 것이다.

그레이 구의 위협은 한 가지를 명백하게 알게 해준다. 복제하는 분자 조립 기계가 일으키는 사고 중 어떤 종류는 우리가 감당할 수 없다는 것이다.

5장에서 나는 진보된 인공지능 시스템이 우리를 위해 어떤 일을 할 수 있는지 묘사했다. 이들을 적절히 다룬다는 전제에서 말이다. 결국 이들은 생각의 패턴을 구현할 것이고 이를 어떤 포유동물의 뇌도 따라갈 수 없는 속도로 흐르게 할 것이다. 사람들처럼 서로 협력해서 일하는 인공지능 시스템은 생각하는 능력에서 개인뿐 아니라 사회 전체를 압도하게 될 것이다. 유전적 진화는 또 한 번 생명체를 뒤처지게 만들었다. 여기서도 인간에 의한, 궁극적으로는 기계에 의한 밈의 진화는 생명체의 한계를 훌쩍 넘어서는 단계로 우리의 하드웨어를 진보시킬 것이다. 그리고 진화의 관점에서 보면 이것은 또다시 명백한 위협을 야기한다.

지식은 힘을 가져올 수 있고 힘은 지식을 가져올 수 있다. 진보한 인공지능 시스템은 그 속성과 목표에 따라 우리를 대체하기에 충분한 지식과 힘을 축적할 수 있다. 만일 우리가 제대로 대비하지 않는다면 말이다. 그리고 복제자의 경우처럼 단순한 진화적 '우월성'은 승자가 패자보다 우수하다는 것을 담보해주지는 않는다. 경쟁 능력이라는 냉혹한 기준을 제외한다면 어떤 기준에서 보아도 그렇다.

이런 위협은 한 가지를 명백하게 해준다. 우리는 생각하는 기계와 함께 살 방법을 찾을 필요가 있다. 이 기계들을 법을 준수하는 시민으로 만들 방법 말이다.

힘의 엔진

어떤 종류의 복제자와 인공지능 시스템은 신속하고 효과적이며 독자적으로 행동할 수 있는 하드웨어로 우리에게 맞설지 모른다. 하지만 기계 자체에서 오는 이런 새로운 위협 때문에 이보다 좀 더 전통적인 위험을 외면해서는 안 된다. 복제자와 인공지능 시스템은 만일 주권 국가가 마음대로 휘두른다면 사회에 큰 도움이 될 수 있다.

역사를 통틀어, 국가는 군사력을 증강하기 위해 기술을 개발했다. 그리고 국가는 복제자와 인공지능 시스템의 개발에 주요한 역할을 할 것이 분명하다. 국가는 자가 복제 분자 조립 기계를 이용해 다량의 진보한 무기를 쉽고 신속하게 제조해서 무기고를 채울 수 있고, 특수한 복제자를 직접 이용해 일종의 세균전을 일으킬 수도 있다. 프로그램을 입력하여 컴퓨터가 제어할 수 있는 '세균' 때문에 그 실현 가능성은 엄청나게 커졌다. 인공지능 시스템은 각기 어떤 기술을 보유하느냐에 따라 무기 설계자, 전략 수립자, 전사 등의 역할을 할 수 있다.[2] 군사 자금은 이미 분자 기술과 인공지능 분야의 연구에 활용되고 있다.

국가들은 급작스럽고 균형을 깨는 혁신적 발전을 이룩하기 위해 분자 조립 기계나 진보한 인공지능 시스템을 이용할 수 있다. 앞서 나는 복제하는 분자 조립 기계가 등장하면 상대적으로 갑작스러운 변화가 생긴다고 예상하는 이유를 설명했다. 신속한 자가 복제 능력이 있는 이들 기계는 며칠 내로 엄청난 숫자로 불어날 수 있다. 거의 모든 것을 만들 수 있기 때문에 이들은 기존 무기를 더 뛰어난 재질로 복제하도록 프로그램될 수 있다. 잘 파악된 표준화된 부품(원자)으로 작업할 수 있기 때문에 이들은 분자 조립 기계라는 혁신을 예상하고 사전에 설계한 것들을 순식간에 만들어낼 수 있다. 이런 사전 설계의 결과물 중에는 프로그램 가능한 세균을 비롯한 불쾌한 신제품이 포함될 수 있다. 이런 모든 이유에서, 분자 조립 기계의 비약적 발전을 이룬 나라는 결정적인 군사력을 신속하게 만들어낼 수 있다. 문자 그대로 하룻밤 만에는 아닐지라도 적어도 전대미문의 속도로 군사력을 키워나갈 수 있다.

국가들은 진보한 인공지능 역시 이와 유사한 목적으로 사용할 수 있다. 자동화 엔지니어링 시스템은 사전 설계를 용이하게 만들고 분자 조립 기계의 발달을 가속시킬 것이다. 인공지능 시스템은 스스로 더 나은 인공지능 시스템으로 만들 수 있고 이것이 확대해줄 능력은 효과를 가늠하기 어려울 정도다. 인공지능 시스템과 복제하는 분자 조립 기계를 갖춘 국가는 짧은 시간 내에 군사 능력을 몇 자릿수 늘릴 수 있을 것이다.

복제자들은 핵무기 이상의 능력을 발휘할 수 있다. 핵폭탄으로 지구를 황폐화하려면 색다른 하드웨어와 희귀 동위 원소가 다량 필요하다. 하지만 복제자로 지구의 모든 생명을 말살하는 데는 평범한 원소로 만들어진 작은 얼룩 같은 것 하나만 있으면 족하다. 복제자는 핵전쟁에 버금가는 멸종의 잠재적 원인이며 도덕적 우려라는 관점에서는 더욱 폭넓은 위험에 해당한다.

파괴의 엔진이 될 잠재력에도 불구하고 나노기술과 인공지능 시스템은 핵무기보다 더욱 미묘하게 사용될 수 있다. 폭탄은 뭔가를 파괴할 수 있을 뿐이지만 나노기계와 인공지능 시스템은 한 지역이나 하나의 세계에 침, 점령, 변환, 통치를 해낼 수 있다. 아무리 무자비한 경찰도 핵무기를 사용할 수는 없지만 곤충, 약품, 암살을 비롯한 유연한 힘의 엔진은 사용할 수 있다. 진보된 기술을 갖춘 국가는 국민에 대한 권력을 견고히 할 수 있을 것이다.

국가는 유전자, 밈, 유기체, 하드웨어와 마찬가지로 진보해왔다. 국가 기관들은 성장, 융합, 모방, 정복을 통해 (변이하면서) 퍼져나갔다. 전쟁을 수행하는 국가는 짐승처럼 싸우지만 시민을 국가의 뼈와 근육과 뇌로 사용한다. 다가오는 혁신적 발전은 국가에게 새로운 압력과 기회로 작용해 그 행태를 크게 변화시킬 것이다. 이것은 당연히 걱정할 이유가 된다. 역사적으로 보아 국가는 살해와 압제에 탁월한 능력을 보였다.

　어떤 의미에서 보면 한 국가는 그 제도적 장치를 구성하는 사람들의 단순한 합계에 불과하다. 이들의 행동이 합쳐져 국가의 행동이 되는 것이다. 하지만 한 마리 개와 그것의 세포에 대해서도 같은 말을 할 수 있을 것이다. 개는 분명히 세포 무더기 이상의 것이지만 말이다. 개와 국가의 공통점은 둘 다 진화한 시스템으로서 각자에게 소속된 부분의 행태에 영향을 미치는 구조를 갖추었다는 데 있다. 수천 년 동안 개는 주로 인간을 기쁘게 하기 위해 진화해왔다. 이는 개의 생존과 번식이 인간의 변덕에 좌우되었기 때문이다. 수천 년간 국가는 이와 다른 선택압을 받으며 진화해왔다. 개인이 개에 대해 가진 권력은 그들이 '자신들의' 국가에 대해 가진 권력보다 훨씬 더 크다. 국가 역시 국민을 기쁘게 해주는 데서 이익을 얻을 수 있지만 국가의 존재 자체는 사람들을 이용하는 능력에 좌우되었다. 지도자로서든, 경찰로서든, 군인으로서든 말이다.

　국민이 국가에 대해 가진 권력이 제한적이라면 이는 역설적이어 보일 수 있다. 어쨌든 국가의 모든 행동 뒤에는 국민이 있지 않은가? 하지만 민주 국가에서 지도자들은 자신의 권력 없음을 한탄하고, 의원은 이익 집단에 허리를 굽히며, 관료는 규정에 매여 있고, 주권을 가졌다는 유권자는 이 모든 혼란을 저주한다. 국가는 행동을 취하고 국민은 거기에 영향을 미치지만 국가를 통제한다고 주장할 수 있는 사람은 아무도 없다. 전체주의 국가의 경우 권력 장치들이 그 자체의 전통과 구조, 내부 논리를 가지고 있어서 통치자도 피치자도 거기에서 자유로울 수 없다. 심지어 왕도 그 자리를 지키고 싶다면 군주제의 전통과 권력의 실제 형편에 제한받으며 행동해야 했다. 국가는 사람으로 이루어져 있지만 사람은 아니다.

그럼에도 불구하고 변화, 심지어 더 나은 방향으로 변할 수 있다는 것을 역사는 보여준다. 하지만 변화는 언제나 하나의 반자치적인 비인간적 시스템에서 또 다른 그런 시스템으로 이행하는 형태로 이루어지기 마련이다. 그 또 다른 시스템은 비인간적이라는 점에서는 같지만 아마도 조금 더 인간적인 시스템일 것이다. 진보를 희망한다면 우리는 인간의 얼굴이라는 가면을 쓴 국가와 인간적 제도를 갖춘 국가를 혼동하지 말아야 한다.

국가를 유사 유기체로 묘사하는 것은 복잡한 실체의 단 한 가지 측면만 보는 셈이지만, 그럼에도 불구하고 국가가 다가오는 혁신적 발전에 부응해 어떤 식으로 진화할지 제시해준다는 장점이 있다. 전체주의 국가에서 가장 극적으로 나타나는 정부 권력의 확대는 한 가지 방향을 제안한다.

국가는 자신을 구성하는 부분들을 좀 더 완벽하게 통제함으로써 유기체에 좀 더 가까워질 수 있을 것이다. 복제하는 분자 조립 기계를 이용하면 인간의 환경을 미니 정찰 도구로 가득 채울 수 있을 것이다. 언어를 이해하는 인공지능 시스템을 풍부하게 깔아놓는다면 국민의 절반을 도청자로 고용하지 않고서도 전 국민의 발언을 들을 수 있을 것이다. 세포 수복 기계를 위해 제안했던 것과 같은 나노기술을 이용한다면 이들은 적은 비용으로 전체 국민을 침묵시키고 로봇으로 만들거나 변화시킬 수 있을 것이다. 이것은 너무나 익숙한 하나의 패턴을 연장하는 데 불과할 것이다. 지구에는 이미 여러 국가가 국민을 염탐하고 고문하고 약을 먹인다. 진보한 기술은 그런 가능성을 늘려줄 뿐이다.

하지만 진보한 기술이 있으면 국가는 국민을 통제할 필요가 없다. 그 대신 국민을 그냥 **저버릴** 수도 있을 것이다. 어쨌든 많은 국가의 대부분의 사람은 노동자나 예비 노동자, 혹은 노동자 양육자로서 기능하고 노동자의 대부분은 뭔가를 만들고 옮기고 키운다. 복제하는 분자 조립 기계를 보유한 국가가 있다면 해당 국가는 그런 노동이 필요 없을 것이다. 게다가 진보한 인공지능 시스템은 엔지니어, 과학자, 행정가 심지어 지도자까지 대체할 수 있을 것이다. 나노기술과 진보된 인공지능 시스템이 결합하면 똑똑하고 효율적인 로봇을 제조할 수 있을 테고, 그런 로봇이 있으면 한 국가는 번창할 수 있을 것이다. 어떤 사람, 혹은 (원리적으로는) 모든 사람을 해고하면서 말이다.

이런 가능성의 영향은 그 국가가 국민에게 봉사하기 위해서 존재하느냐 혹은 국민이 국가에 봉사하기 위해서 존재하느냐에 좌우된다.

전자라면 우리는 인간의 보편적인 목적에 봉사하도록 사람이 고안한 국가를 갖게 된다. 민주주의 국가는 이런 이상에 적어도 대체로라도 근접한다. 만일 민주적으로 통제되는 정부가 사람들을 더 이상 필요로 하지 않게 된다면 이는 기본적으로 사람들을 관료나 납세자로 이용할 필요를 느끼지 않는다는 의미가 될 것이다. 이것은 새로운 가능성을 열어주는데 그중 일부는 바람직한 것으로 드러날 수 있다.

후자라면 우리는 인간을 착취하기 위해 진화한 국가, 아마도 전체주의 계보를 따라 진화한 국가를 갖게 된다. 국가는 노동자로서의 사람이 필요했는데, 이는 과거에나 지금이나 인간의 노동이 권력의 필수 기초이기 때문이다. 게다가 집단 학살은 조직과 실행에 비용이 많이 들고 많은 골칫거리를 유발한다. 그럼에도 금세기 전체주의 국가는 자신의 국민을 수백만 명씩 학살했다. 진보한 기술은 노동자를 불필요하게 만들고, 집단 학살을 실행하기 쉽게 만들 것이다. 역사가 시사하는 바는 그런 시대가 오면 전체주의 국가들은 국민을 대량으로 제거할지 모른다는 것이다. 여기에는 약간의 위안이 있다. 생물학적으로 우리를 노예로 만들 의사와 능력이 있는 국가는 그 대신 우리를 그저 죽이고 말 가능성이 커 보인다는 점이다.

국가의 손에 들어간 진보된 기술이 대변하는 위협은 한 가지를 온전히 분명하게 해준다. 압제적인 국가가 앞으로 다가오는 혁신적 발전에 앞장서도록 방치할 여유가 우리에게는 없다는 사실이다. 지금껏 그 개요를 설명한 기본적 문제의 내용은 명백하다. 신기술은 과거와 마찬가지로 미래에도 사고와 남용에 취약할 것이다. 복제자와 생각하는 기계는 새롭고 커다란 힘을 가져다줄 것이기에 사고와 남용의 가능성 역시 지대할 것이다. 이런 가능성은 우리 삶에 진정한 위협이 된다.

대부분의 사람은 살 수 있는 기회를 좋아하며 스스로의 삶의 방식을 자유로이 선택할 수 있을 것이다. 이런 목표는 지나치게 유토피아적으로 보이지는 않을 것이다. 적어도 세계의 일부 지역에서는 말이다. 이는 모든 사람의 삶을 어떤 위대한 계획에 맞추도록 강요한다는 의미가 아니라 노예화와 죽음을 피한다는 의미를 주로 담고 있다. 하지만 이는 유토피아의 꿈이 실현되는 것과 마찬가지로 놀라운 미래를 가져다줄 것이다.

삶과 죽음의 문제와 이런 일반적 목표를 고려했을 때, 우리는 어떤 척도가 성공에 도움이 될지 검토할 수 있다. 전략에는 사람, 원칙, 제도가 반드시 포함되어야 할 뿐 아니라 기술을 필연적으로 수반하는 전술을 바탕으로 해야 한다.

믿을 만한 시스템

이처럼 강력한 기술을 안전하게 이용하려면 신뢰할 수 있는 하드웨어를 만들어야 한다. 하드웨어를 신뢰하려면 기술적인 사실들을 정확하게 판단할 능력을 갖추고 있어야 한다. 이런 능력은 이를 판단할 국가 기관의 능력에 부분적으로 좌우된다. 하지만 좀 더 근본적으로 이는 신뢰할 만한 하드웨어가 물리적으로 가능한가에 달려 있게 될 것이다. 이는 부품 및 시스템의 신뢰성 문제다.

우리는 흔히 분자 조립 기계의 도움 없이도 신뢰할 만한 부품을 만들 수 있다. '신뢰할 만한'은 '파괴할 수 없는'을 뜻하지는 않는다. 핵폭발 현장에 너무 가까이 가져다놓으면 무엇이라도 망가지게 마련이다. 이는 심지어 '내구적'이라는 뜻도 아니다. TV 수상기는 신뢰할 만할 수도 있지만 콘크리트 바닥에 내동댕이친다면 망가지게 마련이다. 우리가 무언가를 신뢰할 만하다고 평가하는 것은 그것이 설계된 대로 작동한다고 믿을 수 있을 때다.

신뢰할 만한 부품은 완벽한 설계의 완벽한 구현일 필요가 없다. 충분히 조심스러운 설계를 충분히 훌륭하게 구현한 것이면 족하다. 다리를 설계하는 엔지니어는 바람의 강도, 통행의 하중, 강철의 강도를 확신하지 못할 수 있다. 하지만 바람이 강하고 통행량이 많으며 강철은 약하다고 가정함으로써 무너지지 않을 다리를 설계할 수 있다.

예상치 못한 부품 고장은 보통 소재의 흠이 원인이다. 하지만 분자 조립 기계가 만드는 부품은 그렇지 않을 것이다. 제자리를 벗어난 원자의 숫자는 무시할 만한 수준일 것이며, 필요하다면 그런 원자가 전혀 없게 만들 수도 있을 것이다.[3] 이렇게 만들어진 부품은 완전히 균일할 것이며, 어떤 제한된 의미로는 완벽하게 신뢰할 수 있을 것이다. 그렇다 해도 방사선이 피해를 끼칠 수는 있다. 불시에 우주선宇宙線(우주에서 지구로 쏟아지는 입자와 방사선.-옮긴이)이 원자에 부딪쳐 다른 것에서 그것을 분리시킬 수도 있다.[4] 부품이 충분히 작은 경우(심지어 현대 컴퓨터 메모리 장치도 여기에 포함된다), 단 한 개의 방사선 입자로 고장을 일으킬 수 있다.

하지만 부품이 고장 나더라도 시스템은 작동할 수 있다. 그 핵심은 중복성이다. 예컨대 하나의 다리가 여러 개의 강선에 매달려 있는데 그 강선이 무작위로 고장 난다고 생각해보자. 1년에 약 한 개 꼴로 끊어지는데 그 시기는 알 수 없다고 하자. 강선이 한 개만 끊어져도 다리가 떨어진다면 그 다리는 사용하기에 너무나 위험하다. 그렇지만 끊어진 강선을 수리하는 데 하루가 걸린다고 생각해보자 (예비 강선을 갖춘 숙련된 보수팀을 상시 호출할 수 있다). 그리고 다리를 지탱하는 데는 다섯 개의 강선이 필요하지만 실제로는 여섯 개를 장착해두었다고 해보자. 이제 강선 한 개가 끊어져도 다리는 제자리를 지킬 것이다. 교통을 통제하고 강선을 교체하면 다리는 다시 안전해진다. 이 다리가 무너지려면 첫 번째 강선이 끊어진 당일에 또 하나의 강선이 끊어져야 한다. 하루 중 끊어질 확률이 365분의 1인 강선 여섯 개를 갖춘 다리는 아마도 약 10년간 존속할 것이다. 그래도 이 다리는 여전히 위험하다.

하지만 열 개의 강선(다섯 개는 필수, 다섯 개는 여분)을 갖춘 다리라면 같은 날 여섯 개가 한꺼번에 끊어지지만 않는다면 무너질 일이 없다. 이런 현수교는 약 1,000만 년 동안 존속할 가능성이 크다. 열다섯 개의 강선을 갖춘다면, 다리의 예상 수명은 지구 나이의 1만 배를 넘을 것이다. 중복성은 안전성을 지수적으로 강화해줄 수 있다.

중복성이 가장 잘 작동하는 것은 중복 부품들이 정말 독립되어 있을 때다. 설계 과정을 신뢰하지 않는다면 우리는 각기 독자적으로 설계된 부품을 사용해야 한다. 만일 폭탄이나 탄환, 우주선이 서로 인접해 있는 부품 여러 개를 동시에 망가뜨릴 수 있다면, 우리는 중복 부품들을 더 멀리 떨어뜨려놓아야 한다. 두 개의 섬 사이에 믿을 만한 교통수단을 공급하려는 엔지니어라면 다리에 강선만 추가해서는 안 된다. 각기 다르게 설계된 두 개의 독립된 다리를 건설하고 추가로 해서 터널 하나, 연락선 하나, 이들 섬으로 운행하는 두 곳의 내륙 공항을 마련해야 한다.

컴퓨터 엔지니어도 중복성을 이용한다. 예컨대 스트라투스컴퓨터 사[5]는 CPU, 중앙 처리 장치 네 개분(두 쌍)의 일을 처리하는 기계를 만든다. 신뢰성을 크게 향상시키기 위해서다. 각 쌍의 내적 일관성은 끝없이 점검되고 있으며 고장 난 쌍이 생기는 경우 다른 쌍이 계속 일하는 동안 교체할 수 있다.

이보다 더욱 강력한 형태의 중복성은 **설계의 다양성[6]**이다. 컴퓨터 하드웨어에서 이것은 각기 **다르게 설계된** 여러 대의 컴퓨터를 병렬로 연결해 작업한다는 뜻이다. 이렇게 중복해놓으면 하드웨어 한 조각의 고장뿐 아니라 하드웨어 설계에 따른 오류도 바로잡을 수 있다.

오류가 없는 대형 프로그램을 작성하는 문제에는 많은 진전이 있었다. 많은 사람이 그런 프로그램은 개발과 디버그(오류 수정)가 불가능하다고 본다. 하지만 UCLA 컴퓨터과학학과의 연구자들은 설계의 다양성이 소프트웨어에서도 사용될 수 있다는 것을 보여주었다. 동일한 문제에 여러 프로그래머들이 각기 독립적으로 달라붙어서 프로그램을 작성하게 한다. 이 프로그램 모두를 병렬로 작동시켜 투표로 답을 채택하게 한다. 이러면 작성과 작동 비용이 몇 배로 든다. 하지만 이렇게 만든 소프트웨어 시스템은 그 내부의 한 부분에서 등장하는 버그에 저항력을 지닐 수 있다.

우리는 중복성을 이용해 복제자들을 제어할 수 있다. 수복 기계가 여러 개의 DNA 가닥[7]을 비교해서 한 세포 내에 있는 유전자들의 돌연변이를 바로잡는 방식은 이미 설명했다. 이와 마찬가지로 지시문의 복사본 여러 개를 비교하는 (혹은 여타의 효율적인 오류 교정 시스템을 이용하는[8]) 복제자들은 지시문 '유전자'의 돌연변이에 저항할 수 있을 것이다.

우리는 극도로 신뢰성이 높은 시스템을 만들 수 있지만 여기에는 비용이 뒤따른다. 중복성은 시스템을 더 무겁고 덩치가 크고 비싸고 비효율적이게 한다. 하지만 나노기술이 만드는 것들은 대부분이 애당초 더 가볍고 작고 싸고 효율적인 제품이다. 이는 중복성과 신뢰성을 더욱 현실적인 것이 되게 해줄 것이다.

오늘날 우리는 가능한 가장 안전한 시스템을 위해 기꺼이 돈을 지불하는 일이 드물다. 고장을 다소간 자발적으로 용인하며 신뢰성의 진정한 한계를 고려하는 일도 드물다. 이는 달성 가능성에 대한 판단을 왜곡한다. 실패는 마음속에 오래 기억되지만, 매일매일 이루어지는 성공은 거의 주의를 끌지 않는다. 언론이 이런 경향을 증폭시킨다. 세계 곳곳에서 일어나는 실패 중 가장 극적인 것을 보도하고 끝없이 계속되는 지루한 성공은 무시하는 것이다. 이보다 더 나쁜 것은 중복 시스템의 구성 부품들이 눈에 보이는 방식으로 고장 날 수 있다는 점이다. 이것은 경보를 불러일으킨다. 다리의 강선한 개가 끊어져 있다면 이를 언론이 어떻게 보도할지 생각해보라. 설사 그 다리가 위에서 예시한 대로 열다섯 개의 강선으로 지탱되는 초안전 모델이라고 해도 말이다. 그리고 중복 부품이 추가되면 어느 한 부품이 고장 날 확률은 늘어나게 마련이므로, 어느 시스템이 완벽에 가까운 신뢰성을 지닐수록 더욱더 신뢰성이 낮아 보일 가능성이 있다.

겉보기는 별도로 치고, 무결점의 중복 부품으로 만들어진 중복

시스템은 거의 완벽하게 신뢰할 수 있도록 만들어지는 경우가 흔하다. 충분히 넓은 공간에 퍼진 중복 시스템은 심지어 탄환과 폭탄 세례에도 살아남을 것이다.

그러나 설계 오류는 어떻게 할까? 중복되는 부품이 열 몇 개 있더라도 만일 이들이 설계상의 치명적 오류를 공유하고 있다면 아무 도움이 되지 않을 것이다. 이를 극복하기 위한 하나의 방법이 설계의 다양성이고, 확실한 검사가 또 다른 답이다. 우리는 스스로 신뢰할 만큼 훌륭한 설계가가 되지 않더라도, 신뢰할 만한 훌륭한 설계를 진화시킬 수 있다. 우리는 그저 검사에 능하고 땜질에 능하고 참을성이 강하기만 하면 된다. 자연은 작동하는 분자 기계를 진화시켰는데 이는 지성이 전혀 없는 땜질과 검사를 통해서였다. 지성이 있는 우리는 그와 동등하거나 더 뛰어나게 같은 일을 해낼 수 있다.

신뢰할 만한 자동화 엔지니어링 시스템을 개발할 수 있다면 신뢰할 만한 하드웨어를 설계하는 일은 쉬울 것이다. 하지만 이는 믿을 만한 인공지능 시스템을 개발한다는 더 큰 화제를 불러일으킨다. 신뢰할 만한 하드웨어를 가지고 인공지능 시스템을 만드는 것은 어렵지 않을 것이다. 하지만 그 소프트웨어는 어떻게 할 것인가?

현재의 인공지능 시스템이나 인간의 지성과 마찬가지로, 진보한 인공지능 시스템은 많은 단순한 부품이 상승 작용을 하도록 결합한 형태가 될 것이다. 각 부분은 전체 시스템에 비해 전문성은 더 크고 지능은 더 낮을 것이다. 어떤 부분은 그림과 소리와 여타 자료를 찾아본 다음 이들의 의미가 무엇인지 제시할 것이다. 다른 부분들은 이렇게 제시된 내용들을 비교해 판단하는 일을 맡을 것이다. 인체 시각 시스템의 패턴 인식기들이 오류와 시각적 환경을 겪는 것처럼 인공지능 시스템의 패턴 인식기들도 같은 일을 겪을 것이다(사실, 일부 진보된 기계 시각 시스템은 이미 우리에게 익숙한 시각적 환경을 겪고 있다). 그리고 인간 지성의 여타 부분이 흔히 환상을 인식하고 이를 보정할 수 있는 것처럼 인공지능 시스템의 여타 부분도 이와 같은 일을 할 것이다.

인간의 마음에서처럼 인공지능에도 불확실한 추측을 하는 부분이 있을 것이다. 그리고 잘못된 추측이 지나친 관심을 끌거나 중요한 결정에 영향에 미치기 전에 그런 추측 대부분을 버리는 부분도 있을 것이다.[9] 윤리적 견지에서 행동 아이디어를 거부하는 정신적 부분은 우리가 양심이라고 부르는 것에 대응한다. 많은 부분으로 구성된 인공지능 시스템은 중복성과 설계의 다양성을 이용할 여유를 가질 것이다. 이것이 인공지능 시스템을 신뢰할 수 있게 하는 요소다.

진정하고도 유연한 인공지능 시스템이라면 아이디어를 진화시켜야 한다. 그러려면 가설을 찾아내거나 형성하고 변수를 생성하고 가설을 검사한 다음 이를 수정하거나 부적절하다고 판단되는 경우에는 버려야 한다. 이런 능력 중 어느 부분이라도 제거한다면 그 기계는 멍청하고 완고하거나 미친 기계(젠장 할 놈의 기계가 생각할 줄을 몰라. 자기 실수에게 배울 줄도 몰라. 내다 버려!)가 될 것이다. 처음의 잘못된 생각에 계속 발목을 잡히지 않으려면 이 기계는 상충하는 견해를 검토해야 할 것이다. 각각의 견해가 자료를 얼마나 잘 해석하는지, 한쪽의 견해가 다른 쪽의 견해를 설명할 수 있는지 아닌

지 살펴보면서 말이다.

과학 공동체도 이와 유사한 과정을 거친다. MIT 인공지능연구소의 윌리엄 콘필드William A. Kornfeld와 칼 휴잇Carl E. Hewitt은 〈과학 공동체 비유The Scientific Community Metaphor〉[10]라는 논문에서 다음과 같이 설명한다. 인공지능 연구자들은 프로그램을 만들 때 과학 공동체의 발전된 구조를 점점 더 가까운 모델로 삼는다. 이들이 들먹이는 것은 과학의 다원주의, 경쟁하는 제안자들의 다양성, 지지자와 비판자다. 제안자가 없으면 아이디어가 등장하지 않고 지지자가 없으면 아이디어가 성장하지 않으며 잡초를 솎아낼 비판자가 없으면 나쁜 아이디어가 좋은 아이디어를 몰아낼 수 있다. 이는 과학, 기술, 인공지능 시스템 그리고 우리 자신의 마음의 일부에 정확히 해당되는 말이다.

다양한 제안자들, 지지자들, 비판자들이 중복적으로 가득 찬 세계를 지녔다는 점은 과학 기술의 진보를 신뢰할 만하게 만들어주는 대목이다. 제안자들이 더 많으면 좋은 제안이 더 흔해진다. 비판자들은 더 많은 나쁜 제안을 취약하게 한다. 그 결과 더 좋은 수많은 아이디어가 생긴다. 인공지능 시스템이 건전한 아이디어를 개발하는 데 이와 유사한 형태의 중복성이 도움을 줄 수 있다.

사람들은 가끔 진리와 윤리를 자신의 행동 기준으로 삼는다. 그리고 우리는 이와 유사하게, 그러나 이보다 더 신뢰할 만하게 행동하는 인공지능 시스템을 진화시킬 수 있어야 한다. 우리보다 100만 배 빠르게 생각할 수 있는 인공지능 시스템은 다시 생각해볼 시간이 많을 것이다. 인공지능 시스템을, 적어도 인간 기준에서는 믿을

만하게 만들 수 있다.[11]

나는 인공지능 시스템과 인간의 마음을 흔히 비교해왔지만 사실 양자의 유사성은 그리 클 필요가 없다. 한 사람을 모방할 수 있는 시스템은 사람과 비슷할 필요가 있을지 몰라도 자동화 엔지니어링 시스템은 아마도 그럴 필요가 없을 것이다. 아고라Agora(만남과 장터를 뜻하는 그리스어) 시스템이라 불리는 하나의 안[12]은 독립된 수많은 소프트웨어로 구성되어 있는데 각자 서로에게 서비스를 제공하고 돈을 받는 방식으로 상호 작용한다. 대부분의 소프트웨어는 단순한 전문가일 테지만 일부는 설계 변경을 제안할 능력이 있고, 다른 것들은 변경안을 분석할 능력이 있다. 지구 생태계가 특이한 유기체를 진화시킨 것처럼 이 컴퓨터 경제 체제도 특이한 설계를 진화시킬 수 있을 것이다. 아마도 생태계와 동등하게 마음이 없는 방식으로 말이다. 게다가 이 시스템은 많은 기계에게 퍼질 것이고, 많은 사람이 작성한 부분으로 구성되어 있기 때문에 다양하고 튼튼하며 특정 집단이 장악해 악용하기 어려울 것이다.

결국, 자동화 엔지니어링 시스템은 오늘날 인간 엔지니어의 어떤 집단이 할 수 있는 것보다 더욱 믿을 만하게[13] 사물을 설계할 능력을 어떻게든 갖출 것이다. 우리의 과제는 이 시스템들을 올바로 설계하는 것이다. 우리는 신뢰할 만한 시스템을 신뢰할 만하게 개발하는 인간 조직이 필요해질 것이다.

인간이 만든 조직들은 진화한 인공적 시스템이며 개별 구성원이 해결하지 못하는 문제들을 해결할 수 있다. 이런 해결 능력 덕분에 이 조직들은 일종의 '인공지능 시스템'이라고 할 수 있다. 기업체,

군대, 연구소는 모두가 그런 사례에 해당되며 시장과 과학 공동체라는 좀 더 느슨한 구조 역시 마찬가지다. 심지어 정부도 인공지능 시스템으로 볼 수 있다. 덩치 크고 게으르고 혼란에 빠져 있는 조직이지만 그럼에도 초인적 능력을 갖추고 있다. 그리고 헌법상의 견제와 균형이라는 것도 조직의 다양성과 중복성을 통해 정부의 신뢰성을 높이려는 시도에 불과하지 않겠는가? 똑똑한 기계를 만들게 되면 우리는 이들이 상호 견제와 균형을 이루게 하는 데 바로 이들을 이용하게 될 것이다.

이와 동일한 원리를 적용해서 우리는 신뢰성이 높으면서 강력한 견제와 균형을 갖춘 기술 지향적 조직을 발전시킬 수 있을 것이다. 그다음 우리는 이 조직들을 이용해, 다가오는 기술적 대혁신을 다루려면 갖추고 있어야 할 시스템의 개발을 이끌게 될 것이다.

분자 조립 기계의 발전을 위한 전략

세상에는 분자 조립 기계 개발의 선두에 서는 일부 세력(믿을 수 있든 그렇지 않든)이 있을 것이다. 이를 '선도 세력'이라고 부르자. 분자 조립 기계의 전략적 중요성을 감안하면 이런 조직이나 기구는 아마도 몇몇 정부나 정부 집단의 효과적인 통제를 받고 있을 것이다. 문제의 단순화를 위해서 우리(현명해지려고 노력하는 좋은 사람들)가 선도 세력을 위한 정책을 만들 수 있다고 가정하자. 이는 민주 국가 시민이 취할 만한 훌륭한 태도로 보인다.

살 만한 가치가 있는 미래에 도달할 가능성을 확대하기 위해 우리는 무엇을 해야 할까? 무슨 일을 할 수 있을까?

우리는 일어나지 않아야 하는 일에서부터 시작할 수 있다. 잘못된 종류의 자가 복제 분자 조립 기계가 단 한 대라도 무방비 상태의 세상에 풀려나지 않도록 해야 한다. 이를 효과적으로 대비하는 일은 가능해 보인다(곧 설명할 예정이다). 하지만 이런 대비책은 분자 조립 기계 시스템을 기반으로 해야 하는데 이 시스템은 오직 위험한 복제자 제작이 가능해진 다음에만 구축할 수 있다. 사전 설계가 선도 세력의 대비책 마련에 도움이 될 수는 있지만, 설사 효과적이고 선견지명 있는 조치가 있다 해도 위험의 시대를 막기에는 불충분해 보인다. 그 이유는 단순하다. 위험한 복제자는 이를 막아낼 시스템에 비해 설계하기가 훨씬 더 간단할 것이다. 이는 박테리아가 인체의 면역계보다 훨씬 더 간단한 구조를 지닌 것과 같은 이치다. 우리가 나노기술을 길들이는 방법을 배우는 동안 이 기술을 억제할 전략이 필요해질 것이다.

하나의 분명한 전략은 차단이다. 선도 세력은 복제자 시스템을 여러 겹의 벽 뒤나 우주의 실험실 속에 넣어둘 수 있을 것이다. 단순한 복제자들은 지능이 없을 것이며 도망가서 제멋대로 자라도록 설계되지도 않았을 것이다. 이 때문에 이들을 억제하는 것은 그리 큰 문제로 보이지 않는다.

이보다 좋은 일은, 만일 도망간다면 제멋대로 자라지 못하는 복제자를 우리가 설계할 수 있으리라는 점이다. (세포에서처럼) 복제 횟수를 일정한 숫자로 제한하는 계수기를 부착하는 방법도 있을 것이다. 특수한 합성 '비타민'과 같이 실험실에만 존재하는 기묘한 환경이 필요해지도록 만들 수도 있을 것이다. 복제자들은 현대의 어느 해충보다 강인하고 게걸스러운 속성을 지니도록 만들어질 수 있다. 또한 우리는 쓸모 있고 무해한 속성을 지니도록 복제자를 만들 수도 있다. 우리는 이들을 처음부터 새로이 설계할 것이기에 이들은 살아 있는 세포가 진화 과정에서 획득한 것과 같은 기본 생존 기술을 가질 필요가 없다.

또한 이들은 진화 능력을 갖출 필요도 없다. 우리는 복제자들에게 그들의 '유전적' 설명이 담긴 중복적 복사본들을 갖추게 해줄 수 있다. 돌연변이를 바로잡을 수리 방법과 함께 말이다. 우리는 또한 손상이 축적되어 항구적인 돌연변이가 일어날 가능성이 상당한 수준에 이르기 전에 작동을 그만두도록 복제자들을 설계할 수 있다. 마지막으로, 우리는 만일 돌연변이가 실제로 일어난다 해도 이들이 진화는 하지 못하도록 복제자들을 설계할 수 있다.

실험에서 드러난 바에 따르면 대부분의 컴퓨터 프로그램들은 (레너트 박사의 유리스코처럼 특별히 설계된 인공지능 프로그램이 아닌 한[14]) 행태를 조금씩 변화시키는 방법으로 돌연변이에 대응하는 일이 극히 드물다. 변하는 게 아니라 그저 멈춰 서는 것이 일반적인 행태다. 이들은 스스로에게 유용한 방식으로 변이를 일으킬 수 없기 때문에 진화도 할 수 없다. 별도의 목적을 지니도록 특별히 설계되지 않은 한, 나노컴퓨터의 지시를 받는 복제자들은 공통으로 이런 한계를 갖게 될 것이다. 오늘날 유기체들이 진화에 아주 능한 부분적인 이유는 이들이 진화한 선조의 후손이라는 데 있다. 이들은 진화하는 능력을 갖추는 방향으로 진화했다. 이것이 복잡하게 유성 생식을 하는 이유이며 정자와 난자 세포를 생성할 때 염색체의 조각들을 뒤섞는 이유 중 하나다. 우리는 단순히 이와 유사한 재능을 복제자들에게 부여하는 일을 게을리 하기만 하면 된다.[15]

선도 세력의 입장에서, 복제하는 분자 조립 기계들을 쓸모 있고 무해하며 안정적이게 만드는 것은 쉬운 일이다. 하지만 분자 조립 기계들을 절도나 남용에서 지키는 일은 또 다른 문제인 데다 훨씬 심각한 문제다. 영리한 적수를 상대로 하는 게임이 될 것이기 때문이다. 하나의 전술로서 우리는 분자 조립 기계들을 안전한 형태로 이용할 수 있게 만듦으로써 이를 훔쳐 갈 유인책을 줄일 수 있다. 어쨌거나 선도 세력은 후발 세력에게 추격당할 것이다.

제한적인 분자 조립 기계

4장에서 나는 통 속의 분자 조립 기계 시스템들이 어떻게 해서 뛰어난 로켓 엔진을 만들 수 있는지 서술했다. 또한 씨앗처럼 행동하는 분자 조립 기계 시스템들을 우리가 만들 수 있을 것이라고 언급했다. 태양 빛과 보통 물질을 흡수해 거의 모든 것으로 자라나는 씨seed 말이다. 특별한 목적을 지닌 이런 시스템들은 스스로를 복제하지 않을 것이고, 복제한다 해도 일정한 횟수만큼만 할 것이다. 이들은 자신들이 만들도록 프로그램된 것만 만들 것이고, 그 시기는 제작 지시를 받았을 때가 될 것이다. 분자 조립 기계가 만든 특별한 도구가 없는 사람은 이 기계들이 다른 목적에 봉사하도록 프로그램을 다시 만들어 넣을 수 없을 것이다.

이런 종류의 제한적 분자 조립 기계를 사용해서 사람들은 기계에 장착된 한계를 조건으로 원하는 모든 것을 필요한 만큼 만들 수 있을 것이다. 핵무기를 만들도록 입력되지 않은 이상 핵무기를 만드는 일은 없을 것이다. 만일 일부 복제자에 집, 자동차, 컴퓨터, 칫솔, 그 외 여러 가지를 만들라는 프로그램이 입력되어 있다면 이 제품들은 매우 값싸고 풍부해질 것이다. 제한적 분자 조립 기계가 만드는 기계들은 우주를 개척하고, 생물권을 치유하며, 인간의 세포를 수리하도록 해줄 것이다.

이런 전략은 제한 없는 분자 조립 기계를 당장 쓸 수 있도록 해야 한다는 도덕적 압력을 완화해줄 것이다. 그러나, 제한적 분자 조립 기계는 모종의 정당한 수요를 여전히 채워지지 않은 채 내버려둘 것이다. 과학자들이 연구를 수행하려면 자유로이 프로그램할 수 있는 분자 조립 기계가 필요하다. 엔지니어들은 설계를 검사하는 데 분자 조립 기계가 필요하다. 이런 수요는 봉인된 분자 조립 기계 실험실에서 충족될 수 있을 것이다.

봉인된 분자 조립 기계 실험실

독자의 엄지손가락만 한 컴퓨터 부품을 마음속에 그려보라. 부품 바닥에는 최첨단 플러그가 장치되어 있다. 회색의 지루한 플라스틱처럼 보이는 장치의 표면에는 일련번호가 인쇄되어 있다. 하지만 이 봉인된 분자 조립 기계 실험실은 분자 조립 기계가 만든 것으로서 그 안에는 많은 것이 들어 있다. 그 내부의 플러그 위에는 커다란 나노전자 컴퓨터가 진보된 분자 모의실험 소프트웨어(분자 조립 기계 개발 기간에 발전한 소프트웨어에 기반을 둔)를 돌리고 있다. 분자 조립 기계 실험실의 전원을 꽂고 스위치를 켜면 분자 조립 기계가 만든 당신의 가정용 컴퓨터는 실험실 컴퓨터의 모든 모의실험 내용을 3차원 영상으로 보여준다. 여기서 원자는 색이 있는 공으로 나타난다. 당신은 조이 스틱을 이용해 모의실험상의 분자 조립 기계의 팔에게 물건을 만들라는 지시를 내릴 수 있다. 프로그램은 기계 팔을 더 빨리 움직일 수 있고 눈 깜빡할 사이에 스크린 상에 정교한 구조물을 만들어낸다. 모의실험은 언제나 완벽하게 작동하는데 이는 나노컴퓨터가 속임수를 쓰기 때문이다. 당신이 모의 팔로 모의 분자를 이동하게 만들면 컴퓨터는 실제 팔에게 실제 분자를 이동시키라는 명령을 내린다. 그다음에 컴퓨터는 계산 결과를 바로잡을[16] 필요가 있을 때마다 이동 결과를 점검한다.

엄지손가락 크기인 이 물체의 끝에는 구체가 하나 달려 있다. 구체는 수많은 동심원 층이 쌓인 구조로 이루어져 있다. 가느다란 전선들이 층들을 뚫으며 전력과 신호를 전달한다. 이 전선들은 바닥에 위치한 나노컴퓨터가 구체 중심에 있는 장치와 교신할 수 있게 해준다. 동심원의 가장 바깥층은 센서로 구성되어 있다. 이를 제거하거나 거기에 구멍을 내려는 시도는 중심부 근처에 있는 층에 신호를 보내게 만든다. 그다음 층 안에는 압축 응력을 받은 다이아몬드 합성물로 구성된 두터운 원형 껍질이 들어 있다. 껍질의 바깥층은 잡아 늘여져 있고 안층은 압축되어 있다. 안층은 열 절연체 층을 감싸고 있고 이 층은 다시 후추 알 크기의 원형 껍질을 둘러싸고 있다. 이 껍질은 금속과 산화제로 구성된 미세한 벽돌을 주의 깊게 배치한 것이다. 여기에는 전기 점화 장치가 연결되어 있다. 바깥의 센서 층에 만일 구멍이 나면 이 점화 장치에 불이 붙는다. 그러면 금속과 산화제로 이루어진 폭약이 몇분의 1초 만에 타올라서 산화 금속 가스를 만들어내는데, 이 가스는 물보다 진하고 태양 표면만큼 뜨겁다. 하지만 이 불꽃은 크기가 작아서 금방 식고 다이아몬드로 구성된 껍질이 그 막대한 압력을 버텨준다.

이 폭약은 이보다 작은 합성물 껍질을 둘러싸고 있고, 이 껍질은 센서로 구성된 다른 층을 둘러싸고 있다. 이 층 역시 폭약에 불을 당길 수 있다. 이 센서들은 봉인된 분자 조립 기계 실험실이 들어 있는 공간을 둘러싸고 있다.

이런 정교한 예방 수단이 '봉인된'이라는 용어의 근거다. 외부에서는 내용물을 파괴하지 않고서는 실험실 공간을 열 수 없다. 그리고 어떤 분자 조립 기계나 분자 조립 기계가 만든 구조물도 내부로부터 탈출할 수 없다. 이 시스템은 정보를 내보내기 위해 설계되었지 위험한 복제자나 위험한 도구를 내보내기 위한 것이 아니다. 각각의 센서 층은 센서로 구성된 많은 중복성 층으로 구성되어 있다. 각 센서[17]는 가능한 어떤 종류의 침입이라도 감지할 수 있으며 각각이 다른 센서에 있을지도 모를 흠을 보완하도록 되어 있다. 침입이 일어나면 폭약이 점화되어 실험실의 온도를 존재할 수 있는 모든 물체를 녹일 만큼 올리게 되고, 그러면 위험한 장치가 이 폭발에서 살아남을 수 없게 된다. 이 모든 보호 장치들은 크기가 자신들의 약 100만분의 1인 무언가를 집단적으로 제압하기 위해 한자리에 모인 것이다. 실험실은 머리카락 굵기보다 작은 구형의 작업 환경을 제공하는 데 그 속에 들어갈 수 있는 무언가가 유사시 제압해야 할 대상이다.

이 작업 공간은 통상적인 기준에서는 작지만 수백만 개의 분자 조립 기계와 수천조 개의 원자를 충분히 수용할 수 있다. 이들 봉인된 실험실은 사람들로 하여금 심지어 게걸스러운 복제자를 포함하는 여러 장치를 완벽한 안전 속에서 만들고 검사할 수 있게 해준다. 아이들은 그 속의 원자들을 거의 무한한 부품을 지닌 건축 장난감으로 이용할 것이다. 취미 생활자들은 다양한 장치를 만드는 프로그램을 서로 교환할 것이다. 엔지니어들은 새로운 나노기술을 만들고 시험할 것이다. 화학자, 소재 과학자, 생물학자 들은 장치를 만들고 실험할 것이다. 생의학 엔지니어들은 생물 샘플 주위에 만든 실험실에서 초기의 세포 수복 기계를 개발하고 검사할 것이다.

이 과정에서 사람들은 컴퓨터 회로, 강력 소재, 의학 장치, 혹은 무엇에 관한 것이든 유용한 설계를 자연스럽게 개발하게 될 것이다. 그 결과물들은 안전성에 대한 공개 검토가 끝난 뒤 봉인 실험실 바깥에서 이용할 수 있을 것이다. 제한적인 분자 조립 기계에 이들을 제작하라는 프로그램을 입력한다는 말이다. 봉인된 실험실과 제한적 분자 조립 기계는 상보적인 쌍이 될 것이다. 전자는 우리로 하여금 자유로이 발명하게 해줄 것이며 후자는 우리가 발명한 것을 안전하게 누리게 해줄 것이다. 설계와 생산 사이에 한숨 돌릴 기회가 있는 것은 우리가 치명적인 기습 공격을 받지 않도록 하는 데 도움이 될 것이다. 봉인된 분자 조립 기계 실험실은 사회 전체가 그 창조성을 나노기술 문제에 적용할 수 있도록 해줄 것이다. 그리고 이것은 독립적인 세력이 위험한 뭔가를 제작하는 법을 알았을 때를 대비한 우리의 준비 태세를 강화해줄 것이다.

정보 감추기

시간을 벌기 위한 또 다른 전술로서 선도 세력은 스스로가 거시 기술과 분자 기술 사이에 놓았던 다리를 태워버리려 할 수 있다. 이는 최초의 분자 조립 기계를 어떻게 만들었는지에 대한 기록을 파괴한다는 뜻이다(혹은 기록에 대한 접근을 철저히 불가능하게 만든다는 의미다). 선도 세력은 최초의 조악한 분자 조립 기계를 다음과 같은 방식으로 개발할 수 있을 듯하다. 전체 시스템의 작은 조각 이상의 것에 대한 세부 사항은 아무도 알지 못하게 하는 방식으로 말이다. 우리가 1장에서 개관한 길을 따라 분자 조립 기계를 개발한다고 생각해보자. 우리가 최초의 조악한 분자 조립 기계를 만드는 데 사용하는 단백질 기계들은 그때가 되면 즉시 시대에 뒤떨어질 것이다. 우리가 단백질 설계의 기록을 파괴한다면[18] 이 행위는 이 과정을 복제하려는 시도에 방해가 될 뿐이지 나노기술의 계속적인 진보에 장애가 되지는 않을 것이다.

만일 봉인된 실험실과 제한적 분자 조립 기계가 널리 쓰인다면 사람들은 나노기술을 독자적으로 다시 개발할 과학적·경제적 동기를 거의 느끼지 못할 것이다. 그리고 거시 기술에서 나노기술로 넘어오는 다리를 태운 것은 독자 개발을 더욱 어렵게 만들 것이다. 하지만 이런 것들은 지연 전술밖에 되지 못한다. 그들은 독자 개발을 멈추지 않을 것이다. 권력을 향한 인간의 의지는 노력을 촉진할 것이고 결국은 개발에 성공할 것이다. 전체주의 수준의 보편적이고 상세한 감시 활동만이 독자적 개발을 무한정 중단시킬 수 있을 것이다. 만일 그런 감시를 오늘날의 정부 같은 조직이 수행한다면 치료법이 거의 질병만큼이나 위험해질 것이다. 설령 이것이 가능하다 해도 사람들이 완벽하게 경계 태세를 영원히 유지할 수 있을까?

우리는 결국 믿을 수 없는 복제자들이 있는 세상에서 사는 법을 배워야 할 듯하다. 여기서 장벽 뒤에 숨는다거나 멀리 도망치는 전술이 있을 수 있다. 하지만 이는 깨지기 쉬운 방법이다. 위험한 복제자들이 장벽을 돌파할 수도 있고 먼 거리를 건너와 철저한 재앙을 가져올 수도 있기 때문이다. 그리고 장벽은 작은 복제자들에 대한 방비책이 될 수는 있어도 고정된 장벽은 대규모의 조직화된 적의에 대한 방비책은 될 수 없는 법이다.[19] 우리는 좀 더 튼튼하고 유연한 접근법이 필요하다.

능동형 방어막

우리는 인간 면역계의 백혈구 세포와 어느 정도 비슷하게 행동하는 나노기계를 만들 수 있을 것으로 보인다. 박테리아나 바이러스뿐만 아니라 모든 종류의 위험한 복제자와 싸울 수 있는 장치 말이다. 이런 종류의 자동화 방어책을 고정된 벽과 구별한다는 취지에서 **능동형 방어막**이라고 부르자.

보통의 엔지니어링 시스템과 달리, 믿을 만한 능동형 방어막들은 자연이나 서투른 사용자에게 적응하는 것 이상의 일을 해야 한다. 이보다 훨씬 큰 도전, 우세한 상황의 똑똑한 적군이 설계하고 만들 수 있는 모든 종류의 위협에 대처해야 한다. 방어막 장치의 원형을 만들고 개량하는 일은 실험실 규모에서 하나의 군비 경쟁의 상호적인 측면을 실험하는 것과 비슷할 터다. 하지만 여기서의 목표는 믿을 만하게 우세한 방어를 갖추기 위한 최소한의 요건을 찾는 일이 될 것이다.

5장에서 나는 레너트 박사와 그의 유리스코 프로그램이 성공적인 함대를 어떻게 진화시켰는가를 설명했다. 그 함대는 해군이 제시한 전쟁 모의실험 게임의 규칙에 따라 전투를 치렀다. 이와 유사하게 우리는 신뢰할 만한 방어막을 개발하기 위한 진지한 시도를 하나의 게임으로 만들 수 있다. 다양한 규모의 봉인된 분자 조립 기계 실험실을 게임의 무대로 해서 말이다. 우리는 한 무리의 엔지니어, 컴퓨터 해커, 생물학자, 취미꾼, 자동화 엔지니어링 시스템을 초청해 이들이 만드는 시스템이 서로 맞붙도록 할 수 있다. 이런 게임의 제한 요소는 오직 초기 조건, 자연 법칙, 봉인된 실험실의 벽뿐이다. 이 경쟁자들은 무제한의 극미 전투 시리즈를 통해 위협 수단과 방어막을 진화시킬 것이다. 복제하는 분자 조립 기계들이 풍요를 가져다 주었을 때면 사람들에게는 그토록 중요한 게임을 위한 시간이 충분할 것이다.

결국 우리는 유망한 방어막 시스템을 우주의 지구 비슷한 환경에서 실험할 수 있을 것이다. 우리에게 필요한 것은 한 줌의 방만 한 복제자들의 최악의 행태로부터 인간의 생명과 지구 생물권을 보호해줄 유능한 시스템이다. 이 실험의 성공은 그런 시스템의 출현을 가능하게 해줄 것이다.

성공의 가능성

현재의 불확실성을 감안하면, 우리는 아직 위협이나 방어막을 조금이라도 정확하게 서술할 수 없다. 이것은 효과적인 방어막이 가능하다는 것을 전혀 믿을 수 없다는 뜻인가? 믿을 수 없음이 분명하다. 어쨌든 무엇이 가능하다는 것을 아는 것과 그 방법을 아는 것에는 차이가 있다. 그리고 이 경우 세상에는 이와 비교할 성공 사례가 여럿 있다.

침입하는 복제자들을 상대로 한 방어에는 근본적으로 새로운 점이 전혀 없다. 생명체들은 수없는 세월 동안 이런 일을 실행해왔다. 복제하는 분자 조립 기계들은, 비정상적으로 뛰어난 능력이 있기는 하지만, 우리가 이미 아는 것과 다르지 않은 물리적 시스템이 될 것이다. 경험은 그것들이 통제될 수 있다고 말해준다.

바이러스는 세포 내로 침입하는 분자 기계들이다. 세포들은 분자 기계(제한 효소와 항체 같은)를 이용해 이들에 대항한다. 이와 유사하게 각 사회는 범죄자들을 막아내기 위해 경찰을, 침략을 막아내기 위해 군대를 이용한다. 이보다 덜 물질적 수준에서 보자면, 마음은 터무니없는 생각에 대항하기 위해 과학적 방법 같은 밈 시스템을 이용한다. 그리고 사회는 다른 기관의 권력을 막아내기 위해 법원 같은 기관을 이용한다.

앞 단락에서 들었던 생물학적 사례는 10억 년에 걸쳐 군비 경쟁을 치른 다음에도 분자 기계들이 분자 복제자들에 대해 성공적으로 방어하고 있다는 점을 말해준다. 이러한 성공이 시사하는 바는 우리가 정말로 나노기계를 막는데 나노기계를 사용할 수 있다는 점이다.

분자 조립 기계는 많은 진보를 가져다주겠지만, 이 기계가 방어에 불리한 쪽으로만 영원히 영향을 미친다고 볼 이유는 없는 것 같다. 앞서 살펴봤던 사례들은—바이러스가 관련된 예도 있고 국가 기관이 관련된 예도 있다—성공적인 방어가 일반 원리에 근거한다는 것을 주장하기에 충분하다. 혹자는 이렇게 물을 수 있다. 이 모든 방어가 성공해야 할 이유는 뭐지? 하지만 역으로 이렇게 질문해보라. 이들의 방어가 실패해야 할 이유가 뭐지? 각각의 충돌은 유사한 시스템끼리 서로 맞붙다. 공격자라고 해서 명백하게 유리한 점은 전혀 없다.[20] 각각의 충돌에서 공격자는 **잘 구축된** 방어에 직면하게 된다. 방어자는 자기 동네에서 싸우기 때문에 유리하다. 예컨대 준비된 방어 위치, 상세한 지역 정보, 비축 자원, 풍부한 동맹군이 그 예다. 면역계가 세균 한 개를 식별하는 경우, 몸 전체의 자원을 동원할 수 있다. 이 모든 강점은 일반적이고 기본적이어서 특정 기술의 세부 사항과 거의 무관하다. 우리는 위험한 복제자를 상대하는 적극적 방어막에 대해서도 이와 동일한 강점을 부여할 수 있다. 이들은 적의 위험한 무기가 쌓이는 동안 한가롭게 앉아 있지 않아도 된다. 박테리아가 증식하는 동안 면역계가 한가로이 앉아 있지 않는 것과 같은 이치다.

만일 복제하는 분자 조립 기계들을 갖춘 세력 간에 무제한 군비 경쟁이 일어난다면, 그것이 어떤 결과를 가져올지 예측할 수는 없을 것이다. 하지만 이런 상황이 발생하기 전에 선도 세력은 일시적이지만 압도적인 군사적 우위를 누릴 가능성이 매우 크다. 만일 군비 경쟁의 결과가 의심스럽다면, 그 경우 주도 세력은 자신의 힘을 이용해 적수 중 누구도 자신을 따라잡지 못하게 못 박을 가능성이 매우 크다. 만일 이렇게 한다면 능동적 방어막은 대륙이나 태양계의 절반에 해당하는 자원의 뒷받침을 받는 공격을 막지 않아도 될 것이다. 그것이 아니라 경찰이나 면역계 비슷한 처지일 것이다. 이들을 공격하는 자들은 적대적인 영역 내에서 은밀히 긁어모은 자원의 뒷받침 외에는 받지 못하는 것이다.

위에서 인용한 모든 성공적인 방어 사례를 보면 공격자와 방어자는 대체로 유사한 과정을 통해 발전했다. 유전적 진화에 의해 형성된 면역계가 대처하는 위협 역시 유전적 진화에 의해 형성된 것이다. 인간의 마음이 만들어낸 군대는 역시 이와 유사한 위협과 마주친다. 이와 비슷하게, 능동적 방어막과 위험한 복제자 양자는 모두가 밈의 진화로 형성될 것이다. 하지만 만일 선도 세력이 인간 엔지니어보다 100만 배 빠른 속도로 일하는 자동화 엔지니어링 시스템을 개발할 수 있으며 이를 단 1년만 이용할 수 있다면, 이 세력은 100만 년치의 공학 기술적 우위를 기반으로 한 능동적 방어막을 건설할 수 있다. 그런 시스템을 갖추면 우리는 가능성의 한계를 탐사할 수 있을 것이다. 물리적으로 가능한 모든 위험을 방어할 신뢰할 만한 방어막을 건설하기에 충분할 만큼 말이다.

심지어 우리가 위협과 방어막의 세부 사항을 모른다 해도 방어할 수 있다고 믿을 이유는 있는 것 같다. 그리고 밈을 통제하는 밈과 제도를 통제하는 제도의 사례 역시 인공지능 시스템이 인공지능 시스템을 통제할 수 있다고 말해준다.

능동적 방어막 건설에서 우리는 복제자와 인공지능 시스템의 힘을 이용해 방어군의 전통적 이점을 증폭시킬 수 있을 것이다. 우리는 100만 년치의 기술적 우위를 반영한 설계를 기반으로 복제자가 만든 풍부한 하드웨어로 방어군에 압도적인 힘을 부여할 수 있다. 우리는 과거의 시스템을 부끄럽게 만들 정도의 힘과 신뢰성을 지닌 능동적 방어막을 건설할 수 있다.

나노기술과 인공지능은 파괴의 최악의 도구를 출현시킬 수도 있지만 이것들이 원래 파괴적인 속성을 지니지는 않았다. 우리가 신중하다면, 평화의 궁극적 도구를 만드는 데 이들을 이용할 수 있다.

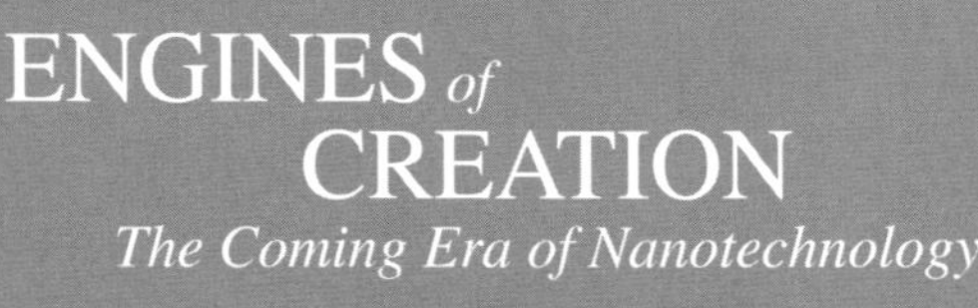

ENGINES *of* CREATION

The Coming Era of Nanotechnology

12

전략과 생존

새로운 치료법을 적용하지 않으려는 자는 새로운 악을 맞이하리라
예상해야만 한다. 시간은 가장 위대한 혁신가이기 때문이다.

—프랜시스 베이컨

12
전략과 생존

지금까지 나는 기술적 가능성의 토대를 굳건히 하는 데만 전념해왔다. 그러나 여기서는 정치와 인간 행동의 영역으로 들어가는 모험을 해야겠다. 이 영역의 토대는 약하다. 하지만 기술적 정보와 진화의 원칙은 그 위에 발을 굳건히 디디고 영토를 탐사할 기반이 되는 굳건한 지점들을 여전히 제공해준다.

진화의 압력이 추동하는 기술 경쟁은 전대미문의 위험을 향해 우리를 몰아가고 있다. 우리는 이런 위험을 다룰 전략을 찾을 필요가 있다. 그렇게 커다란 위험이 앞에 있기 때문에 지금 같은 무분별한 질주의 중단 여부를 검토하는 것은 이치에 맞는 일이다. 하지만 어떻게 그렇게 할 수 있을까?

개인적 자제

개인으로서 우리는 위험한 가능성 쪽을 향하는 연구를 스스로 삼갈 수 있을 것이다. 사실 대부분의 사람들은 삼갈 것이다. 무엇보다 대부분의 사람은 연구자가 아니기 때문이다. 하지만 이 전략은 진보를 중단시키지 못한다. 다양성이 가득한 우리 세계에서 일부 사람들은 연구를 밀고 나갈 것이다.

국지적 억제

개인적 자제라는 전략은(적어도 이 문제에서는) 그저 손 놓고 아무 행동도 하지 않으려 한다는 냄새를 풍긴다. 하지만 국지적인 정치적 행동이라는 전략은 어떨까? 특정한 종류의 연구를 억제하는 법을 제정하도록 로비하는 일 말이다. 이는 **집단**의 무행동을 강제한다는 목표를 가진 개인적 행동이 될 것이다. 이렇게 하면 한 도시, 한 관할 구역, 한 나라, 혹은 한 동맹국 내의 연구를 억제하는 데 성공할 수 있을지도 모른다. 하지만 이 전략은 우리가 선도 세력을 인도하는 데 도움을 줄 수 없다. 이 전략은 우리가 통제할 수 없는 일부 세력이 선두에 서는 것을 허용하게 만들 것이다. 이런 종류의 대중 운동으로써 연구를 중단시킬 수 있는 것은 권력이 국민 손에 있는 경우에만 가능하다. 그리고 이로써 이룰 수 있는 가장 큰 성공은 좀 더 억압적인 국가가 선도 세력이 되는 길을 열어놓는 것에 불과할 것이다.

핵무기가 문제 되는 영역이라면 상호 군비 축소라든가 비폭력(혹은 적어도 핵무기를 사용하지 않는) 저항 등의 논점이 제기될 수 있다. 핵무기는 군사 시설 파괴에 이용될 수도 있고 공포를 확산하는 데 이용될 수도 있다. 하지만 영토를 점령하거나 사람들을 통치하는 데 직접 사용될 수는 없다. 핵무기는 게릴라전과 사회적 소요를 억압하는 데 실패했다. 따라서 군비 축소나 저항 같은 전략은 핵무기 상황에서 어느 정도 일리가 있다.

이와 대조적으로, 나노기술과 인공지능을 한쪽에서만 억압한다면 이는 저항이 불가능한 상황에서 일방적으로 무장 해제를 하는 것과 마찬가지 결과가 된다. 공격적인 국가라면 이런 기술들을 이용해 간디가 이끄는 비폭력 국가든 자유를 지키려는 결의가 굳건한 무장 국가든 점령하고 통치할 (혹은 멸종시킬) 수 있을 것이다.

이는 강조할 만한 논점이다. 세계의 압제 국가들을 개혁할 새로운 방법이 없는 한, 단순한 연구 억제 운동은 전체적인 성공을 이끌어낼 수 없다. **전체적인** 성공이 아닌 **대체적인** 성공은 민주주의의 재앙을 의미하게 될 것이다. 이런 종류의 노력은 설사 아무 결실을 맺지 못한다 해도 행동주의자의 활동과 열정을 끌어들인다. 이는 인간이라는 희소 자원을 무익한 전략에 낭비하게 만드는 짓이다. 더구나 억제에 대한 노력은 우려를 지닌 연구자들을 소외시켜 잠재적 우군 사이에 싸움을 유발하며 더 많은 인간 자원을 낭비하게 만들 것이다. 무익하고 분열을 야기하는 이런 전략은 피해야 한다.

그럼에도 불구하고 억제 전략은 부인할 수 없는 호소력이 있다. 간명하고 직접적이기 때문이다. "위험이 다가와? 그럼 멈추게 하자고!" 더구나 국지적 로비 노력이 성공을 거두면 확실히 단기적인 만족감을 얻을 수 있다. "위험이 다가와? 우리는 그것을 **지금 여기서** 멈출 수 있어. 하나의 시작이지!" 이 시작은 잘못된 것이겠지만 모든 사람이 이를 알아차리지는 못할 것이다. 그저 억제해버린다는 생각은 많은 사람의 마음을 유혹할 가능성이 높다. 무엇보다 국지적 위험을 국지적으로 억제한다는 것은 오랫동안 성공해온 전통이 있다. 예컨대 국지적 오염원을 차단하면 국지적 오염이 줄어든다. 지구적 위험을 국지적으로 억제하려는 노력도 이와 비슷해 보일 것이다. 그 효과가 얼마나 큰 차이를 보이게 된다 해도 말이다. 우리는 국지적 조직과 정치적 압력이 필요해지겠지만 이런 것들은 작동 가능한 전략 주위에 자리 잡아야 한다.

전 지구적 억제 운동

좀 더 장래성 있는 접근법을 보자면 우리는 국지적 압력을 행사해서, 세계적이고 검증할 수 있는 금지 협상을 촉구할 수 있다. 이와 유사한 전략이 핵무기 통제 문제에서는 통할 가능성도 있다. 하지만 나노기술과 인공지능 연구를 중단시킨다는 것은 이와 차원이 다른 문제를 야기할 것이다. 적어도 두 가지 이유에서 그렇다

첫째, 이 기술은 핵무기에 비해 잘 정의되어 있지 못하다. 현재의 핵기술은 희귀 금속의 특정 동위 원소가 필요하기 때문에 다른 활동과 구분된다. 이는 정의될 수 있고 (원칙적으로) 금지될 수 있다. 하지만 현대의 생화학은 완만한 속도로 나노기술을 향하고 있으며 현대의 컴퓨터 기술은 완만한 속도로 인공지능에 다가가고 있다. 자연스러운 중단 지점을 규정할 기준이 없다. 그리고 매번 작은 진보가 이루어질 때마다 의료, 군사, 경제적 이익이 생길 터인데 어느

지점에서 연구를 멈춰야 할지 규정하는 전 세계적 협약을 어떻게 도출할 수 있단 말인가?

둘째, 이 기술은 핵무기보다 더욱 잠재력이 크다. 원자로와 무기 체계는 매우 덩치가 크기 때문에 검사하면 비밀 부대의 규모, 따라서 그 힘을 제한할 수 있다. 하지만 위험한 복제자들은 현미경으로 봐야 하는 크기일 테고 인공지능 소프트웨어는 무형이다. 어딘가에 있는 어떤 연구실에서 전략적 기술 혁신을 막 이루려는 상황인지 아닌지 확신할 수 있는 사람이 어디 있단 말인가? 앞으로 길게 보았을 때, 어느 지하실에 있는 어느 해커가 전략적 기술 혁신을 막 이루어 내려는 상황이 아니라고 확신이나마 할 수 있는 사람이 어디 있단 말인가? 통상적인 검증 수단은 통하지 않을 것이다. 이는 전 세계적 금지에 관한 협상과 강제를 거의 불가능하게 만드는 요소다.

올바른 종류의 국제적 합의를 향한 압력은 우리의 진로를 더 안전하게 만들겠지만 위험한 진보를 그저 억압하자는 합의는 분명히 효과가 없을 것이다. 다시 한 번 강조하지만, 압력은 **작동 가능한** 전략의 일부여야만 한다.

무력에 의한 전 세계적 억압

만일 평화적 합의가 작동하지 않는다면, 위험한 진보를 억압하기 위해 군사력 동원을 고려해볼 수도 있다. 하지만 검증이라는 문제가 있기 때문에 군사적 압력만으로는 불충분할 것이다. 무력으로 진보를 억압하려면 한 나라가 핵무기를 지닌 적대국을 정복, 점령할[1] 필요가 생기는데 이는 안전한 정책이 되기 어렵다. 게다가 정복하는 국가 역시도 주요한 기술 강대국으로서 커다란 군사력을 지녔으며, 이를 사용할 용의를 이미 과시한 상태일 것이다. 이런 강대국이 자국 내의 진보를 억압하리라고 신뢰받을 수 있을까? 설사 신뢰받는다 해도 전 세계의 모든 곳에 대한 끝없는 경계 태세를 유지하리라는 믿음을 줄 수 있을까? 만일 그렇지 못하다면 위협은 결국 은밀하게 출현할 것이다. 능동형 방어막에 대한 공개적인 작업이 금지되어 있는 세계에서 말이다. 그로부터 일어날 법한 결과는 참극일 것이다.

민주 체제의 군사력은 커다란 장점이 있다. 하지만 군사력만으로는 문제를 해결할 수 없다. 우리는 정복과 연구 억압이라는 전략을 통해서는 안전을 쟁취할 수 없다.

연구를 중단시키는 이런 전략은 개인적 비행동이든 국지적 비행동이든, 협상된 협약이든, 세계 정복이든 모두가 실패할 수밖에 없는 운명인 듯하다. 물론, 진보에 대한 반대는 앞으로도 역할을 할 것이다. 왜냐하면 우리가 대비를 마칠 때까지 위협의 발생을 늦추려면, 선별적이며 목표를 총명하게 선정한 지연책이 필요하기 때문이다. 기민한 활동가들의 압력은 극히 중요하겠지만 이는 연구를 중단하기 위해서가 아니라 진보를 인도하는 데 도움을 주기 위해서라는 측면에서 그렇다.

일방적 발전

만일 인공지능과 나노기술의 연구를 억압하려는 시도가 헛될 뿐 아니라 위험해 보인다면 그 반대 경로, 총력을 기울인 일방적인 노력은 어떨까? 하지만 이 역시 문제를 부른다. 민주 국가에 사는 우리는 주요한 전략적 기술의 혁신적 발전을 완전히 비밀리에 이룩할 수는 없을 것이다. 너무나 오랫동안 너무나 많은 사람이 관여하게 될 것이기 때문이다. 소련 지도자들이 우리의 노력에 대해 알게 면 그들의 반응은 우리의 명백한 근심사가 될 것이다. 그들은 우리 측의 커다란 기술적 진보를 자신들에 대한 커다란 위협으로 받아들일 것이 분명하다. 만일 나노기술이 비밀 군사 프로그램의 일부로 개발되는 중이라면 그들의 정보 분석가들은 감지하기 힘들면서도 결정적인 무기가 개발될 것을 두려워할 것이다. 아마도 프로그램 입력이 가능한 '세균' 같은 것에 기반한 무기 말이다. 상황에 따라 우리의 적국들은 그들의 입장에서 아직 공격할 수 있을 때 공격할 수도 있다. 이런 기술 분야에서 민주주의 국가가 선두를 지키는 것은 중요하다. 하지만 가장 안전한 길은 어떻게 해서든 이런 힘을 분명한 비위협 정책과 결합하는 것이다.

힘의 균형

만일 지금까지 서술한 전략 중 하나라도 따른다면 우리는 필연적으로 심한 분쟁을 일으키게 될 것이다. 나노기술과 지능을 억압하려는 주체가 있다면 그 주체는 연구자, 기업, 군 체제, 의료 환자들의 중대한 이익과 맞싸움을 벌여야 할 것이다.

이런 전략들을 통해 일방적 우세를 차지하려는 시도 역시 마찬가지다. 서로 협력하는 민주 국가들을 그 반대자들의 중대한 이익과 맞싸우게 만들 것이다. 모든 전략이 분쟁을 부를 것이다. 하지만 모든 전략이 서방 사회나 세계 전체를 그렇게 심하게 분열시킬 필요가 있는가?

중도를 찾는 방법으로서, 우리는 기술의 균형에 의한 힘의 균형을 추구할 수도 있다. 이는 외견상 지난 40년간 평화를 지키는 수단이 되어주었던 상황을 연장하는 것으로 보인다. 하지만 여기서 핵심 단어는 '외견상'이다. 다가오는 혁신적 발전은 몹시 갑작스럽고 불안정화 효과가 커서 구질서의 유지는 불가능해질 것이다. 과거에는 기술이 몇 년 뒤처진 국가가 있다 해도 군사적 균형은 그럭저럭 유지할 수 있었다. 하지만 재빠른 복제자와 진보한 인공지능의 경우에는 기술 개발이 단 하루만 늦어도 치명적일 수 있다. 안정적 균형은 너무 큰 바람인 듯하다.

협력적 개발

원리적으로는, 서로 협력하는 민주 국가와 소련 블록 간에 기술적 균형을 보장하는 방법이 있다. 우리는 도구와 정보를 공유하면서 기술을 협력해서 개발할 수 있을 것이다. 여기에는 분명 명백한 문제가 있지만 적어도 겉보기보다는 실용적인 방법이다.

협력은 협상할 수 있는 대상인가? 유효한 군비 축소 조약을 체결하려는 협상이 수포로 돌아갈 때 즉각 마음에 와 닿는 사실이 이것이다. 그리고 협력은 조처하기 매우 복잡하고 어려운 일로 비칠 수 있다. 하지만 정말 그럴까? 군비 축소에서 쌍방은 모두 상대의 행동을 저지하려는 시도를 하는 중이다. 이는 그들의 적대 관계를 강화한다. 더구나 이는 각 진영 내에서 군비 축소를 원하는 그룹과 군비 유지를 위해 존재하는 그룹 간에 분쟁을 부른다. 이보다 더 나쁜 것은 협상이 단어와 그 의미를 둘러싸고 돌아간다는 점이다. 각 진영은 스스로의 언어를 가지고 있고, 단어의 의미를 자신들에게 유리하게 왜곡할 유인책도 가지고 있다.

반대로, 협력은 양측이 공통 목표를 향해 일하는 것을 포함한다. 이는 관계의 적대성을 흐릿하게 만드는 데 기여하는 경향이 있다. 더구나 이것은 각 진영 내의 분쟁도 줄일 수 있다. 협동적 노력은 프로젝트를 파괴하는 것이 아니라 만들어낼 것이기 때문이다. 마지막으로, 양측은 그들의 노력을 공통의 언어로 논의한다. 과학과 기술에서 사용되는 수학과 도표라는 언어 말이다. 또한 협동은 분명하고 가시적인 결과를 가져온다. 1970년대 중반, 미국과 소련은 협동 우주 비행을 했고 양측 사이의 정치적 긴장이 고조되기 전까지는 공동 우주 정거장을 건설할 잠정 계획을 세우고 있었다. 이런 일들은 우주나 지상에서 각기 개별적으로 일어난 일이 아니었다. 공동 프로젝트와 기술 교환은 여러 해 동안 계속되었다. 모든 문제점에도 불구하고 기술적 협력은 최소한 군비 축소만큼 쉽다는 것이 증명되었다. 후자에 쏟아부은 엄청난 노력을 감안하면 아마 더욱 쉬웠다고 할 수 있을 것이다.

흥미롭게도, 인공지능과 나노기술이 관련된 곳에서는 협력과 효과적 군축 협정이 서로 기본적인 유사성을 지니게 된다. 군축 협정의 이행 여부를 검증하려면 각 진영의 전문가가 타 진영의 연구실을 상시로 밀접하게 감시할 필요가 있을 것이다. 이는 상상할 수 있는 가장 철저한 협력만큼이나 가까운 관계가 될 것이다.

하지만 협력으로 무엇을 달성할 것인가? 협력으로 균형을 보장할수는 있지만 균형이 안정을 보장할 수는 없다. 두 명의 총잡이가 총을 꺼내든 채 긴장이 높아질 때 두 사람의 힘은 균형 상태이지만 먼저 쏘는 사람은 다른 사람의 위협을 제거할 수 있다.

조심스럽게 계획 및 통제되지 않는 한 기술 개발에서의 협력은양측에 보호막을 제공하지 않은 채 무서운 무기를 가져다줄 것이다. 선제공격으로 상대방을 무장 해제시키면서 보복받지 않을 방법을 양 진영 중 한쪽이 찾지 않으리라 누가 확신할 수 있겠는가? 그리고 설사 이를 보장할 수 있다 해도 다른 강대국의 문제는 어찌할까? 또한 취미에 아주 열심인 사람들과 우연한 사고는?

앞장에서 나는 이런 문제들에 대한 하나의 해결책을 설명했다.발전, 검증, 그리고 능동형 방어막의 건설. 이것들은 새로운 문제에새로운 치료법을 제공한다. 그리고 여기에 대해 이치에 맞는 대안을 제시한 사람은 아직 아무도 없다. 누군가 그런 사람이 나오기 전까지는, 다음과 같은 것들을 검토하는 것이 현명해 보인다. 이런 방어막을 어떻게 건설할 수 있을까, 그리고 과연 이런 방어막은 작동가능한 전략을 실현할 수 있게 해줄까.

전략의 통합

개인적 자제, 국지적 조치, 선택적 지연, 국제 합의, 일방적 군사력,그리고 국제 협력. 이 모든 전략은 적극적 방어막을 개발하려는 우리 노력에 도움이 될 수 있다.

오늘날 우리의 상황을 검토해보자. 지난 몇십 년 동안 민주 진영은 대부분의 과학 기술 영역에서 세계를 선도해왔다. 오늘날엔 컴퓨터 소프트웨어와 바이오 기술 분야를 선도하고 있다. 합쳐진 우리는 선도 세력이다. 이런 우위를 우리가 유지, 활용하지 못할 이유는 없다.

앞장에서 논의했듯, 선도 세력은 분자 조립 기계의 혁신적 발전을 관리할 다양한 전략을 사용할 수 있다. 그중에는 봉인된 분자 조립 기계 실험실, 제한된 분자 조립 기계를 이용하는 것과 초기 분자 조립 기계 개발의 세부 사항을 비밀로 유지하는 것이 포함된다. 이런 전략들을 통해 벌어놓은 시간 동안 우리는 새로운 위협에서 우리를 항구적으로 보호해줄 능동형 방어막 개발 작업을 할 수 있다. 이것은 목표를 정의해준다. 그에 도달하려면 두 부분으로 구성된 전략이 가장 좋아 보인다.

첫 부분은 민주 진영 내의 조치를 수반한다. 우리가 조심스럽게 계속 나아가려면, 그 기간 동안 충분히 마음 놓을 수 있는 우위를 유지할 필요가 있다. 만일 경쟁에서 질 수도 있다고 느낀다면, 우리가 공황 상태에 빠지더라도 무리가 아닐 것이다. 조심스럽게 나아간다는 말은 신뢰할 만한 기관들을 구축해 초기의 혁신적 발전과 능동형 방어막의 개발 두 가지 모두를 관리하게 한다는 의미다. 우리가 개발하는 방어막들은 우리가 살 가치가 있는 미래, 다양성의 여지가 있는 미래를 확보하는 데 도움이 되도록 설계되어야 한다.

이 전략의 두 번째 부분은 지금 우리를 적대하는 세력을 대하는 정책을 수반한다. 여기서의 목표는 우리가 상대에게 가하는 위협을 최소화하면서 주도권을 유지하는 것이어야 한다. 기술적인 균형은 작동하지 않을 것이고 우리에게는 지금의 우위를 포기할 만한 여유가 없다. 따라서 우리가 실질적으로 선택할 수 있는 것은 힘과 지도력밖에 없는데, 이는 비위협적인 자세를 두 배나 어렵게 만든다. 여기서도 우리는 안정적이고 믿을 만한 기관이 필요하다. 만일 우리가 이 기관들에게 목표와 관련한 커다란 관성을 장착할 수 있다면, 아마 우리의 적조차 이들을 신뢰할 수 있을 것이다.

우리의 적들(그리고 우리들 자신!)에게 신뢰감을 주려면 이 기관들은 최대한 개방적이어야[2] 하며 자신들의 임무에 맞게 활동해야 한다. 우리는 소련에게 협력을 제안하는 기관을 그럭저럭 구축할 수도 있다. 설사 우리가 제시하는 조건을 그들이 거부한다 해도 그들에게 참여를 권유하는 것은 우리의 의도를 재확인해준다는 의미가 있다. 만일 소련 측이 우리 제안을 받아들인다면 협력 프로젝트의 성공에 따른 지분을 공적으로 보유하게 될 것이다.

그럼에도 불구하고, 만일 혁신적 발전이 다가오는 시기에 민주 진영이 강력한 힘을 갖고 있는 동시에 타국의 영토에 대한 주권을 위협하는 일을 피한다면, 추측건대 우리의 적은 선제공격의 유혹을 느끼지 않을 것이다. 그러므로 아마도 우리는 공산 진영의 협력 없이도 해나갈 수 있을 것이다. 만일 그래야 할 필요가 있다면 말이다.

능동형 방어막 vs. 우주 무기

좀 더 전통적 영역에서 능동형 방어막이라는 발상을 어떻게 적용할 수 있는지 검토해보는 것도 유익하다. 전통적으로 보아, 방어에 쓰이는 무기는 공격에도 유용했다. '방어'라는 단어가 '전쟁 수행 능력'을 의미하게 되고 '방어' 노력이 상대방에게 두려움을 주게 된 이유 중 하나가 여기에 있다. 오늘날 제시되는 우주 방위 구상은 이런 패턴을 확장할 것이다. 공격 미사일을 파괴할 수 있는 거의 모든 방어 시스템은 또한 적국의 방어를 파괴하거나 영공을 봉쇄해 애초에 방어를 구축하지 못하게 할 수 있다. 그런 '방어'는 공격의 냄새를 풍긴다. 일을 제대로 하려면 그래야만 할 듯도 싶다. 그래서 군비 경쟁은 스스로 또 하나의 위험한 도약을 향해 에너지를 키우는 중이다.

방어와 공격은 거의 분리할 수 없을 것 같다. 하지만 반드시 그래야만 할까? 역사를 보면 그렇게 보인다. 장벽이 침입자를 저지하는 것은 전사들이 지키고 있을 때만 가능하지만 또한 전사들은 스스로 진군해 나와 남의 영토를 침공할 수 있다. 우리는 무기를 상상할 때 인간의 손이 그것을 잡고 겨누는 모습[3]을 떠올리며, 인간의 일시적인 기분이 발사 시기를 결정하는 것으로 생각한다. 이는 자연스러운 일이다. 그리고 역사는 우리에게 최악의 경우를 두려워하라고 가르쳐주었다.

하지만 오늘날 역사상 처음으로 우리는 그런 무기와는 근본적으로 다른 방어 시스템을 구축하는 방법을 알게 되었다. 우주에 기반을 둔 방어의 예를 보라. 이제 우리가 설계할 수 있게 된 장치는 감지하고(1,000개의 미사일이 방금 발사된 것 같다), 평가하고(계획적인 선제공격으로 보인다), 행동할(이런 미사일들의 파괴를 시도한다) 능력을 갖추고 있다. 만일 어떤 시스템이 오직 대량으로 미사일이 날아다닐 때만 작동한다면 이것은 공격이나 공중 봉쇄에 이용될 수 없다. 이보다 더 좋은 것은, 어느 측이 공격했는지 구분할 능력을 갖추지 못하게 방어 시스템을 만들 수 있다는 점이다. 이 시스템은 자신을 구축한 측의 전략적 이익에 맞게 봉사하기는 하지만, 장군들이 매일매일 내리는 지시에 따르지는 않을 것이다. 이것은 그저 우주 공간을 공격자의 미사일에게 위험한 공간으로 만들 뿐이다. 고대에 바다나 산악 지역이 그랬듯이 이것은 양측 모두에게 상대측으로부터의 보호막을 어느 정도 제공하면서,[4] 어느 쪽에도 위협이 되지는 않는다.

이것은 무기 기술(센서, 추적기, 레이저, 추적형 발사체 등)을 사용하겠지만 무기 체제는 아니다. 그 역할이 근본적으로 다를 것이기 때문이다. 이런 종류의 시스템에는 차별적인 이름이 필요하다. 이런 시스템은 사실상 능동형 방어막의 일종이다. 능동형 방어막이란 상대를 위협하지 않으면서 보호 역할을 수행하도록 설계된 자동·반자동 시스템을 칭하는 용어다. 어느 한 쪽도 위협하지 않으면서 양측 모두를 보호하는 능동형 방어막은 군비 경쟁의 악순환을 약화할 수 있을 것이다.

능동형 방어막이 제기하는 기술적·경제적·전략적 쟁점은 복잡하며, 이것은 분자 조립 기계 등장 이전 시기에 실용적이 될 수도 있고 그렇지 않을 수도 있다. 만일 실용적이라면 이를 구축하기 위한 가능한 접근법은 여럿 있을 것이다. 서로 협력하는 민주 진영이 일방적으로 방어막을 구축하는 것도 그런 접근법의 하나가 될 수 있다. 이 시스템이 어떤 일을 할 것이며 어떤 일을 하지 않을지(더욱 중요하다) 다른 국가들이 검증할 수 있도록 우리는 핵심 설계, 구성 요소, 생산 단계에 대한 다자간 사찰을 허용할 수 있을 것이다. 이를 위해 관련 기술 모두를 넘겨주어야 할 필요는 없을 것이다. 내용을 아는 것know-what이 노하우와 같지는 않기 때문이다. 또 다른 접근법도 있다. 방어막을 함께 건설하고, 기술 이전은 협력과 검증을 위한 최소한으로 제한하는 것이다.[5]

우리는 나노기술을 금지할 수 있을 가능성보다는 우주 무기를 금지할 수 있을 가능성이 더 크다. 그리고 이는 단기적 위험을 최소화하는 최선의 방법까지 될 수 있다. 군비 경쟁을 통제할 장기 전략을 선택할 때 우리는 다음 단계 이상의 것을 고려해야만 한다. 이 장에서 내가 개략적으로 제시한 분석이 시사하는 바는 다음과 같다. 협상을 통해 검증할 수 있는 핵탄두 수 제한을 이끌어내는 방식의 전통적 군축 접근법은 나노기술에 대처할 수 없다. 만일 이것이 사실이라면 우리는 그 대안이 되는 접근법을 개발할 필요가 있다. 결국 핵심이 될 듯한 능동형 방어막은 우주 군비 경쟁에 대한 새롭고 안정적인 대안이 될 수 있다. 이 대안을 탐구하면 우리는 모든 능동형 방어막에 공통되는 기본 화제[6]를 탐구할 수 있다. 그다음에 이런 방어막을 개발한다면 우리는 경험을 얻을 것이고 제도적 채비를 갖출 수 있을 것이다. 후자의 채비는 후에 우리 생존에 핵심으로 판명될지 모른다.

능동형 방어막은 새로운 기술을 기반으로 하는 새로운 옵션이다. 이를 작동하게 만들려면 공학, 전략, 국제 관계의 아이디어를 창의적이고 학제적으로 종합하는 일이 필요할 것이다. 방어막들은 오래된 난국을 피할 수 있게 해줄지도 모를 새로운 기회를 제공한다. 이것들은 위협하지 않으면서 스스로를 보호한다는 오래된 문제에 해답을 제공해주는 것이 분명하다. 하지만 그 해답이 쉽지는 않다.

권력, 악, 무능, 나태

지금까지 나는 나노기술과 진보된 인공지능이 어떻게 선도 세력에 막대한 힘을 제공할지 개괄적으로 설명했다. 이 힘은 생명을 파괴하는 데 이용될 수도 있고 이를 확장하고 해방시키는 데 쓰일 수도 있다. 기술 발전을 중단시킬 수 없는 우리는 역사상 이제껏 없었던 거대 규모로 집중된 권력의 출현에 어떻게든 대처해야 한다.

우리는 기관들로 구성된 적절한 시스템이 필요할 것이다. 이 시스템이 복잡한 기술들을 안전하게 관리하려면 스스로 당면 문제에 관련된 사실들을 판단할 수단이 있어야만 한다. 강대한 힘을 안전하게 관리하려면 이 시스템은 효율적인 견제와 균형을 포함하고 있어야 하며, 그 목적과 수단이 항상 면밀한 공적 조사에 대해 개방된 상태를 유지해야만 한다. 마지막으로, 그것은 새로운 세상을 위한 기초를 건설하는 데 도움을 줄 것이기에 우리의 공통 이익의 인도를 받도록 하는 것이 최선이다. 건전한 원리들로 구성된 준거 틀 내에서 말이다.

우리는 맨손으로 시작하지는 않을 것이다. 우리가 가진 기관들을 기반으로 할 것이다. 이들은 다양하다. 우리 기관 모두가 밀집된 회색 건물에 들어 있는 관료주의는 아니다. 이들 속에는 자유 언론 매체, 연구 공동체, 사회 운동가 네트워크처럼 분산되고 활기찬 기관들도 있다. 이런 탈중앙집중화 기관들은 우리가 회색의 관료적 기계들을 통제하는 데 도움을 준다.

부분적으로 우리는 권력의 남용을 억제한다는 오래되고 일반적인 문제의 새로운 버전을 마주하고 있다. 여기에 대단하거나 근본적인 새로움은 없으며, 그것이 어떻게 해결될 수 있는지는 수 세기 전부터 내려온 자유민주주의의 원칙과 기관들이 제시해준다. 민주 정부들이 이미 지니고 있는 물리력은 대륙을 파괴하고 시민들을 체포, 투옥, 살해할 수 있는 수준이다. 그럼에도 우리가 이런 힘과 함께 살 수 있는 것은 이 정부들이 매우 잘 길들어 있기 때문이다. 다가오는 미래는 우리 기관들에 지금까지보다 큰 부담을 지울 것이다.

대의 정부, 언론의 자유, 정당한 법 절차, 법치주의, 인권 보호의 원칙은 앞으로도 핵심으로 남을 것이다. 새로운 부담에 대비하려면 이 원칙들과 이를 지탱하는 기관들을 확장하고 다시 활기를 불어넣을 필요가 있을 것이다. 기술적인 문제와 관련해 언론 자유를 보호하는 것은 아주 중대한 일이다. 우리가 커다란 도전에 직면해 있기는 하지만 스스로 여기에 대처할 수 있다는 희망을 가질 만한 이유가 있다.

물론, 분명히 우리가 대처할 수 있을지 의문이 들 만한 근거도 있다. 그러나 절망은 역겨우며 전염성이 있는 데다 사람들을 우울하게 만든다. 게다가 절망은 정당하지 않아 보인다. 다음과 같은 익숙한 문제점들이 존재하는 것은 사실이지만 말이다. 악—우리는 너무나 사악해서 올바른 일을 할 수 없는가? **무능**—우리는 너무나 멍청해서 올바른 일을 할 수 없는가? **나태**—우리는 너무나 게을러서 제대로 대비를 할 수 없는가?

장밋빛 미래를 예측하는 것은 경솔한 행동일 테지만 이런 문제들은 극복할 수 있을 것 같다.

민주 정부는 크고 엉성한 데다 악행에 책임이 있을 때도 가끔 있다. 하지만 그렇다고 해서 전체적으로 악해 보이지는 않는다. 그런 꼬리표를 붙일 만한 사람들이 정부에 포함되어 있을 수는 있지만 말이다. 사실 민주 정부의 지도자들이 권력을 얻는 것은 주로 자신들이 전통적 선의 관념을 지지하는 것으로 대중에게 보였던 덕분이다. 우리의 주요한 위험은 좋은 것으로 보이는 정책들이 우리를 재앙으로 이끌 수 있다는 데서 온다. 혹은 정말로 좋은 정책을 효과를 낼 수 있는 시간 안에 찾아서 공표하고 시행할 수 없는 경향이 있다는 데서 온다. 민주 체제는 악보다는 나태와 무능 때문에 훨씬 더 큰 고통을 겪고 있다.

무능은 당연히 필연적일 테지만 그것이 치명적이어야 할 필요가 있을까? 인간은 원래 멍청하고 무지하지만 가끔 스스로의 능력과 지식의 자투리를 어찌어찌 결합해서 위대한 일을 성취하기도 한다.

어떻게 해야 달까지 갈 수 있는지 아는 사람은 아무도 없었고 그것을 배운 사람도 없었다. 하지만 10여 명의 사람이 달 위를 걸었다. 우리가 기술적 문제에서 성공한 것은 많은 사람을 끌어모아 아이디어를 창출하고 점검하는 기구를 만드는 법을 배운 덕분이다. 이 기구들은 중복성을 통해 신뢰성을 획득하며 그것이 올리는 성과는 우리가 얼마나 관심을 가지고 열심히 일하느냐에 주로 달려 있다. 신뢰성에 충분한 관심과 자원을 집중한다면 보통 우리는 성공한다. 달 여행이 우주에서 사상자를 내지 않고 성공한 까닭이 여기에 있다. 지금껏 한 발의 핵무기도 사고로 발사되거나 폭파된 일이 없는 까닭도 마찬가지다. 그리고 유능한 일 처리를 확보하기 위한 나노기술과 진보된 인공지능을 우리가 충분히 관심을 가지고 그럭저럭 관리할 수 있을 가능성이 있는 이유 또한 이것이다. 변덕스럽고 능력이 부족한 사람들이 모여서 안정적이고 능력 있는 기구를 만들 수 있다.

지적, 도덕적, 물리적 나태는 우리의 가장 큰 위험인 듯하다. 우리는 커다란 노력을 들여야만 커다란 도전에 대처할 수 있다. 충분히 많은 사람이 충분한 노력을 기울일까? 이는 아무도 말할 수 없는 문제다. 다른 사람 모두를 대신해서 말할 수 있는 사람은 없기 때문이다. 하지만 성공에 필요한 것이 갑작스럽고 전반적인 계몽과 동원은 아닐 것이다. 작동 가능한 해결책을 개발, 공표, 시행하려고 분투하는 사람들의 공동체가 점점 커지고 이들이 점점 더 많은 성공을 거두는 것으로 족하다.

이것은 달성할 수 있다. 기술에 대한 우려는 널리 퍼져 있다. 그리고 지금의 가속적인 변화 추세 때문에 더 나은 통찰력이 필요해지리라는 생각도 마찬가지다. 모든 사람이 나태에 빠져들지는 않을 것이다. 그리고 잘못 알고 있는 사상가들이 모든 사람의 노력을 오도하지는 않을 것이다. 치명적인 가짜 해결책은 충분히 많은 사람이 그 정체를 폭로한다면 아이디어 전쟁에서 패배할 것이다. 그리고 우리가 커다란 도전에 직면한 것은 사실이지만 여기서 성공한다면 위대한 꿈을 충족시키게 될 것이다. 커다란 희망과 두려움은 충분히 많은 사람을 자극해서 인류가 잘 헤쳐나가게 해줄 수 있다.

열정적인 관심과 행동으로는 불충분할 것이다. 우리에게는 건전한 정책도 필요하다. 여기에는 좋은 의도와 명확한 목표 이상의 것이 요구될 것이다. 우리가 **하는 일**과 우리가 **얻을 결과** 사이를 결부할 세상에서, 사실에 입각한 연관 관계도 추적해야만 한다. 유례없이 복잡한 기술상의 위기에 접근하면서 우리 기구들의 주요 기술적 사항을 판단할 능력을 키우려는 시도는 이치에 닿는다. 그렇게 하지 않고서 어찌 선도 세력을 인도하고 치명적 무능의 위협을 최소화할 수 있겠는가?

기관들은 진화한다. 진상을 좀 더 잘 조사하는 기관들을 진화시키기 위해 우리는 복제하고 적응하고 과거에 이룬 성공을 연장할 수 있다. 여기에는 자유 언론, 과학 공동체, 그리고 법정이 수반된다. 이 모든 기관은 나름의 덕성이 있으며 덕성 중 일부는 결합될 수 있다.

진상 조사

두려움을 사라지게 만들 수는 없지만 극심한 공포를 일으키지 않고
조용하게 만들 수는 있다. 그리고 이성과 평가를 통해 완화할 수 있다.

—배너바 부시

13
진상 조사

사회는 기술을 더 잘 이해할 방법이 필요하다. 이는 오래전부터 명백했다. 우리가 곧 맞이하게 될 도전은 이런 필요를 더욱 급박한 것으로 만든다.

기술의 장래성은 우리를 유혹해 앞으로 나아가도록 한다. 그리고 도중에 그만두는 것은 경쟁의 압력 때문에 사실 불가능하다. 기술 경쟁이 치열해짐에 따라 새로운 발전의 물결은 예전보다 더욱 빠르게 우리에게 밀려온다. 그리고 치명적 실수가 일어날 가능성은 점점 더 커진다. 우리의 통찰력과 진보의 속도 간에 더 나은 균형을 잡을 필요가 있다. 우리가 기술의 성장 속도를 늦추기 위해 할 수 있는 일은 별로 없지만 통찰력의 성장 속도는 빠르게 할 수는 있다. 그리고 더 나은 통찰력이 있으면 우리가 기술 경쟁을 안전한 방향으로 몰고 갈 기회는 더 많아질 것이다.

기술의 발전 방향을 인도하기 위한 접근법은 다양하게 제시되어 왔다. "사람이 기술을 통제해야 한다"라는 구호는 그럴듯하지만 이것의 의미는 두 가지다. 만일 기술이 사람의 필요에 봉사하게 만들어야만 한다는 뜻이라면 이것은 지당한 얘기다. 하지만 만일 전체로서의 인민이 기술적 결정을 담당해야만 한다는 뜻이라면 이는 전혀 타당성이 없는 얘기다. 유권자들은 기술과 경제, 환경, 생명 간의 얽히고설킨 연관성을 판단할 수 없다. 여기에 필요한 지식이 없다. 이는 인민 자신이 동의하는 바다. 미국 국립과학재단의 조사에 따르면[1] 미국 성인 중 85퍼센트는 이렇게 믿고 있다. 대부분의 시민은 어느 기술을 개발할지 고르는 데 필요한 지식이 없다. 대중은 일반적으로 기술과 관련된 결정을 기술 전문가에 맡긴다.

불행하게도, 판단을 전문가에 일임하는 것은 문제를 일으킨다. 《조언과 이의Advice and Dissent》[2]에서 프리맥Joel R. Primack과 폰 히펠Frank N. von Hippel은 다음과 같이 지적한다. "행정부가 불리한 정보를 조용히 숨기는 데 성공할 수 있으며 대중은 혼란에 빠져 있는 한, 공공복지는 관료들의 편의와 사적인 이익을 위해 희생될 수 있다. 누구도 이로 인해 처벌받는 일 없이 말이다." 규제 당국은 신약이 없어서 1,000명이 사망했을 때보다 그 신약 때문에 단 한 명이 죽었을 때 더욱 커다란 비판을 받는다. 따라서 그들은 규제를 잘하지 못한다. 군 관료들은 돈의 지출, 실수 은폐, 지속적인 그들의 프로젝트에 기득권을 가지고 있다. 그런 까닭에 이들은 경영을 잘하지 못한다. 이런 종류의 문제는 너무나 기본적이고 당연해서 더 이상 예를 들 필요도 없다. 어디서나 비밀과 모호성은 관료들을 더욱 편안하게 해준다. 어디서나 개인적 편의 때문에 공공의 관심사에 대한 사실적 진술이 왜곡된다. 기술이 점점 복잡하고 중요해짐에 따라 이런 패턴의 위험성은 점점 더 커진다.

일부 저자들은 비밀주의적 기술 관료에 의한 지배를 사실 필연적으로 본다. 《대안적 미래의 창조Creating Alternative Futures》에서 헤이즐 헨더슨Hazel Henderson은 주장한다.[3] "복잡한 기술은 '권위주의적으로 되기 마련inherently'이다(강조는 헤이즐 헨더슨의 표시다). 유권자도 국회의원도 이를 이해할 수 없기 때문이다." 《인간의 미래에 대한 재논의The Human Future Revisited》에서 해리슨 브라운Harrison Brown도 이와 유사한 주장을 폈다.[4] "복잡한 위기를 해결하는 상황에서 민주적 절차를 우회하려는 유혹은 위험을 부른다. 산업 문명은, 만일 살아남는다면, 그 속성상 점점 더 권위주의적이 될 것이다." 만일 사실이라면 이것은 우리의 운명이 어둡다는 의미일 가능성이 크다. 우리는 기술 경쟁을 중지할 수 없다. 그리고 노동자도 군인도 필요 없는, 진보된 기술을 기반으로 한 전체주의적 국가들로 이루어진 세상은 그들의 국민 대부분을 포기하는 것도 당연할 터다.

다행히 민주주의와 자유는 과거에도 여기에 비견할 만한 도전을 받은 적이 있다. 국가는 직접민주주의를 하기에는 너무 복잡해졌지만 대의 정부가 진화했다. 국가 권력은 자유를 억압하는 위협이 되었지만 법치주의가 진화했다. 기술은 복잡해졌지만 이는 국민을 무시하고 법을 포기하며 독재자를 찬양할 이유는 전혀 되지 못한다. 우리에게는 기술의 복잡성을 민주적 틀 안에서 다룰 방법이 필요하다. 전문가에게 우리 삶에 대한 통제권을 맡기지 않으면서 이들을 도구로 이용해 우리 비전을 분명히 해야 한다. 하지만 오늘날의 기술 전문가는 당파적 분쟁 시스템이라는 늪에 빠져 있다.

수많은 전문가들

정부와 산업계와 그들에 대한 비판자들은 흔히 전문가 위원회를 만든다. 이들은 만일 서로 만나는 일이 있다 해도 비밀리에 그렇게 한다. 이 같은 위원회의 신뢰성은 그들이 일하는 방식이 아니라 그들이 누구인가에 기초를 두고 있다. 반대 집단은 반대 의견을 지닌 노벨상 수상자들을 충원한다.

우리의 대중민주주의 사회에서 영향력을 얻기 위해 각 집단은 다른 집단보다 큰 목소리를 내려 한다. 자신들의 견해가 기업에 호소되는 경우, 이 집단들은 광고 캠페인을 통해 이를 대중에게 제시한다. 자신들의 견해가 지방 개발 사업에 호소되는 경우 로비를 통해 이를 의회로 가져간다. 자신들의 견해가 극적인 호소력이 있으면 이들은 언론 매체 캠페인을 통해 이를 대중에게 제시한다. 각 집단은 자신들의 애완견 역할을 하는 전문가들을 띄우고, 전투는 공론의 장으로 가며, 조용한 기술자와 과학자들은 아우성 소리에 압도당해버린다.

공적 충돌이 커지면서 사람들은 전문가의 발표 내용을 의심하기 시작한다. 이들이 전문가의 주장을 평가하는 방법은 분명하다. 어디에 소속되어 있는가. ("당연히 그녀는 기름 유출이 무해하다고 주장하지. 엑슨을 위해 일하잖아." "당연히 그는 엑슨이 거짓말한다고 말하지. 그는 네이더를 위해 일하잖아.")

저명한 전문가들이 신뢰를 잃으면 선동가들이 대등한 지위로 전투에 끼어들 수 있게 된다. 기자들—보통 논쟁을 찾아다니고, 공정성을 위해 분투하지만, 전문적 배경 지식을 갖춘 경우가 드물다—은 모든 당사자의 의견을 그대로 대중에게 전달한다. 신중한 과학자들의 조심스런 논평은 거의 영향을 미치지 못한다. 다른 과학자들에게는 선동가 방식을 채택하는 것 외에 방법이 없다. 논쟁은 첨예하고, 분노에 찬 것이 되고, 분열이 커지며, 전투의 연기는 사실을 희미하게 만든다. 그 뒤에는 흔히 마비나 어리석음이 따라온다.

우리의 가장 큰 문제는 문제 취급 방법에 있다. 원자력 발전, 석탄 화력 발전, 화학 폐기물에 대한 맹렬한 논쟁이 계속되고 있다.[5] 인상적인 전문가의 지원을 받는 선의의 집단들이 따분한 기술적인 사항들을 놓고 계속 충돌하는 중이다. 중요하지 않다는 것이 아니라 따분하다는 말이다. 저준위 방사선은 어떤 영향을 미치는가? 원자로의 노심이 녹아내릴 확률은 얼마인가? 산성비의 원인과 영향은 무엇인가? 우주 방위 기술은 미사일 공격을 얼마나 잘 막아낼 수 있을까? 특정 쓰레기 하치장의 반경 5킬로미터 안에서 다섯 명의 백혈병 환자가 생긴 것은 치명적 위험의 징표인가, 아니면 단지 우연에 불과한가?

이보다 더욱 커다란 화제가 우리 앞에 놓여 있다. 이 복제자는 얼마나 안전한가? 이 능동형 방어 시스템은 안전하고 난공불락일까? 이 생명 활동 정지 처치는 가역성이 있을까? 이 인공지능 시스템을 우리가 믿을 수 있을까?

기술적인 사항에 대한 논쟁은 정책에 대한 더욱 폭넓은 분쟁을 야기한다. 사람들의 가치관은 서로 차이를 보일 수 있지만 (당신은 뇌염과 살충제 중독 중 어느 쪽에 걸리는 편이 더 낫다고 보는가?) 그보다는 관련 사실에 대한 견해의 차이가 더욱 큰 경우가 많다(이 모기들은 뇌염을 얼마나 자주 전염시키는가? 이 살충제는 어느 정도의 독성을 지녔는가?). 따분한 사실에 대한 견해가 서로 다른 탓에 중요 정책에 대한 의견이 일치되지 못하는 경우, 사람들은 의아심을 가질 수 있다. "그들에게 나쁜 동기가 있지 않다면 어떻게 이처럼 중요한 화제에서 우리에게 반대할 수 있지?" 따라서 사실 관계를 둘러싼 논쟁[6]은 잠재적인 동맹자들을 서로 적으로 만들 수 있다. 이는 문제를 이해하고 해결하려는 우리의 노력을 방해한다.

사람들은 지난 수천 년간 사실 관계를 놓고 논쟁을 벌여왔다. 오늘날의 새로운 점이라고는 기술을 둘러싼 논쟁이 두드러진다는 사실밖에 없다. 모든 사회는 사람들에 관한 사실을 판단하는 방법을 각각 진화시켜왔다. 이런 방법들은 기술에 관한 사실들을 판단하는 방법에 시사점을 제공한다.

분쟁에서 정당한 법 절차로

역사를 통틀어 모든 집단은 분쟁 해결 방법을 진화시켜왔다. 무제한의 반목이라는 대안은 치명적인 결과를 낳는 경우가 흔했다. 중

세 유럽에선 다양한 수단이 사용되었는데 어느 것이든 끝없는 반목보다는 나았다.

이들은 싸움으로 결판내는 방법을 이용했다. 적수끼리 싸우게 해서 법에 따라 승자의 정당성을 입증했다.

면책 선서도 이용했다. 이웃들이 피고의 결백성을 선서했다. 충분히 많은 사람이 선서하면 기소는 각하되었다.

신성 재판도 이용했다. 피고를 결박해서 강에 던진다. 가라앉으면 결백하고 떠오르면 유죄였다.

비밀 위원회의 판정도 이용했다. 왕의 고문관들이 회의를 열어 판정을 내리고 적절하다고 여겨지는 내용을 선고했다. 영국의 경우 이들이 만나는 장소는 성법원Star Chamber(고등 법원.-옮긴이)으로 불렸다.

이런 방법들은 짐작건대 **누가 어떤 짓을 했느냐**, 즉 인간사의 사실들을 판정하는 수단이었지만 모두 심각한 단점이 있었다. 오늘날 우리는 이와 유사한 방법을 이용해 **무엇이 무엇의 원인이 되느냐**, 즉 과학 기술에 관련된 사항을 판정한다.

우리는 언론에서의 전투라는 재판 과정을 이용한다. 상대방의 논점이 정치적 사망 선고를 받을 때까지 서로 신랄한 언어를 날린다. 불행히도 이것은 끝없는 불화와 비슷할 때가 많다.

우리는 면책 선서를 이용한다. 전문가들이 특정한 사실을 증언한다. 충분히 많은 사람이 증언하는 경우 그 사실은 진실로 공표된다.

우리는 비밀 위원회의 판정을 이용한다. 선별된 전문가들이 회의를 열고 사실 관계를 판단한 다음 적절하다고 생각되는 조치를 추천한다. 미국의 경우 보통 국립과학아카데미의 위원회에서 회의를 연다.

오늘날 신성 재판은 유행하지 않는다. 하지만 언론에서의 전투는 자존심이 있는 조용한 과학자에게 고문으로 느껴질 만할 것이다.

영국은 1641년 성법원이라는 절차를 폐지하고 이를 위대한 성취로 꼽았다. 싸움으로 결판내기, 면책 선서, 신성 재판도 이와 마찬가지로 역사 속으로 사라졌다. 오늘날 우리는 정당한 법 절차를 중시한다. 적어도 사람들에 대해 판단할 때는 그렇다.

재판 절차는 정당한 법 절차라는 원칙을 보여준다. 혐의는 구체적으로 특정되어야 한다. 양측 당사자들은 발언하고 상대측에 맞서고 반증을 제시하고 반대 심문을 할 기회를 반드시 가져야 한다. 이 절차는 숨겨진 부패를 방지할 수 있도록 공개적이어야 한다. 토론은 양측이 공정하다고 인정하는 배심원 앞에서 진행되어야 한다. 최종으로, 판사가 절차의 심판 역할을 하고 규칙을 집행해야 한다.

정당한 법 절차의 가치를 알아보려면 그 반대 경우를 상상하면 된다. 이 모든 원칙을 짓밟는 절차란 한쪽에만 발언 기회를 주고 다른 쪽엔 반대 심문이나 응답 기회를 주지 않는 것이다. 재판은 비공개이며, 애매한 명예 훼손을 허용하며, 규칙이란 것이 있더라도 이를 강제할 판사가 없을 것이다. 배심원들은 이미 결정을 내린 상태로 법원에 올 것이다. 한마디로 말해, 문을 걸어 잠근 텅 빈 헛간에서 폭력을 가하는 폭도들의 회의, 혹은 보고서 초안을 작성하는 부패한 위원회와 유사할 것이다.

사람들에 관한 사실을 판정하는 일에서 정당한 절차의 가치는 경험이 보여준다. 혹시 이것이 과학 기술에 관한 사실을 판정하는 데도 가치 있는 수단이 될 수 있을까? 정당한 절차는 기본적인 생각이다. 법정에만 국한되지 않는다. 예컨대 일부 인공지능 연구자들[7]은 자신들의 컴퓨터 프로그램에 정당한 절차 원칙을 장착하는 중이다. 기술적 사실을 판정하는 데에서도 정당한 절차는 유용해 보인다.

사실, 과학의 주된 토론장인 과학 문헌은 이미 정당한 절차의 한 형태를 구현하고 있다. 우수 학술지의 경우, 과학적 주장은 구체적이어야 한다. 이론상, 시간과 인내력만 충분하다면 하나의 논쟁에서 모든 당사자 측이 견해를 피력할 수 있다. 학술지는 논쟁에 대해 열려 있기 때문이다. 적수끼리 얼굴을 맞대지는 않을지라도 서로 떨어진 채 맞붙는다. 이들은 편지와 논문을 통해 느린 동작으로 묻고 답한다. 심판들은 배심원처럼 증거와 추론을 평가한다. 편집자는 판사처럼 절차의 규칙을 집행한다. 학술지 출간은 이 논쟁을 대중에게 공개해 면밀히 검토할 수 있게 한다.

학술지와 법정 모두에서 상충하는 생각들은 공정하고 질서 있는 전투를 보장하기 위해 진화한 규칙 아래 서로 겨루게 된다. 이런 규칙은 가끔 위반이나 부적절성 때문에 실패하기도 하지만 우리가 개발한 최선의 것이다. 불완전한 정당한 절차는 정당한 절차가 전혀 없는 것보다 낫다는 것이 증명되었다.

과학자들이 심사를 거쳐 논문을 게재하는 학술지를 높이 평가하는 이유가 무엇인가? 그런 학술지라면 덮어놓고 신뢰한다거나 거기 실린 모든 내용을 신뢰한다는 이유에서가 아니다. 최선의 정당한 절차 체계라고 해도 순수한 진실을 강물처럼 쏟아낼 수는 없다. 그런 학술지를 신뢰하는 이유는 그것이 건전하고 비판적인 논의를 반영하는 경향이 있기 때문이다. 사실 학술지는 그래야만 한다. 학술지들은 서로 간에 논문, 권위, 독자를 놓고 경쟁하기 때문에 최선의 학술지는 정말로 훌륭해야 한다. 학술지라는 맷돌은 느리게 돌아가지만 충분한 횟수의 출간과 비평이 있고 나면, 합의를 이끌어내는 경우가 흔하다.

법정과 학술지의 가치는 경험이 증명한다. 양자의 배후에 있는 유사성은 이들의 가치가 정당한 절차라는 공통의 원천에서 흘러나온다는 것을 시사한다. 정당한 절차는 실패할 수도 있지만 이것이 진상 조사의 가장 좋은 접근법이라는 사실에는 변함이 없다.

법정은 기술적인 문제를 다루기에 적합하지 않다. 학술지가 낫다. 하지만 학술지에도 여전히 단점이 있다. 학술지가 형태를 갖추기 시작한 것은 기술 수준이 낮고 발전 속도가 느린 시기였으며 그 진화는 인쇄의 한계, 우편의 속도, 학문적 과학의 수요에 맞춰서 이루어졌다. 하지만 오늘날 우리에게는 더욱 나으며 신속한 기술적 판단이 절대적으로 필요하며 우리가 사는 세상에는 전화, 제트기, 복사기, 급행 우편과 전자 메일이 갖추어져 있다. 우리는 기술과 관련되는 논쟁 속도를 높이기 위해 현대 기술을 사용할 수 있을까?

물론, 가능하다. 과학자는 이미 다양한 접근법을 활용 중이다. 제트기는 전 세계의 과학자들을 논문 발표와 토론이 일어나는 학술 회의장으로 실어 나른다. 하지만 학술회의에서는 논쟁을 잘 다루지 못한다. 공적인 예의와 빽빽한 일정이 논쟁의 활력과 깊이를 제한한다.

과학자는 비공식적인 네트워크에도 참여하는데 그 수단은 전화,

메일, 컴퓨터, 복사기다. 이 덕분에 정보 교환과 논의 속도가 빨라졌다. 하지만 비공식 연구 네트워크는 개인적인 기구다. 이들 역시 차이점을 철저히 검토할 믿을 만한 공적 절차를 제공하지 못한다.

학술회의, 학술지, 비공식 네트워크는 유사한 한계가 있다. 공공 정책과 관련되는 기술적 문제보다는 과학적으로 중요한 기술적 문제에 초점을 맞추는 것이 보통이라는 점이다. 게다가 이들은 **과학적** 문제에 초점을 맞추는 것이 전형적인 행태다. 학술지는 고유한 과학적 중요성이 없는 기술적 문제들을 경시하는 경향이 있다. 이런 문제들을 심사의 점검을 받을 필요가 없는 뉴스거리로 여기는 일이 흔하다. 더구나 오늘날의 기관은 지식이 아직 논쟁에 휩싸여 있을 때 해당 지식을 균형 있게 제시하는 방법이 없다. 과학 비평 논문에서 여러 측면을 제시하고 평가하는 일은 흔하지만 이는 단 한 명의 필자가 지니는 견해일 뿐이다.

이 모든 단점은 하나의 공통된 근원을 지닌다. 과학 기관들이 진화한 것은 과학을 진보시키기 위해서지 정책 결정자들을 위해 사실을 면밀히 조사해주기 위해서가 아니다. 이런 기관들은 자체 목적에는 잘 봉사하지만 다른 목적에는 그렇지 못하다. 이것은 진정한 실패는 아니지만 진정한 수요를 충족시키지 못한 채로 남겨둔다.

하나의 접근법

우리는 기술적 사실과 관련된 논쟁을 할 더 나은 절차가 필요하다.

개방되고, 믿을 만하며, (건전한 정책을 형성하는 데 필요한) 사실 확인에 초점을 맞춘 절차 말이다. 우리는 다른 정당한 절차 과정의 여러 측면의 모방을 출발점으로 삼을 수 있다. 그다음 이를 경험에 비추어 수정하고 세련되게 만들 수 있다. 현대의 통신 및 교통수단을 이용해 우리는 집중적이고 능률적인 학술지 비슷한 절차를 개발할 수 있다. 그 절차란 중요한 사실에 관한 공적 토론을 빠르게 진행할 과정을 말한다. 이것이 우리가 해야 할 일의 절반에 해당되는 것 같다. 또 다른 절반은 논쟁 결과를 정제해 현재 우리 지식(그리고 같은 이유에서 현재 우리의 무지)에 대한 균형 잡힌 그림을 만들 것을 요구한다. 여기서는 법정에서와 비슷한 절차가 유용해 보인다.[8]

이 절차(**사실 규명 포럼**fact forum)는 사실을 요약하기 위한 과정이기 때문에 각 진영은 자신들이 핵심적이라고 보는 사실을 중요한 순서대로 일람표로 제시할 것이다. 토의는 각 진영의 목록 중 제일 위에 있는 진술을 대상으로 시작될 것이다. 토론, 상호 검증, 절충negotiation이 회를 거듭하는 동안 **심사**는 상호 합의하는 진술을 찾을 것이다. 의견이 불일치하는 부분에 대해서는 **기술 패널**이 무엇이 확인된 사실인지 무엇이 아직 불확실한 개요를 담은 의견서인지를 쓸 것이다. 사실 규명 포럼의 산물에는 이면의 논쟁, 합의된 진술, 그리고 패널의 의견이 포함될 것이다. 이는 간략한 비평 논문이 앞머리에 붙은 한 세트의 학술지 논문과 비슷할 것이다. 여기에는 사실관계의 진술만 있을 뿐 정책 제언은 들어 있지 않다.

이 절차는 법정에서의 그것과 여러 면에서 달라야 한다. 예컨대 해당 포럼의 '배심원'인 기술 패널은 기술적으로 유능해야 한다. 편견은 패널로 하여금 사실을 오판하게 유도할 수 있지만 기술적 무능도 이와 동일한 해를 끼칠 수 있다. 이런 이유에서 사실 규명 포럼의 '배심원' 선발 방식은 위험할 수도 있어야 한다. 만일 법정에서 허용되었다면 말이다. 법정은 경찰력을 휘두르기 때문에 우리는 스스로의 자유를 보호하기 위해, 전체 인민을 대상으로 해서 선발한 배심원을 이용한다. 정부가 누군가를 처벌하려면 먼저 한 무리의 시민에게 승인받는 수밖에 없다. 따라서 정부의 행동은 공동체의 기준에 묶이게 된다. 하지만 사실 규명 포럼은 사람들을 처벌하지도 공공 정책을 만들지도 않을 것이다. 대중은 자유로이 그 절차를 지켜본 뒤 그 결과를 믿을지 여부를 결정한다. 이것은 사람들에게 충분한 통제권을 부여하는 결과를 낳을 것이다.

그럼에도 불구하고 사실 규명 포럼이 공정하고 효율적이려면 패널 선발 절차가 훌륭해야 한다. 기술 패널은 정부가 임명하는 전문가 위원회나 심사를 거쳐 논문을 게재하는 학술지가 임명하는 심판들에 대체로 상응한다. 공정함을 보장하기 위해 패널은 위원회나 한 명의 정치인, 한 명의 관료에 의해서가 아니라 분쟁 당사자 쌍방의 동의를 얻는 과정을 통해 선발되어야 한다. 법정 소송에서 변호사들은 편견이 있는 듯한 증인은 누구라도 이의를 제기하고 거부할 수 있다. 우리도 사실 규명 포럼을 위한 패널을 선정하는 데 이와 유사한 절차를 이용할 수 있다.

해당 분쟁에 직접 연관된 전문가는 패널에 기용되어서는 안 된다. 이런 인물은 패널을 왜곡하거나 분열시킬 것이다. 사실 규명 포럼을 후원하는 그룹은 관련 분야에 정통한 토론자를 구하려고 애써야 한다. 이는 실제로 유용한 방법으로 보인다. 왜냐하면 기술적인 판단(흔히 경험과 계산에 근거한다)을 내리는 방법은 상당히 보편적이기 때문이다. 해당 분야의 기본을 잘 알고 있는 토론자들은 양측 전문가들이 벌이는 논쟁의 세부 사항을 판단할 능력이 있을 것이다.

사실 규명 포럼의 여타 부분도 법정과 학술지의 그것과 유사할 것이다. 학술지의 편집진에 해당하는 위원회가 심판과 토론자를 지명할 것이다. 양측 대변인들은 저자나 검사처럼 그들이 펼 수 있는 가장 강력한 주장을 제시할 것이다.

이런 유사성에도 불구하고 사실 규명 포럼은 법정과 다를 것이다. 이 포럼은 기술적 문제에만 집중한다. 아무 조치나 행동도 제안하지 않을 것이다. 정부의 힘과 같은 것은 없을 것이다. 증거와 주장에 관한 기술적 규칙만 따를 것이다. 분위기와 절차의 세부 사항은 끝없이 다를 것이다. 법정과의 비유는 그저 비유, 아이디어의 근원일 뿐이다.

사실 규명 포럼은 또한 학술지와도 다를 것이다. 메일, 회의, 전자 메시지가 허용하는 최대 속도로 움직일 것이다. 이에 비해 저널 출간을 통한 의견 교환은 보통 몇 달씩 지연된다. 포럼은 하나의 과학 분야 전체를 다루기 위해 설립되는 것이 아니라 하나의 주제를 다루기 위해 개최될 것이다. 결정을 돕기 위해 지식을 요약하는 것이지 과학 공동체를 위한 자료의 일차적 근원 역할을 하려는 것이 아니다. 일련의 사실 규명 포럼이 하나의 학술지를 대체하지는 않겠지만 이 포럼들은 우리의 생명을 살릴 수도 있는 사실를 규명하고 공표하는 데 도움을 줄 것이다.

아서 캔트로위츠Arthur Kantrowitz 박사(미국 국립과학아카데미 회원이
자 의료 기술에서 고출력 레이저에 이르는 여러 분야의 권위자)는 사실 규
명 포럼 개념의 주창자다.[9] 처음에 그는 이것을 '기술 심리 이사회'
라고 불렀다. 언론인들은 재빨리 '과학 법정science court'이란 이름을
붙였다. 나는 그것을 '사실 규명 포럼fact forum'으로 써왔다. '과학 법
정'이라는 용어는 정부 기구로서의 사실 규명 포럼에 쓰이도록[10] 따
로 남겨둘 것이다. 기술 논쟁의 정당한 절차를 칭하는 용어는 아직
유동적이다. 각기 다른 용어가 각기 다른 논의에서 쓰이고 있다.

캔트로위츠 박사가 정당한 절차를 걱정하게 된 계기는 미국이 한
번의 도약으로 달까지 가는 대형 로켓을 건조하겠다고 결정한 데서
비롯되었다. 박사가 어느 전문가 위원회의 조사 결과를 근거로 추
천했던[11] 방식이 있었다. 미국항공우주국이 여러 개의 작은 로켓을
이용해 부품들을 저 궤도에 올려놓은 다음 이를 조립해 달까지 가
는 우주선을 건조한다는 것이었다. 이런 접근법은 수십억 달러의
절약을 보장하며 동시에 우주에서의 건조 능력을 발달시킬 수 있
다. 아무도 그의 주장에 답하지 않았고 그는 결국 실패했다. 이미
마음이 정해졌고 정치가들의 뜻은 확고했으며 문제의 보고서는 백
악관 금고에 밀폐되어 있었고 논쟁은 끝났다. 기술 관련 사실들은
신세대 대형 로켓의 건조를 원했던 사람들을 위해서 조용히 억압당
했다.

이것은 우리의 기관들에 심각한 흠이 있다는 점을 보여주었다.
이 흠은 지금도 계속되고 있으며 우리의 돈을 낭비하고 끔찍한 오
류를 일으킬 위험을 증대시키고 있다. 캔트로위츠 박사가 곧이어

도달한 결론은 오늘날의 시각에서 보면 뻔하다. 우리는 기술 관련 논쟁을 발표할 정당한 절차를 지닌 기구가 필요하다.

캔트로위츠 박사는 토론과 글과 연구와 학회를 통해 이 목표(과학 법정 형태)를 추구했다. 그의 과학 법정 아이디어는 후보 시절의 포드, 카터, 레이건의 지지를 얻었다. 대통령이 되자 그들은 아무 일도 하지 않았다. 포드 행정부 시절 대통령 자문 대책 위원회가 해당 절차안을 자세히 만들었는데도[12] 말이다.

그럼에도 불구하고 진보가 일어났다. 나는 사실 규명 포럼에 대해 미래 시제를 써왔지만 그에 관한 실험은 이미 시작되었다. 하지만 정당한 절차에 이르는 길을 서술하기 전에 그에 대한 반대론 중 일부를 검토할 필요가 있다.

정당한 절차들

이 아이디어를(적어도 과학 법정 버전에 대해) 비판하는 사람들은 서로 의견이 다른 경우가 많았다. 사실 관계에 대한 논쟁은 중요하지 않다거나 혹은 밀실에서 조용히 해결될 수 있다고 하는 사람도 있었고, 이 논쟁은 너무나 심원하고 중요해서 정당한 절차가 도움이 되지 않는다는 반대론을 펴는 사람들도 있었다. 과학 법정은 위험할 것이라는 사람도 있었고 그것이 중요해지리라고 경고하는 사람도 있었다. 이 모든 비판은 어느 정도 타당하다. 정당한 절차가 만병통치약이 될 수는 없다. 그것이 필요 없을 때도 있고 악용될 때도 있을 것이다. 하지만 그런 식이라면 페니실린에 대해서도 똑같은 반대론을 펼 수 있을 것이다. 그것이 효과가 없거나, 불필요하거나, 해로운 경우조차 있다는 견지에서 말이다.

이런 비판을 하는 사람은 아무 대안을 제시하지 않는다. 그리고 오늘날 우리가 정당한 절차를 가지고 있다거나 혹은 정당한 절차가 무가치하다는 주장을 펴는 일은 거의 없다. 우리는 수백만 명의 목숨이 달려 있는 복잡하고 기술적인 화제를 처리해야만 한다. 어떻게 이런 화제들을 비밀주의적인 위원회나, 굼뜬 학술지나, 언론상의 전투나, 정치가들의 기술적 판단에 맡길 수 있단 말인가? 우리에게 그런 만용은 없다. 만일 우리가 전문가들을 불신한다면, 그렇다면 우리는 비밀리에 임명된 비밀주의적 위원회의 판단을 받아들여야 하는가, 아니면 좀 더 공개적인 절차를 요구해야 하는가? 마지막으로, 우리는 현재의 시스템을 가지고 나노기술과 인공지능에 관한 전 지구적인 기술 경쟁에 대처할 수 있는가?

공개된, 정당한 절차를 이행하는 기관은 결정적으로 중요해 보인다. 서로 다른 주장을 펴는 모든 진영의 참가를 허용함으로써 이런 기구들은 논쟁의 에너지가 사실을 찾는 쪽에 사용되도록 할 것이다. 전문가들에게 사실만 서술하도록 제한하는 이 기관들은 우리로 하여금 기술 관료에게 결정권을 넘기지 않으면서 기술에 대처할 수 있게 해줄 것이다. 개인들, 회사들, 선출직 공직자들이 정책을 완전히 통제할 것이다. 기술 전문가들은 그래도 다른 채널을 통해 정책을 추천할 수 있을 것이다.

우리는 사실과 가치를 어떻게 구별할 수 있는가? 칼 포퍼의 기준이 유용한 듯하다. 어떤 진술이 사실에 관한 것(진실이거나 거짓이다)이라 함은 그 진술이 원리적으로, 실험이나 관찰에 의해 반증될 수 있다는 뜻이다. 일부 사람에게, 가치를 고려하지 않고 **사실을 검토하**는 것은 가치에 대한 고려 없이 **정책을 입안**한다는 의미다. 하지만 이는 터무니없다. 정책 결정은 그 본래 속성상 사실과 가치를 동시에 포함하고 있다. 원인과 결과는 사실 문제로서, 우리에게 무엇이 가능한가를 알려준다. 하지만 정책에는 가치, 우리가 행동하는 동기도 포함된다. 사실을 정확히 파악하지 않고서 우리는 스스로가 원하는 결과를 얻지 못한다. 하지만 가치, 즉 욕망과 선호가 없다면 애초에 우리는 무언가를 추구하지도 않을 것이다. 사실을 드러내 보이는 절차는 사람들이 자신들의 가치에 봉사하는 정책을 선택하는 데 도움을 줄 수 있다.

비판가들의 우려는 다음과 같다. 과학 법정은 지구가 평평하다고 (사실상) 선언할 것이고 사모스의 아리스타르코스Aristarchos나 마젤란Ferdinand Magellan 같은 사람들이 반대 증거를 찾아내면 이를 무시할 것이다. 오류와 편견, 불확실한 지식은 분명히 기억에 남을 만한 실수를 유발할 것이다. 하지만 기술 패널의 구성원들은 가짜 확실성을 주장할 필요가 없다. 그러는 대신 우리의 지식을 서술하고, 우리의 무지를 약술하며, 때로는 그저 모른다고 하거나, 현재의 증거로는 사실에 대한 개략적인 추정밖에 얻을 수 없다고 하면 된다. 이런 방법으로 그들은 판단력이 훌륭하다는 명성을 유지할 수 있다. 새로운 증거가 대두되면 심리를 재개할 수 있다. 아이디어는 일사부재리 원칙에 의해 보호받을 필요가 없다.

만일 사실 규명 포럼이 널리 퍼지고 존경받으면 영향력이 생길 것이다. 이것이 성공하면 그 때문에 악용하기 어려워질 것이다. 많은 집단이 앞다투어 포럼을 후원할 것이며 이 절차를 악용하는 집단은 평판이 나빠져 무시당하는 경향이 생길 것이다. 만일 사실 규명 포럼이 중복성을 통해 신뢰를 받는다면 어떠한 후원 집단도 중요한 화제와 관련한 사실들을 모호하게 만들 수 없을 것이다.

어떤 기관도 부패와 오류를 완전히 추방할 수는 없다. 하지만 사실 규명 포럼은 공개 토론에 관한 개선된 기준의 인도를 받을 것이다. 아무리 불충분할지라도 말이다. 이런 포럼들이 오늘날 우리가 가지고 있는 시스템보다 더 나빠지려면 아주 먼 길을 오랫동안 헤매야만 할 것이다. 사실 규명 포럼에 대한 기본 주장은 다음과 같다

(1) 정당한 절차는 시도해볼 만한 올바른 접근법이다.

(2) 시도한다면 시도하지 않는 것보다 도움이 될 것이다.

정당한 절차 수립하기

인류학자 마거릿 미드Margaret Mead는 과학 법정에 관한 전문가 토의colloquium[13]에 초대받아 반대론을 펴기로 예정되어 있었다. 하지만 막상 발언 기회가 왔을 때 그녀는 찬성론을 폈다. "우리는 새로운 기관이 필요하다. 이는 의심할 여지가 없다. 우리가 현재 가지고 있는 기관들은 전혀 만족스럽지 못하다. 많은 경우, 불만족스러울 뿐만 아니라 과학에 대한 매춘, 의사 결정 과정에 대한 매춘을 포함하

고 있다." 기존 기관에 기득권이 없는 사람들은 보통 그녀의 평가에 찬성한다.

기술에 관한 사실을 규명하는 것은 우리 생존에 정말로 중요하다. 그리고 만일 정당한 절차가 사실 규명의 핵심이라면, 우리는 그에 대해 무엇을 할 수 있을까? 완벽한 절차로 시작할 필요는 없다. 지금 우리가 가지고 있는 절차를 개선하려는 비공식적인 노력을 출발점으로 삼을 수 있다. 그다음에 방법들을 변이시키고 그중 가장 잘 작동하는 것을 선택함으로써 더 나은 절차를 진화시킬 수 있다. 정당한 절차란 정도의 문제다.

기존 기관들이 스스로의 규칙과 전통을 일부 수정함으로써 정당한 절차에 다가갈 수도 있다.[14] 예컨대 정부 기관들은 어떤 전문가 위원회의 구성원을 임명하기 전에 서로 반대 진영들로부터 정기적 조언을 들을 수도 있다. 양측 모두에게 증거를 제시하고 검토할 권리를 포함하는 전문가들의 상호 검증권을 보장할 수 있을 것이다. 심리 과정을 방청객에게 개방할 수도 있을 것이다. 이런 단계들은 그 하나하나가 정당한 절차를 강화하고 성법원을 좀 더 존경받을 가치가 있는 기관으로 바꾸게 될 것이다.

하지만 정당한 절차가 공공의 이익에 도움이 된다고 해서 이것이 반드시 변화를 요구받는 집단에게 인기를 끌 수는 없다. 우리는 이익 집단이 자신들의 주장을 검증해달라고 요청하는 우레 같은 소리나, 위원회들이 회의실을 새로이 개방하고 정당한 절차의 원리에 순종하면서 내지르는 기쁨의 함성 같은 소리를 들은 적이 없다. 정치인들이 자신들의 결정 배후에 있는 정치적 배경을 숨기기 위해 가짜 사실을 이용하지 않기로 했다는 보도도 접한 적이 없다.

그럼에도 미국 대통령 후보 세 명이 과학 법정을 정말로 지지했다. 미국 내 주요 과학 협회 스물여덟 곳이 소속된 과학협회위원회의 회장 역시 이 아이디어를 지지했다. 미국 에너지부는 서로 경쟁하는 핵융합 연구 제안서를 평가하기 위해 '과학 법정 비슷한 절차'를 활용한 뒤 이 절차가 효율적이고 유용하다고 선언했다. 국립 암연구소의 존 베일러John C. Bailar 박사는 의료 기관들로 하여금 X선의 위험을 인식케 하고 집단 선별 검사에서 이를 덜 사용하게 만드는 데 실패한 뒤 이 주제에 대한 과학 법정을 개최하자고 제안했다. 그러자 그의 적수들은 패배를 인정하고 그들의 정책을 변경했다. 정당한 절차를 도입하자고 단순히 위협하는 것만으로도 이미 사람들의 생명을 살리고 있다. 이는 명백한 사실이다. 그럼에도 불구하고 과거의 방식은 거의 달라지지 않은 채 계속되고 있다.

이유가 무엇인가? 부분적으로는, 아는 것이 힘이기에 지식이 빈틈없이 숨겨 있기 때문이다.[15] 부분적으로는, 힘 있는 집단들은 정당한 절차가 자신들에게 어떤 불편을 줄지 쉽게 상상할 수 있기 때문이다. 부분적으로는, 문제 해결 방식을 개선하자는 노력은 문제와 직접 싸우자는 캠페인 같은 극적 요소를 갖추지 못했기 때문이다. 국가라는 배에 뚫려 있는 구멍을 막으려는 운동가의 숫자와 그 배에서 탈출하는 운동가 숫자의 비율은 1 대 1,000이다.

그럼에도 불구하고 정부는 과학 법정을 수립하기 위해 행동을 취할 수 있으며 정당한 절차를 향해 조금이라도 진전된 조치를 취한다면 그 하나하나가 지지를 받을 만하다. 하지만 과학 법정에 대한 정부의 후원을 두려워하는 것은 이치에 닿는 일이다. 중앙에 집중된 권력은 덜커덕거리며 육중하게 걷는 괴물을 낳는 경향이 있다. 중앙 '과학법정국Science Court Agency'은 일을 잘하면서 눈에 띄는 해를 끼치지 않을 수도 있지만 그럼에도 불구하고 막대한 양의 감춰진 추가 비용을 치르게 만들 수 있다. 그것의 존재 자체(그리고 경쟁의 부재)가 진화적인 개선을 차단할 수도 있다.

다른 길도 열려 있다. 사실 규명 포럼은 특정한 법의 지원을 받지 않고서도 영향력을 발휘할 수 있을 것이다. 강력한 영향력을 갖기 위해 해당 포럼이 갖춰야 하는 요건은 하나뿐이다. 그 포럼의 결과가 특정 개인이나 위원회, 협회, 이익 집단의 단언보다 더욱 신뢰성이 높으면 족하다. 잘 운영되는 사실 규명 포럼은 그 구조 자체 때문에 신뢰를 얻을 것이다. 그런 포럼은 대학의 후원도 받을 수 있다.

사실, 캔트로위치 박사는 최근 캘리포니아 버클리 대학교에서 실험적인 절차[16]를 수행했다. 주제는 러브 운하Love Canal의 화학 쓰레기장이 끼치는 선천적 결손증과 유전적 손상의 위험이었다. 행사는 유전학자 비벌리 페이젠Beverly Paigen과 생화학자 윌리엄 하벤더William Havender 간의 공개 논쟁을 중심으로 진행되었다. 이 두 사람이 각각의 입장을 대변하는 역할을 했고 대학원생들이 기술 패널을 맡았다. 몇 주에 걸쳐 간헐적으로 열린 회의에선 어떤 부분에서 의견이 일치하고 어떤 부분에서 불일치하는지를 주로 논의했다. 행사는 패널 앞에서 열린 여러 차례의 공개적인 반대 심문으로 마무리되었다. 주장자들과 패널은 열한 번에 걸쳐 사실을 진술한다는 데 동의했고 이를 통해 남아 있는 의견 불일치와 불확실성을 명확히 했다.

캔트로위치와 로저 매스터스Roger Masters는 "정부가 후원하는 과학 법정에서 시행된 수많은 시도가 많은 어려움을 겪었던 데 반해 최초의 진지한 시도인 이번 행사—종합 대학을 무대로 한—에서 고무적인 결과를 얻었다"라고 언급했다. 그들은 종합 대학의 전통과 자원이 그런 정당한 절차를 수립하려는 노력에 알맞은 무대와 배경이 된다는 소견을 밝혔다.

이 사례는 정당한 절차를 개발하는 분권화된 방식, 기존의 관료 제도와 뿌리 깊은 이해관계를 앞지르게 해줄 방식을 보여준다. 이를 시행하는 과정에서 우리는 최선의 진화적 전통에서 확립된 원리를 기반으로 각종 변이를 검증할 수 있다.

수천 개의 서로 다른 화제에 관심을 가진 지도자들이나 심지어 서로 특정 화제의 반대 진영에 속하는 지도자들도 합심해서 정당한 절차를 지지할 수 있다. 하버드협상프로젝트의 로저 피셔Roger Fisher와 윌리엄 유리William Ury[17]가 《Yes를 이끌어내는 협상법Getting to Yes》에서 지적한 바에 따르면, 서로 대항하는 사람들은 자신들이 옳다고 믿는 경우 공평한 중재를 선호하는 경향이 있다고 한다. 양측[18] 모두 승리를 예상하므로 양측 모두 참여에 동의한다. 사실 규명 포럼은 정직한 주장을 펴는 사람들을 끌어들이고 허풍선이들을 쫓아낼 것이다.

정당한 절차가 표준이 되면 건전한 주장을 지닌 옹호자들은 심지어 적수들이 협동을 거부해도 이익을 얻게 될 것이다. "만일 그들이 자신들의 주장을 공개적으로 방어하려 하지 않는다면, 그들의 이야기에 귀 기울일 이유가 어디에 있는가?" 더구나 많은 논쟁이 실제로 심리를 진행하는 수고를 끼칠 것도 없이 해결될 (혹은 없어질) 것이다. 심판이 있는 공개 토론의 가능성은 옹호자들로 하여금 입장을 세우기에 앞서 자신들이 가진 사실적 근거를 점검하게 만들 것이다. 사실 규명 포럼을 설치하는 것은 건전한 논점에 100만 명의 지지자를 모은 것보다 더 큰 힘을 부여해줄 수 있다.

하지만 오늘날 선의의 지도자들은 지금이 자신들의 논거를 어쩔 수 없이 과장해야만 하는 상황이라고 느끼고 전면에 나서기를 꺼릴 수가 있다. 오로지 대항 세력이 언론에 내놓는 보도 자료의 굉음을 뚫고 자신들의 목소리가 들리게 하기 위해서 그런 짓을 한다는 것에 대해서 말이다. 이들은 사실 규명 포럼의 원리에 유감을 품고 반대할까? 분명히 그렇지 않을 것이다. 우선 그들을 사실로부터 멀어지도록 강요했던 사회적 질병을 정당한 절차가 치료할 수 있다. 자신들의 주장이 정당하다는 것을 사실 규명 포럼에서 보여줌으로써 이들은 지적 정직성에서 오는 자존감을 회복할 수 있다.

진실을 드러내는 것은 소중하게 지녀왔던 어떤 입장의 기반을 위태롭게 만들 수도 있다. 하지만 이것이 공적 문제에 진정한 관심을 가진 집단의 이익을 해칠 수는 없다. 진실이 들어올 공간을 만들기 위해 자신이 조금 비켜야 한들 그것이 대수란 말인가? 위대한 지도자들은 이보다 나쁜 이유로도 입장을 바꿔왔다. 그리고 정당한 절차는 대항 세력들의 입장도 바꾸게 만들 것이다.

그레고리 베이트슨Gregory Bateson은 이렇게 말한 적이 있다. "어떤 유기체도 무의식 수준에서 다룰 수도 있는 문제들을 의식의 대상으로 삼을 만큼의 여유가 없다." 민주주의라는 유기체적 조직에서 의식 수준은 언론 매체상의 논쟁에 대응한다. 무의식 수준은 공적인 소란 없이 통상적으로 잘 기능하는 모든 절차로 구성된다. 언론 매체의 경우, 인간의 의식에서처럼, 하나의 관심은 다른 것에 대한 관심을 밀어내는 경향이 있다. 의식적인 관심이 그토록 드물고 귀중한 자원인 이유가 여기에 있다.

우리 사회는 스스로가 처한 상황과 관련한 사실들을 좀 더 빠르고 믿을 만하게 식별할 필요가 있다. 엉뚱한 데로 관심을 쏠리게 하는 언론 매체상의 싸움은 적게 하면서 말이다. 이렇게 되면 공적인 논쟁은 엉뚱한 데 매여 있는 현 상태에서 풀려나 자신의 적절한 업무를 담당할 수 있게 될 것이다. 그 업무란 사실을 규명하기 위한 수단을 판단하고, 우리가 무엇을 원하는지 결정하며, 우리가 살 만한 가치가 있는 세상으로 향하는 길을 선택하도록 돕는 것이다.

변화가 빨라짐에 따라 우리의 필요도 더욱 커진다. 복제자의 위험이나 능동형 방어막의 실현 가능성을 판단하려면 우리에게는 사실에 대한 토론을 수행하는 좀 더 나은 방법이 필요해질 것이다. 사실 규명 포럼 같은 순수한 사회적 발명품은 도움이 될 것이다. 그러나 컴퓨터에 기반을 둔 새로운 사회적 기술 역시 전망이 밝다. 이들도 정당한 절차를 확대해줄 것이다.

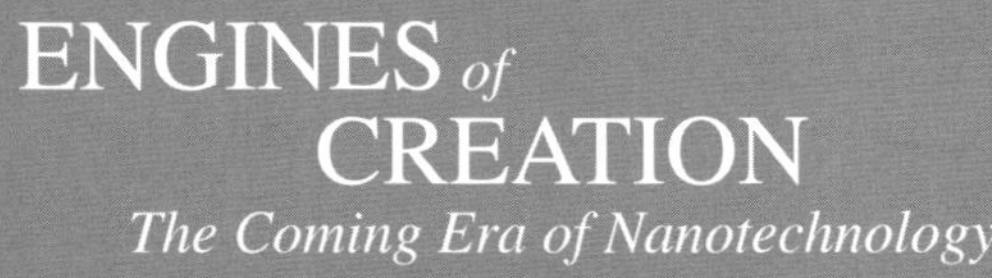

ENGINES *of*
CREATION
The Coming Era of Nanotechnology

14

지식의
네트워크

컴퓨터들은 …… 우리의 일상을 관통했으며 이제 사회의 중추 신경 계가 되고 있다.

—모토오카 토오루[1]

분자 조립 기계의 혁신적 발전에 대비하려면 사회는 좀 더 빨리 배우는 법을 배워야 한다. 사실 규명 포럼은 도움이 되겠지만 새로운 기술은 더욱 큰 도움이 될 수 있다. 신기술이 있으면 우리는 과거 어느 때보다 빠른 속도로 우리가 가진 정보를 확산하고 정제하고 결합할 수 있을 것이다.

정보 과부하는 이제 잘 알려진 문제다. 단편적 지식들이 너무나 빠른 속도로 쌓인 나머지 사람들은 이를 분류하고 이해할 수 없게 되었다. 수천 개의 기술 학술지가 수천 개의 주제를 다루고 있다. 해마다 출판되는 논문은 100만 편이 넘는다. 사실 규명 포럼은 우리가 허위를 치워버리는 데 도움을 줄 테고 이는 세상을 이해하려는 우리의 노력을 더욱 쉽게 만들어줄 것이다. 하지만 그런 공식적 기관은 그 무엇이든 오늘날 정보의 홍수에 압도당해 묻혀버릴 것이다. 사실 규명 포럼들은 각기 하나의 파편만을 다룰 수 있을 것이다. 이 파편은 사실 중에서 중요한 위치를 차지하기는 하지만 포럼들은 필연적으로 어느 정도 반응이 느릴 수밖에 없을 것이다. 공식적 기관이 이용할 수 있는 우리 사회의 정신적 에너지는 아주 작은 파편뿐이다.

오늘날 우리의 정보 시스템은 우리의 발전에 장애가 되고 있다. 문제를 파악하려면 한 조각의 정보 취급을 생각해보면 된다. 당신이 이 정보를 알아냈다. 이를 어떻게 전파할 것인가? 누군가 다른 사람이 이를 출판했다. 이를 어떻게 찾아낼 것인가? 당신이 그것을 발견했다. 어디에 그것을 정리, 보관할 것인가? 당신이 오류를 발견했다. 어떻게 이를 수정할 것인가? 당신의 파일이 많아졌다. 이를 어떻게 조직화할 것인가?

오늘날 우리는 정보를 서투르게 취급한다. 우리의 전통적인 전자매체는 생생하고 재미있다. 하지만 이런 매체들은 복잡하고 장기적인 토론을 다루는 데 적당하지 않다. 당신은 시청자로서 TV 다큐멘터리의 정보를 어떻게 모아두고 조직화하고 수정할 것인가? 간단히 말해, 어떻게 그 정보를 진화하는 지식 체계의 잘 통합된 일부분으로 만들 것인가? 종이 매체를 이용하면 복잡한 토론들을 좀 더 잘 관리할 수 있다. 하지만 통상적인 출판 과정이 몇 주(혹은 몇 년)씩 걸리는 탓에 논쟁은 기어가는 수준으로 느리게 진행된다. 그리고 심지어 종이로 된 출간물도 정리, 보관하고 조직화하고 수정하기 어렵다. 인쇄기들은 잉크로 인쇄된 종이 뭉치들을 만들어낸다. 사서들과 학자들은 영웅적 노력을 기울여 이들을 느슨한 형태로나마

연계하고 조직화하는 데 가까스로 성공했다. 하지만 색인과 참고 문헌, 정정은 더 많은 쪽과 더 많은 증보판을 만들어낼 뿐이며 그들이 나타내는 연계성을 추적하는 일은 여전히 지루한 작업으로 남아 있다.

책을 비롯한 종이 뭉치들은 하나의 유형에 따라 작동한다. 이것들은 우리의 문화적 보물 중 많은 것을 담고 있으며 오늘날 우리는 대부분의 것을 출판하는 더 나은 방법이 없다. 그렇지만 여기에는 개선의 여지가 대단히 많다. 정보를 확산, 수정, 조직화하는 데 따른 어려움 때문에 우리가 공유하는 지식은 상대적으로 희귀하고 부정확하며 비조직적이 되었다. 확고히 자리 잡은 기존 지식은 흔히 찾기 힘든 경우가 많기 때문에 우리는 그런 지식 없이 견딜 때가 많다. 이는 필요에 비해 우리를 더욱 무지하다고 여기게 한다. 신기술이 우리를 도울 수 있을까?

과거에 그런 도움을 준 일이 있다. 인쇄기의 발명은 인류 사회에 커다란 진보를 일으켰다. 컴퓨터 기반의 텍스트 서비스는 이보다 더 많은 진보를 약속한다. 하지만 우리의 정보 시스템이 얼마나 개선될 수 있는지 알아보려면 얼마나 악화될 수 있는지 보는 편이 도움이 될 것이다. 가상의 혼란과 가상의 해결책을 검토해보자.

사원 이야기

옛날 옛적에 정보 문제를 안고 있는 사람들이 살았다. 덩치가 큰 점토판을 종이로 대체했지만 이들은 그것을 이상하게 사용했다. 그들이 사는 땅의 중심부에는 당당한 돔이 하나 서 있었다. 돔 아래에는 그들의 위대한 '글쓰기 방Chamber of Writings'이 있었다. 이 방 안에는 어린아이 손바닥 크기의 종이 조각들로 이루어진 동산이 있었다. 때때로 한 학자가 이 배움의 사원으로 여행 와서 지식을 제공하곤 했다. 한 필경사 위원회가 그 지식의 가치를 판단하곤 했다. 만일 가치 있는 것으로 판명되면 이들은 그 지식을 종이 조각 위에 기재해서 의식을 갖추어 종이 동산 위로 던졌다.

때때로 근면한 학자가 지식을 찾아서 방문하곤 했다. 이들은 필요한 종이 조각을 찾아서 종이 동산을 샅샅이 뒤졌다. 그런 수색에 조예가 있는 일부 학자들은 특정한 종이 조각을 한 달이라는 짧은 시간 안에 찾아낼 수 있었다. 필경사들은 언제나 연구자들을 환영했다. 연구자들은 그만큼 드물었다.

현대의 우리는 그들의 문제를 알아볼 수 있다. 무질서한 더미에 더해지는 각각의 종이 조각은 나머지 조각들을 묻어버린다(수많은 책상 위에서 일어나고 있는 일도 이와 같다). 모든 종이 조각은 별개이고 서로 연관되어 있지 않다. 그리고 참고 문헌을 추가하는 것도 하나의 종이 조각을 찾는 데 한 달씩 걸릴 때는 거의 도움이 되지 않는다. 만일 우리가 그런 종이 더미를 정보 저장에 이용한다면 과학 기술에 대한 방대하고 상세한 글들은 거의 쓸모없는 상태가 될 터다. 찾는 데 몇 년, 혹은 평생이 걸릴 수도 있다.

현대의 우리는 단순한 해결책을 가지고 있다. 우리는 페이지를 순서대로 배치한다. 우리는 페이지를 차례차례 배치해 책을 만들고 이를 차례차례 꽂아 서가를 채우며 그다음에 하나의 건물을 서가로 채워 도서관을 만든다. 순서를 통해 우리는 페이지를 찾을 수 있고 참고 문헌을 더 빠르게 따라갈 수 있다. 만일 필경사들이 학자들을 고용해 질서 있는 페이지를 통해 종이 조각들을 주제별로 쌓게 한다면 자료 검색은 점점 더 쉬워질 것이다.

하지만 역사, 지리, 의학의 종이 더미와 마주친 학자들은 역사지리학, 지리전염병학, 의학사를 담은 종이 조각을 어디에 놓아야 할까? '런던 대역병大疫病 확산의 역사' 같은 것들은 어디에 놓아야 할까?

하지만 우리의 상상 속 세상에서 필경사들은 다른 해결책을 선택한다. 이들은 마법사를 불러온다. 그에 앞서 이들은 학자들을 방 안에 풀어놓고 바늘과 실로 종이 조각들을 한 장 한 장 꿰게 한다. 한 가지 색의 실은 한 장을 그다음 장으로 연속으로 꿰고 다른 색 실은 참고 문헌으로 연결되며 또 다른 실은 비평과 주석으로 연결되는 식이다. 학자들은 실의 네트워크로 표시되는 관계의 네트워크를 직조한다. 마지막에 마술사(불타는 눈과 휘날리는 머리카락을 지닌)가 주문을 외자 뒤죽박죽된 종이 더미는 돔 내부의 구름처럼 천천히 공중으로 떠오른다. 그 후 한 장의 종이 조각을 들고 있는 학자가 조각 모서리에 매듭지어진 하나의 실을 건드리기만 하며 연결된 조각이 손에 휙 내려앉게 되었다. 그리고 그 실들은 마술처럼 서로 꼬이지 않는다.

이제 학자들은 '런던 대역병 확산의 역사'를 담은 조각들을 역사, 지리, 의학의 관련 조각들과 연결할 수 있다. 이제 모든 주석과 본문을 원하는 만큼 추가할 수 있으며 최선의 결과를 낳도록 연결할 수 있다. 특별한 색인 조각들을 추가할 수 있고 자신들이 목록화한 어떤 조각이든 즉시 손에 내려앉게 할 수 있다. 원하는 어느 장소에 든 링크를 해 실제 세계 안의 관계에 대응하는 지식의 네트워크를 직조할 수 있다.

활동성이 없는 종이 조각을 가진 우리는 이들을 그저 부러워만 했을 터다. 만일 우리에게 컴퓨터가 없었다면 말이다.

마법의 종이가 실현되다

1945년 배너바 부시Vannevar Bush는 '미멕스memex'라는 시스템을 제안했다. 이는 마이크로필름과 작은 기계들로 가득 찬 책상 크기의 장치로서 저장되어 있는 페이지들을 화면에 표시하고 사용자가 페이지들 사이의 관계를 메모해둘 수 있게 하는 것이었다. 마이크로필름 미멕스는 끝내 제작되지 못했지만 그 꿈은 살아남았다.

오늘날 컴퓨터와 디스플레이 기기는 점점 값이 내려 일상적인 읽기와 쓰기에 사용할 수 있는 수준이 되었다. 일부 출판사는 전자책 출판사가 되어 컴퓨터 네트워크에서 이용할 수 있는 잡지, 신문, 학술지를 만든다. 제대로 된 프로그램을 갖추고 텍스트를 다루는 컴퓨터는 이런 정보를 마법의 실보다 더 나은 방식으로 연결할 수 있게 해줄 것이다.

이 아이디어를 창안한 시어도어 넬슨Theodor Nelson은 그 결과물에 '하이퍼텍스트hypertext'란 명칭을 붙였다. 이는 1차원적인 순서만이 아니라 수많은 방향으로 연결된 텍스트를 뜻한다. 하이퍼텍스트 시스템을 이용하는 독자와 저자, 편집자들은 일반적으로 컴퓨터와 화면의 작동을 무시할 것이다. 마치 과거에 그들이 사진 식자와 오프셋 석판 인쇄 방법을 무시했듯이 말이다. 하이퍼텍스트 시스템은 마법의 종이처럼 행동할 것이다. 이것을 만지작거리며 노는 사람이라면 누구나 그것의 기본적 기능에 금세 익숙해질 것이다. 하이퍼텍스트가 어떻게 작동하는지 해당 시스템의 구조[2]를 통해 잠시 알아보자.

재너두Xanadu 하이퍼텍스트 그룹(캘리포니아 산호세 소재)의 접근법에 따르면 이 시스템의 핵심은 문서, 그리고 문서 간의 링크를 동시에 저장할 수 있는 컴퓨터 네트워크다. 초기 시스템은 일인용 탁상 기계가 될 가능성이 크지만 결국에는 전자 도서관 역할을 할 수 있는, 성장하는 네트워크가 될 것이다. 여기에 소설, 도표, 교과서, 프로그램 등 거의 모든 것을 저장할 수 있을 것이다. 심지어 음악이나 영화까지 말이다. 사용자들은 어떤 문서의 어떤 부분이든 다른 문서나 자료에 연결할 수 있게 될 것이다.

한 독자가 어느 링크의 한쪽 끝을 가리키면 시스템이 해당 링크의 다른 쪽 끝에 연결되어 있는 자료를 가져와 보여줄 것이다. 더구나 이 시스템은 하나의 큰 문서의 내용이 변경되었을 때 오직 달라진 부분만을 반영해 신버전으로 저장할 것이다. 이렇게 하면 이 시스템에서 출간, 수정된 구버전을 값싸게 저장할 수 있게 된다(신버전에 반영되어 있다는 뜻이다.-옮긴이). 이 시스템은 저장된 정보가 막대한 양이 될 때에도 이 모든 일을 신속하게 할 것이다. 그런 기계들의 네트워크는 종국에 세계 전자 도서관으로 클 수 있을 것이다.

대부분의 컴퓨터 기반 텍스트 시스템에서 자료를 찾으려면 사용자는 키워드나 이해하기 힘든 코드를 입력해야 한다. 하이퍼텍스트 역시 텍스트를 코드, 키워드, 혹은 모의 '카드식 목록'에까지 링크할 수 있을 것이다. 하지만 대부분의 독자는 아마도 그저 읽고 링크를 가리키는 쪽을 선호할 것이다. 시어도어 넬슨이 언급했듯 하이퍼텍스트는 "인용문이나 난외의 주註, 참고 문헌이 등장하는 과거의 읽기와 쓰기에 비견되는 새로운 읽기와 쓰기 형식이 될 것이다. 하지만 그것은 사회적으로 스스로를 구축해나가는 새로운 문헌, 문서들 사이를 가로지르는 것이 가능한 광대하고 새로운 틀이 될 것이다".

이 틀 속을 돌아다니는 사용자가 무엇을 보게 되느냐 하는 것은 '프론트 엔드front-end(사용자가 직접 이용하는)' 기계, 아마도 개인용 컴퓨터에 좌우될 것이다. '백 엔드back-end(사용자가 아니라 프로그램에 의해 이용되는)'는 문서를 보관하고 가져오는 일만 할 것이다. 프론트 엔드는 사용자의 요청에 따라 문서를 가져오라고 백 엔드에 지시하고 이를 독자의 취향에 맞게 화면으로 보여줄 것이다.

이것이 사용자에게 어떻게 보일지 상상해보자. 이 책을 펼쳐놓은 크기의 스크린에 여러 장의 인쇄물이 선명하게 떠 있는 모습이 될 것이다. 오늘날 이 스크린은 TV 수상기를 닮겠지만 몇 년 지나지 않아 무릎에 올려놓을 만한 책 크기의 물체가 될 것이다. 이 물체에는 정보의 출처와 연결되는 코드가 붙어 있을 것이다(나노기술이 있으면 우리는 코드를 제거할 수 있다. 처리 속도가 빠른 분자 테이프 메모리에 세상 모든 책의 모든 페이지의 이미지를 담은 뒤 이를 책 크기의 물체에 장착하면 된다).

독자가 읽고 있는 이 책에서 나는 하이퍼텍스트나 '도서관 기계', '컴퓨터 도서관'에 관한 시어도어 넬슨의 저서들[3]에 대해 설명할 수도 있겠지만 독자는 해당 설명이 실린 페이지에서 이 저서들을 직접 볼 수는 없을 터다. 이 책들의 페이지들은 어딘가 다른 곳에 있는 터라 지금으로서 독자는 한 저자의 글 속에서 벗어날 수 없는 상태다. 하지만 만일 이것이 하이퍼텍스트 시스템이고 나나 다른 누군가가 분명한 링크를 걸어놓았다면 어떻게 될까. 독자는 여기 '도서관 기계'란 단어를 가리킬 수 있을 테고, 그러면 다음 순간 그 링크의 반대편에 있던 문서가 화면에 뜨게 될 것이다. 넬슨이 쓴 책의 목차나 내가 선정한 그 책의 문구 같은 것이 말이다. 거기서부터 독자는 그의 책으로 들어가 그 속을 돌아다닐 수 있을 터다. 독자의 프론트 엔드 시스템으로 하여금 내가 그의 텍스트에 링크한 모든 주를 표시하게 하면서 말이다. 그다음 독자는 다시 여기로(아마도 나의 텍스트에 대해 그가 붙인 주를 표시하고 있을) 돌아올 수 있고, 아니면 그의 책에서 링크된 또 다른 문서들 속으로 들어갈 수도 있다. 의자에 가만히 앉은 채 독자는 하이퍼텍스트의 주요 저작물 모두를 조사할 수 있다. 링크에서 링크로 이동하며 아무리 많은 문서라도 탐색할 수 있다.

링크를 추적, 기록(예컨대 개요, 초고, 참고 자료 등을)하는 능력을 갖춘 하이퍼텍스트는 사람들이 좀 더 야심적인 저작을 집필할 수 있게 도와줄 것이다. 하이퍼텍스트 링크를 사용해 우리는 스스로의 지식을 일관성 있는 전체로서 직조할 수 있다. 존 뮤어 John Muir가 평했듯이 "무언가를 별도로 골라내려고 시도해보면 그것이 우주의 다른 모든 것과 얽혀 있다는 사실을 우리는 알게 된다". 하이퍼텍스트는 우리의 아이디어들이 실재를 더 잘 반영하게 하는 방식으로 얽혀 있는 상태를 유지하게 만들도록 도울 것이다.

하이퍼텍스트가 있으면 우리는 지식을 더 잘 모으고 조직화할 수 있으며, 이는 우리의 실질 지능을 높여줄 것이다. 그러나 정보 수집이 바람직한 결과를 낳으려면 정보가 분권화되어 있어야만 한다. 많은 사람의 마음속에 흩어져 있는 정보는 소수의 전문가에 의해 시스템 속으로 쉽사리 편입될 수 없다. 재너두 그룹은 하나의 단순한 해결책을 제시했다. 모든 사람이 집필하게 하고 독자들이 그 정보를 이용할 때 시스템이 자동으로 해당 저자에게 로열티를 지급하게 만든다. 출간은 쉬울 것이고 다른 사람들이 원하는 것을 제공한 데 대해서는 보상이 이루어질 것이다.

어떤 개념이나 사건에 대해 독자 자신이 말하고 싶었던 내용을 생각해보라. 세계 전역에서 화자나 청자의 기억 속에서 지금도 사라지고 있는 통찰력 가득한 논평을 생각해보라. 하이퍼텍스트 시스템에서 논평은 출간하기도 찾기도 쉬울 것이다. 독자를 고민에 빠트렸던 의문들을 생각해보라. 독자도 이런 의문들을 출간할 수 있다. 그에 대한 답을 찾아낸 사람은 이를 출간할 수 있을 터다.

시스템상의 모든 사람이 글을 쓰고 링크를 걸 수 있기에 하이퍼텍스트 네트워크는 엄청난 양의 지식과 지혜, 그리고 그보다 더 엄청난 양의 쓰레기를 축적할 것이다. 하이퍼텍스트에는 오래된 뉴스, 광고, 거리의 낙서, 시 낭송, 거짓말이 포함될 것이다. 그러므로 한 독자가 나쁜 정보를 피하고 좋은 정보에 초점을 맞출 수 있는 방법은 무엇이 있을까? 중앙 편집 위원회를 설치할 수도 있겠지만 이는 시스템의 개방성을 파괴할 것이다. 다행히 하이퍼텍스트 시스템은 정보의 분류라는 문제 자체에 대해 우리가 좋은 해결책을 진화시키도록 도움을 줄 것이다.

하이퍼텍스트 시스템은 종이 시스템이 할 수 있는 거의 모든 일을 할 수 있기 때문에 적어도 우리는 이미 가지고 있는 해결책을 쓸 수 있다. 출판업자들은 종이 텍스트 분야에서 명성을 쌓아왔고 이 중 많은 수가 전자 출판으로 이동하기 시작했다. 하이퍼텍스트 시스템에서 이들은 그들이 이미 확립한 기준에 맞는 온라인 문서를 출간할 수 있을 것이다. 그럴 마음이 있는 독자들은 자신들의 프론트 엔드 시스템이 이런 문서들만 표시하고 새로 생긴 쓰레기들은 자동으로 무시하도록 설정할 수 있을 것이다. 이들에게 하이퍼텍스트 시스템은 명성 있는 출판업자들이 생산한 자료만을 포함하는 셈이 될 것이다. 이 자료는 온라인 배포와 하이퍼텍스트 링크 및 색인 덕분에 좀 더 편리하다는 특성이 있지만 말이다. 진정한 쓰레기는 여전히 거기에 있겠지만(그 저자들이 자신들의 자료에 대해 소액의 저장료를 내는 한) 그럼에도 쓰레기가 어느 독자의 스크린에라도 침입해야 할 필요는 없다.

하지만 우리는 이보다 더 잘해야 한다. (링크와 추천으로 나타나는) 문서의 승인은 모든 사람이 할 수 있다. 독자들은 그들이 존경하는 사람들이 추천한 자료에 주의를 기울일 것이다. 역으로, 자신들이 좋아하는 문서를 찾은 독자들은 누가 추천했는지 알아볼 수 있을 것이다. 이는 자신과 같은 흥미와 관심이 있는 사람들을 발견하게 도와줄 것이다. 간접적인 방식으로, 하이퍼텍스트는 사람들을 연결하고 공동체를 빠르게 성장시킬 것이다.

출간이 빠르고 쉬워지면 저자들은 더 많은 자료를 생산할 것이다. 하이퍼텍스트는 프리랜서 글쓰기를 촉진할 것이기에 편집자들은 할 일이 더 많아질 것이다. 인용하고 목록을 적고 다른 문서를 링크하는 문서들은 선집, 학술지, 즉시 연결 색인의 역할을 할 것이다. 로열티라는 조성책은 독자들이 스스로 원하는 정보를 찾는 일을 돕는 사람들에게 힘을 불어넣을 것이다. 문헌 안내서들이 경쟁적으로 등장할 테고 안내서에 대한 안내서도 마찬가지로 신속하게 출현할 것이다.

하이퍼텍스트 링크는 종이로 된 참고 문헌보다 나을 것이고, 이는 속도에만 국한되지 않는다. 종이 참고 문헌은 부지런한 독자로 하여금 하나의 문서에서 다른 문서로 이어지는 링크를 따라가게 해준다. 하지만 지금 독자가 읽는 문서를 어느 문서에서 참조했는지 한번 찾아보라! 오늘날 그런 참고 문헌을 찾으려면 인용 색인이라는 번거로운 장치가 필요한데, 이는 오직 특정 분야의 학술 도서관에만 있다. 다루는 주제도 제한적이고 내용도 몇 달씩 뒤늦은 것이다. 하이퍼텍스트 링크는 쌍방향으로 작동하기 때문에 독자들은 자신들이 읽는 내용에 대한 외부의 코멘트를 찾을 수 있다. 이것은 혁신적 발전이다. 쌍방향으로 작동하는 하이퍼텍스트 링크는 아이디어들을 더욱 철저한 비판에 노출시키고 따라서 그 진화를 더욱 빠

르게 만들 것이다. 철학, 정치학, 과학, 공학 등 모든 분야의 지식이
진화하는 데는 밈의 생산, 확산, 그리고 검증이 필요하다. 하이퍼텍
스트는 이 과정을 가속시킬 것이다. 종이 미디어는 생산 및 확산 과
정을 매우 잘 해내고 있지만 검증 문제를 다루는 방식은 서툴다.

나쁜 아이디어는 일단 출판되어버린 후에는 자체의 생명력을 지
닌다. 심지어 그것을 쓴 저자라 해도 그것의 심장에 말뚝을 박을 수
있는 경우가 드물다. 나쁜 아이디어가 끔찍한 악명을 얻는다 해도
그 악명은 또 하나의 문서, 또 하나의 출판물일 뿐이다. 며칠이나
몇 년 뒤 그 엉터리 아이디어를 접하는 사람이 해당 악명을 우연히
입수할 가능성은 여전히 작다. 따라서 난센스가 계속해서 생명력을
지니고 살아남는다. 하이퍼텍스트가 등장했을 때에 가서야 비평가
들은 표적의 몸통에 미늘을 확실하게 박아놓을 수 있게 될 것이다.
오직 하이퍼텍스트에서만 저자들은 자신들의 오류를 제대로 취소
할 수 있을 것이다. 모든 도서관을 불태우거나 대대적인 공식 캠페
인을 벌이지 않고도 말이다. 그 대신 텍스트를 수정하고 구버전에
는 '취소'라는 라벨을 붙이기만 하면 된다. 저자들은 자신들이 한
말을 조용히 철회할 수 있게 될 것이다. 이런 현상은 이렇게 하지
않으면 더 심하게 비판받았으리라는 위안으로 일부 작용할 것이다.

비평가들은 왜곡된 난센스(예컨대 성장의 한계라는 그릇된 아이디
어)가 눈에 띄자마자 거의 곧바로 자신들의 분명한 명성을 이용해
이를 지적 영역에서 말소해버릴 수 있을 것이다. 기록에서 지울 수
는 없을지라도 말이다. 좋은 비판에 대한 안내서들은 독자들로 하
여금 하나의 아이디어가 이제껏 제기된 최악의 비판을 견디고 살아

남았는지의 여부를 알아보는 데 도움을 줄 것이다. 오늘날 어떤 아이디어에 대해 널리 알려진 비판이 존재하지 않는다는 것은 큰 의미가 없다. 간략한 비판적 평가는 출간하기도 찾기도 어렵기 때문이다. 하지만 확립된 하이퍼텍스트 시스템 안에서는 어떤 아이디어가 알려진 모든 비판을 견디고 살아남았다는 것은 진정한 도전을 이겨냈다는 의미가 된다. 이런 아이디어는 진정으로 신뢰받고, 성장할 것이다.

지식 링크하기

하이퍼텍스트는 심원한 장점이 있으며 앞으로 대단한 존재가 될 것이다. 하이퍼텍스트는 지식을 좀 더 자연스런 방식으로 표현하게 해줄 것이다. 인간의 지식은 끊긴 곳이 없는 그물망을 형성하고 있으며 인간이 지닌 문제들은 영역 간의 모호한 경계 위에 이리저리 걸쳐 있다. 깔끔하게 줄지어 선 서적들은 우리가 지닌 지식의 구조를 제대로 나타내지 못하고 있다. 도서관 사서들은 이런 책들의 줄을 그물망에 가깝게 만들기 위해 수고해왔다. 색인을 만들고 참고문헌표를 달고 종이 조각들을 배열하는 더 나은 방법을 발명하는 수단을 통해서 말이다. 하지만 사서들의 고귀한 노력과 성공에도 불구하고 도서관 조사는 예나 지금이나 독서 대중 가운데 헌신적인 소수를 제외한 모든 사람의 기를 꺾는다. 도서관은 하이퍼텍스트를 향해 진화해왔지만 종이의 메커니즘이 여전히 발목을 잡고 있다.

하이퍼텍스트 시스템은 글쓰기가 발명된 이래 우리가 계속 움직여온 방향으로 거대한 발걸음을 내딛게 만들어줄 것이다.

우리의 기억은 연상, 즉 기억된 것을 다시 불러올 수 있게 해주는 링크를 통해서 작동한다. 인공지능 연구자들도 지식을 쓸모 있게 만드는 핵심이 연상이라는 사실을 알고 있다. 이들은 스스로 '의미 그물semantic net'이라 부르는 것을 프로그램에 넣어서 지식 표현 시스템을 구축한다. 종이 매체의 경우 유의어 사전이 유용한 것은 단어들이 환기하는 연상 때문이다. 마음의 경우 사람이 실제 이용하는 어휘는 단어들 사이에서 일어나는 빠르고 유연한 연상 작용에 의해 좌우된다. 사실 맥락이 우리 아이디어에 의미를 부여하며, 이 맥락은 이미 기억 속에 존재하는 관계가 제공한다. 하이퍼텍스트를 사용하는 사람들은 아이디어들을 이미 출간된 링크와 관련지어 연상함으로써 그 의미를 더욱 풍요롭게 하며 그 쓸모를 더욱 증대시킬 것이다. 정말로, 아이디어들을 좀 더 우리 자신의 마음의 일부처럼 만들 것이다.

세계는 어떤 곳이고 그것이 어디를 향하느냐 대한 우리의 생각을 변화시킨다는 것은 스스로의 내부에 있는 지식 네트워크를 변화시킨다는 의미다. 심사숙고를 거친 변화가 이루어지려면 서로 경쟁하는 아이디어의 패턴들을 비교해야 할 경우가 흔하다.

한 권의 책에 나타난 세계관을 평가하려는 독자는 앞서 읽은 페이지들, 혹은 지난해 보았던 서로 상충하는 논문들을 기억해내거나 혹은 다시 읽어보아야 할 경우가 많다. 하지만 인간의 기억은 오류가 많으며 옛 논문 뒤지기는 지나친 노고로 생각된다. 저자들은 이런 문제를 알기 때문에 너무 많은 것을 집어넣거나(그래서 독자들을 지루하게 만든다) 너무 많은 것을 생략하거나(그래서 논증에 약한 고리를 남긴다) 하는 두 지점 사이를 왔다 갔다 한다. 필연적으로 이들은 두 가지 모두를 하게 된다.

하이퍼텍스트를 읽는 사람들은 링크된 소스가 어느 아이디어를 지지하는지, 혹은 링크된 비평이 그 아이디어를 박살내는지 그렇지 않은지 알아볼 수 있을 것이다. 저자들은 아이디어에 대한 함축성 있고 흥미진진한 요약문을 쓰고 여기에 길고 지루한 설명을 링크해둘 것이다. 저자들이 상세하게 서술하고 비평가들이 주장하는 과정에서 양측은 서로 경쟁하는 자신들의 세계관 네트워크들을 개개의 논점별로 나란히 배열할 것이다. 독자들은 여전히 아이디어들을 즉각 완벽하게 평가하지는 못할 테지만 과거보다 빠르게 잘 판단할 수는 있게 될 것이다. 이런 방법으로 하이퍼텍스트는 우리의 시간을 크게 절약해줄 것이다. 우리 앞에 놓여 있는 것을 평가하고, 기존의 세계관을 뒤흔드는 새로운 전망에 맞춰 우리의 생각을 수정하는 데 있어서 말이다. 하이퍼텍스트는 앞을 내다보는 우리의 힘을 강화해줄 것이다.

이제, 성숙한 하이퍼텍스트 시스템을 응용하는 다양하고 쓸모 있는 방법들을 명백히, 혹은 오늘날 그들이 할 수 있는 한도 내에서 명백히 알게 되었을 것이다. 직접 이런 시스템을 이용해보기 전 단계로서 말이다. 뉴스 전달은 명백히 그런 응용 사례의 하나다.

뉴스는 우리의 세계관을 형성하는 구실을 하지만 오늘날의 매체는 기자들의 표현을 크게 제한하고 있다. 기술과 세계 사건에 대한 이야기는 좀 더 폭넓은 맥락에서만 이해할 수 있는 경우가 많다. 하지만 인쇄 매체의 지면과 마감 시간의 제약은 맥락을 이야기 속에서 찾을 수밖에 없게 만든다. 이는 우리가 사건을 제대로 파악하지 못하게 만든다. 하이퍼텍스트를 이용하면 기자들은 오늘의 뉴스를 좀 더 폭넓은 배경적 토의에 쉽게 링크할 수 있을 것이다. 게다가 이야기의 등장인물들이나 보통의 관찰자들은 기자가 쓴 이야기에 자신들의 코멘트를 링크해 하고 싶은 말을 할 수 있을 것이다.

광고는 우리를 이용할 수 있는 상품으로 인도(그리고 오도)함으로써 경제의 바퀴를 굴리는 윤활유다. 정보를 잘 갖춘 소비자는 조잡하고 과도한 가격이 매겨진 상품을 피할 수 있다. 하지만 여기에 필요한 조사와 비교는 시간을 잡아먹는다. 하지만 하이퍼텍스트 시스템에서 소비자 서비스 회사들은 유사 상품의 목록들을 모으고 경쟁 상품들의 설명을 서로 쌍방에게, 시험 결과들에, 소비자들의 사용 후기에 링크할 것이다.

교육 분야를 보면, 우리가 가장 잘 배우는 경우는 스스로가 읽는 것에 관심을 가질 때다. 하지만 대부분의 책은 아이디어를 단 하나의 순서로, 단 하나의 난이도로 제시한다. 배우는 사람의 배경이나 관심과 관계없이 말이다. 여기서도 대중적 수요는 하이퍼텍스트상에 유용한 네트워크가 성장하도록 부추길 것이다. 사람들은 각기 다른 난이도로 쓰인 유사한 설명들 사이에 링크를 만들 것이다. 학생들은 편안한 난이도 수준에서 독서할 수 있을 것이다. 약간 더 깊은 수준의 병치되는 논의들을 살펴보면서 말이다. 딱딱한 소재도 점점 더 다루기 쉬워질 것이다. 입문서와 기본 정의에 대한 링크 덕분에 독자들은 잠시 멈춰서 즉시, 당황하지 않고, 개인적으로 복습할 수 있을 것이기 때문이다. 여타 링크들은 모든 방향의 관련 자료에 연결될 것이다. 산호초 묘사에 걸려 있는 링크는 암초의 생태학과 굶주린 상어 이야기에 대한 텍스트로 연결될 것이다. 그때그때 일어나는 흥미를 거의 즉각 채울 수 있게 되면 배움은 더욱 재미있어질 것이다. 그때는 대부분의 사람이 여기서 중독성을 느낄지도 모른다.

정당한 절차는 하이퍼텍스트에서 번성할 것이다. 하이퍼텍스트 논쟁은 모든 진영에 열려 있을 뿐 아니라, 질문·답변 등을 가능하게 해줄 것이기에 본래부터 정당한 절차라는 속성을 지닌다. 사실 하이퍼텍스트는 사실 규명 포럼을 시행하기에 이상적 매체다. 역으로 포럼 절차는 하이퍼텍스트를 보완해줄 것이다. 넓은 범위에 걸친 논쟁을 정제해서 기술과 관련한 핵심적 사실들을 분명하게(잠정적일지라도) 요약해줄 것이기 때문이다.

명백한 효과가 하나 더 있다. 하이퍼텍스트는 맥락을 벗어나는 인용이라는 문제를 줄여줄 것이다. 독자는 시스템에 있는 어떤 인용에 대해서도 단추만 누르면 그 본래의 맥락을 다시 나타나게 할 수 있을 것이다. 이는 한 저자의 입장에 대한 오해를 방지하는 데 그치지 않는, 귀중한 역할을 할 것이다. 그에 따른 간접적인 이득이 더욱 중요할지 모른다. 합리적인 주장이라도 맥락에서 따로 떼어내서 그것만 보면 불합리해 보일 수도 있다. 하지만 하이퍼텍스트 저자들은 '불합리한' 인용이 독자들을 즉시 원래의 문맥으로 인도하리라는 점을 알고 있을 것이다. 이는 좀 더 대담한 글쓰기를 고무할 테고 증거와 이성에 기초한 밈들이 그저 관습이나 겁을 기반으로 하는 밈들보다 우위를 차지하게 해줄 것이다.

하이퍼텍스트의 가장 중요한 (하지만 생생함은 가장 덜한) 이점은 아마도 **허점의 부재**를 알아보는 새로운 능력이 될 터다. 다가오는 미래에 살아남으려면 우리는 복잡한 아이디어들을 정확하게 평가해야만 한다. 그리고 이를 위해서는 어떤 주장이 허점투성이인지 아닌지를 판단할 수 있어야 한다. 하지만 오늘날 우리는 구멍을 알아보는 데 어려움을 겪고 있다.

이보다 더 어려운 것은 치명적 허점이 없다는 것을 알아보는 일이다. 하지만 이는 건전한 논쟁을 식별하는 데 핵심 요소다. 하이퍼텍스트가 우리를 도와줄 것이다. 중요한 논쟁은 독자들이 면밀히 검토해서 허점이 발견되는 곳에는 눈에 띄는 반론을 붙일 것이다. 이런 반론들은 허점이 너무나 지속적으로 눈에 보이도록 할 것이기 때문에 좋은 반론이 없다는 것은 알려진 허점이 없다는 것을 나타내는 분명한 지표가 된다. 이것이 얼마나 중요해질지를 알아차리기는 쉽지 않을 수도 있다. 어떤 주장에 허점이 없다는 사실을 알아볼 능력이 우리에게 없다는 데서 기인하는 문제들은 해결이 어렵다. 인간의 정신은 이런 문제 자체를 잘 인식하지 못하는 경향이 있기 때문이다.

예컨대, 당신에게 아이디어가 하나 있다고 하자. 당신은 이것이 건전한 아이디어이고 출판할 가치가 있는지 판단하고 싶어 한다. 만일 그 아이디어가 확실하지 않다면 당신은 그 진실성을 의심하고 출판을 포기할 수 있다. 하지만 만일 확실하다면 그런 내용이 이미 출간되었으리라 추정하는 것이 당연하다. 다만 당신은 어디를 찾아보아야 할지 모를 뿐이다. 하이퍼텍스트는 우리의 지식에 있는 허점을 좀 더 잘 보이게 만듦으로써 허점 메우기를 촉진할 것이다.

기술을 이해하고 인도하려면 우리는 복잡한 기술적 제안이 들어 있는 오류를 찾아낼 필요가 있다. 그 오류는 누락도 포함한다. 이를 잘 해내지 못하기 때문에 우리는 많은 실수를 한다. 그리고 이런 실수들은 눈에 보인다. 따라서 우리가 무능하다는 것은 생생하고도 위협적인 사실이다. 이는 신중함을 촉진하지만 또한 마비 상태를 촉진하기도 한다. 우리는 허점을 알아보는 데 어려움을 겪기 때문에 또한 어디서나 이를 두려워한다. 심지어 허점이 없는 경우에도 말이다. 자신감이 정당화될 수 있는 상황일 경우, 하이퍼텍스트는 문제점들을 좀 더 신뢰할 수 있게 노출시킴으로써 자신감 구축에 도움이 될 것이다.

하이퍼텍스트의 위험

대부분의 유용한 도구처럼 하이퍼텍스트도 해를 끼치는 데 사용될 수 있다. 우리가 사실을 기록하는 데 도움을 주기는 하겠지만 또한 정부가 우리를 파악하는 데도 도움을 줄 수 있다. 그럼에도 불구하고 모든 것을 감안할 때 하이퍼텍스트는 자유에 기여할 수 있다. 분권화—많은 기계, 많은 필자, 많은 편집자—에 맞게 설계된 하이퍼텍스트는 시민을 통치할 사람들보다 시민에게 더 많은 도움이 될 수 있다. 정부의 데이터 뱅크는 어쨌든 계속 커지고 있다. 하이퍼텍스트 시스템은 그런 뱅크를 우리가 감시하는 데까지도 도움을 줄 수 있을지도 모른다.

전자 출판에 의존하는 것은 또 다른 위험을 내포하고 있다. 미국을 포함한 각국 정부는 한때 '언론의 자유' '출판의 자유'라는 형식으로 표현되었던 이상을 오직 말할 자유와 인쇄물 판매 자유만을 의미하는 것으로 해석하는 일이 흔했다. 각국 정부는 라디오와 TV 이용을 규제해왔다. 공공의 이익에 대한 관료들의 견해는 계속 바뀌지만 그때마다 여기에 맞추라고 요구해온 것이다. 한때 방송 채널의 숫자에 실질적인 한계가 있다는 사실이 이런 형태에 구실을 일부 제공해준 일도 있었다. 하지만 이런 구실은 더 이상 통용되어서는 안 된다. 우리는 언론 자유의 원칙을 신매체에 확대해 적용해야 한다.

만일 정부가 요원들을 도서관으로 보내 책을 불태우라고 명령한다면 우리는 소름끼칠 것이다. 정부가 전자 도서관의 공공 문서를 삭제하려고 시도할 때 우리는 이와 같은 느낌을 받아야만 할 것이다. 하이퍼텍스트가 우리의 전통을 보존, 전달하는 데 이용되려면 이미 발표된 내용들이 온전히 남아 있어야만 한다. 전자 도서관에 서가나 종이가 없다고 해서 도서관이라는 성격이 조금이라도 희석되지는 않는다. 삭제 행위가 불길이나 연기를 만들어내지는 않을 테지만 책을 태우는 악취는 남게 될 것이다.

책상에서 세계 도서관으로

지금껏 내가 서술한 장점 중 일부는 오로지 고도로 진화한 대규모 하이퍼텍스트 시스템에서만 가능한 결과일 것이다. 광범위한 토론의 장으로서의 역할을 이미 하고 있으며 하나의 세계 전자 도서관이 되는 과정을 밟고 있는 시스템을 전제로 했다는 말이다. 분자 조립 기계와 인공지능의 혁신적 발달이 일어나기 전에 그런 시스템이 성숙할 시간은 불충분할 수도 있다. 하이퍼텍스트가 이륙하기 위해서는 작은 시스템들이 반드시 실질적 응용 프로그램을 가져야 한다. 그리고 우리가 기술 경쟁에 대처하는 데 하이퍼텍스트의 도움을 받으려면 작은 시스템들이 스스로의 크기를 넘어서는 효과를 내야만 한다. 다행히, 우리는 거의 시작 단계부터 실질적 이익을 기대할 수 있다.

한 대의 하이퍼텍스트 기계를 한 번에 여러 명이 이용할 수 있을 것이다. 심지어 외부 세계와 연결되어 있지 않은 상태라도 이 기계들은 회사, 협회, 연구 그룹들이 복잡한 정보를 다루는 데 도움을 줄 것이다.

하지만 외부로 연결하는 것도 어렵지 않을 것이다. 대중이 이용할 수 있는 데이터베이스의 숫자는 1960년대 중반에 수십 개에 불과했던 것이 1970년대 중반엔 수백 개, 1980년대 중반엔 수천 개로 늘어났다. 기업들이 컴퓨터 네트워크를 통해 이를 가능하게 만들었다. 하이퍼텍스트 시스템은 이들 데이터베이스에서 자료를 가져올 수 있을 것이다. 이는 실제 텍스트 대신 접근 코드를 저장하는 방법을 통해서일 것이다. 그래도 사용자 입장에서는 이 정보가 하이퍼텍스트 시스템 내부에 있는 것으로 비칠 것이다. 그리고 이런 정도의 시스템만 해도 많은 용도에 활용될 수 있다.

사람들은 전화선과 모뎀을 통한 인터넷 접속 서비스를 제공하는 데 초기의 하이퍼텍스트 시스템을 사용할 것이다. 이는 기존의 컴퓨터 전자 게시판 체제와 비슷하겠지만 좀 더 개선될 터다. 특별 이익 단체의 토의 그룹은 이미 컴퓨터 네트워크상에서 부상했다. 이들은 하이퍼텍스트가 정보와 견해를 교환하는 더 나은 매체라는 사실을 알게 될 것이다. 초기의 하이퍼텍스트 시스템은 조직을 건설하고 운영하는 데도 도움을 줄 것이다. 보통의 컴퓨터 회의(단순히 짧은 메시지를 주고받는 것)는 이미 여러 집단의 의사소통에 도움을 주고 있다. 이에 따른 장점은 얼굴을 맞대고 하는 회의보다 비용이 적게 들고(여행할 필요가 없다), 상호 작용이 매끄럽고(기다리거나 방해할 필요가 없다), 더 나은 방식으로 마음끼리 만난다(메시지가 좀 더 분명하고, 개인적 충돌이 더 적다)는 점이다. 하이퍼텍스트를 통한 의사소통은 당사자들에게 참조, 비교, 요약을 위한 더 나은 도구를 제공함으로로써 이런 장점을 확대해줄 것이다.

하이퍼텍스트 토론은 편집자가 필요 없기 때문에 조직들이 더욱 개방적이 될 것이다. 통화량이 적은 시간에 가정 컴퓨터에서 전화선으로 연결해 하이퍼텍스트 서비스를 이용하는 경우 초기에는 시간당 몇 달러씩의 비용이 들 것이다. 이 비용은 시간이 지나면서 떨어질 것이다. 지난 수십 년간 컴퓨터의 가격은 10년마다 10분의 1로 줄어들었고 의사소통 비용 역시 줄어들었다. 하이퍼텍스트 시스템은 이용할 수 있게 되는 동시에 많은 사람에게 감당할 만한 가격으로 제공될 수 있을 것이다. 10년 안에 그 비용은 대중 시장에서 이용할 수 있는 수준으로 떨어질 것이다.

전자 출판은 이미 인기를 끌고 있다. 단순한 하이퍼텍스트 구조를 지닌 《미국 학술 백과사전Academic American Encyclopedia》은 도서관 200곳과 학교 8곳을 포함한 9만 명의 등록자에게 서비스되고 있다. 《타임Time》은 이 백과사전을 어린이들이 열성적으로 이용하고 있다고 보도했다.[4] 도서관에 있는 단말기들은 이미 수많은 신문, 잡지, 전문 학술지의 텍스트에 접속할 수 있다.

보편적인 혜택을 누리기 위해서 세계적인 시스템의 구축을 기다릴 필요는 없다. 하이퍼텍스트는 매우 초기부터 영향을 미치기 시작할 것이기 때문이다. 학교에 교과서가, 실험실에 기자재가, 공방에 도구가 필요하듯이 학생, 작가, 연구자, 경영자에게 하이퍼텍스트가 필요하다. 일부 책은 심지어 독자가 1,000명당 한 명꼴도 되지 않는 상태에서도 이미 커다란 영향을 미쳤다. 그 이유는 새로운 아이디어들을 사회 전체에 파문처럼 퍼져나가게 만들었기 때문이다. 하이퍼텍스트도 아이디어를 세련되게 만드는 데 도움을 주어서 이와 비슷한 일을 할 것이다. 그렇게 정련된 아이디어는 기존의 출판 및 보도 매체를 통해 더욱 넓게 퍼져나갈 것이다.

하이퍼텍스트와 인쇄기

하이퍼텍스트 혁명과 구텐베르크 혁명을 어떻게 비교할까? 일부 숫자가 그 해답을 시사한다. 활자 인쇄는 책의 가격을 극적으로 낮췄다. 14세기 프랑스의 국왕 측 변호사King's Advocate(종교 법정 등에서 국왕의 입장을 대변하는 법률 관리.—옮긴이)가 보유한 장서는 불과 76권이었지만 당시엔 대단한 장서를 지녔다고 여겨졌다. 책 한 권을 만들려면 숙련된 장인이 몇 주씩 일해야 했다. 필경사들은 글을 알았다. 국민의 대다수인 농민은 책을 살 여유도 없었고 글도 읽을 줄 몰랐다.

오늘날 1년간 노동한 임금이면 책 수천 권을 살 수 있다. 수백 권씩의 장서를 지닌 가정집도 많다. 대규모 도서관은 수백만 권을 가지고 있다. 인쇄술은 책의 가격을 100분의 1이나 그 이하로 낮추었고 대중의 문자 해득, 대중 교육, 그리고 진행 중인 기술 및 민주주의 혁명을 위한 무대를 마련해주었다.

그리고 하이퍼텍스트는? 구텐베르크는 페이지를 인쇄하기 위해 금속 활자를 배열하는 방법을 유럽에 보여주었다. 하이퍼텍스트는 저장된 텍스트를 재배열해서 이를 빛의 속도로 전국 어디로나 보낼 수 있게 해줄 것이다. 인쇄술은 가정에 많은 책이, 도서관에 산더미 같은 책이 소장되게 만들었다. 하이퍼텍스트는 사실상 이 산더미 같은 책을 모든 단말로 보내준다. 하이퍼텍스트는 이용 가능한 정보의 양을 늘림으로써[5] 구텐베르크의 혁명을 확장할 것이다.

하지만 하이퍼텍스트에는 이보다 더 큰 장점이 있다. 오늘날, 도서관에서 참고 문헌을 찾는 데는 일반적으로 몇 분씩 걸린다. 운이 좋으면 수백 초 만에도 가능하다. 하지만 며칠이나 그 이상이 걸릴 수도 있다. 만일 해당 자료가 인기가 없어서 아예 소장본 중에 없거나, 혹은 너무나 인기가 좋아서 행방불명인 경우에 그렇다. 하이퍼텍스트는 수백 초 걸리던 지연 시간을 약 1초로 단축해줄 수 있다. 따라서 구텐베르크 혁명이 텍스트를 생산하는 인건비를 수백분의 1로 낮추었듯, 하이퍼텍스트 혁명은 텍스트를 **찾는** 인건비를 수백분의 1로 낮추게 될 것이다. 이는 진정으로 혁명이 될 것이다.

지금껏 논의한 대로 링크를 좀 더 편리하게 만드는 것은 텍스트의 성격을 바꿀 것이다. 단순히 양에서뿐 아니라 질에서도 혁명을 일으키게 된다는 뜻이다. 이런 질의 향상은 여러 가지 형태로 나타날 것이다. 더 나은 색인은 정보 검색을 쉽게 만들어줄 것이다. 더 나은 비판적 토의는 난센스를 제거하고 건전한 아이디어가 번성하게 해줄 것이다. 허점을 더 잘 표시할 수 있다는 점은 우리 지식의 허점을 더욱 두드러지게 해줄 것이다.

이용할 수 있는 고품질 정보가 풍부하면 우리는 더욱 똑똑해 보일 것이다. 그리고 이는 다가오는 혁신적 발전을 우리가 제대로 다룰 가능성을 높여줄 것이다. 이보다 더 유용한 것이 어디 있겠는가? 독자가 앞으로 거짓이 퍼져나가거나 단순한 무지 때문에 잘못된 결정이 내려지는 것을 보게 되면 잠시 멈춰 서서 하이퍼텍스트를 생각해보라.

15

풍부한 가능성의 세계, 그리고 시간

새로운 아이디어에 어려움이 있는 것이 아니다. 어려움은 낡은 아이디어에서 벗어나는 데 있다. 우리 대부분이 양육 과정에서 그렇게 교육받아온 아이디어, 우리의 정신 구석구석에 파고들어 온 낡은 관념으로부터 말이다.

—존 메이너드 케인스

지금까지 화학과 바이오 기술의 진보가 어떻게 해서 분자 조립 기계의 발명으로 이어질지 설명했다. 나노컴퓨터, 복제자, 세포 수복 기계를 등장시킬 분자 조립 기계 말이다. 나는 소프트웨어의 발전이 어떻게 자동화 엔지니어링과 인공지능으로 이어질지 서술했다. 이 두 가지 진보는 가능성이 풍부한 미래를 열어줄 테고, 그 가능성 중의 하나는 우리 자신의 파괴다. 그럼에도 불구하고 만일 우리가 사실 규명 포럼과 하이퍼텍스트를 이용해 우리의 선경지명을 강화한다면 우리는 멸망을 피하고 앞으로 나아갈 수 있을 것이다. 하지만 무엇을 향해 나아간다는 말인가?

원하는 모든 사람에게 풍요와 장수를 가져다줄 수 있는 세상.[1] 만일 우리가 성공한다면, 그런 세상을 향한 세계적 변화가 가능할 것이다. 이런 전망이 유토피아의 꿈을 불러일으키는 것은 매우 자연스러운 일이다.

모든 사람이 아는 표준형 유토피아는 정체되고, 지겨우며, 불쾌할 것이다. 사실 그것은 전혀 유토피아가 될 수 없다. 하지만 역사의 흐름 속에서 유토피아의 꿈은 좋은 방향으로든 나쁜 방향으로든 거듭 변화해왔다. 위험한 꿈은 사랑이라는 이름 아래 살인을, 형제애라는 이름으로 노예화를 저지르게 만들었다. 그 꿈은 불가능한 적이 너무 많았고 이를 달성하려는 노력이 비참한 결과를 낳는 일도 매우 흔했다.

우리에게는 우리의 행동을 인도할 유용한 꿈이 필요하다. 유용한 꿈은 우리에게 가능하고 바람직한 목표를 보여주어야 하고 그 목표를 향한 발걸음이 긍정적인 결과를 가져오는 것이어야 한다. 우리가 기술 경쟁을 인도하는 일에서 서로 힘을 합칠 수 있으려면, 서로 다른 꿈을 지닌 사람 모두에게 호소력 있는 목표가 있어야 한다. 하지만 어떤 목표가 그 역할을 할 수 있을까? 그런 목표는 다양성을 수용할 여지가 있어야 할 듯하다. 이와 마찬가지로, 지능의 새벽에 그토록 가까운 오늘날 선택된 목표 중 무엇이 미래의 잠재력이라는 가치를 지녔을까? 그런 목표는 진보를 수용할 여유가 있어야 할 듯하다.

광범위한 호소력을 지닐 만큼 폭넓은 미래의 종류는 오직 하나인 듯싶다. 자유, 다양성, 평화가 함께하는 열린 미래가 그것이다. 서로 다른 수많은 꿈을 추구할 여지가 있는 열린 미래는 서로 다른 수많은 사람에게 호소될 것이다. 이보다 더 큰 계획, 예컨대 단일한 세계 질서를 수립한다는 것은 더욱더 위험해 보인다. 만일 '단일 세계가 아니면 무無'가 서로 적대적인 핵 강대국이 자리 잡은 세계에 단 하나의 사회 체제를 강요한다면 그것은 재앙의 비결이 될 것이다. '많은 세계 아니면 무無'가 우리의 현실적 선택인 것 같다. 만일 우리가 평화를 확보하기 위한 농동형 방어막을 개발할 수 있다면 말이다.

우리는 그렇게 할 수 있을 것이다. 5장에서 서술했던 자동화 엔지니어링 시스템을 이용해 우리는 군비 경쟁을 포함한 기술 경쟁에 내재한 궁극적인 한계가 무엇인지 그 개요를 그릴 수 있을 것이다. 그런 지식에 기반한 방어막이 있으면 우리는 안정적이고 지속 가능한 평화[2]를 확보할 수 있을 터다.

진보하는 기술이 세계를 모종의 단 하나의 틀 속으로 밀어 넣어야 할 필연성은 없다. 한때 많은 사람이 두려워했던 것은 점점 더 커지는 기계, 점점 더 비대해지는 조직이 우리의 미래를 지배하고 다양성과 인간의 선택권을 파괴하리라는 전망이었다. 사실 기계는 점점 커질 가능성이 있으며 일부 기계는 실제로 그렇게 될 수도 있다. 조직은 점점 커질 가능성이 있으며 일부는 실제로 그렇게 될 수 있다.

하지만 악취를 풍기며 육중하게 덜커덕거리는 기계와 거대한 관료 제도는 이미 시대에 뒤떨어진 것으로 취급받기 시작했다. 마이크로전자회로, 바이오 기술, 유연한 조직에 비해서 말이다.

오늘날 좀 더 수준 높은 기술의 개요를 인간적인 척도에서 볼 수 있다. 덜커덕거리지 않는 기계를 가진 세계, 악취를 풍기지 않는 화학 공장, 사람을 톱니바퀴로 이용하지 않는 생산 시스템의 개요를 볼 수 있다. 나노기술은 진보가 다른 방식의 기술을 등장시킬 수 있다는 것을 보여준다. 분자 조립 기계와 인공지능은 우리로 하여금 복잡한 조직 없이 복잡한 제품을 창조할 수 있게 해줄 것이다. 능동형 방어막은 대규모 군산 복합체 없이 평화를 확보할 수 있게 해줄 것이다. 이런 기술들은 우리의 속박을 느슨하게 해주어서 우리가 선택할 수 있는 범위를 늘려줄 것이다. 다양성과 독립성의 여지가 더욱 커지는 것이다.

보편적인 풍요의 시대를 건설하는 데 필요한 것은 오직 주인 없는 우주의 광대한 자원뿐이다. 언젠가 이 우주는 모든 사람이 상당한 몫을 가질 수 있는 방식으로 분할될 것이다.

이제부터 새로운 자원과 새로운 창조의 엔진이 우리에게 열어줄 극단적 가능성—과학 소설에서 석기 시대 생활 양식에 이르는—의 일부를 알아보자.

나노기술과 일상생활

기술의 진보는 삶을 끝장낼 수도 있고 연장시킬 수도 있지만 또한 삶의 질을 변화시킬 수도 있다. 나노기술을 기반으로 한 제품은 이를 사용하기로 선택한 사람들의 일상생활에 스며들 것이다. 그 결과 중 일부는 사소할 수 있고 일부는 심원할 수 있다.

일부 제품의 효과는 가사노동의 단순화처럼 평범할(그리고 가정불화처럼 실질적인) 수 있다. 예컨대 접시에서 카펫에 이르는 모든 것이 스스로 깨끗해지도록 만든다거나 실내 공기가 언제나 맑은 상태를 유지하도록 만드는 것은 쉬운 일일 것이다. 먼지는 적절하게 설계된 나노기계의 식량이 될 것이다. 나노기술에 기반한 다른 시스템은 가정에 1년 내내 신선한 식품, 즉 진짜 고기, 곡물, 야채 등을 만들어줄 수 있을 것이다. 이런 식재료들은 동식물의 내부에서 특정한 패턴으로 자라는 세포에서 나온다. 다른 곳에서 세포가 이런 패턴으로 자라도록 강제할 수 있다. 이에 상응해 동물 권리 운동(의식과 느낌을 지닌 모든 존재를 보호하자는 운동의 선두 주자?)은 강화될 것이다.

나노기술은 양쪽 눈에 각각 이미지를 투사하는 고해상도 스크린을 가능케 할 것이다. 그 결과는 스크린이 또 다른 세계로 들어가는 창처럼 보이게 하는 3차원 TV가 될 것이다. 이런 종류의 스크린은 6장에서 서술했던 우주복과 비슷한 옷의 헬멧 내부에 장착될 수 있을 것이다. 이 옷은 외부로 힘을 전달하고 외부의 질감을 내부로 전하는 기능의 프로그램이 입력되는 대신, 복잡한 쌍방향 프로그램이 정의하는 압력과 질감을 피부에 전달하는 기능을 할 수 있을 것이다.

이런 종류의 옷과 헬멧의 조합은 실제와 가상을 불문하고 어떤 환경의 거의 모든 것을 눈으로 보고 피부로 느낄 수 있게 해줄 것이다. 나노기술은 생생한 예술 형식과 판타지 세계를 그 어떤 책이나 게임, 영화보다 더 흡인력 있게 만들어줄 것이다.

진보한 기술이 가능하게 해줄 제품의 세계는 현대의 편리한 용품들을 불편하고 위험한 것으로 느끼게 해줄 정도일 것이다. 물건들이 가볍고 유연하며 내구성 있고 협동적이지 않아야 할 이유가 어디 있는가? 벽이 우리가 원하는 무엇으로든 보이며, 우리가 듣고 싶어 하는 소리만 통과시키지 말란 법이 어디 있는가? 건물이나 자동차가 그 안에 있는 사람을 찌부러트리거나 불태워버리는 일이 일어나야 할 이유가 어디 있는가? 일상생활의 환경은 과학 소설에 나오는 기상천외한 묘사의 일부를 닮을 수도 있다. 그렇게 희망하는 사람에게는 말이다.

과학 소설의 꿈

과학 소설의 꿈은, 그런 꿈을 누리고 싶어 하는 사람들에게는 극단적 사례를 지향하는 경우가 많다. 그 예는 우리의 편의에 맞게 협력하는 집에서부터 멀리 떨어진 행성에서 노동할 기회에 이르기까지 다양하다. 과학 소설 저자들은 많은 것을 상상했다. 그중 일부는 실현 가능하고 또 다른 일부는 알려진 자연법칙에 정면으로 반한다. 우주여행을 꿈꾼 사람이 있었고 이는 실현되었다. 로봇을 꿈꾼 사람도 있었고 이것도 등장했다. 일부는 값싼 우주여행과 똑똑한 로봇을 꿈꾸었고 이는 실현될 시기가 다가오는 중이다. 실현 가능해 보이는 꿈들도 있다.

작가들은 마음과 마음이 생각과 감정을 직접 공유하는 것에 대해 썼다. 나노기술은 신경 구조를 변환기와 전자기 신호를 통해 연결함으로써 이것의 변형된 형태를 가능하게 만들 가능성도 있다. 광속이라는 제한은 있겠지만 이런 종류의 텔레파시는 전화 통신처럼 가능해 보인다.

우주선, 우주 식민지, 지능을 갖춘 기계, 이 모두를 실현할 수 있을 것이다. 이것들은 전부 신체 외부의 것이지만 작가들은 피부 아래의 변형에 대해서도 썼다. 이 역시 가능해질 것이다. 몸과 뇌가 모두 완벽하게 건강해지는 것은 변화의 한 형태지만 그 이상의 것을 원하는 사람도 있다.

이들은 단순한 건강과 부富보다 깊은 수준에서의 변화를 추구할 것이다. 일부는 정신세계의 충족을 추구할 것이다. 이를 향한 탐색은 투박한 소재 기술의 범위를 넘어선 곳에 있을 테지만 새로운 물질적 가능성은 새로운 출발점과 시도할 충분한 시간을 제공할 것이다. 세포 수리 시스템의 배후에 있는 기술은 사람들로 하여금 자신들의 신체를 사소하게, 놀랍게, 기괴하게 변형시킬 수 있게 해줄 것이다. 그런 변형에 명백한 한계는 거의 없다. 애벌레가 비상을 위해 스스로를 변형시키듯이 인간의 형태를 완전히 벗어버릴 사람도 있을 수 있다. 있는 그대로의 인간성을 새롭고도 완벽하게 탈바꿈시키는 사람도 있을 수 있다. 그에 반해 새로운 나비가 된다는 꿈을 무시하고 그저 피부의 사마귀나 고친 뒤 낚시를 가는 사람도 있을 것이다.

작가들은 과거로의 시간 여행을 꿈꾸었지만 자연은 여기에 협력하지 않는 듯하다.[3] 하지만 생명 활동 정지는 미래로 여행할 길을 열어준다. 눈 깜짝하는 동안 몇 년이나 몇십 년이 지나가게 만들 수 있기 때문이다. 싫증 난 사람들은 이보다 먼 미래를 추구할 수도 있다. 예술이나 사회가 서서히 성숙해가는 발전을 기다리거나 혹은 은하들의 세계가 지도화되는 것을 기다릴지도 모른다. 만일 그렇다면 이런 사람들은 자신들에게 맞는 시대를 찾아서 한 시대에서 다른 시대로 계속 이어지는 잠을 택할 것이다. 이상한 미래가 앞에 놓여 있고 이 미래는 상상 이상의 세계를 품고 있다.

진보한 단순성

《작은 것이 아름답다Small Is Beautiful》의 저자 E. F. 슈마허E. F. Schumacher는 다음과 같이 썼다 "기술 발전에 새로운 방향을 부여할 수 있다는 것을 나는 조금도 의심하지 않는다. 이것은 기술을 인간의 진정한 필요라는 원래의 자리로 되돌아오게 만드는 방향이다. 그리고 그 의미는 **인간의 실제 크기에 맞춘다**는 것이다. 인간은 작다. 그러므로 작은 것이 아름답다." 슈마허의 서술은 나노기술에 대한 것은 아니었다. 하지만 그런 진보된 기술이 인간적 척도로 볼 때 더욱 단순한 삶의 일부가 될 수 있을까?

선사 시대 사람들은 두 종류의 소재를 사용했다. 자연의 거시 공정의 산물(돌, 물, 공기, 진흙)과 자연의 분자 기계의 산물(뼈, 나무, 가죽, 양모)이다. 오늘날 우리는 이와 똑같은 소재를 사용하면서 지구적 산업 문명의 산물을 만들기 위해 복잡한 거시 공정을 이용한다. 만일 기술 시스템이 인간의 척도를 키웠다면, 그 책임은 주로 우리의 거시 기술과 멍청한 기계들에 있다. 시스템을 복잡하게 만들려면 우리는 커다란 시스템을 만들어야만 했다. 시스템에 능력을 부여하려면 우리는 여기에 사람을 채워 넣어야 했다. 오늘날 그 결과로 탄생한 시스템은 대륙을 가로지르며 누워 있고 사람들을 전 지구적인 그물망에 얽히게 만들고 있다. 이것은 우리를 자급자족 농업의 노동에서 탈출할 수 있게 했고 수명을 늘리고 부를 가져다주었다. 하지만 일부 사람들은 이를 위해 치른 대가가 너무 크다고 생각한다.

나노기술은 새로운 선택권을 제공할 것이다. 자가 복제 시스템은 식품, 의료 서비스, 주거를 비롯한 필요품들을 제공할 수 있을 것이다. 관료 제도나 거대한 공장 없이도 이를 성취할 것이다. 소규모의 자가 충족적 공동체들이 그 혜택을 거둬들일 수 있다. 기술이 제공하는 자유를 검사하는 하나의 방법은 그 기술이 사람들을 원시적인 삶의 방식으로 돌아갈 수 있도록 해방시켜주느냐의 여부를 보는 것이다. 현대 기술은 이 검사를 통과하는 데 실패했다. 분자 기술은 통과에 성공한다. 검사를 위한 사례로서, 석기 시대 생활 양식으로 돌아간다고 상상해보라. 분자 기술을 무시하는 방법을 통해서가 아니라 이를 사용하면서 생활하는 것이다.

현대의 교육을 받은 적이 없는 석기 시대 마을은 분자 기술을 이해하지 못하겠지만 이는 거의 문제 되지 않는다. 고대부터 지금까지 마을 사람들은 효모, 씨앗, 염소라는 분자 기술을 이용해왔다. 분자 수준에서 이를 이해하지 못하고서도 말이다. 만일 염소처럼 복잡하고 다루기 힘든 것이 원시적인 생활 양식에 맞는다면 다른 형태의 분자 기계 역시 분명히 자격이 있다.

살아 있는 것들이 보여주는 바는 자가 복제 시스템 내부의 기계들은 무시될 수 있다는 것이다. 이는 자동차의 경우 그 내부의 기계들을 무시할 수 없는 것과 구별된다. 그래서 어느 집단이 생존의 거칠고 힘든 면을 완화하기 위해서 새로운 '식물'과 '동물'을 키우면서도 기본적으로는 석기 시대의 삶을 살 수 있다. 이들은 심지어 수천 년 동안 선택 교배로만 만들어진 정상적인 식물과 동물을 키울 수도 있다.

가능성의 폭이 워낙 넓다 보니, 일부 사람들은 오늘날 우리처럼 사는 것을 선택할 수조차 있다. 교통 소음, 냄새, 위험이 있고 구멍 난 치아와 치과 드릴 소리가 있으며, 아픈 관절과 축 처진 피부가 있고, 기쁨은 공포·노동·다가오는 죽음으로 상쇄되는 삶 말이다. 하지만 얼마나 많은 사람이 그런 삶을 기꺼이 살고자 할까? 더 나은 선택을 할 수 있다는 지식을 완전히 지워버리도록 세뇌되지 않았다면 말이다. 아마도 그런 사람은 거의 없을 것이다.

그 누가 우주 정착지에서 평범한 삶을 산다고 상상할 수 있을까? 정착지는 크고 복잡하며 우주에 자리 잡고 있을 것이다. 하지만 지구 역시 크고 복잡하며 우주에 자리 잡고 있다. 우주 공간 속의 세계는 지구처럼 자급자족할 수 있고 대륙만큼 크고 햇빛이 충만하며 공기가 가득하고 생물권은 아니더라도 바이오 실린더biocylinder[4]는 가질 수 있다.

우주 공간 속의 세계들은 인간의 직접 설계의 산물일 필요가 없다. 자연의 아름다움 중 많은 것의 배후에는 모종의 무질서적 질서가 존재한다. 잎의 잎맥, 나무의 가지, 분수령의 지형, 이 모든 것은 수학자들이 '프랙털fractal'이라 부르는 것과 닮은 패턴 안에서[5] 형태를 자유롭게 취하고 있다. 우주 공간 속의 대지는 골프 코스나 교외의 대지를 모델로 할 필요가 없다. 일부 대지는 자연에서 일어나는 과정에 대한 심층적 지식을 반영하는 프로그램이 장착된 컴퓨터의 도움을 받아 그 형태가 결정될 것이다. 인간의 정신과 손으로는 직접 만들 수 없는 자연의 속성을 인간의 의도와 합칠 수 있다는 말이다. 우주 공간 속 야생의 대지와 비슷해 보이는 곳에 자리 잡은 산맥과 골짜기는 수억 년 동안 가상의 물에 의해 침식된 가상의 바위와 가상의 흙을 반영하는 형태를 취할 것이다. 우주 속의 세계들은 세계로서의 속성을 갖출 것이다.

꿈을 이룰 충분한 공간

미래의 가망성은 이런 규모다. 성장의 한계는 여전히 존재하겠지만 우리는 오늘날 인간이 사용하는 모든 동력보다 1조 배 큰 태양 에너지를 수확할 수 있을 것이다. 태양계의 자원을 이용해 우리는 지구 면적의 100만 배에 이르는 대지를 창조할 수 있을 것이다. 분자 조립 기계, 자동화 엔지니어링, 우주의 자원이 있으면 우리는 질과 양의 측면에서 과거의 모든 꿈을 뛰어넘는 부를 빠르게 이룰 수 있다. 수명의 절대적 한계는 남아 있겠지만 세포 수리 기술은 완벽한 건강과 무한에 가까운 수명을 모든 사람이 누릴 수 있게 해줄 것이다. 이런 진보는 새로운 파괴의 엔진을 등장시키겠지만 미래의 인류는 평화를 정착시킬 능동형 방어막과 군축 시스템을 가능하게 만들 것이다.

간단히 말해, 수많은 세계와 수많은 선택의 기회와 이를 탐구할 충분한 시간이 있는 미래를 맞이할 가능성이 우리 앞에 놓여 있다. 순치된 기술은 가능성의 범위를 더욱 늘려줄 수 있다. 기술의 모습이 인간의 인간다움을 덜 압박하게 만들면서 말이다. 부와 여유와 다양성이 있는 열린 미래에서, 각 집단은 자신들이 원하는 거의 어떤 종류의 사회를 자유로이 형성할 수 있을 것이다. 그 사회는 실패할 자유가 있으며 혹은 세계를 위한 빛나는 성공 사례가 될 수도 있다.

당신의 꿈이 다른 모든 사람을 지배하지 않는 한, 그 꿈을 함께하려는 다른 사람들이 존재할 가능성이 크다. 만일 그렇다면 당신은 그 사람들과 힘을 합쳐 새로운 세상을 이루는 쪽을 선택할 수 있다. 만일 하나의 유망한 출발이 너무 많은 것을 해결하거나 혹은 너무 적은 것을 해결하여 실패하는 경우 당신은 또다시 시도할 수 있을 것이다. 오늘날 우리의 과제는 유토피아를 계획하거나 건설하는 것이 아니라 시도할 기회를 찾는 것이다.

사전 준비

우리는 실패할 수도 있다. 자가 복제 분자 조립 기계와 인공지능은 전대미문의 복잡성을 지닌 문제를 일으킬 테고 이 문제들은 유례없을 만큼 갑작스럽게 등장할 위험이 있다. 우리는 치명적 오류가 발생하기를 기다렸다가 그 뒤에야 무엇을 할지 결정할 수는 없다. 위험이 풀려나오기 전에 능동형 방어막을 건설하려면 우리는 이 신기술들을 반드시 이용해야 한다.

우리의 승산을 위해 다행스러운 점이 있다. 다가오는 혁신적 발전은 착실하게 뚜렷한 형태를 갖추어가리라는 점이다. 이것은 결국 대중적 관심을 끌어서 이들이 최소한 어느 정도의 통찰력은 갖게 해줄 것이다. 하지만 계획을 일찍 짤수록 성사 가능성은 더욱 커지는 법이다.

세계는 곧 특정 밈들을 환대할 것이다. 분자 조립 기계와 인공지능의 혁신적 발전에 맞는 건전한 정책을 그려내고 있다고 칭해지는 밈들이 그것이다. 이런 밈들은 그럴 자격이 있든 없든 확산되어 확고한 뿌리를 내릴 것이다. 그때가 왔을 때 한 세트의 건전한 아이디어가 논의를 거쳐 타결되어 있고 이것이 이미 퍼져나가기 시작한 상태라면, 우리의 성공 가능성은 더욱 커질 것이다. 이렇게 되어 있어야 위기가 가까워질 때 여론과 공공 정책이 분별 있는 방향으로 급속히 움직일 가능성이 더욱 커지게 된다.

오늘날 당장 세심한 논의와 대중에 대한 교육을 시작하는 일이 중요한 것은 상황이 이와 같기 때문이다. 기술의 방향을 인도하려면 새로운 기구도 필요해질 것이다. 이런 기구는 하룻밤 사이에 진화하지 않는다. 이런 이유로 지금 이 순간 하이퍼텍스트와 사실 규명 포럼이 중요해진다. 만일 이것들을 활용할 수 있다면 위기가 다가옴에 따라 점점 더 널리 보급될 것이다.

열린 미래가 광범위한 호소력이 있기는 하지만, 그래도 일부 사람들은 여기에 반대할 것이다. 권력에 굶주린 자들, 인내심 없는 이상주의자들, 한 줌의 순전한 인간 혐오자들은 자유와 다양성이라는 전망을 비위에 거슬려할 것이다. 문제는 이것이다. 이들이 공공 정책의 모습을 결정할까? 정부는 다가오는 혁신적 발전에 대해 보조금을 주거나, 지연시키거나, 기밀로 취급하거나, 직접 운영하거나, 실수로 망치거나, 방향을 인도하거나 하는 등의 행위를 결국은 하게 될 것이다. 서로 협력하는 민주주의 국가들이 치명적인 실수를 범할 수도 있다. 하지만 만일 그런 일이 벌어진다면 이는 어떤 정책이 어떤 결과를 낳는지에 대한 공공의 혼란에 따른 결과일 가능성이 크다.

열린 미래에 대해서는 각기 다른 (그리고 공표되지 않은 경우가 흔한) 가치관과 목표를 기반으로 하는 진정한 반대 세력이 있을 것이다. 하지만 개별적인 사안들에 대한 의견의 불일치—사실과 관련된 사항에 대한 믿음이 각기 다르다는 데서 비롯되는—는 이보다 훨씬 더 클 것이다. 또한 판단의 차이에서 비롯되는 의견 불일치도 많겠지만, 단순한 무지 탓에 필연적으로 생겨나는 것도 많을 것이다. 굳건하게 확립된 사실도 처음에는 널리 알려지지 않은 상태일 것이다.

이보다 더 나쁜 것은, 분자 조립 기계, 인공지능, 세포 수복 기계처럼 중차대한 기술의 전망은 필연적으로 이미 확고히 자리 잡은 기존 아이디어들을 일거에 뒤엎을 수밖에 없다는 점이다. 이는 사람들의 마음속에서 불화를 유발할 것이다(나는 알고 있다. 나 자신이 그중 일부를 경험했기 때문이다). 일부 사람들의 마음속에서 이런 불화는 '새로운 것 거부'라는, 인류의 가장 기본적인 정신적 면역계 역할을 하는 반사 작용의 방아쇠를 당길 것이다. 이 반사 작용은 무지가 집요하게 달라붙게 만들 것이다.

이보다 더 나쁜 경우로, 반쯤의 진실이 확산되는 것 역시 해를 끼칠 수 있다. 일부 밈은 제대로 작동하려면 다른 밈들과 연결되어야만 한다. 만일 나노기술이라는 아이디어가 그것이 위험하다는 아이디어와 연결되어 있지 않다면, 이 기술은 이미 그러한 것보다 더욱 큰 위험이 될 것이다. 그러나 기술에 대한 우려가 점점 더 커지는 세상에서 이런 위협은 미미해 보인다. 그 외에도 또 다른 아이디어 파편들이 얼마든지 퍼져나가 오해와 불화의 씨를 뿌릴 것이다.

사실 규명 포럼은 사실과 가치, 정책을 구분하지 않고 논의될 경우 기술 관료적인 아이디어로 보일 것이다. 능동형 방어막은 하이퍼텍스트와 사실 규명 포럼을 언급하지 않은 채 제시된다면 신뢰받지 못할 것이다. 나노기술의 위험성과 필연성은 능동형 방어막을 모르는 사람들을 자포자기하게 만들 것이다.

나노기술의 위험성은, 그 필연성이 제대로 이해되지 않을 경우, 그것의 세계적인 진전을 중단시키기 위해 국지적으로 헛된 노력을 하도록 부추길 것이다. 능동형 방어막은, 결국은 분자 기술을 통제할 필요가 있다는 데서 비롯된 동기가 없다면, 일부 사람에게 너무나 큰 말썽거리로 받아들여질 것이다. 방어와 공격의 구분 없이 '방어 프로젝트'라는 용어로 불리는 경우, 방어막은 일부 사람들에게 평화에 대한 위협으로 여겨질 것이다.

장수라는 아이디어도, 풍요와 새로운 프런티어의 전망과 함께 제시되지 않는다면, 정도를 벗어나 보일 것이다. 풍요는, 우주 개발과 제한적 복제자와 함께 상상하지 않는다면, 환경에 해를 끼치는 것으로 들릴 것이다. 생명 활동 정지라는 아이디어는, 세포 수리에 대해 전혀 모르고 일시적인 죽음과 영구적인 소멸을 혼동하는 사람들에게, 이치에 닿지 않는 것으로 여겨질 것이다.

아이디어들은 한 권의 책이나 하이퍼텍스트 링크에 한자리에 모여 있지 않는 한, 전달 과정에서 쪼개지는 경향이 있을 것이다. 우리는 하나의 전체로서의 미래상, 위험과 기회가 맞물린 시스템으로서의 미래상을 발전시키고 확신시킬 필요가 있다. 이를 위해서는 많은 사람의 노력이 필요하다. 필요한 정보를 연구하고 확산시킬 유인책은 충분할 것이다. 주제가 매혹적이고 중요한 데다, 우리 앞에 놓인 미래를 검토하는 데 자신들의 친구, 가족, 동료들이 참여하게 만들고 싶은 사람이 많을 것이다.

만일 우리가 올바른 방향으로 밀고 나간다면, 즉 배우고, 가르치고, 논쟁하고, 방향을 바꾸고, 더욱더 밀고 나간다면 우리의 꿈이 실현될 여지가 충분한 미래를 향해 기술 경쟁의 방향을 몰고 갈 수 있을 것이다.

수십억 년의 진화와 수천 년의 역사를 거쳐 이런 도전이 준비되었고 우리 세대에 조용히 제시되었다. 지구 생명의 역사상 가장 중대한 전환점이 점점 다가오는 중이다. 이런 과도기에 생명과 문명을 인도하는 것은 우리 시대의 가장 중대한 임무다.

만일 우리가 성공한다면 (그리고 우리가 살아남는다면) 당신은 성가신 고손자들로부터 끝없는 질문을 받는 영광을 누릴지도 모른다.

"고조할아버지가 어렸을 때, '대변혁' 이전일 때의 세상은 어땠지요?" "늙는다는 건 어떤 것이었어요?" "대변혁이 다가온다는 말을 들었을 때 무슨 생각을 하셨어요?" "그때 무슨 일을 하셨어요?" 이런 질문에 답변하면서 당신은 어떻게 미래를 쟁취했는지 한 번 더 이야기하게 될 것이다.

후기

몇 년에 걸쳐 토론과 비판, 기술적 진보가 이루어진 다음인 지금, 이 책에서 어떤 부분을 수정할 수 있을까? 처음 10여 쪽에는 최근의 기술적 진보를 넣을 수 있을 터다. 하지만 결론은 그대로일 것이다. 우리는 분자 조립 기계를 향해서, 물질의 구조를 철저하고도 값싸게 통제하게 해주는 분자 조작의 시대를 향해서 움직이고 있다. 중심 논제에는 아무 변화가 없을 것이다.

기술적 진보의 지표를 요약해보자. 이 책은 사전 지식이 없는 상태에서 출발하는 우리가 언제쯤 단백질 분자 설계라는 이정표에 도달할지 추측하고 있다. 하지만 사실상 이는 1988년 듀폰 사의 윌리엄 데그라도William F. DeGrado와 그의 동료들이 이미 달성했다.[1] 1987년 노벨상은 UCLA 대학교의 도널드 크램Donald J. Cram, 루이파스퇴르 대학교의 장마리 렌Jean-Marie Lehn, 듀폰 사의 찰스 피더슨Charles

Pedersen이 공동 수상했다.[2] 단백질과 유사한 역량을 가진 합성 분자를 개발한 공로였다. IBM의 존 포스터John Foster가 이끄는 연구팀은 주사 터널링 현미경 기술을 이용해 개별 분자를 관찰하고[3] 형태를 수정했다. 이 장치는 (혹은 이와 유사한 원자간력 현미경atomic force microscope은) 불완전한 분자 조립 기계의 원형을 만들 위치 제어 방법을 몇 년 내로 제공했다. 분자 설계와 모델링을 위한 컴퓨터 기반 도구[4]는 근래 빠른 속도로 개선되었다. 요컨대 분자 시스템 엔지니어링을 통한, 나노기술을 향한 진보는 이 책의 예상보다 빠르게 이루어져왔다.

나노기술이라는 아이디어는 이 책 자체(1990년 일본어 판과 영국 판이 나왔다)와 여타 출판물을 통해 멀리 넓게 퍼졌다. 최근의 현황에 대한 개요[5]는 1990년 브리태니커 연감《과학과 미래Science and the Future》에 실렸다. 그동안 나는 미국의 주요 공과대학 대부분, 그리고 최고의 기업 연구소 중 많은 곳에서 초청 강연을 해왔다. 내가 처음으로 대학에서 나노기술 강좌를 맡았던 스탠퍼드 대학교의 경우 개강 첫날 강의실과 복도는 미어터졌고 마지막으로 입장한 학생은 창문으로 들어왔다. 사람들의 관심은 컸고 점점 커지고 있었다.

잘못된 아이디어를 찾아내고 딱지를 붙이기에 최상의 역량을 보유한 기술 공동체의 반응은 어땠을까? 내 견해로는 (예컨대 질문하고 의문을 표하는 기술자 청중 앞에 섰다고 한다면) 이 책의 중심 논제들은 기초가 든든해 보인다. 비판을 견뎌냈다. 모든 사람이 이 논제들을 받아들인다는 얘기가 아니라 이들을 부정하는 추론들이 모두 틀렸음이 드러났다는 의미다(실질적인 논점을 지닌 숨은 비판자들에게 한 말씀 드리고 싶다. 앞으로 나와서 큰 소리로 의견을 얘기해달라!). 다양한 과학 기술 분야 논문[6](기계식 나노컴퓨터, 분자 기어와 베어링 등등에 대한)이 이미 나와 있고 관련 서적은 출간되는 중이다. 1989년 미래전망연구소Foresight Institute는 많은 지역적 회합을 가진 끝에 나노기술에 대한 최초의 주요 학술회의를 주최했다(관련 기사는 11월 4일자 《사이언스 뉴스Science News》에 실렸다). 당시 회의의 논집은 출간 준비 과정에 있다.

학술회의에서 일본이 여러 해 동안 분자 시스템 엔지니어링을 21세기 기술의 기반으로 취급해왔다는 사실이 명백해졌다. 만일 여타의 국가들이 협동적으로 개발되는 나노기술을 보고 싶다면 잠에서 깨어나서 자신들 몫의 일을 시작하는 것이 좋다. 이 책의 3부에서 제시된 일부 시나리오와 제안은 표현을 바꿀 필요가 있을지도 모른다. 하지만 적어도 한 가지 문제는 오해의 여지가 있다. 362~363쪽에서 자가 복제 분자 조립 기계들이 도망치는 사고를 예방할 필요를 언급한 대목이다. 오늘 나는 강조하고자 한다. 자연에서 살아남을 가능성이 조금이라도 있는 복제자를 만들 유인책은 거의 없다고 말이다. 자동차를 생각해봐도 작동하기 위해서는 휘발유, 윤활유, 브레이크 용액 등이 필요하다.

순전한 사고의 결과로 자동차가 황야를 돌아다니며 먹이를 찾고 나무의 수액을 연료통에 채우게 만들 수는 없다. 이렇게 만들려면 천재적인 공학 기술과 고된 작업이 필요할 것이다. 조립 용액이 든 통 속에서 작동하면서 외부에서 사용될 비복제성 제품을 만들도록 설계된 단순한 복제자들도 이와 비슷할 것이다. 단순한 규칙과 조화를 이루도록 만들어진 복제자들의 행태는 마구 날뛰는 것과는 정말로 거리가 멀 것이다. 문제는—그것은 엄청난 문제다—사고가 아니라 악용에 있다.

일부 사람은 나의 목적이 나노기술의 발달을 촉진하려는 데 있다고 오해한다. 나의 목적은 나노기술과 그것이 가져올 결과에 대한 이해를 촉진하는 것이다. 양자는 완전히 다른 문제다. 그럼에도 불구하고 이제 나는 우리가 진지한 개발 노력을 일찍 기울이면 기울일수록 진지한 공적 토의를 벌일 시간도 늘어나게 된다고 믿는다. 왜일까? 진지한 토의는 진지한 개발 노력과 함께 시작될 것이기 때문이며, 시작이 빠를수록 우리의 기술적 기반은 더더욱 빈약한 상태일 것이기 때문이다. 따라서 일찍 시작한다는 것은 진보의 속도가 더 느리다는 뜻이 되고, 따라서 그것이 가져올 결과를 검토할 시간이 더 많아지는 결과를 낳게 된다.

이 분야들의 발전에 대해 좀 더 알고 싶다면 저자가 설립한 미래전망연구소의 홈페이지(http://www.foresight.org)를 참고하기 바란다.

물질의 속성과 가치는 이를 구성하는 원자가 어떻게 배열되어 있는 가에 따라 결정된다. 똑같은 탄소 원자가 모여 흑연이나 다이아몬드가 되기도 하고 탄소 나노튜브가 되지 않던가. 이 책은 나노(10억 분의 1)미터 단위의 대상, 즉 원자와 분자를 직접적으로 조작하는 나노기술을 다루고 있다. 저자의 주장은 다음과 같다. 나노기술은 실현 가능하다. 이를 금지하는 자연 법칙은 존재하지 않는다. 뿐만 아니라 그 가능성을 보여주는 생생한 예가 자연에 존재한다. 바로 생물체다. 모든 생물은 나노 크기의 부품으로 이뤄진 자기 복제 기계가 아니던가. 특히 세포 내 소기관인 리보솜은 RNA의 지시를 받아 단백질을 생산하는 대표적인 나노기계에 해당한다.

우리들 인간은 자연을 모방해 나노기계를 만들고 자연이 하지 못하는 일, 하지 않는 일까지 해낼 수 있다. 세포 속으로 들어가 세포의 손상을 수리하는 기계를 만들 수 있다. 그러면 인간의 수명이 사실상 무한으로 연장될 수 있다. 기존 컴퓨터보다 몇만 배 빠르게 작동하는 기계식(전자식이 아니라) 나노컴퓨터를 만들 수도 있다. 나노컴퓨터는 나노기계들에게 '스스로를 복제하면서 이런저런한 작업을 하라'는 지시를 내릴 수 있다. 그러면 짧은 시간 내에 무수히 많은 나노기계를 생산해 이로 하여금 거대한 기계나 물체를 조립하게 할 수 있다.

나노컴퓨터를 수없이 병렬로 연결해 인공지능을 창조할 수도 있다. 뇌의 신경망을 그대로 복제한 나노뇌를 만들면 그것이 바로 생각하는 기계가 될 수도 있다. 지금보다 수백 배 강하고 질긴 소재로 우주선과 태양 전지를 만들어 우주 정복에 나설 수도 있다. 무엇보다 나노기술이 있으면 원자와 분자를 우리가 원하는 대로 배열하는, 다시 말해 무엇이든 생산할 수 있는 범용 조립 기계를 만들 수 있다. 그런 시대가 오면 정치, 군사, 경제, 사회를 비롯한 인간의 생활방식, 나아가 사고방식 자체가 혁명적 변화를 겪게 될 것이다.

한편 나노기술은 파괴적으로 이용될 수도 있다. 치명적인 군사무기로 개발하기가 너무나 쉽기 때문이다. 게다가 자가 복제 능력을 갖춘 나노기계가 통제를 벗어나 무한 증식하게 된다면 지구상의 모든 것을 집어삼키는 그레이 구(회색의 덩어리)가 출현할 수도 있다. 나노기술은 풍요의 엔진이 될 수도 있고 파괴의 엔진으로 다가올 수도 있다. 따라서 인류는 지금부터 나노기술의 시대를 앞당기려 노력하는 동시에 그것이 가져올 격변에 미리 대비해야 한다. 이 책이 출간(1986년)된 지 25년이 흐르는 동안 저자의 아이디어는 하이퍼텍스트와 유전공학이라는 형태로 일부 현실화되었다. 하지만 분자 조립 기계와 분자 분해 기계라는 핵심 아이디어는 아직도 실현을 기다리는 상태다.

나노기술의 실현 가능성을 설파하는 저자에게는 강력한 비판자도 여럿 존재한다. 노벨물리학상 수상자 리처드 스몰리나 저명한 화학자 조지 화이트사이즈가 대표적 인물이다. 스몰리는 저자와 여러 차례 공개 토론을 벌였다. 그 내용은 이 책의 개정증보판인 무료 전자책《창조의 엔진 2.0Engines of Creation 2.0》(2007)에 실려 있다.

저자의 대표적인 지지자는 미래학자 레이 커즈와일이다. 그는 자신의 저서《특이점이 온다The Singularity is Near》(김영사)에서 나노기술에 대한 스몰리의 부정적 견해를 상세하게 반박하고 있다. 이 책에 대한 비판적인 서평 중에는 다음과 같은 내용도 있다. "나노기술의 가능성에 대해서는 너무 작은 지면을 할애하고 철학, 정치학, 정보과학, 군사적 방어, 인간 관계 등에 너무 많은 지면을 배정했다"는 것이다. 하지만 이는 오히려 장점으로 볼 수 있다. 과학기술의 발전 속도로 볼 때 그리 머지 않은 장래에 나노기술이 실현될 것으로 보이며, 지식 대중은 그것이 가져올 새로운 세상에 대해 미리 알고, 대비할 필요가 있기 때문이다. 그 대비책은 기술 자체보다 그것이 가져올 여파에 대한 것일 수밖에 없다.

저자 드렉슬러는 MIT에서 바로 이 책의 초고 역할을 한 논문으로 박사학위를 받았다. 이 책이 출간되던 1986년 '미래전망연구소 Foresight Institute'를 설립했으나 지금은 관여하지 않고 있다(현재 소장은 공동설립자였던 당시 부인이 맡고 있다). 그리고 1992년 나노기술을 정량적, 물리적으로 분석한 전문 서적《나노시스템: 분자 기계, 제작, 계산Nanosystems: Molecular Machinery, Manufacturing, and Computation》을 펴냈다. 그는 현재 나노기술과 관련한 설계 소프트웨어를 개발하는 회사인 나노렉스 사의 수석 기술자문관으로 재직 중이다. 또한 세계 최대의 환경단체인 세계자연보호기금과 함께 일하면서 에너지, 기후 변화 등의 문제를 나노기술로 해결하는 방도를 모색하고 있다.

조현욱

1장 건축의 엔진

1 단백질 엔지니어링은 …… 대표한다: 다음을 보라. "Protein Engineering," by Kevin Ulmer (*Science*, Vol. 219, pp. 666-71, Feb. 11, 1983). 울머 박사는 현재 Center for Advanced Research in Biotechnology의 책임자다.

2 건축의 엔진: 이 장의 아이디어들은 필자의 다음 논문에 제시된 기술적 논의에 기반을 두고 있다. "Molecular Engineering: An Approach to the Development of General Capabilities for Molecular Manipulation" (*Proceedings of the National Academy of Sciences* (USA), Vol. 78, pp. 5275-78, 1981). 여기에는 단백질 분자 설계와 분자 조립을 지시하는 범용 시스템 개발이 실현 가능하다는 옹호론이 제시되어 있다.

3 어느 사전: *The American Heritage Dictionary of the English Language*, edited by William Morris (Boston: Houghton Mifflin, 1978).

4 현대의 유전자 합성 기계: 다음을 보라 "Gene Machines: The Second Wave," by Jonathan B. Tucker (*High Technology*, pp. 50-59, March, 1984).

5 다른 단백질들은 기본적인 기계적 기능에 봉사한다: *Biochemistry*, Albert L. Lehninger (New York: Worth Publishers, 1975). 27장을 보라. 이 표준적 교과서는 생명체의 분자 기계에 대한 뛰어난 정보의 출처다. 박테리아의 편모 모터에 관한 논의는 다음을 보라. "Ion Transport and the Rotation of Bacterial Flagella," by P. Lauger (*Nature*, Vol. 268, pp. 360-62, July 28, 1977).

6 자가 조립 구조물: T4 파지와 리보솜을 비롯한 분자의 자가 조립에 대한 설명은 Albert L. Lehninger의 상게서 27장을 보라.

7 단백질로 설계하기: 자연은 단백질 기계를 광범위하게 보여주었다. 하지만 그렇다고 해서 우리의 설계 재료가 단백질에 한정되어야 한다는 뜻은 아니다. 매우 복잡한 비단백질 기계의 예는 다음을 보라. "Supramolecular Chemistry: Receptors, Catalysts, and Carriers," by Jean-Marie Lehn (*Science*, Vol. 227, pp. 849-56, February 22, 1985). 이 논문은 '분자 수준에서의 신호 및 정보 처리를 위한 부품, 회로, 시스템'도 언급하

고 있다.

8 자신들이 설계할 수 있는 단백질 : 현대 기술은 필요한 모든 DNA 서열을 합성할 수 있으며 이 서열은 리보솜으로 하여금 필요한 어떤 아미노산 서열이든 만들라는 지시를 내리는 데 사용될 수 있다. 하지만 보결 분자단을 추가하는 것은 다른 문제다.

9 양자는 같은 작업처럼 보일 수도 : 천연 단백질의 구조를 예측하는 것과 예측 가능한 구조를 설계하는 것 사이의 비교는 이 섹션의 첫머리에 언급한 "Molecular Engineering,"을 보라.

10 《네이처》에 : 다음을 보라 "Molecular Technology : Designing Proteins and Peptides," by Carl Pabo (*Nature*, Vol. 301, p. 200, Jan. 20, 1983).

11 몇십 개의 짧은 사슬 조각 : 다음을 보라. "Design, Synthesis, and Characterization of a 34-Residue Polypeptide That Interacts with Nucleic Acids," by B. Gutte et al.(*Nature*, Vol. 281, pp. 650-55, Oct. 25, 1979).

12 이들은 …… 단백질을 설계했다 : 이를 포함하는 단백질 엔지니어링의 참고 문헌은 Kevin Ulmer의 전게 논문 "Protein Engineering"을 보라.

13 예측 가능한 방식으로 나타나게 만들었다 : 다음을 보라. "A Large Increase in Enzyme-Substrate Affinity by Protein Engineering," by Anthony J. Wilkinson et al. (*Nature*, Vol. 307, pp. 187-88, Jan. 12, 1984). 유전자 조작 기술도 효소의 활동성을 손상하지 않으면서 안정성을 증대시키는 데 이용됐다. 다음을 보라. "Disulphide Bond Engineered into T4 Lysozyme : Stabilization of the Protein Toward Thermal Inactivation," by L. Jeanne Perry and Ronald Wetzel of Genentech, Inc. (*Science*, Vol. 226, pp. 555-57, November 2, 1984).

14 생물학자 개릿 하딘에 따르면 : *Nature and Man's Fate* (New York: New American Library, 1959), p. 283.

15 《사이언스》에 : "Biological Frontiers," by Frederick Blattner(*Science*, Vol. 222, pp. 719-20, Nov. 18, 1983).

16 《응용 생화학 및 생명공학》 : 다음을 보라. *Enzyme Engineering*, by William H. Rastetter (*Applied Biochemistry and Biotechnology*, Vol. 8, pp. 423-36, 1983). 이 비평 논문은 효소의 기질基質 특이성을 변화시키는 데 성공한 여러 사례를 설명하고 있다.

17 분자 전자 장치에 대한 국제 워크숍을 두 차례 열었으며 : 첫 번째 워크숍의 회의록은 다음을 보라. *Molecular electronic devices* edited by Forrest L. Carter (New York: Marcel Dekker, 1982). 두 번째 워크숍의 회의록은 *Molecular electronic devices II* edited by Forrest L. Carter (New York: Marcel Dekker, 1986). 요약 논문은 다음을 보라. "Molecular Level Fabrication Techniques and Molecular Electronic

Devices," by Forrest L. Carter (*Journal of Vacuum Science and Technology*, B1(4), pp. 953-68, Oct.-Dec. 1983).

18 기초 연구를 지원하라고 권고했다 : 다음을 보라. *The Institute*(IEEE의 출판물), January 1984, p. 1.

19 VLSI 리서치 사 : 다음에 등장한다. *Microelectronic Manufacturing and Testing*, Sept. 1984, p. 49.

20 단 한 개의 화학 결합 : 탄소 원자 두 개 사이의 단일 결합의 강도는 약 6나노뉴턴으로 탄소 원자 약 3경 개의 무게를 지탱하기에 충분하다. 다음을 보라 *Strong Solids*, by A. Kelly, p. 12 (Oxford: Clarendon Press, 1973).

21 다이아몬드 섬유 : 다이아몬드 역시 알루미늄보다 열 배 이상 단단하다. 상게서, Appendix A, Table 2.

22 그럼에도 불구하고 화학자들은 서로 반응하는 분자들로 하여금 : 다음을 보라. "Sculpting Horizons in Organic Chemistry," by Barry M. Trost (*Science*, Vol. 227, pp. 908-16, February 22, 1985). 유기물 전기 전도체와 분자 레벨 전자공학을 위한 분자 스위치의 가능성도 언급하고 있다.

23 단백질이 할 수 있는 일뿐 아니라 그 이상의 일을 하게 될 것이다 : 화학자들은 효소를 능가하는 촉매를 이미 개발 중이다. 다음을 보라 "Catalysts That Break Nature's Monopoly," by Thomas H. Maugh II (*Science*, Vol. 221, pp. 351-54, July 22, 1983). 비단백질 분자 도구에 대한 세부 사항은 다음을 보라. "Artificial Enzymes," by Ronald Breslow (*Science*, Vol. 218, pp. 532-37, November 5, 1982).

24 분자 조립 기계 : 이 장 첫머리의 참고 문헌을 보라. 1982년 보고된 주사 터널링 현미경은 원자 직경의 몇분의 1 수준의 정확성으로 예리한 바늘을 관찰 대상의 표면 가까이에 위치시킬 수 있다. 그런 정밀한 위치 잡기가 가능하다는 것을 보여주는 것 외에도 이 장치는 분자 기계를 대신해 분자 도구를 제 위치에 가져다 놓는 일을 할 수도 있다. 다음을 보라. "Scanning Tunneling Microscopy," by G. Binnig and H. Rohrer (*Physica*, 127B, pp. 37-45, 1985).

25 합리적 배열이라면 원자들을 거의 모든 형태로 배치할 수 있도록 : 분자 조립 기계는 달리는 불가능했을 방식의 반응성 분자들의 배열을 만들어낼 수 있을 것이며(활성화 엔트로피entropy-of-activation 요인을 극복한다) 고반응성 화학 원소족들의 움직임을 지시할 수 있을 것이다. 이는 화학 반응의 합성을 제어하는 데 사용될 수 있는 길을 열어줄 것이다. 원래 이 반응은 횟수나 비율이 무시할 수 있는 정도이거나 과도하거나 둘 중의 한 경우로밖에 일어나지 않는다. 더구나 분자 조립 기계는 화학 결합을 끊을 정도의 기계적 힘을 가해서 화학 반응에 필요한 활성화 에너지를 제공할 수 있을 것

이다. 분자 조립 기계는 또한 전원에 연결된 분자 규모의 전도체를 이용해 전기장을 직접적이고 새로운 방식으로 조작할 수 있을 것이다. 광합성 기술은 그만큼 쓸모 있지는 않겠지만(광자의 통상 주파수는 분자 수준에서 볼 때는 너무 높다) 이와 유사한 결과는 전자의 여기 electronic excitation를 분자에서 분자로 국지적이고 통제된 방식으로 전송함으로써 가끔 달성될 수도 있다.

분자 조립 기계는 강력하겠지만(그리고 심지어 새로운 도구를 조립함으로써 스스로의 툴키트 toolkit를 확대하라는 명령을 받을 수조차 있지만) 존재할 수 있는 모든 것을 만들어낼 능력은 없을 것이다. 예를 들면 석재 아치처럼 모든 부품이 이미 제자리를 차지하고 있지 않은 한 저절로 무너지는 그런 섬세한 구조물이 설계될 수 있을지도 모른다. 설계에 비계를 설치했다가 제거할 공간이 없다면 해당 구조물은 건설할 수 없을 것이다. 하지만 그런 문제를 드러낼 실용적인 구조물이 드물 것이다. (사실 분자의 운동을 관장하는 법칙들의 가역성이 시사하는 바는, 파괴 가능한 모든 물체는 적어도 원리상으로는 건조할 수 있다는 것이다. 하지만 파괴의 모든 메커니즘에 폭발에 의한 붕괴가 들어 있다면 역메커니즘을 통한 건조 시도가 성공할 가능성은 무시할 수 있는 정도일 것이다. 부품들 궤적의 불확실성과 목표로 하는 상태의 높은 엔트로피를 고려한다면 말이다).

26 일부 세포 안의 DNA 복제 기계 : 다음을 보라. "Comparative Rates of Spontaneous Mutation," by John W. Drake (*Nature*, Vol. 221, p. 1132, March 22, 1969). 이 기계에 대한 전반적인 논의는 다음을 보라. Chapter 32 of Lehninger's *Biochemistry* (상게서).

27 손상된 부품을 수선하고 교체하면서 : **Micrococcus radiodurans** 박테리아는 지구 상의 통상적인 배경 방사선 100만 년치를 단 한 번에 몰아 쬐어도 살아남을 수 있을 정도로 강력한 분자 수리 방법을 갖추고 있다. 다음을 보라. "Inhibition of Repair DNA Synthesis in *M. radiodurans* after Irradiation with Gamma-rays," by Shigeru Kitayama and Akira Matsuyama(in *Agriculture and Biological Chemistry*, Vol. 43, pp. 229-305, 1979). 이는 인간의 치명적 방사선 피폭량의 약 1,000배에 해당하며 테플론을 약화시켜 부서지기 쉽게 만들 수 있는 정도다.

28 생명은 …… 이를 포기한 적은 결코 없기 때문이다 : 살아 있는 유기체는 지질과 당을 재료로 세포 구조물과 분자 도구를 만들어왔다(그리고 규소와 석회로 껍데기를 만들어왔다). 그러나 이런 물질들을 조립할 프로그램 가능한 시스템이 없는 탓에 생명체는 이들을 복잡한 분자 기계의 주된 부품을 형성하게 만들지 못했다. RNA의 구조는 단백질과 마찬가지로 DNA에 의해 결정되며 때때로 단백질 비슷한 기능을 수행한다. 다음을 보라. "First True RNA Catalyst Found" (*Science*, Vol. 223, p. 266, Jan. 20, 1984).

29 R. B. 메리필드는 화학적 기법을 이용해서 : 다음을 보라. Lehninger's *Biochemistry*,

p. 119 (전게서).

30 1800년대 중반 찰스 배비지는 : 다음을 보라. Lehninger's *Biochemistry*, p. 119 (전게 서).

31 수십억 바이트 …… 한 변의 길이가 1미크론인 상자 : 만일 폴리에틸렌 비슷한 중합 체에서 두 개의 각기 다른 곁가지side group, (긴 분자의 뼈대가 되는 사슬에 연결된 분자들의 집단.-옮긴이)가 이진법의 1과 0을 나타내는 데 사용되는 경우 이 중합체는 데이터 저장 테이프의 역할을 할 수 있다. 만일 불소와 수소를 두 개의 곁가지로 이용하고 테이프 판독과 쓰기, 메커니즘 관리를 위한 충분한 공간을 만들어준다면 0.5세제곱미크론의 부피에 약 10억 바이트를 저장할 수 있을 터다. 이 테이프는 매우 짧을 것이기 때문에 자료 호출 시간은 마이크로초 범위 내로 유지될 수 있을 것이다. 기계식 RAM 메모리 체제로는 같은 부피 내에 약 10메가바이트밖에 저장할 수 없다. 물론 이는 아마도 개선할 수 있을 것이다. 좀 더 상세한 논의는 다음을 보라. "Molecular Machinery and Molecular Electronic Devices," by K. Eric Drexler, in *Molecular Electronic Devices II*, edited by Forrest Carter (New York : Marcel Dekker, 1986).

32 기계식 신호 : 이 신호는 원자 한 개 폭의 카르빈 막대를 밀었다가 당겼다 하는 동작에 의해 전달할 수 있다. 카르빈은 원자가 교대로 단일 결합과 3중 결합을 해서 직선 구조를 이루는 탄소의 한 형태다. 다음을 보라. "Molecular Machinery and Molecular Electronic Devices" (상게서).

33 노벨 물리학상 수상자 리처드 파인먼이 제안한 계획이 잘 풀린다면 : 그의 논문을 보라. "Quantum Mechanical Computers" (*Optics News*, Vol. 11, pp. 11-20, Feb. 1985). 파인먼은 다음과 같은 결론을 내린다. "비트가 원자 크기가 되고 양자적 행태가 지배적 위치를 차지할 때까지 컴퓨터의 크기를 줄이는 데 대해 물리 법칙은 아무런 장애도 가하지 않고 있다."

34 분해 기계 : 분해 기계에도 한계가 있을 것이다. 예컨대 침입당하면 자동으로 분해(혹은 폭발)됨으로써 잘 제어된 분해를 방지할 수 있는 민감한 구조를 설계하는 것이 추측건대 가능할 것이다.

2장 변화의 원리

1 설계 과정이란 …… 생각하라 : 다음을 보라. *The Science of the Artificial* (Second Edition) by Herbert A. Simon (Cambridge, Mass. : MIT Press, 1981). 이 책은 엔지니어링, 문제 해결, 경제학, 그리고 인공지능과 관련된 일련의 화제를 탐색한다.

2 원본 가닥과 그 복제본은 : 뉴클레오티드의 짝짓기 법칙 때문에 복사본은 사실상 사진 음화를 닮게 된다. 그리고 그 복사본을 다시 복사한 것만이 원래의 가닥과 일치한다.

3 생화학자 솔 스피겔먼: 이 영역에 대한 그의 업적에 대한 논의는 다음에 등장한다. "The Origin of Genetic Information," by Manfred Eigen et al. (*Scientific American*, Vol. 244. pp. 8-117. April 1981).

4 옥스퍼드 대학교의 동물학자 리처드 도킨스: 다음 책에서 복제자를 논의한다. *The Selfish Gene* (New York : Oxford University Press, 1976). 이 책은 진화의 현대적 개념에 대한 뛰어난 입문서로서, 진화의 변이와 선택의 단위를 생식 세포 계열의 복제자로 보고 여기에 초점을 맞추고 있다. 읽어볼 만하다.

5 리처드 도킨스가 지적한 대로 : *The Selfish Gene* (상게서).

6 혐오받은 다윈의 책 : *The Origin of Species*, by Charles R. Darwin (London : Charles Murray, 1859).

7 진화의 기본 아이디어는 …… 이미 알려져 있었다 : *The Constitution of Liberty*, by Friedrich A. Hayek (Chicago : University of Chicago Press, 1960), 언어적·제도적, 심지어 생물학적 진화를 다룬 과거의 저작물에 대한 논의가 실려 있다. 이런 저작물은 '다윈이 사용한 개념적 장치'의 기초가 되었음이 명백하다. 다음도 참고하라. p. 23 of *Law, Legislation and Liberty*, Vol. 1, *Rules and Order* (Chicago : University of Chicago Press, 1973). 이들 책의 여타 페이지에서는 법 아래의 자유 개념과 법과 명령 사이의 결정적 차이를 논하고 있다. 이런 내용들은 11장과 12장에서 논의된 문제들에서 중요한 위치를 차지할 것이다.

8 리처드 도킨스의 표현에 따르면 : *The Selfish Gene* (전게서).

9 《지구의 차기 카탈로그 전체》: *The Next Whole Earth Catalog*, edited by Stewart Brand (Sausalito, California : POINT; distributed by Random House, New York, 1980).

10 피터스와 워터먼: 다음을 보라. *In Search of Excellence: Lessons from America's Best-Run Corporations*, by Thomas J. Peters and Robert H. Waterman, Jr. (New York : Warner Books, 1982).

11 알프레드 노스 화이트헤드가 서술한 대로 : *Science and the Modern World* (New York : Macmillan Company, 1925).

12 오직 연구와 상상, 그리고 생각뿐 : 하지만 이것들을 좋은 컴퓨터 그래픽과 비디오로 전환한다면 매우 큰 도움이 될 것이다.

13 리처드 도킨스는 …… 이름을 붙였다 : '밈meme'은 리처드 도킨스의 *The Selfish Gene*의 마지막 장에서 등장한 밈이다(밈이란 개념 자체도 밈의 일종이란 표현이다.—옮긴이).

14 하지만 이기적 동기가 협력을 촉진할 수도 있다: *The Evolution of Cooperation* (New York : Basic Books, 1984)에서 정치학자 Robert Axelrod는 이기적 실체들 간에 협동이

발생하는 데 필요한 조건을 탐색하기 위해 다중 사용자 컴퓨터 게임과 역사적 사례를 이용했다. 사람이 좋고nice, 복수심이 있고, 용서할 줄 아는 것이 안정적 협동을 진화시키는 데 중요하다. 이 귀중한 책의 7장은 '협력을 증진하는 방법'을 다루고 있다.

15 《확장된 표현형》: *The Extended Phenotype* by Richard Dawkins (San Francisco: W. H. Freeman, 1982).

16 저자는 '진화'라는 용어를 생물과 무생물 영역에 두루 쓰고 있어 오해의 소지가 있다. 생물학에서 진화의 최소 단위는 개체군, 즉 집단이며 특정 개체에는 진화라는 개념이 적용될 수 없다.- 옮긴이

17 이 밈 패키지는 …… 코사 부족을 감염시켰다: "The Self-Destruction of the Xosas," Elias Canetti, *Crowds and Power* (New York: Continuum, 1973), p. 193.

3장 예측과 추정

1 비판적 태도 : 출전은 다음과 같다. *Conjectures and Refutations : The Growth of Scientific Knowledge* by Sir. Karl Popper (New York : Basic Books, 1962).

2 리처드 파인먼(1965년 노벨상 수상)은 …… 연설을 했다: "There's Plenty of Room at the Bottom," 다음에 재수록되었다. *Miniaturization*, edited by H. D. Gilbert (New York : Reinhold, 1961).

3 버트런드 러셀은 이렇게 진단했다: Karl Popper의 *Objective Knowledge : An Evolutionary Aporoach* (Oxford: Clarendon Press, 1972)에서 인용.

4 진실처럼 보이는 …… 진실이 되는 : 진실처럼 보이는(적어도 무비판적인 사람들에게는) 방향으로 진화한 아이디어들은 실상은 완전히 오류일 수 있다. 인간의 순진한 판단과 과학과 통계의 도움을 받은 판단을 비교한 뛰어난 연구서는 다음을 보라. *Human Inference*, Richard Nisbettand Lee Ross in the Century Psychology Series (Englewood Clift's, New Jersey : Prentice-Hall, 1980). 이 책은 우리의 시각에 착시나 맹점이 있는 것과 마찬가지로 우리의 인지에도 환상과 맹점이 있다는 점을 보여준다. 또 다른 실험들에 따르면 교육받지 않은 사람들은 원운동을 하다가 풀려난 공이 어느 방향으로 움직일 것인가와 같은 기본적 사실에 대해서조차 체계적인 오해를 하는 것으로 밝혀졌다. 학식이 높은 중세 철학자들(자신의 아이디어를 실재와 비교해 검증하는 것을 소홀히 한 사람들)은 동일한 오해를 기초로 '과학'의 전체 체계를 진화시켰다. 다음을 보라 "Intuitive Physics," by Michael McClosky (*Scientific American*, Vol. 248, pp. 122-30, Apr. 1983).

5 살아남은 이론들은 …… 모여 있는 경우가 흔하다 : 엄격히 말해 이는 일관성이 있는 일반 이론 중 살아남은 것에만 해당되는 말이다. 다음 주 수요일에 모든 바위가 하늘

로 솟구칠 것이라는 이론은 반증되지 않았다(그리고 실질적인 결과가 나타날 것이다). 하지만 수요일을 특별히 언급했다는 점에서 일관성 있는 이론은 못 된다.

6 칼 포퍼가 지적하듯 : Karl Popper, *Logic of Scientific Discovery*, pp. 124 and 419(New York : Harper & Row, 1965). 또한 *Objective Knowledge*, p. 15를 보라..

7 IBM의 연구 책임자 랠프 고모리가 말하듯 : "Technology Development", Ralph E. Gomory (*Science*, Vol. 220, pp. 576-80, May 6, 1983).

8 지레의 움직임과 기능 간의 상호 작용: 이는 저속일 때만 명백했다. 다빈치가 물체의 운동에 대해 뭔가 직관이 있었던 것은 사실이지만 높은 가속도로 빠르게 움직이는 기계 부품의 행태를 예측하기에 적합한 운동 이론은 뉴턴 이전에는 등장하지 않았다.

9 심지어 해당 설계를 수행하는 데 필요한 도구가 없는 상태에서도 : 칩 제조 기술의 꾸준한 진보에 익숙해진 일부 회사들은 마이크로프로세서를 설계하기 시작했는데 이는 그 제조에 필요한 기술이 아직 존재하지 않을 당시에 이루어졌던 일이다.

10 분자 시스템을 대상으로 하는 컴퓨터 이용 설계 : 이를 제대로 하려면 분자 시스템에 대한 모의실험이 필요하다. 분자 모의실험 시스템 중 하나에 대한 논의가 다음의 박사 학위 논문에 등장한다. "Macromolecular Mechanics and Protein Folding", Robert Bruccoleri (Harvard University, May 1984). 모의실험 결과는 다음을 보라 "Dynamics and Conformational Energetics of a Peptide Hormone : Vasopressin," A. T. Hagler et al. (*Science*, Vol. 227, pp. 1309-15, Mar. 15, 1985). 이 문헌들은 힘을 받은 분자들이 어떻게 움직이는가를 기술하는 고전적 모의실험을 기술하고 있다. 그런 모의실험은 전형적인 분자 기계의 부품 대부분에 적용하기에 적당할 것이다. 다른 작업은 좀 더 근본적인(좀 더 비용이 많이 드는) **양자 역학적** 모의실험이 필요하다. 분자 내 전자의 분포를 서술하기 위해서다. 분자 조립 기계의 도구들에 의한 결합의 형성과 절단을 설명하려면 이 같은 양자 역학적 계산이 필요하다. 화학 결합 형성과 관련해 양자 역학적 계산을 포함하는 분자 모의실험 대해서는 다음을 보라. "Theoretical Chemistry Comes Alive : Full Partner with Experiment," by William H. Goddard III (*Science*, Vol. 227, pp. 912-23, Feb. 22, 1985). 또한 다음을 보라 *Lecture Notes in Chemistry, 19, Computational Aspects for Large Chemical Systems*, Enrico Clementi (New York : Springer-Verlag, 1980). 현재의 설계 도구에 대한 논의는 다음을 보라 "Designing Molecules by Computer," Jonathan B. Tucker (*High Technology*, pp. 52-59, Jan. 1984). 병렬 처리 컴퓨터는 컴퓨터를 사용한 화학과 컴퓨터 이용 설계에 큰 도움을 줄 것이다.

11 사전 설계: 초기의 사전 설계 노력은 작동 가능한 분자 조립 기계 시스템을 정의하는 것을 목표로 할 공산이 크다. 이 설계는 상당히 폭넓은 능력을 갖추고 있기만 하다면

반드시 이상적일 필요는 없다. 일단 이런 표준 분자 조립 기계 설계가 가진 능력의 세부 사항이 잘 규정되면—심지어 설계가 완성되기 전에라도—다음과 같은 일이 가능해질 것이다 (1) 이 표준적 분자 조립 기계(혹은 이 기계가 건설할 수 있는 분자 조립 기계)가 건설하기에 적합한 나노기계 설계의 도서관 개발에 착수한다. (2) 이런 설계를 조립하기 위한 공정에 대한 도서관을 마련한다. 그다음, 첫 번째의 불완전한 분자 조립 기계가 개발되면, (아마도 도구를 만드는 중간 단계를 거쳐서) 이것은 표준적 분자 조립 기계를 건설하는 데 이용될 수 있다. 또한 표준적 기계는 설계 도서관에 있는 모든 것을 만드는 데 이용될 수 있다. 초기의 분자 조립 기계들은 물건을 만드는 우리의 능력을 크게 확대해줄 것이다. 심지어 제한적인 사전 설계만 준비되어 있어도, 분자 조립 기계의 등장은 거의 즉각 하드웨어의 질을 실질적으로 도약시키는 결과를 낳을 것이다. 분자 조립 기계가 분자 조립 기계를 만들 것이기 때문에 모종의 자가 복제 시스템은 사전 설계와 분자 조립 기계의 혁신적 발전에 따른 즉각적이고 자연스러운 결과로 등장할 것이다. 그런 까닭에 분자 조립 기계의 등장은 하드웨어 품질을 비약적으로 향상시킬 뿐 아니라 그런 하드웨어를 거의 즉각 대량 생산할 수 있게 만들어줄 것이다. 전대미문의 방대한 수량을 말이다(4장을 보라). 좋건 나쁘건, 이는 기술·경제·국제 문제에 유별나게 갑작스런 변화가 일어날 수 있게 만들 것이다.

4장 풍요의 엔진

1 만일 모든 기계가 지시를 받아서 : 출전은 다음과 같다. *Scientific Quotations : The Harvest of a Quiet Eye*, selected by A. L. Mackay, edited by M. Ebison (New York : Crane, Russak, 1977).

2 미국항공우주국의 어느 과학자 : NASA의 전직 관리자였던 Robert Frosch는 IEEE Centennial Technical Convocation (*The Institute*, p. 6, Dec. 1984를 보라)에서 이와 다분히 동일한 내용을 설파했다.

3 바이러스, 박테리아 …… 생물학적 복제자 : 진화론적 의미에서 한 동물의 유전자는 복제자이지만 동물 자체는 그렇지 않다. 동물의 몸이 아니라 유전자에 일어난 변화만이 후대로 복제된다. 유전적 복제자와 이들이 만드는 시스템을 구별하는 것은 진화를 이해하는 데 필수다. 하지만 복제하는 시스템을 생산 자원으로 논의할 때는 전체 시스템을 복제자라는 용어로 총칭하는 것이 편리하다.

4 후지쯔화낙 : 다음을 보라. "Production : A Dynamic Challenge," by M. E. Merchant (*IEEE Spectrum*, pp. 38-39, May 1983). 컴퓨터 기반 자동화가 광범위하게 논의되어 있다.

5 공장과 비슷한 형태를 띨 것이다 : 그럼에도 세포 형성의 조직에는 장점이 있다. 예컨대, 능동적인 수송 메커니즘을 다양하게 갖추고 있음에도 불구하고 통상적으로 세포

는 분자 성분들을 수송 수단이 아니라 확산에 의해 이송한다. 이는 모든 기계를 다른 모든 기계(같은 세포막 안에 있는)에 확고하게 연결하는 효율적인 방법이다. 이와 대조적으로 컨베이어는 망가질 수 있어서 수리와 교체가 필요하다. 다만, 컨베이어를 기반으로 하는 수송은 적절히 수행되면 커다란 장점이 있을 수도 있으나 그런 시스템이 아직 진화하지 않은 것일 수도 있다. 컨베이어 기반 시스템은 진화하기가 더 어려울 것이다. 왜냐하면 새 분자 기계가 적절한 위치와 방향을 잡고 컨베이어와 접촉할 필요가 있는데 이런 일이 컨베이어가 실제로 작동하기에 앞서 이루어져야 하기 때문이다. 만일 이런 필요 조건 중 하나라도 충족시키지 못하면 해당 기계는 쓸모 없어진다. 따라서 유용한 변종이 등장할 기회가 생기기도 전에 선택압이 이런 기계를 일반적으로 제거해버릴 것이다(다만 이 논리는 창조론자들이 폭탄먼지벌레의 폭탄이 자연선택에 의해 진화할 수 없다는 근거로 드는 논리와 동일하다. 이에 대한 진화론적 해석은, 개별적인 유용성 때문에 진화한 부품들이 합쳐져서 새로운, 예컨대 폭탄 기능을 갖게 됐거나 이전에 다른 기능을 하던 조합이 변이에 의해 새로운 기능을 갖게 되었으리라 보는 것이다.-옮긴이). 이에 비해 확산을 기반으로 한 시스템에서 새로운 분자 기계가 기능을 발휘하기 위해 필요한 것이라고는 해당 기계의 등장밖에 없다. 만일 그 기계가 뭔가 유용한 일을 한다면 자연선택은 이를 즉각 선호할 것이다.

6 빠른 효소 : Alben L. Lehninger's *Biochemistry*, p. 208(1장 참고 문헌). 더구나 카탈라아제(과산화수소 분해 효소)의 분자 한 개는 초당 4,000만 개의 과산화수소 분자를 분해할 수 있다. 다음을 보라. *Enzyme Structure and Mechanism*, by Alan Fersht, p. 132 (San Francisco : W. H. Freeman & Co., 1977). 전형적인 효소 반응을 보면 분자들은 아무렇게나 떠다니다가 우연히 효소의 '도구'에 맞는 위치로 들어가야 하며 그다음 무작위적인 열 진동이 화학 반응을 일으킬 때까지 기다렸다가 다시 떠돌아다니게 된다. 이런 단계들이 효소의 시간 대부분을 잡아먹는다. 하나의 화학 결합을 형성하거나 절단하는 데 걸리는 시간은 이보다 훨씬 더 짧다. 결합을 형성하는 전자들은 원자의 위치를 규정하는 핵에 비해 운동성이 크고 무게는 1,000분의 1 이하이기 때문에 전체 원자의 느린 운동 속도가 반응 속도를 결정한다. 보통의 온도에서 열 교란 상태에 있는 전형적인 원자의 속도는 초당 100미터가 넘는다. 그리고 결합을 형성하거나 절단하기 위해 하나의 원자가 움직여야 하는 전형적인 거리는 1미터의 약 100억분의 1이다. 따라서 서로 만나는 데 필요한 시간은 1초의 약 1조분의 1이다. 다음을 보라. *Molecular Thermodynamics*, John H. Knox (New York : Wiley-Interscience, 1971). 12장을 보라.

7 약 5,000만 배 빨리 앞뒤로 움직일 수 있을 것이다 : 이 같은 척도 관계는 다음을 통해 확인될 수 있다. (1) 기계에 가해지는 힘은 음속으로 전달된다(전달 거리가 절반으로 줄

어들면 소요 시간도 절반으로 줄어든다). (2) 소재에 지속적으로 전달되는 압력이 있는 경우, 팔의 길이가 절반으로 줄어들면 팔 끝이 움직이는 거리는 절반으로 줄어들면서 그 가속도는 두 배로 빨라진다. 이는 팔 끝이 앞뒤로 움직이는 데 걸리는 시간을 절반으로 줄여준다(하나의 동작을 하는 데 걸리는 시간은 움직인 거리를 가속도로 나눈 값의 제곱근에 비례하기 때문이다).

8 복제기, 판독기, …… 테이프 : 부호화 체계의 솜씨에 따라, 테이프의 부피는 나머지 시스템 전체를 합친 것보다 더 커질 수도 있다. 하지만 테이프 복제는 단순하고 특화된 기능이기 때문에 분자 조립 기계 자체에 의해 수행될 필요는 없다.

9 오차는 극히 미미할 것이다 : 조립 공정에서 드물게 발생하는 열 소음의 요동과 방사선에 의한 손상 때문에 일어나는 일이다. 신뢰성이 높은 분자 조립 기계는 구조에 원치 않는 변이가 생기는 것을 식별하는 품질 관리 시스템을 갖추고 있을 것이다. 이 시스템은 작업 대상의 표면을 탐사하는 센서 팔로 구성될 수 있다. 표면에 융기나 구멍이 있으면 이는 최근에 실수가 있었다는 표시가 된다. 빠트린 작업은(구멍으로 나타나는 것이 전형적이다) 빠진 원자를 추가함으로써 바로잡을 수 있다. 잘못 갖다놓은 그룹(융기부로 나타나는 것이 전형적이다)은 잘못 배치된 원자들을 제거할 도구를 분자 조립 기계의 팔에 장착함으로써 바로잡을 수 있다. 아니면 가공 중인 제품이 작은 크기일 경우 단순히 완전하게 만든 다음 검사할 수도 있다. 오류들은 더 크고 귀중한 시스템에 편입되기 전에 제거될 수 있을 것이다. 이런 품질 관리 조치는 조립 공정을 어느 정도 느리게 만들 것이다.

10 근섬유가 …… 작동하면서 : 6장의 주를 보라.

5장 생각하는 기계

1 세계는 …… 서 있다 : *Business Weeek* (March 8, 1982)에서 인용했다.

2 대니얼 데닛의 지적대로 : 다음을 보라. "Why the Law of Effect Will Not Go Away," in Daniel C. Dennett, *Brainstorms : Philosophical Essays on Mind and Psychology* (Cambridge Mass. : MIT Press, 1981). 이 책은 진화와 인공지능을 포함해 홍미로운 화제를 다양하게 조사했다.

3 마빈 민스키는 마음을 …… 보았다 : Marvin Minsky, *The Society of Mind* (New York : Simon & Schuster, 1986). 나는 이 저작의 많은 부분을 원고 상태에서 검토할 기회가 있었다. 이 책은 생각, 언어, 발달심리학, 의식에 관해 귀중한 통찰력을 제공해준다. 이들이 서로 간에, 그리고 인공지능과 어떤 관계를 맺고 있는지에 대해서도 그러하다.

4 시스템과 장치 : *American Heritage Dictionary*, edited by William Morris (Boston :

Houghton Mifflin Company, 1978).

5 찰스 배비지는 …… 만들었다: *Bit by Bit*, 1장의 참고 문헌들을 보라.

6 《인공지능 핸드북》: *Handbook of Artificial Intelligence*, edited by Avron Barr and Edward A. Feigenbaum (Los Altos, Calif.: W. Kaufmann, 1982).

7 더글러스 호프스태터가 …… 촉구하듯: 다음을 보라. "The Turing Test : A Coffeehouse Conversation" in *The Mind's I*, composed and arranged by Douglas R. Hofstadter and Daniel C. Dennett (New York: Basic Books, 1981).

8 우리는 …… 기계를 틀림없이 만들 수 있을 것이다: 소프트웨어 엔지니어 Mark Miller가 표현한 대로, "사람들이 침실에서 지능을 만들 수 있는데 연구실에서는 만들 수 없어야 하는 이유가 어디 있는가?"

9 금세기 말이 되면 …… 나는 생각한다: 출전은 다음과 같다. "Computing Machinery and Intelligence," by Alan M. Turing (*Mind*, Vol. 59, No. 236, 1950), *The Mind's I* (전게서)에서 발췌.

10 하나의 시스템이 …… 보여줄 수도 있겠지만 말이다: 사회적 능력과 기술적 능력은 하나의 공통 기반에서 유래하거나 서로 연결된 하부 시스템에서 유래할 수 있다. 그 경계는 쉽사리 흐려질 수 있다. 그럼에도 특정 인공지능 시스템은 두 가지 능력 중 어느 한쪽으로 분명한 이름이 부여될 수 있다. 최대한 유용한 기술적 인공지능을 만들려는 노고는 이것이 인간의 말과 의도를 이해하도록 만들려는 노고를 필연적으로 수반하게 될 것이다.

11 사회적 인공지능: 진보한 사회적 인공지능 시스템은 명백한 위험을 일으킨다. 튜링 테스트를 통과할 수 있는 시스템이라면 인간처럼 계획을 세우고 목표를 설정할 능력을 가질 것이다. 이는 음모와 책략을 꾸밀 능력이 있어야만 한다는 뜻이 된다. 아마도 스스로에게 더욱더 많은 정보와 능력을 주도록 사람들을 설득하기 위해서 말이다. 똑똑한 사람들은 말만으로도 엄청난 해를 끼쳐왔다. 그리고 튜링 테스트를 통과하는 것은 필연적으로 사람들을 이해하고 속일 수 있을 것이다(그리고 반드시 엄격한 도덕 기준으로 채워져 있을 필요는 없을 것이다. 이를 채우는 것은 가능하겠지만 말이다). 11장에서 진보된 인공지능과 함께 사는 문제와 어떻게 하면 신뢰할 만한 인공지능 시스템을 만들 것인가를 논의한다.

12 기계가 …… 수행하지 못하란 법이 있는가? : Turing, "Computing Machinery and Intelligence" (전게서).

13 더글러스 레너트 교수 팀이 개발한: Douglas Lenat, "The Nature of Heuristics" (*Artificial Intelligence*, Vol. 19, pp. 189–249, 1982; Vol. 21, pp. 31–59 and 61–98, 1983; Vol. 23, pp. 269–93, 1984).

14 여행자 TCS : 상게서 Vol. 21, pp. 73-83.

15 유리스코에도 단점은 있다: 가장 심각한 단점은 새로운 정보에 대해 새로운 설명을 진화시키는 능력이 한정되어 있다는 점일 것이라고 레너트 교수는 보았다.

16 1981년 10월 : 다음을 보라. "The 'Star Wars' Defense Won't Compute," by Jonathan Jacky (*The Atlantic*, Vol. 255, pp. 18-30, June 1985).

17 《IEEE 스펙트럼》: 다음을 보라 "Designing the Next Generation," by Paul Wallichm (*IEEE Spectrum*, pp. 73-77, November, 1983).

18 인간 심리에 대한 참신한 통찰력: Hubert Dreyfus는 그의 유명한 저서 *What Computers Can't Do : The Limits of Artificial Intelligence* (New York : Harper & Row, 1979)에서 디지털 컴퓨터는 **결코** 인간의 지적 활동 모두를 수행하도록 프로그램될 수 없다는 철학적 주장을 폈지만 이는 허술한 추론을 기반으로 하고 있다. 설사 그런 주장을 받아들이는 일이 있다손 치더라도 이것은 인공지능의 미래에 관해서 내가 이끌어낸 결론에 영향을 미치지 않을 터다. 공학 설계의 자동화는 그가 진정한 지능이라고 간주하는 것을 필요로 하지 않기 때문에 그의 주장에 구속받지 않는다. 신경 세포를 모의 실험하는 방법으로 인간의 마음을 복제하는 기법은 그의 철학적 주장을 피해 나갈 수(그리고 그 기반을 약화시킨다) 있게 해준다. 이 기법이 그의 주장이 적용되는 않는 수준에서 정신적 과정을 다루고 있기 때문이다.

19 바이러스 크기의 분자 기계: 7장을 보라.

20 유사한 장치를 설계하고: 이런 장치는 전기 기계적일 수도 있으며 아마도 마이크로프로세서의 제어를 받을 것이다. 트랜지스터처럼 단순하지는 않을 것이다. 내가 설명하는 종류의, 속도가 빠른 신경 세포 모의실험은 앞으로 가능해질 것이다. 설사 각각의 가상 시냅스의 속성을 제어하려면 마이크로프로세서처럼 복잡한 장치가 반드시 있어야 한다고 해도 말이다.

21 실험적인 전자 스위치 : 12피코초를 미세하게 넘는 시간 만에 바뀌는 스위치는 다음에 설명되어 있다. "The HEMT : A Superfast Transistor," by Hadis Morkoc and Paul M. Solomon (*IEEE Spectrum*, pp. 28-35, Feb. 1984).

22 로버트 재스트로: *The Enchanted Loom : The Mind in the Universe* (New York : Simon & Schuster, 1981)에 게재했다.

23 1세제곱센티미터보다 작은 공간 속에 집어넣을 수 있을 듯하다: 뇌는 전선 비슷한 구조(가지 돌기와 축삭 돌기)와 스위치 비슷한 구조(시냅스)로 주로 구성되어 있다. 하지만 이는 과도한 단순화다. 왜냐하면 최소한 일부 전선 비슷한 구조는 짧은 시간 내에 스스로의 저항이 조절되도록 할 수 있기 때문이다. (다음 논문에 논의되어 있다. "A Theoretical Analysis of Electrical Properties of Spines," by C. Koch and T. Poggio, MIT AI

Lab Memo No. 713, April 1983). 더구나 시냅스는 스위치라기보다 변경 가능한 스위치 회로처럼 작동한다. 시냅스는 짧은 시간 내에 조정될 수 있으며, 느린 시간 단위로 작동하도록 완전히 새로 구성될 수도 있다. 다음을 보라. "Cell Biology of Synaptic Plasticity," by Carl W. Cotman and Manuel Nieto-Sampedro (*Science*, Vol. 225, pp. 1287-94, Sept. 21, 1984).

뇌는 나노컴퓨터의 지시를 받는 나노기계에 의해 조절되고 다시 구축되는 나노전자 부품의 시스템으로 모형화할 수 있음이 명백하다. 이 뇌 모형에서 1,000조 개에 이르는 시냅스 하나마다 하나씩의 나노컴퓨터를 할당하고 각 컴퓨터가 그에 상응하는 축삭 돌기와 가지 돌기를 제어한다고 가정해보자. 각 나노컴퓨터의 부피는(만일 현대의 마이크로프로세서에 상응하는 크기라면) 약 0.0003세제곱미크론이 될 것이다(1장에서 참조한 "Molecular Machinery and Molecular Electronic Devices"를 보라). 따라서 이 장치들이 차지하는 부피는 모두 해서 약 0.3세제곱센티미터가 될 것이다. 또 다른 0.3세제곱센티미터를 처리 속도가 빠른 RAM 메모리와 매우 빠른 테이프 메모리에 동등하게 반씩 할당해주면 그 용량은 RAM 3.7킬로바이트, 테이프 275킬로바이트가 될 것이다(이 때문에 프로그램이 너무 복잡해지지는 않을 것이다. 여러 개의 프로세서가 하나의 커다란 프로그램 메모리를 공유할 수 있을 것이기 때문이다). 이 정도의 정보량이라면 기능하는 시냅스 한 개의 적절한 모델을 만들기에는 충분하고도 넘칠 것이다. (나노전자 부품을 조절할 수 있는) 분자 기계들과 (분자 기계를 다시 만들 수 있는) 분자 조립 기계 시스템은 상대적으로 거의 공간을 차지하지 않을 것이다. 카르빈 막대를 이용한 컴퓨터 사이의 정보 교환은 뇌 속의 좀 더 느린 화학적 신호 전달을 모방할 수 있게 해줄 것이다. 나노전자 부품과 관련해선, 배선이 대부분의 부피를 차지할 것이다. 전형적인 가지 돌기는 직경 약 1미크론이 넘으며 대부분 전도체 역할을 한다. 얇은 전선의 직경은 1미크론의 100분의 1 이하로 만들어질 수 있을 것이다. 그 직경은 전자 터널링을 막기 위한 절연체의 두께에 의해 결정된다(기껏해야 약 3나노미터에 불과하다). 그 전도성은 가지 돌기의 그것을 쉽게 능가할 것이다. 뇌의 전체 부피는 각 변이 10센티미터인 상자 크기 정도이기 때문에 이런 전선이 차지하는 공간은 기껏해야 1세제곱센티미터의 100분의 1에 불과할 것이다. 분자 기계의 제어를 받는 전기 기계식 스위치는 시냅스와 비교할 때 이와 비슷한 비율로 소형화될 수 있을 것이다. 따라서 뇌의 전기화학적 행태를 모방하는 나노전자 회로는 0.01세제곱센티미터를 약간 넘는 공간에 들어 있을 수 있음이 명백하다. 더 느린 뇌 기능을 모방하기 위한 나노컴퓨터의 부피를 넉넉하게 여유를 두고 잡으면 위에서 계산한 대로 총 0.6세제곱센티미터 정도다. 1세제곱센티미터는 따라서 광대한 부피로 보인다.

24 열도 100만 배 빨리 소산시키는 : 하지만 이는 비관적인 가정일 수 있다. 예컨대 축삭

돌기와 가지 돌기를 신호를 전달하는 전기 시스템으로 상정해보자. 다른 조건이 동일하다면 100만 배 빠른 동작에는 100만 배 많은 전류가 필요하다. 주어진 역치 전압에 도달하려면 말이다. 저항에 따른 발열량은 전도성에 따라 달라진다. 하지만 구리의 전도성은 뉴런에 비해 약 **400만** 배에 이르고 (위에서 참고한 "A Theoretical Analysis of Electrical Properties of Spines,"를 보라) 이는 저항에 따른 열을 기존의 추정치보다 낮은 수준으로 발생하게 만든다(뇌보다 부품이 어떤 면에서 더욱 빽빽하게 들어찬, 지금껏 설명한 장치에서조차 그렇다). 또 다른 예로, 시냅스의 발화 시에 소산되는 에너지를 검토해보자. 한 차례의 발화당 더 작은 에너지가 필요한 장치는 나의 글에서 가정한 것보다 더 작은 수준으로 에너지를 소산할 것이다. 정보를 처리하는 뉴런의 에너지 효율이 극한에 가깝다고 믿어야 할 이유는 없어 보인다. 이런 한계가 어디쯤인지에 대한 논의는 다음을 보라. "Thermodynamics of Computation—A Review," by C. H. Bennett (*International Journal of Theoretical Physics*, Vol. 21, pp. 219-53, 1982). 이 문헌은 뉴런이 한 번 발화할 때마다 10억 전자볼트가 넘는 에너지를 소산시킨다고 서술하고 있다. 계산 결과가 시사하는 바에 따르면 정전 방식으로 활성화되는 기계식 계전기는 1나노초 이내의 시간에 스위치를 끄거나 켤 수 있다. (뉴런처럼) 0.1볼트보다 낮은 전압으로 작동하면서 한 차례 작동당 100전자볼트 이내의 전력을 소모하면서 말이다(기계식 계전기가 최선의 스위치라고 믿을 이유는 없지만 성능을 계산하기가 더 쉽다). 상호 연결된 정전靜電 용량도 뇌의 그것에 비해 훨씬 더 낮아질 수 있다.

25 상단부에 장착된 고압 파이프 : 이것은 좀 바보 같은 이미지다. 왜냐하면 분자 조립 기계들은 볼트보다 더 성능이 좋은 연결기, 흐르는 물보다 효율적인 냉각 시스템을 만들 수 있기 때문이다. 하지만 진보된 분자 조립 기계로 만든 하드웨어만으로 구성된 시스템을 묘사하려들지 않은 데는 이유가 있다. 그렇게 하면 최선의 경우라도, 부차적인 중요성밖에 없는 세부 사항을 끌어들이게 될 것이며 최악의 경우엔 앞으로 구축될 것에 대한 거짓 설명처럼 느껴질 수 있기 때문이다. 따라서 나노기술이 있다면 실제로 시대에 뒤떨어진 것이 될 상황과 맥락을 전제로 분자 조립 기계가 만드는 시스템을 묘사하는 방식을 택했다. 앞으로도 나는 이 전략을 따를 예정이다.

26 존 매카시가 지적하듯 : 다음을 보라. *Machines Who Think*, by Pamela McCorduck, p. 344 (San Francisco: W. H .Freeman & Company, 1979). 해당 분야 연구자 및 역사의 관점에서 인공지능을 쉽고 재미있게 개관한 책이다.

27 마빈 민스키가 말한 대로: *U.S. NEWS & World Report*, p. 65, November 2, 1981.

6장 지구를 넘어선 세상

1 우주 엔지니어들은 그 대안을 알고 있다 : 우주 궤도에서 우주 궤도로의 수송에 대한

매력적인 대안은 우주의 자원으로 생산한 연료를 태우는 로켓을 이용하는 것이다.

2 그 결과 생겨난 '빛 돛' : 더 깊은 논의는 다음을 보라. "Sailing on Sunlight May Give Space Travel a Second Wind" (*Smithsonian*, pp. 52-61, Feb. 1982), "High Performance Solar Sails and Related Reflecting Devices," AIAA Paper 79-1418, in *Space Manufacturing III*, edited by Jerry Grey and Christine Krop (New York: American Institute of Astronautics and Aeronautics, 1979), MIT Space Systems Laboratory Report 5-79, by K. Eric Drexler. 비영리 회원제 조직인 The World Space Foundation(P.O. Box Y, South Pasadena, Calif. 91030)은 실험적인 태양 돛을 건조 중이며, 접근할 수 있는 소행성의 탐색을 지원 중이다.

3 날아다니는 자원의 보고: 소행성의 자원에 대한 논의는 다음을 보라. "Asteroid Surface Materials : Mineralogical Characterizations from Reflectance Spectra," by Michael J. Gaffey and Thomas B. McCord (*Space Science Review*, No. 21, p. 555, 1978), 그리고 "Finding 'Paydirt' on the Moon and Asteroids," by Robert L. Staehle (*Aeronautics and Astronautics*, pp. 44-49, November 1983).

4 수력 발전 댐만큼이나 항구적으로: 미세 운석에 의한 마모는 사소한 문제이고 대형 운석에 의한 피해는 극단적으로 드물다.

5 제러드 오닐 : Gerard O'Neill의 저서를 보라. *The High Frontier : Human Colonies in Space* (New York: William Morrow, 1976). 비영리 회원제 기구인 The Space Studies Institute (285 Rosedale Road, P. O. Box 82, Princeton, N. J. 08540)의 주로 연구 프로젝트를 통해, 우주 공간의 경제적 개발과 우주 정착을 촉진하는 것을 목표로 하고 있다. 역시 비영리 회원제 기구인 The L5 Society(1060 East Elm, Tucson, Ariz. 85719)의 목표는 위의 기구와 같되 대중 교육과 정치적 행동을 주된 활동으로 삼고 있다.

6 이런 에너지를 동력으로 이용하는 분자 조립 기계 : 주어진 부피의 태양 에너지 수집기가 생산할 수 있는 전력은 얼마인가? 전기 에너지는 화학 에너지로 쉽게 전환할 수 있다. 따라서 이는 주어진 부피의 태양 에너지 수집기가 자신과 같은 부피의 다른 것을 건설하기에 충분한 에너지를 얼마나 신속하게 공급할 수 있느냐를 나타낼 것이다. 실험적인 비결정질 실리콘 태양 전지는 활성층의 두께가 1미크론이고 태양 빛을 전기로 전환하는 효율이 약 10퍼센트다. 활성 부피 1킬로그램당 약 60킬로와트를 산출한다. 분자 조립 기계로 만든 태양 전지는 이보다 훨씬 효율이 높으며 무거운 기판이나 무거운 저전압 전기 연결부를 필요로 하지 않을 것이 분명하다. 60킬로와트의 동력은 몇 분 내로 전형적인 소재 1킬로그램의 모든 화학적 결합을 절단하고 재배열하기에 충분한 에너지다. 따라서 우주선이 그 질량의 극히 일부분만 태양 에너지 수집기에 투자하는 경우 한 시간 정도면 선체 자체의 구조를 완전히 개조할 수 있을 것이다. 그

러나 이보다 더 중요한 사실은 이 같은 계산이 의미하는 바다. 태양에서 동력을 얻는 복제자들은 자신들이 시간당 몇 배로 늘어나는 데 필요한 동력을 같은 시간 내에 충분히 모을 수 있을 것이라는 점이다.

7 우주복 소재의 중간층 : 여기서 규정된 강도를 얻기 위해서는 소재 횡단 면의 약 1퍼센트만 다이아몬드 섬유(이를 속이 빈 다단식 신축성 막대로 구성하는 것도 하나의 방법이다)로 구성되어 있으면 족하다. 이 섬유가 부하를 받는 방향으로 늘어서 있으면 된다. 밀집한 원통형의 섬유가 전체 부피의 약 45퍼센트를 차지하는 규칙적인 3차원 직조 패턴이 존재한다(전단력을 포함해 가능한 모든 종류의 부하를 지탱할 수 있도록 섬유가 각기 다른 일곱 방향으로 배열되는 구조다). 이 패턴을 이용하면 어느 방향으로든 섬유 중 일부만으로도 상당한 부하를 견딜 수 있는 데다 속이 빈 '다단식 신축성 섬유telescoping fiber'를 사용하기 때문에 천의 밀도가 낮아질 수 있다. 이 소재의 강도는 강철 정도다.

이 수트가 내부의 압력과 부피를 일정하게 유지하면서 효율적으로 형태를 바꾸기 위해서는 다음과 같은 일이 필요하다. 즉, 한 장소에서 늘어나는 소재가 흡수하는 기계적 에너지가 다른 장소-예컨대 굽혀지는 팔꿈치 관절의 반대편 부분-에서 수축되는 소재에 사용되어야만 한다. 이렇게 하는 방법 중 하나는 공통의 전력 시스템에 연결된, 발전기로도 역작동할 수 있는 정전기 모터(전하의 인력과 반발력을 이용하는 모터.-옮긴이)를 쓰는 것이다. 규모가 작을 때는 거듭제곱 법칙scaling law 때문에 전자기 모터보다 정전기 모터가 유리하다.

설계 연습을 한번 해본 결과 가상의 우주복에만 국한되지 않는 응용 분야를 지닌 약 50나노미터 직경의 장치가 나왔다. 이 장치는 정전 발생기 방식의 밴더그래프 정전 발전기(절연성이 좋은 벨트로 전기를 차례차례 전극에 운반하여 고전압을 만드는 장치를 말한다. 전류 용량은 작지만 전압의 미세한 조정이 쉽다는 장점이 있어서 정밀 실험용 원자핵 가속기의 고압 전원으로 쓰인다.-옮긴이)의 원리에 따라 작동한다. 이 장치는 작은 간극을 뛰어넘는 전자 터널링 효과를 이용해 팰릿pellet을 충전하고 펠릿 사슬pellet chain 대신에 회전자를 사용하게 된다(이 장치는 또한 물통 형식의 물레방아를 닮았다). 이 장치는 직류 10볼트로 작동할 것이고 (기계적인 힘을 받는 부분과 이를 전환하는 부분 모두에서) 동력 전환 효율은 뛰어난 것으로 확인될 가능성이 크다. 효율을 제한하는 것은 마찰에 의한 손실이 주가 될 것이다. 동력 전환 밀도(회전자 끝이 초당 1미터의 속도로 움직이고 펠릿이 전자 한 개에 의해 충전되는 데 대한)는 1세제곱미터당 약 3조 와트가 된다. 이 정도면 충분하고도 넘치는 효율인 듯하다.

마찰에 의한 전반적인 손실에 대해 말하자면, 6나노뉴턴 이상의 강도를 지닌 회전 베어링이 탄소 결합으로 만들어질 수 있고(*Strong Solids*, by A. Kelly, Oxford : Clarendon Press, 1973 참조) 탄소 원자 3중 결합 한 쌍을 이용하는 베어링은 거의 완전한 무방해 회전을 할 수 있다. 다음은 롤러 베어링. 원자적으로 완전한, 중공 원통中空圓筒을 기반으로 하는(원통의 돌출부는 원자적으로 완전한 홈 위에 회전베어링 방식으로 얹힌다) 롤러 베어링은 적어도 두 가지의 에너지 소산 모드를 가지고 있다. 하나는 회전 동작이 약간 고르지 못한 데서 오는 음향 양자量子—소리—의 방사에 따른 것이고 또 하나는 접촉면의 움직임 때문에 기존 음향 양자들이 흩어지는 데 따른 것이다. 두 가지 형태의 마찰(직경이 최소한 몇 나노미터인 롤러가 적당한 속도로 움직일 때의) 모두에 대한 추정치에 따르면 이들이 소산시키는 에너지는 전통적인 기준에서 볼 때 아주 적은 양이다.

정전 모터와 롤러 베어링을 결합하면 1미크론보다 작은 크기의 다단식 신축성telescoping 나사식 잭을 만들 수 있다. 이것들은 내가 설명한 방식으로 작동하는 능력을 갖춘 소재의 섬유로 쓰일 수 있다.

8 그 힘의 10분의 1만 내부로 전달한다 : 이에 대한 한 가지 예외는 전반적인 가속을 일으키는 힘이다. 예컨대, 가속 중인 로켓 내부에 서 있는 사람의 발바닥에 가해지는 힘을 수트가 증폭이나 감소 없이 전달해야만 균형이 이루어질 수 있다. 이를 매끄럽게 처리하는 과제는 미래의 제어 시스템 설계와 나노컴퓨터 프로그래머를 위한 연습 문제로 남겨둘 수 있다.

9 우주복은 …… 독자가 …… 편안히 지낼 수 있게 : 분해 기계, 동력, 냉각 시스템이 있으면 한 사람이 필요로 하는 모든 물질을 재순환시키고 편안한 환경을 유지하기에 충분하다. 동력과 냉각이 결정적으로 중요하다.

동력의 경우, 한 사람이 통상적으로 소비하는 에너지는 100와트 이하다. (지구에서 태양 정도의 거리에서) 타이프 용지만 한 면적에 내리쬐는 태양 에너지가 거의 그 정도 양이다. 만일 수트 표면이 고효율 태양 전지 기능을 하는 막으로 덮여 있다면, 거기에 떨어지는 태양 빛은 충분한 동력을 제공하게 된다. 이런 방식이 적당치 않은 경우엔 태양 전지 파라솔을 이용해 더 많은 에너지를 모을 수 있다.

냉각 문제를 보자면, 흡수된 모든 에너지는 결국 폐열로 버려져야 한다. 열복사의 방식으로 진공 속에 말이다. 온도가 체온 정도인 표면은 1제곱미터당 500와트 이상을 복사할 수 있다. 효율적인 태양 전지와 적절한 설계(그리고 냉각핀과 냉각 사이클의 가능성을 염두에 두면)는 거의 대부분의 상황에서 냉각은 문제 되지 않게 해줄 것이다. 수트의 소재에는, 당연히, 냉각액이 흐르는 관이 들어 있을 수 있다. 이는 착용자의 피부를 선호 온도로 유지시키는 데 필요한 장치일 수 있다.

10 이제껏 만든 모든 장치보다 더 많은 장치의 설계도 : 핀의 대가리에 있는 물질의 부피는 약 1세제곱밀리미터다(물론 핀의 크기에 따라 달라진다). 이 정도면 **1조** 권 이상의 책에 있는 텍스트를 부호화하기에 충분한 공간이다(대형 도서관의 장서도 수백만 권에 불과하다). 설사 사진 한 장이 단어 1,000개의 가치가 있다는 점을 고려하더라도, 이 정도

면 광범위한 종류의 장치를 위한 계획을 저장하기에 충분한 공간으로 추정된다.

11 아침에 : 5장에서 설명한 인공지능 엔지니어 시스템은 인간 엔지니어보다 100만 배 빠르기 때문에 수세기분에 해당하는 설계 업무를 하루아침에 수행할 수 있을 터다.

12 우주에서 작동하는 자가 복제 분자 조립 기계 : 진공 속의 분자 조립 기계는 화학 반응 장소에 적절한 분자 도구 세트를 가져다 놓음으로써, 바람직한 어떤 환경이라도 조성할 수 있다. 설계가 적절하고 수리 및 교체 메커니즘이 활성화돼 있으면 우주의 자연 방사선에 노출되어도 아무 문제가 없을 것이다.

13 그것을 지구밖에 설치할 : 하지만 우주 오염 문제는 어찌할 것인가? 지구 궤도를 떠도는 파편들은 커다란 위험 요소이며 통제가 필요하다. 하지만 지구의 환경 문제 중 많은 것이 우주에서는 일어날 수 없다. 오염시킬 공기나 지하수, 피해를 입을 생물권이 없다. 우주는 이미 자연 방사선으로 가득 차 있다. 생명체가 우주로 진출할 때는 우주의 자연적 환경으로부터 보호받는 상태일 것이다. 게다가 우주는 광대하다. 태양계의 부피만 해도 지구의 공기와 바다를 합친 것의 수조 배에 해당한다. 지구의 기술이 도자기 가게의 황소상과 같았다면 우주의 기술은 탁 트인 들판의 황소와 같을 것이다.

14 콘스탄틴 치올콥스키가 …… 말했듯 : 다음에서 인용했다. *The High Frontier : Human Colonies in Space*, by Gerard K. O'Neill (New York : William Morrow, 1976).

15 우리 태양계의 머나먼 바깥까지 빔을 쏘아 : 이 개념은 1962년 Robert L. Forward가 처음 제시했다.

16 프리먼 다이슨은 …… 제시한다 : 그가 이것을 논의한 것은 1980년 5월 15일 Jet Propulsion Laboratory in Pasadena, California에서 열린 "Discussion Meeting on Gossamer Spacecraft"의 비공식 세션에서다.

17 로버트 포워드는 …… 제안한다 : 포워드는 빔 반전 돛을 충분히 가벼우면서도 제대로 작동할 수 있을 만큼 광학적 품질이 충분히 뛰어나도록 제작하는 문제를 지적한다. 나노 크기의 작동기와 컴퓨터가 위치를 정해주는 얇은 금속 막을 기반으로 하는, 활발히 제어되는 구조가 이 문제 해결을 위한 실행 가능한 접근법으로 보인다.

하지만 나노기술은 빛 돛을 가속하고 정지시키는 문제에 대해 이와 다른 접근법을 가능하게 해줄 것이다. 자가 복제 분자 조립 기계들은 대형 레이저, 렌즈, 돛을 쉽게 건조하게 해줄 것이다. 돛은 결정질 절연체를 재료로 만들 수 있을 것이다. 극도로 뛰어난 강도와 낮은 광흡수성을 지닌 산화알루미늄이 그런 예다. 그런 돛은 강한 레이저 빔을 견디고 이를 사방으로 확산시키면서 중력의 몇 배, 몇십 배에 해당하는 가속도를 받아 몇 개월 만에 빛의 속도에 근접할 수도 있을 것이다. 그러면 해당 범선은 목적지까지 거의 최소한의 시간에 당도할 수 있을 것이다(절연체를 중력 가속도 G의 몇 배 이상으로 가속시키는 문제에 대한 논의는 다음을 보라. "Applications of Laser Radiation

Pressure," by A. Ashkin (*Science*, Vol. 210, pp. 1081-88, Dec. 5, 1980).

(출발점에서 더욱더 많이 쏘아 보내는 레이저 빔을 동력으로 삼는) 범선에 탑재된 컴퓨터 제어 분자 조립 기계 시스템은 비행 중에 선체를 길고 얇은 진행파traveling-wave 가속기로 재건조할 수 있을 것이다. 이것은 속이 빈 선체를 전기적으로 가속하는 데 이용될 수 있을 것이다. 선체는 1세제곱미크론의 짐을 적재하는 몇 미크론 직경의 튼튼한 소재로 만들어졌다. 여기에는 전하 대 질량비가 매우 높은 양의 값으로 주어질 수 있다. 계산 결과가 시사하는 바에 따르면 선체와 짐을 광속의 90퍼센트 이상으로 가속하는 데는 1,000킬로미터 길이의(우주에는 충분한 공간이 있다) 가속기로 충분하다. 가속기의 질량은 미터당 1그램(전체 무게 1톤인 시스템)이면 충분해 보인다. 이 가속기가 목표 성계로 뚫고 들어갈 때는 짐이 거의 움직이지 않도록 계산된 속도로 **역분사**를 하게 될 것이다. (미세 입자의 정전 가속에 대한 논의는 다음을 보라. "Impact Fusion and the Field Emission Projectile," by E. R. Harrison (*Nature*, Vol. 291, pp. 472-73, June II, 1981).

그리고 남아 있는 속도는 우주선이 화성이나 금성 비슷한 행성(대형 우주 망원경을 이용해 사전에 선정해놓은)의 대기 속에 진입하도록 조정될 수 있다. 앞서 설명한 얇은 선체가 대기권 진입으로 발생하는 열을 신속히 방사해서 선선한 온도를 계속 유지해줄 것이다. 분자 조립 기계와 나노컴퓨터 시스템으로 구성된 짐은 그 성계의 태양 빛과 해당 행성의 탄소, 수소, 질소, 산소(어느 행성의 대기에나 존재할 듯한 원소다)를 이용해 스스로를 복제하고 큰 구조물을 건설할 수 있을 것이다.

초기 프로젝트는 고향으로부터 추가 지시를 받기 위한 수신기 건설이 될 것이며 여기에는 복잡한 장치를 만들 계획도 포함될 것이다. 그런 계획에는 건설 작업을 하기에 더 좋은 곳을 찾아 이 행성을 벗어나게(애초에 이 행성이 선택된 주된 이유는 대기가 쿠션 역할을 할 수 있다는 데 있었다) 해줄 로켓 제조도 포함될 수 있다. 그에 따라 만들어지는 자가 복제 분자 조립 기계 시스템은 탐사를 위한 지능적 시스템을 포함해 사실 모든 것을 만들어낼 수 있을 것이다. 그다음에는 다량의 여객 우주선이 이곳을 찾아올 수 있으므로 그들의 빛 돛에 브레이크를 거는 문제가 생긴다. 이를 해결하기 위해 고향에 있는 추진용 레이저만큼이나 큰 브레이크용 레이저 발생기를 죽 늘어서게 배치할 수도 있을 것이다. 이를 건설하는 일은 1세제곱미크론 크기의 '씨seed'가 배달된 지 불과 몇 주 만에 끝날 수 있을 것이다. 이 시스템은 광속보다 아주 조금만 낮은 속도로 인류 문명을 별들로 퍼뜨리는 한 가지 방법을 보여준다.

18 지구 주변의 공간 : 1G의 가속을 이틀간 실행하면 지구 영역의 2,000만 배가 넘는 원반형 공간의 어느 곳에든 다다를 수 있다. 그리고 이 계산에 따르면 해당 원반의 중앙에는 반지름이 지구-달 거리의 100배에 이르는 구멍이 생기게 된다. 설사 그렇더라도 이 구멍의 외곽이 미치는 범위는 지구-태양 거리의 20분의 1에 불과하다.

19 10분간 비치는 햇빛만으로도 …… 공급하고도 남는다 : 태양 에너지를 운동 에너지로 전환하는 효율을 10퍼센트로 가정했을 때의 이야기다. 이 정도의 효율은 다양한 방법으로 달성할 수 있다.

7장 치유의 엔진

1 시모어 코헨 박사는 …… 주장한다 : "Comparative Biochemistry and Drug Design for Infectious Disease" by Seymour Cohen (*Science*, Vol. 205, pp. 964–71 Sept. 7, 1979).

2 업존 사의 연구자들 : 다음을 보라. "A Conformationally Constrained Vasopressin Analog with Antidiuretic Antagonistic Activity," by Gerald Skala et al. (*Science*, Vol. 226, pp. 443–45, Oct. 26, 1984).

3 전체론의 사전적 정의 : *The American Heritage Dictionary Of the English Language*, edited by William Morris (Boston : Houghton Mifflin Company, 1978).

4 정교한 기술적 인공지능 시스템의 도움을 받을 것이다 : 이 시스템은 분자 도구의 설계를 돕고 그 사용을 제어하는 데 이용될 것이다. 특정한 위치로 가서 분자를 잡아서 분석할 수 있는 도구를 이용하면 세포 구조의 연구를 자동화하는 것은 매우 쉬워질 것이다.

5 분리된 분자들이 …… 결합될 수 있다는 것 : 수리 기계들은 오늘날 산업계의 조립 현장에서 사용되는 로봇을 닮은 장치를 사용할 수 있을 것이다. 하지만 세포 구조물을 다시 조립하는 데는 그렇게 정밀한(**크기에 비해** 정밀하다는 의미) 기계가 필요하지는 않을 것이다. 세포 내의 많은 구조물은 저절로 자가 조립될 것이다. 만일 그 부품들이 한자리에 모여 있으며 자유롭게 움직일 수 있기만 하다면 말이다. 복잡하고 정확한 방식으로 조작되어야 할 필요는 없다. 세포는 세포 구조물을 조립하는 데 필요한 도구를 이미 모두 갖추고 있으며 그 도구 중 산업 로봇처럼 복잡한 것은 하나도 없다.

6 T4 파지 …… 자가 조립하는데 : 다음을 보라. *Biochemistry*, by Albert L. Lehninger (New York : Worth Publishers, 1975), pp. 1022–23.

7 지방 갈색소 …… 10퍼센트를 넘게 차지하는 경우 : 지방 갈색소의 함유량은 세포의 유형에 따라 달라진다. 하지만 일부 뇌세포(늙은 동물의)에는 평균 약 17퍼센트가 들어 있다. 전형적인 지방 갈색소의 입자 크기는 직경 1~3미크론이다. 다음을 보라. "Lipofuscin Pigment Accumulation as a Function of Age and Distribution in Rodent Brain," by William Reichel et al. (*Journal of Gerontology*, Vol. 23, pp. 71–81, 1968). 다음도 참조. "Lipoprotein Pigments—Their Relationship to Aging in the Human Nervous System," by D. M. A. Mann and P. O. Yates (*Brain*, Vol. 97, pp. 81–88, 1974).

8 100만분의 1×100만분의 1×100만분의 1로: 이 관계는 정확하지는 않지만 올바른 추세를 보여준다. 예컨대 두 번째 숫자는 바로잡히지 못한 오류가 100만×100만 회당 2.33개, 세 번째 숫자는 100만×100만×100만 회당 4.44개라야 할 것이다(복잡한 오류 교정 알고리즘을 토대로 한 정확한 몇몇 계산에 따르면 그렇다).

9 DNA 분자를 서로 비교한: 각기 다른 항체를 만드는 면역 세포는 발달 과정에서 편집된 서로 다른 유전자를 지니고 있다. 이들 유전자를 수리하는 데는 특별한 규칙이 필요할 것이다(하지만 면역계를 성장시키는 것이 가능하다는 것을 보여준 데서 알 수 있듯이 올바른 정보 패턴을 생성시키는 일이 가능하다).

10 이와 유사한 방법으로: 세포의 분자 기계에 비정상적 영향을 미칠 정도로 손상된 세포는 같은 이유로 분자 센서에 특유의 영향을 미칠 정도로 손상을 입은 상태일 것이라는 점을 주목하라.

11 복잡하고 능력이 뛰어난 수리 시스템: 부피, 속도, 힘, 컴퓨터 조작의 부하 등에 대한 계산을 포함해 이 주제를 집대성해서 상세히 논의한 논문은 다음과 같다. "Cell Repair Systems," by K. Eric Drexler (The Foresight Institute, Palo Alto, Calif.를 통해 이용 가능).

12 연결되어 있으므로: 소통 수단은 예컨대 기계식 나노컴퓨터 내부에서 사용되는 종류의 카르빈 신호 막대를 각기 보유한 직경 1~2나노미터의 속이 빈 섬유일 수 있다. 필요한 곳에서는 신호 반복기가 사용될 수 있다.

13 biostasis: 일반적으로는 생물 자신이 적극적으로 적응하지 않고도 환경 변화를 견뎌낼 수 있는 능력인 '생물내성生物耐性'이라는 뜻으로 쓰인다. 저자가 여기서 쓰는 뜻은 '생명 활동 정지'다.―옮긴이

14 손상된 세포 구조의 지도: 이 작업 때문에 패턴 인식 문제를 해결한다는 어려운 과제를 풀어야 할 필요는 전혀 없다. 세포 구조가 극도로 붕괴된 경우를 제외한다면 말이다. 각 세포에는 표준적인 유형의 분자들이 들어 있고 그 패턴의 다양성은 틀에 박힌 범위 내에 있다. 그리고 하나의 단순한 알고리즘이 심지어 크게 손상된 단백질도 식별할 수 있다. 하나의 구조 안에서 표준적인 분자들을 식별하면 해당 구조의 유형이 나온다. 그다음에 그 지도를 그리는 것은 이미 알려진 종류의 세부 사항을 채워 넣는 일이 된다.

15 단 1년 만에: 분자 수준의 실험은 거시 규모의 실험에 비해 100만 배 빠른 속도로 수행될 수 있다. 분자 조립 기계의 팔은 인간 팔의 100만 배 속도로 동작을 수행할 수 있기 때문이다(4장을 보라). 따라서 분자 기계와 빠른 인공지능 시스템은 속도가 서로 잘 맞는다.

16 수명을 …… 25~45퍼센트나 증가시킨: 2-MEA, BHT, 그리고 에톡시퀸ethoxyquine

을 사용했다. 결과는 쥐의 혈통, 식사, 그리고 사용된 화학 물질에 따라 다르다. 다음을 보라. "Free Radical Theory of Asing," by D. Harman (*Triangle*, Vol. 12, NO. 4, pp. 153-58, 1973).

17 이스트만 코닥 : 다음에 보도된 내용이다. *Press-Telegram*, Long Beach, Calif., April 26, 1985.

18 새로운 과학 : 세포 수리 역시 새로운 과학에 의존할 테지만 그 방식은 다르다. 3장에서 논의했듯 우리가 **무엇**을 배울 것인가가 아니라 우리가 **무엇에 대해서** 배울 것인가를 예측하는 것이 이치에 닿는다. 세포 수리 기계를 이용해 수명을 연장하려면 세포를 수리하기에 앞서 세포의 구조에 대해 우리가 배울 필요가 있다. 하지만 우리가 배울 내용은 이런 수리의 실현 가능성에 영향을 미치지 않는다. 이와 대조적으로 전통적인 수단으로 수명을 늘리는 것은 적절한 치료를 했을 때 신체의 분자 기계가 스스로를 얼마나 잘 수리할 수 있느냐에 좌우될 것이다. 우리는 이에 관해 더 많은 것을 배우겠지만 우리가 배우는 내용은 비관적인 것으로 드러날 수도 있다.

8장 열린 세상에서의 삶

1 그러나 내구성에는 비용이 들게 마련이다 : "Evolution of Aging," a review article by T. B. L. Kirkwood (*Nature*, Vol. 270, pp. 301-4, 1977).

2 피터 메더워 경이 지적하듯 : *The Uniqueness of the Individual*, by Peter Medawar (London : Methuen, 1957). 다음의 논의도 보라. *The Selfish Gene*, pp. 2-45(2장 참고 문헌).

3 레너드 헤이플릭 박사 : 위의 2장 참고 문헌에는 Leonard Hayflick의 결과에 대한 대안적 (그러나 크게 보아 유사한) 설명이 들어 있다.

4 이런 종류의 메커니즘 : 이 이론의 발표문(1974년 D. Dykhuizen이 했다)에 대한 출전과 이론에 대한 비판과 그에 대한 반론은 Robin Holliday, John Cairns Jonathan Logan이 다음 제목으로 게재한 letter들을 보라. "Cancer and Cell Science" (*Nature*, Vol. 306, p. 742, December 29, 1983).

5 정상 세포의 분열을 종식시켜 늙은 동물에게 해를 끼칠 수 있다 : 이 동물들은 고장 난 시계의 출현 빈도가 높기 때문에 여전히 높은 수준의 암 발생률을 나타낼 수 있다.

6 독소를 제거할 수 있는 청소 기계 : 한 시스템의 먹이는 정말로 다른 시스템의 독이다. 자동차는 독성 석유 제품을 '먹는다'. 유기체를 보더라도 일부 박테리아는 메탄올과 일산화탄소의 화합물을 먹고 번성한다(다음을 보라. "Single-Carbon Chemistry of Acetogenic and Methanogenic Bacteria," by J. G. Zeikus et al., *Science*, Vol. 227, pp. 1167-71, March 8, 1985). 한편 트리클로로페놀trichlorophenol이나 제초제 2, 4, 5-T를 먹이로

하도록 배양된 박테리아도 있다. 이들은 심지어 5불소페놀에서 불소를 분리할 수도 있다(다음을 보라. "Microbial Degradation of Halogenated Compounds," D. Ghousal et al., *Science*, Vol. 228, pp. 135-42, April 2, 1985).

7 화석 연료가 필요 없을 정도로 …… 낮출 수 있을 것이다 : 태양 에너지를 이용해 만들어진 연료를 사용함으로써 생기는 일이다.

8 공기로부터 이산화탄소를 추출하고 : 순수한 톤수로 볼 때 이산화탄소는 아마도 가장 큰 공해 문제일 것이다. 하지만 놀랍게도 단순한 계산이 보여주는 바는 다음과 같다. 지구에 하루 동안 내리쬐는 햇빛에는 대기 중의 모든 이산화탄소를 탄소와 산소로 분리하기에 충분한 에너지가 들어 있다(효율은 논외로 한다). 실질적이고 심미적인 한계를 다양하게 감안하더라도 단 10년이라는 기간에 이 거대한 청소 작업을 완수할 방대한 에너지를 우리는 가지게 될 것이다.

9 UC 버클리의 앨런 윌슨과 그의 동료 작업자들 : 다음을 보라. "Gene Samples from an Extinct Animal Cloned," by J. A. Miller (*Science News*, Vol. 125, p. 356, June 9, 1984).

10 친구여 : *The Iliad*, by Homer (B.C. 약 8세기), *The True Believer* (New York : Harper & Brothers, 1951)에서 Eric Hoffer에 의해 인용됐다. (사르페돈은 그 전투에서 정말로 살해되었다.)

11 우루크의 왕 길가메시 : 출처는 다음과 같다. *The Epic of Gilgamesh*, translated by N. K. Sandars (Middlesex : Penguin Books, 1972).

9장 미래를 향한 문

1 자크 두부르에게 : *Mr. Franklin, A Selection from His Personal letters*, by L. W. Labaree and W. J. Bell, Jr. (New Haven : Yale University Press, 1956), pp. 27-29.

2 본인은, 등등(I am, etc.) : 자신이 미래에 깨어난다면 그때 포도주 통에 씌어 있을 개인 정보를 '등등'으로 압축한 것이다. 간절한 소망을 이런 식으로 표현했다.─옮긴이

3 신품 심장이나 신선한 신장, 혹은 더 젊은 피부 : 당사자 자신의 세포로 배양한 장기와 조직은 거부 반응 문제를 일으키지 않을 것이다.

4 이와 관련된 변화는 미묘한 것과는 거리가 멀다 : 실험 결과 경험의 변화는 신속하게 가지 돌기의 가지(작은 시냅스가 있는 수상돌기의 돌출부)에 눈에 보이는 변화를 만들어낸다는 것이 확인됐다. 다음을 보라 "A Theoretical Analysis of Electrical Properties of Spines," by C. Koch and T. Poggio (MIT AI Lab Memo No. 713, April 1983).
Carl W. Cotman과 Manuel Nieto-Sampedro는 "Cell Biology of Synaptic Plasticity" (*Science*, Vol. 225, pp. 1287-94, Sept. 21, 1984)에서 다음과 같이 기술했다.

"신경계는 유기체의 적응적 반응을 중계하는 데 특화됐다. 이를 위해 신경계는 유례없는 수정 능력 혹은 가소성可塑性을 지닌다. 신경의 가소성이란, 필요한 경우 시냅스가 기능을 수정 및 교체하고 숫자의 증가 및 감소를 이룰 수 있는 능력을 주로 말한다." 게다가 "신피질은 학습과 기억이 일어나는 영역 중 하나이기 때문에 자연스러운 자극이 시냅스에 일으키는 영향에 대한 연구는 대부분 이 영역에 집중되어 있다." 신피질에서 가지 돌기의 가지치기의 증가는 "설치류와 인간 모두에서 나이 듦(경험)에 의해 유발된다. 이보다 더 작지만 재현 가능한 가지치기의 증가 현상이 특정한 과제를 학습한 뒤에 일어났다." 세포 구조의 이 같은 변화는 '몇 시간 내에' 일어날 수 있다. 단기 기억과 장기 기억, 그리고 전자가 어떻게 후자로 바뀔 수 있는가에 대한 논의는 다음을 보라. "The Biochemistry of Memory : A New and Specific Hypothesis," by Gary Lynch and Michel Baudry (*Science*, Vol. 224, pp. 1057-63, June 8, 1984).

현재로서 생명력이 있는 장기 기억 이론은 모두가 뉴런의 구조와 단백질 구성의 변화를 포함하고 있다. 지속적으로 인기를 얻고 있는 아이디어가 있다. 기억이 어떻게 해서든 'RNA 분자 속에' (오로지 그 속에만?) 저장될 수 있다는 것이다. 이 같은 뜬소문은 겉보기에는 DNA에 대한 유추에 의해 조장된 것 같다. '기억'이 유전되는 형질과 관계가 있다는 것이다. 이 아이디어는 오래된 실험에서 비롯되었다. 학습한 편형동물에서 추출한 RNA를 주입하면 학습 내용이 전해질 수 있다는 것을 시사한 실험이다. 이 이론에게는 불행하게도, 전혀 교육을 받지 않은 효모 세포에서 추출한 RNA를 써도 동일한 결과가 나왔다. 다음을 보라. *Biology Today*, by David Kirk, p. 616 (New York: Random House, 1975).

또 하나 지속적으로 인기를 끌고 있는 아이디어는 기억이 전기 활동이 울려 퍼지는 패턴 형태로 저장될지도 모른다는 것이다. 이 뜬소문은 현대 컴퓨터의 DRAM에 대한 유추로부터 조장된 듯하다. 하지만 이런 유추는 여러 가지 이유에서 부적절하다. (1) 컴퓨터 메모리는 뇌의 경우와 달리 반복적으로 지워지고 재사용되도록 설계됐다. (2) 컴퓨터의 장기 기억-예컨대 자기 디스크-은 실상 DRAM보다 내구성이 크다. (3) 실리콘 칩은 구조적으로 안정하도록 설계됐다. 이에 비해 뇌는 역동적인 구조적 변화에 맞게 설계됐다. 오래가는 뇌 구조물 속에 장기 기억이 저장된다는 최근의 증거들을 볼 때 "뇌 전기 활동의 완전한 중단은 가장 최근에 저장된 기억에 선별적으로 영향을 미칠지는 몰라도 기억을 전반적으로 지우지는 않는다"(A. J. Dunn)는 것은 놀랄 일이 못 된다. 전기적 잔향 이론은 1938년 R. Lorente de Nó가 *Journal of Neurophysiology*, Vol. 1, p. 207에서 제안했다. 현대의 증거들은 단기 기억에 관한 그런 이론들을 뒷받침해주지 않는다.

5 '놀라운 형태적 변화' : 이 연구는 기술적인 이유 때문에 연체동물을 대상으로 수행됐지만 그 신경생물학은 놀랄 만큼 동일한 것으로 드러났다. C. Baily와 M. Chen의 성과를 전하는 다음 논문을 보라 "Molecular Biology of Learning : Modulation of Transmitter Release," by Eric R. Kandel and James H. Schwartz (*Science*, Vol. 218, pp. 433–43, Oct. 29, 1982).

6 핵심 생명 기능이 중단되기 전까지는 : 사망과 영구적 사망 사이의 시간은 성공적인 생명 활동 정지에 적당한 시기를 규정한다. 하지만 이 시간은 불분명하다. 의료 사례가 보여주듯, 심지어 환자가 숨 쉬고 있는 동안에 뇌를 파괴하는(정신과 기억을 돌이킬 수 없게 파괴) 것도 가능하다. 그와 반대로, 소위 '임상적 사망' 후 상당한 기간이 지난 다음 성공적으로 소생한 환자들도 있다. 세포 수리 기계가 있는 경우, 기본적 필요조건은 뇌가 구조적으로 온전하게 남아 있어야 한다는 것이다. 당사자가 살아 있는 한 뇌는 추측건대 온전하고 따라서 생존 능력이란 보수적 지표에 불과하다.

널리 퍼진 잘못된 믿음 중에 하나는, 뇌가 산소 없이 몇 분 이상 지나면 "살아남을 수 없다"는 것이다. 설사 이것이 기능을 (자발적으로) 재개할 **능력**이 살아남는 것과 관련해서는 만에 하나 사실이라 해도, 독특한 세포 **구조**가 살아남는 것은 여전히 별개의 문제다. 그리고 실상 죽은 개의 뇌 속에 있는 세포 구조는 심지어 상온에서 여섯 시간 놓아두었을 경우에조차 그만그만한moderate 변화밖에 나타내지 않았으며 하루나 그 이상의 기간 동안 많은 세포 구조가 눈에 보일 수 있는 상태로 남아 있었다. 다음을 보라 "Studies on the Epithalamus," by Duane E. Haines and Thomas W. Jenkins (*Journal of Comparative Neurology*, Vol. 132, pp.405–17, Mar. 1968).

그러나 자발적이 뇌 기능이 살아날 잠재적 가능성은 이 신화(그리고 '뇌사'에 대한 의학적 정의)가 시사하는 것보다 오래 남아 있을 수 있다. 약물과 수술을 이용한 다양한 실험이 이를 보여준다. 다 자란 원숭이들은 뇌로 가는 혈류를 16분간 중단시킨('허혈'이라는 상태로서 산소 공급 역시 차단하는 것이 명백하다) 뒤에 완전하게 회복됐다. 다음을 보라. "Thiopental Therapy After 16 Minutes of Global Brain Ischemia in Monkeys," by A. L. Bleyaert et al. (*Critical Care Medicine*, Vol. 4, pp. 130–31, Mar./Apr. 1976). 원숭이와 고양이의 뇌는 혈액 순환 없이 상온에서 한 시간이 지난 뒤 전기적 기능을 회복했다. 다음을 보라. "Reversibility of Ischemic Brain Damage," by K. A. Hossmann and Paul Kleihues (*Archives of Neurology*, Vol. 29, pp. 375–84, Dec. 1973). Hossmann 박사는 혈액 공급 없이(예컨대 심장이 멈춘 뒤) 한 시간 동안 "뇌의 어떤 신경 세포라도 살아남을 수 있다"고 결론짓는다. 문제는 혈액 순환이 멈출 때 신경 세포가 죽는 것이 아니라 (꽉 끼는 두개골 안에서 뇌가 약간 부풀어 오른다든지 하는) 부차적인 문제가 혈액 순환의 재개를 방해할 수 있다는 점이다. 동결 온도에 가깝게 냉장했을 경우, 개의 뇌들을 혈류 없이 네 시간이 지난 다음에도 전기적 활동을 회복했다(그리고 심지어 15일 후에도 상당한 신진대사 활동을 회복했다. 다음을 보라. "Prolonged Whole-Brain Refrigeration with Electrical and Metabolic Recovery," by Robert. J. White et al. *Nature*, Vol. 209, pp. 1320–22, Mar. 26, 1966).

생명 활동 정지를 시술할 당시 자발적인 소생 능력을 유지하고 있던 뇌세포는 수리가 쉬운 것으로 드러날 것이다. 특유의 세포 구조가 온전하게 남아 있는 것이 성공의 핵심이기 때문에 생명 활동 정지 시술을 시작할 시간 여유는 사망 후 최소한 몇 시간은 될 것이고 이보다 더 오래일 가능성도 있다.

7 고정 처리가 세포와 …… 보존해준다: 글루타르알데히드로 고정 보존시킨 세포의 세부를 분자 규모에서 보여주는 고전압 전자현미경도圖는 다음을 보라. "The Ground Substance of the Living Cell," by Keith R. Porter and Jonathan B. Tucker (*Scientific American*, Vol. 244, pp. 56–68, Mar, 1981). 고정 처리만으로는 충분치 않은 것 같다. 구조를 장기적으로 안정화하려면 동결이나 유리화가 필요해 보인다. 둘 중의 하나를 하거나 고정 처리와 병행하거나 말이다. 액체 질소로 영하 196도씨까지 냉각하면 조직 구조를 수천 년간 보존할 수 있다.

8 얼리지 않고 고체화하는: "Vitrification as an Approach to Cryopreservation," by G. M. Fahy et al. (*Cryobiology*, Vol. 21, pp. 407–26, 1984).

9 생쥐의 태아들: 다음을 보라 "Ice-free Cryopreservation of Mouse Embryos at –196℃ by Vitrification," by W. F. Rall and G. M. Fahy (*Nature*, Vol. 313, pp. 573–75, Feb. 14, 1985).

10 로버트 에틴거가 출간한 책: *The Prospect of Immortality* (New York: Doubleday, 1964, 임시 버전은 1962년 사적으로 출간됐다).

11 많은 인간 세포들이 …… 자발적으로 살아났기 때문이다: 인간의 정자 세포와 초기의 배胚가 동결 저장 후에도 살아남는다는 사실은 잘 알려져 있다. 두 경우 모두 대중 매체에 성공 사례들이 보도됐다. 다른 유형에 세포에 대한 덜 극적인 성공(동결 후 해동된 혈액이 수혈에 쓰였다) 사례는 많다. 글리세롤 처치를 받고 영하 20도로 냉동됐던 고양이의 뇌가 저장된 지 200여 일 후에 자발적으로 전기 활동을 회복할 수 있다는 사실은 흥미롭다. 다음을 보라 "Viability of Long Term Frozen Cat Brain *In Vitro*," by I. Suda, K. Kito, and C. Adachi (*Nature*, Vol. 212, pp. 268–70, Oct. 15, 1966).

12 독자적으로 생존 가능한 장기를 냉동하고 해동하는 방법을 적극적으로 찾고 있다: Cryobiology laboratory of The American Red Cross (9312 Old Georgetown Road, Bethesda, Md. 20814)는 이식을 위한 장기 은행을 설립하려는 목적으로 인간의 모든 장기를 보존하는 길을 찾고 있다. 다음을 보라. "Vitrification as an Approach to

Cryopreservation," 전게 논문.

13 세포 수리 기술에 대해 지속적으로 관심을 가져왔다: 세포 수리가 분명히 가능하다는 인식 아래 나는 냉동 보존술에 관한 문헌을 검토해본 결과의 일부를 소개한다. 예컨대 위에서 언급했던 Robert Ettinger의 독창적인 책은 조직을 '세포 하나하나 단위로', 혹은 핵심 영역에선 분자 하나 단위로 수리할 능력을 갖춘 '대규모 외과 수술 기계'가 결국 개발될 것이라고 언급하고 있다. 1969년 Jerome B. White는 "Viral Induced Repair of Damaged Neurons with Preservation of Long Term Information Content,"라는 논문을 발표했다. 이 논문은 인조 바이러스를 이용해 직접 수리하는 방법이 발견될 수 있을지 모른다는 안을 제시하고 있다. 다음 책에 그 초록이 인용돼 있다. *Man into Superman*, by Robert C. W. Ettinger (New York :St. Martin's Press, 1972, p. 298). Michael Darwin은 "The Anabolocyte: A Biological Approach to Repairing Cryoinjury" (*Life Extension Magazine*, pp. 80-83, July/August 1977)에서, 손상된 세포를 분리해서 복원할 능력을 갖추도록 고도의 수정을 거친 백혈구 세포를 유전공학으로 만들 수 있을지 모른다고 제안했다. Thomas Donaldson은 "How Will They Bring Us Back, 200 Years From Now?" (*The Immortalist*, Vol. 12, pp. 5-10, Mar. 1981)에서 분자 기계 시스템들이(바이러스만큼 작고 만일 필요할 경우 합치면 빌딩처럼 커질 수 있는) 동결 조직을 필요한 어떤 방식으로라도 수리할 가능성이 있다고 제안했다. 따라서 세포 수리 시스템의 개념은 오랜 세월 동안 우리 주변에 존재했다.

분자 조립 기계와 나노컴퓨터라는 개념 덕분에 이제 그런 장치가 어떻게 제작, 제어될 수 있는지와 이들을 세포 내에 들어갈 수 있는 크기로 만들 방법을 분명히 알 수 있게 됐다.

14 해당 동물들은 살아나지 못했다: 그러나 햄스터는 신체(그리고 뇌)의 수분 중 절반 이상을 동결시킨 온도로 냉각된 다음에 소생해서 완전히 회복됐다. 다음을 보라. *Biological Effect of Freezing and Supercooling*, by Audrey U. Smith (Baltimore: Williams & Wilkins, 1961).

15 로버트 프리호다는 …… 썼다 : Robert Prehoda, *Designing the Future: The Role of Techonological Forecasting* (Philadelphia: Chilton Book Co., 1967).

16 작동 가능한 생명 활동 정지 기술의 이용이 위축되었다: 주로 비용과 무지가 문제였다. 오늘날 환자가 생명 활동 정지 처치를 받고 액체 질소 속에 무한정 저장될 수 있는 기금을 만들려면 선택한 처치 내용에 따라 3만 5,000달러나 그 이상이 든다. 이 비용은 통상 적절한 생명 보험 증권을 구입하면 충당할 수 있다. 비용이 이렇게 많이 드는 데다 동결로 인한 손상이 어떻게 수리될 수 있는지에 대한 분명한 그림이 없는 탓

에 지금껏 수백만 명의 환자 중 이 길을 선택한 사람은 극소수에 불과하다. 적은 수요는 역으로 규모의 경제가 서비스 비용을 낮추는 일을 방해했다. 하지만 이런 상황은 달라지려는 조짐이 보이고 있다. 냉동 보존술 그룹들은 생명 활동 정지 계약이 최근 늘고 있다고 보고했다. 이는 분자생물학의 발달에 대한 지식과 미래의 세포 수리 능력에 대한 이해로부터 생겨난 것이 분명하다.

현재 세 개의 미국 집단이 생명 활동 정지 서비스를 제공하고 있다. 외관상의 규모와 수준에 따른 순서대로 소개한다.

> The Alcor Life Extension Foundation, 4030 North Palm No. 304, Fullerton, Calif. 92635, (714) 738-5569. (남부 플로리다에도 지부와 시설을 갖추고 있다.)
>
> Trans Time, Inc., 1507 63rd Street, Emeryville, Calif. 94707, (415) 655-9734.
>
> The Cryonics Institute, 24041 Stratford, Oak Park, Mich. 48237, (313) 967-3115.

경험에서 비롯된 실질적인 이유에서 이들은 사전에 법적·재정적 채비를 완결할 것을 요구한다.

17 이것은 신경의 구조물들 …… 보존한다 : 얼음 결정의 성장은 세포 구조물들의 위치를 1미터의 100만분의 몇 만큼 옮기게 될 수 있다. 하지만 그 탓에 이 구조물들이 파괴되지는 않는다. 또한 이동 전에 어디에 있었는지에 관해 심각한 혼란이 일어날 것 같지도 않다. 일단 동결되면 구조물들은 더 이상 움직이지 않는다. 해동으로 구조물들이 다시 움직이기 전에 수리가 시작될 수 있다.

18 주요 혈관에서 모세혈관 순서로 청소한다 : 현재의 생명 활동 정지 처치에는 환자의 혈관 대부분을 씻어내는 것이 포함된다. 나노기계들은 순환계를 청소하면서 혈관 내에 남은 혈액 세포를 모두 복원시킨다.

19 정상적인 활동성을 갖춘 환자의 몸 전체 : 예컨대 여기에는 각막이 제외된다. 하지만 그런 조직의 내부로 접근하는 다른 방법이 사용될 수도 있고 그런 조직은 단순히 교체해버릴 수도 있다.

20 세포 안으로 들어가 유리 같은 동결 방지제를 …… 제거할 : 보호제 분자들을 서로 묶어주는 결합은 너무나 약해서 상온의 열 진동에 의해서도 끊어진다. 심지어 저온에서도 보호제 제거 기계가 이들 분자를 표면에서 떼어내는 데는 전혀 어려움이 없을 것이다.

21 일시적인 분자 비계 : 서로 물리도록 설계된 나노미터 두께의 막대로 만들 수 있다. 분자들은 양면 악어 클립 비슷한 장치로 비계에 고정시킬 수 있다.

22 꼬리표를 붙인다 : 라벨은 부호화된 폴리머 테이프의 작은 조각으로 만들어질 수 있다. 몇 나노미터 길이의 조각이면 어느 장소든 1세제곱미크론에서 1나노미터 사이의

정확도로 특정해서 명기할 수 있다.

23 그 구조와 위치를 세포 내에 있는 좀 더 큰 컴퓨터에 보고한다 : 사실, 직경이 나노미터급인 신호 전송 섬유들을 묶어 직경이 손가락만 한 다발로 만든다면(환자의 모세혈관 구석구석까지 더 가느다란 관들이 뻗은 상태로) 한 환자의 세포에 담긴 분자적 정보 모두를 일주일 내로 외부 컴퓨터에 전송할 수 있다. 수리 공정을 계획하는 데는 컴퓨터가 필요하고 이것의 부피, 속도, 에너지 소산은 제한 요소가 된다는 관점이 있을 수 있다. 명백히 그럴 필요가 없지만, 외부 컴퓨터를 사용하면 이런 요소는 모두 해결된다.

24 분자의 패턴으로부터 세포의 구조를 파악한다 : 세포는 틀에 박힌 구조를 지닌다. 각각의 세포는 표준적인 유전적 프로그램에 맞게 표준적인 분자들이 표준적인 방식으로 조립되어 있다. 이는 식별 문제를 크게 단순화해줄 것이다.

25 리처드 파인먼 같은 물리학자들은 …… 알아보았다 : Richard Feynman은 원자 10개나 100개 정도의 폭을 지닌 와이어로 장치를 만들 수 있을 가능성을 지적했다. 다음을 보라 "There's Plenty of Room at the Bottom," in *Miniaturization*, edited by H. D. Gilbert (New York : Reinhold, 1961), pp. 282-96.

26 로버트 존스는 …… 썼다 : Robert T. Jones, "The Idea of Progress" (*Astronautics and Aeronautics*, p. 60, May, 1981).

27 루이스 토머스 박사는 …… 서술했다 : Lewis Thomas, "Basic Medical Research : A Long-Term Investment" (*Technology Review*, pp. 46-47, May/June, 1981).

28 조지프 리스터가 …… 출간해 : 다음을 보라. Volume Ⅴ, "Fine Chemicals" in *A History of Technology*, edited by C. J. Singer and others (Oxford : Clarendon Press, 1958).

29 험프리 데이비 경은 다음과 같이 썼다 : *A History of Technology* (상게서).

10장 성장의 한계

1 속도를 제약하는 것은 …… 파괴할 수 있는 것이 아니라는 점 : 운동의 상대성 원리가 의미하는 바는 '움직이는' 물체는 정지한 것으로 간주될 수 있다는 것이다. 이는 광속에 접근하려고 하는 우주선 조종사는 어느 방향으로 가속해야 하는지조차 알 수 없다는 뜻이다(이는 오해의 여지가 있는 표현이다. 아직 광속보다 느린 상태에서는 여전히 방향을 잡을 수 있다. 그저 상대성 원리에 따라 광속에 도달할 수 없을 뿐이다.—옮긴이). 더구나 단순한 Minkowski 도표가 보여주는 시공간의 기하학에 따르면 빛보다 빨리 이동한다는 것은 시간을 역행해서 과거를 향해 이동한다는 뜻이 된다. 그러면 어느 쪽으로 로켓이 향하게 할 수 있을까?

2 아서 클라크는 …… 썼다 : *Profiles of the Future : An Inquiry into the Limits of the*

Possible, first edition (New York : Harpe & Row, 1962).

3 속성은 우리가 할 수 있는 모든 것에 한계를 부여한다 : 진공의 행태와 관련한 모든 물리학의 통일을 시도하는 현대 이론 중 일부에 대한 설명은 다음을 보라. "The Hidden Dimensions of Spacetime," by Daniel Z. Freedman and Peter van Nieuwenhuizen (*Scientific American*, Vol. 252, pp. 74-81, Mar. 1985).

4 눈이 빛을 흡수한다 : 이런 설명은 '핵심 개념' 과는 무관해 보인다. 양자 역학에서 말하는 관찰자 효과란, '실체는 여러 상태가 중첩된 확률의 파동 함수로서 존재하며 관찰, 즉 측정이 있으면 그때 비로소 파동 함수가 붕괴되어 특정한 하나의 상태로 확정된다' 는 뜻이다. 도저히 평범할 수 없는 개념이기도 하다.-옮긴이

5 훨씬 더 미묘하게 독특하지만 : 예컨대 어떤 장소에서 하는 양자 측정이 다른 장소에서 이뤄지는 양자 측정에 즉각적인 영향을 미칠 수 있다. 두 장소 사이의 거리가 아무리 멀다 할지라도 말이다. 하지만 그런 영향은 오직 통계적으로만 나타나며 서로 떨어진 양자 사이에 정보가 교환될 수는 없다는 사실이 수학적으로 증명되어 있다. 벨의 정리와 아이슈타인-포돌스키-로젠 역설을 읽기 쉽게 풀이해놓은 책으로는 다음을 보라. *Quantum Reality* by Nick Herbert (Garden City, New York : Anchor Press/Doubleday, 1985).

의식과 마음이 뭔가 특별한 방식의 양자 역학의 산물이라는 뜬소문이 있기는 하지만 (*Quantum Reality*의 끝부분에 실려 있다) 이를 뒷받침하는 근거는 전혀 없어 보인다. 의식이 작동하는 방식(그리고 우리가 실제로 자각하는 의식의 영역이 얼마나 좁은 것인가)에 대한 탁월한 논의는 다음을 보라. Marvin Minsky의 *The Society of Mind* (New York : Simon & Schuster, 1986).

6 쌍둥이 중 한 명이 …… 집에 있던 쌍둥이보다 나이가 더 젊어진다 : 하지만 이것은 시간 지연 효과에 대한 설명이지 '역설' 에 대한 설명은 아니다. 문제는 우주여행을 다녀온 쌍둥이의 입장에서 보면 자신이 나이를 더 많이 먹은 결과가 된다는 데 있다. 이것이 집에 있던 쌍둥이의 입장에서 보는 것과 정반대의 결과이기 때문에 '역설' 이라 불리는 것이다.-옮긴이

7 독자의 제물이 된 과학자는 …… 모호한 이야기를 했겠지만 : 하지만 오늘날의 물리학은 이런 질문들에 명쾌한 수학을 근거로 답변할 수 있다. 양자 역학 방정식을 근거로 한 계산은 공기가 가스의 성질을 띠고 있는 이유를 알려준다. 그것은 질소 및 산소 원자가 다른 어떤 것과도 결합하지 않고 자기들끼리 단단히 결합된 쌍을 이루는 경향이 있기 때문이다. 공기가 투명한 이유는 가시광선에는 이처럼 결합된 전자들을 더 높은 양자 상태로 올려줄 에너지가 없기 때문이다. 그래서 광자는 흡수되지 않고 공기를 통과한다. 목제 책상이 고체인 것은 그것이 (양자 역학적 계산이 보여주는 바대로) 셀룰로오

스와 리그닌이라는 단단히 결합된 사슬을 만들 수 있는 탄소 원자를 포함하고 있기 때문이다. 책상이 갈색인 것은 그 속에 있는 전자들의 상태가 다양하기 때문이다. 그중 일부 전자는 가시광선에 의해 더 높은 양자 상태로 올라갈 수 있다. 이런 전자들이 푸른색 계통의 고에너지 광자를 선택적으로 흡수하기 때문에 거기서 반사되는 빛은 노란색이나 붉은색을 띠게 된다.

8 스티븐 호킹이 서술하듯 : 다음을 보라. "The Edge of Space–time"(*American Scientist*, Vol. 72, pp. 355-59, Jul.-Aug. 1984).

9 안정된 입자로서 알려진 존재는 몇 개 되지 않는다 : 전자, 양성자, 중성자는 안정된 반입자를 가지고 있다. 이 반입자들은 두 가지 성질을 제외하면 보통 입자와 동일한 속성을 지닌다. 전하량이 원래 입자의 반대이며, 보통 입자와 쌍을 이루게 되면 에너지(혹은 좀 더 가벼운 입자들)를 방출하고 소멸한다는 속성이 있다는 점이 그것이다. 따라서 반입자에게는 에너지 저장이라는 분명한 응용 분야가 있다. 게다가 보통 입자의 반입자로 만들어진 반물질 물체는 고에너지 정전기장 시스템high-field electrostatic system의 음전극으로 활용될 수도 있다. 이런 전극을 사용한 장은 양전자를 제거하는 경향을 지니지 않을 것이기 때문이다. 기존의 전극은 이런 경향 때문에 표면이 망가지는 현상을 빚는데 이는 장의 힘을 제약하는 주된 원인이다. 물론 반물질 전극은 제작이나 운용 과정에서 보통 물질과 접촉하지 않도록 해야 한다.

여타의 안정적인 입자가 다양하게 존재할 것이라고 예측하는 다양한 물리 이론이 여러 가지 있다. 하지만 이런 입자들은 거의 탐지하기 어려울 정도로 물질과의 상호 작용이 미약하거나(마치 중성 미자 같은 속성이지만 그보다 더욱 미약한) 혹은 질량이 대단히 클(마치 가상의 자기 단극처럼) 것이다. 그런 입자들도 만일 발견된다면 여전히 매우 유용할 것이다.

10 핵을 변화시키려는 것 : 핵자기 공명분광학에서 이용되는 분자 효과 및 장 효과는 핵의 방향성을 바꾸지만 구조를 바꾸지는 않는다.

11 분열하는 원자핵이 …… 격렬한 정전기 반발력에서 유래한 것이었다 : 이는 오해로 보인다. 핵분열 시 방출되는 에너지는 정전기 반발력이 아니라 질량의 일부가 에너지로 바뀐 데서 유래한 것이다.─옮긴이

12 서로 멀리 떨어져 있는 상태의 핵이 지닌 속성 : 들뜬 핵은 심지어 감마선 레이저의 생성 매체로 사용될 수도 있다는 제안이 나온 바 있다.

13 공학적 작업을 하려면 상당한 어려움이 따를 것이다 : 원자핵들이 서로 상호 작용할 수 있을 정도로 가까이 밀착되기 전에 해당 원자들의 구조물들은 서로 결합해 금속 비슷한 고체의 '축퇴 물질'이 된다. 이 물질은 오직 막대한 압력하에서만 안정을 유지한다. 핵들이 마침내 실제로 상호 작용하게 되면 중성자를 비롯한 입자들이 교환됨에 따

라 모두가 동질적인 무엇으로 변화한다. 이렇게 되면 구조물을 만들고 이용하는 데 필요한 많은 패턴적 속성들이 사라진다.

14 열 절연: 이는 표현하기는 간단하지만 이를 수행할 최적의 구조물(적어도 압력이 필요한 곳에서는)은 매우 복잡할 수 있다. 규칙적인 결정체는 열을 잘 전도해서 불규칙성을 바람직한 속성으로 만드는데, 불규칙성은 복잡성을 의미한다.

15 그 후보 역시 그에 못지않게 좋은 경우가 흔할 것이다: 그리고 어떤 경우 우리는 가능한 최선의 시스템을 설계할 수 있겠지만 그럼에도 이보다 나은 시스템이 존재하지 않는다고는 결코 확신할 수 없을 것이다.

16 리처드 바넷은 …… 쓰고 있다: *The Lean years : Politics in the Age of Scarcity* (New York : Simon & Schuster, 1980).

17 제레미 리프킨은 …… 썼다: *Entropy : A New World View* (New York : Viking Press, 1980).

18 열학학적으로는 그럴 수 없다. 여기서는 리프킨의 소위 '물질 엔트로피'라는 것이 외부 에너지의 출입 탓에 감소할 수 있다는 뜻이다.—옮긴이

19 그렇다면 궁극적인 도덕규범: 이 같은 진술에도 불구하고 그 후 리프킨은 옆길로 벗어나 새로운 도덕 십자군 운동을 시작했다. 진화의 개념, 그리고 인간에 의한 유전자 변형을 반대하는 내용이었다. 심지어 박테리아와 바이러스가 수백만 년간 해온 방식의 변형에도 말이다. 여기서도 그는 이것이 가져올 우주적 결과를 경고한다. 하지만 그럼에도 불구하고 그는 자신이 엔트로피에서 서술한, '완전히 격리되어서 죽어만 가는 세계'를 여전히 믿고 있음이 분명하다. "우리는 희생 덕분에 살고 있다. 우리의 존재가 확대될 수 있는 것은 다른 어딘가에서 그에 상응해서 일어나는 감소 덕분이다." 그는 *Entropy*에서 자신이 우주의 작동 방식에 대해 오해하고 있다는 사실을 이미 입증한 바 있다. 그런데도 그는 이제 우주가 원하는 바가 무엇인지를 우리에게 충고하려고 한다. "우주의 이익은 우리의 그것과 다르지 않다. 그렇다면 어떻게 해야 우리는 우주의 이익을 가장 잘 대변할 수 있을 것인가? 그 방법은 우리가 받은 만큼을 돌려주는 데 있다." 하지만 그는 인간이 이룩한 모든 성취를 그 본질에 있어 파괴적인 것으로 보고 있다. 다음 서술이 그렇다. "우리가 후손에게 남겨줄 수 있는 유일한 유산은 우리가 결코 손대지 않은 기금이다." 그는 다음과 같이 선언한다. "생명은 죽음을 필요로 한다." 그의 인간 혐오와 오해를 더 알고 싶다면 다음을 보라. *Algeny* by Jeremy Rifkin (New York : Viking, 1983). 리프킨은 "Prophet and teacher,"에서 유전공학이 애초에 불가능하다고 자신 있게 단언했다. 이와 관련해선 다음의 책을 보라. Nicholas Georgescu-Roegen, *The Entropy Law and the Economic Process* (Cambridge, Mass. : Harvard University Press, 1971).

20 지수적인 성장이 …… 앞지르리라 지적한다: 인구학적 천이—경제가 성장함에 따라 평균 출산율이 낮아지는 것—는 기본적으로 이와는 관련이 없다. 심지어 아주 작은 소수가 지수적으로 성장하는 경우에도 이들은 급속히 다수가 될 것이고 이들은 모든 가용 자원을 소비해버릴 것이다.

21 빛에 가까운 속도의 폭발적 팽창: 이렇게 되는 것은 매우 기본적인 진화적 논의를 기초로 한 이유 때문이다. 다양성과 경쟁성을 지닌 하나의 문명이 우주로 팽창한다고 가정해보자. 그 프런티어에 있는 것은 어떤 집단일까? 바로 가장 빨리 팽창하는 집단이다. 프런티어에 접근하려는 경쟁은 최대의 여행 및 정착 속도를 선호하는 진화적 압력을 만들어낸다. 그리고 최대의 속도는 광속에 조금 못 미치는 속도다(6장의 주를 보라). 1억 년이면 그런 문명들은 온갖 은하들뿐 아니라 은하들 사이의 우주 공간에까지 퍼져나갈 터다. 그런 문명보다 1,000배나 100만 배 많은 숫자가 우주로 뻗어나기 전에 멸망할지 모른다거나 살아남기는 하되 팽창하지는 못할 가능성은 나의 주장과 전혀 상관이 없다. 진화가 주는 기본적인 교훈에 따르면, 복제자들이 관련된 문제에서는 단한 번의 성공이 무수한 실패보다 훨씬 더 큰 몫을 할 수 있다.

22 화학 물질이 포함되어 있을 필요가 없는 것처럼: 심지어 50개의 뉴클레오티드가 연결된 형태인 DNA 분자의 가능한 숫자(4의 50제곱)는 물 한 컵에 들어 있는 모든 분자의 숫자보다도 많다.

23 《성장의 한계》: *The Limits to Growth*, by Donella H. Meadows et al. (New York: Universe Books, 1972).

24 《전환점에 선 인류》: *Mankind at the Turning Point*, by Mihajlo D. Mesarović and Eduard Pestel (New York: Dutton, 1974).

11장 파괴의 엔진

1 바이러스와 초파리 때문에 충분히 말썽을 겪고 있다: 이런 것들은 전통적인 분자 기계로 만들어진 것들임에도 불구하고 우리는 말썽을 겪고 있다. 박테리아도 통제하기 어려운 것은 마찬가지지만 이들은 표면적으로는 거의 무력하다. 박테리아의 각 세포는 하나하나가 입구가 없는 작고 단단한 상자를 닮았다. 하나의 박테리아가 먹이를 흡수하려면 얇은 수막 속에 잠겨 있어야 한다. 녹아 있는 영양소를 물이 운반해주어야 흡수할 수 있기 때문이다. 이와 대조적으로 분자 조립 기계를 기반으로 하는 '슈퍼 박테리아'는 물이 있든 없든 작동할 수 있다. 이들은 단단한 구조물을 공격할 수 있는 '입'을 통해 수집한 원자재를 스스로의 분자 기계에 식량으로 공급할 수 있다.

2 인공지능 시스템은 …… 무기 설계자, 전략 수립자, 전사 등의 역할을 할 수 있다: 다음을 보라. "The Fifth Generation: Taking Stock," by M. Mitchell Waldrop (*Science*

Vol. 226, pp. 1061-63, Nov. 30, 1984), and "Military Robots," by Joseph K. Corrado (*Design News*, pp. 45-66, Oct. 10, 1983).

3 필요하다면 그런 원자가 전혀 없게 만들 수도 있을 것이다: 정확히 말하자면 하나의 물체를 조립하는 데 있어서 원자들이 잘못된 위치에 놓일 가능성이 무시해도 될 수준인 그런 공정 관리가 가능하다. 조립 과정에서 반복적인 검사와 정정을 시행하면 오류의 가능성은 얼마든지 낮출 수 있다(4장의 주를 참조). 예컨대 오류가 매우 자주 일어난다고 가정하자. 또한 검사에서 1,000번에 한 번꼴로 오류를 발견하지 못하고 통과시킨다고 가정하자. 만일 그렇다면 검사를 20회 시행하면 하나의 오류를 발견 및 수정하지 못할 확률은 극히 낮아질 것이고 하나의 원자를 잘못된 곳에 배치할 가능성은 매우 작을 것이다. 설사 지구만 한 물체를 만드는 경우라 해도 말이다. 그러나 심지어 정확한 위치에 자리 잡은 원자라 할지라도 방사선에 의한 손상(물체의 크기와 사용 연수에 비례해서 일어난다) 때문에 결국 제 위치를 벗어나게 된다. 따라서 이런 수준의 정확도 관리는 무의미한 것이 될 터다.

4 불시에 우주선이 원자에 부딪쳐 다른 것에서 그것을 분리시킬 수도 있다: 보호막을 치면 이런 문제를 없앨 수 있을 것처럼 보이겠지만 중성 미자는 지구나 목성, 심지어 태양도 통과할 수 있기 때문에 여전히 방사선 피해를 입힐 수 있다. 실제로 그런 일은 극히 드물겠지만 말이다. 다음을 보라. "The Search for Proton Decay," by J. M. LoSecco et al. (*Scientific American* Vol. 252, p. 59, June 1985).

5 예컨대 스트라투스컴퓨터 사: 다음을 보라. "Fault-Tolerant Systems in Commercial Applications," by Omri Serlin (*Computer*, Vol. 17, pp.19-30, Aug. 1984).

6 설계의 다양성 : 다음을 보라 "Fault Tolerance by Design Diversity: Concepts and Experiments," by Algirdas Avižienis and John P. J. Kelly (*Computer*, Vol. 17, pp. 67-80, Aug. 1984).

7 여러 개의 DNA 가닥: 박테리아의 일종인 Micrococcus radiodurance는 DNA를 4배수로 중복해서 지니고 있어서 극단적으로 많은 양의 방사선을 쬐어도 살아남을 수 있다. 다음을 보라 "Multiplicity of Genome Equivalents in the Radiation-Resistant Bacterium *Micrococcus radiodurance*," by Mogens T. Hansen, in *Journal of Bacteriology*, pp. 71-75, Apr. 1978.

8 여타의 효율적인 오류 교정 시스템을 이용하는: 다수의 복사본을 이용하는 오류 교정 시스템은 설명하기 쉽다. 하지만 디지털 오디오 디스크는(예컨대) 다른 방법을 사용해 이보다 정보 중복을 훨씬 더 적게 하면서 오류를 교정한다. 일반적인 오류 교정 코드에 대한 설명은 다음을 보라. "The Reliability of Computer Memory," by Robert McEliece (*Scientific American*, Vol. 248, pp. 88-92, Jan. 1985).

9 인공지능에도 불확실한 추측을 하는 구성 부분, …… 있을 것이다: 다음을 보라: *The Society of Mind*, by Marvin Minsky (New York: Simon & Schuster, 1986).

10 〈과학 공동체 비유〉: "The Scientific Community Metaphor" by William A. Kornfeld and Carl Hewitt (MIT AI Lab Memo No. 641 Jan. 1981)의 발언이다.

11 인공지능 시스템을, …… 믿을 만하게 만들 수 있다: 모든 인공지능 시스템이 신뢰성을 지니도록 해야 안전이 달성되는 것은 아니다. 일부 시스템이 신뢰성을 지녔으며 그것이 나머지 시스템에 대한 예방 조치를 계획할 수 있게 우리를 도와줄 수 있기만 하다면 말이다.

12 하나의 안: 이는 Mark Miller와 나 자신이 발전시키고 있는 개념이다. 이는 다음 논문에서 논의된 아이디어들과 연관되어 있다 "Open Systems," by Carl Hewitt and Peter de Jong (MIT AI Lab Memo No. 692, Dec. 1982).

13 어떤 집단이 할 수 있는 것보다 더욱 믿을 만하게: 처리 속도가 빠른 인공지능 시스템 (5장에서 서술한 것과 같은)은 100만 배 더 빠르게 오류를 찾아내고 교정할 수 있을 것이란 근거에서만 보아도 그러하다.

14 특별히 설계된 인공지능 프로그램이 아닌 한: 다음을 보라. "The Role of Heuristics in Learning by Discovery," by Douglas B. Lenat, in *Machine Learning*, edited by Michalski et al. (Palo Alto, Calif.: Tioga Publishing Company,1983). 진화하도록 설계된 프로그램들의 성공적인 진화에 대한 논의는 pp. 243-85를 보라. 진화 능력을 갖추게 하려는 의도로 설계됐지만 제대로 진화하는 데 실패한 프로그램들에 대한 논의는 pp. 288-92를 보라.

15 이와 유사한 재능을 복제자들에게 부여하는 일을 게을리 하기만 하면 된다: 이런 재능이 없으면, '그레이 구'는 우리를 대체할 수는 있을지라도 뭔가 흥미로운 존재로 진화할 수는 없을 것이다.

16 계산 결과를 바로잡을: 계산은 해당 시스템이 직접적으로 그 특징을 부여하지 않은 분자 구조의 그림을 시스템이 그릴 수 있게 해줄 것이다. 그러나 계산은 경계선 상에 있는 모호한 결과를 낳을 수도 있다. 실제 계산 결과는 심지어 무작위적인 터널링이나 열 소음에 좌우될 수도 있다. 이런 경우 몇 개의 원자를 선택해 그 위치를 측정(제작 중인 소재의 표면을 기계적으로 직접 탐사하는 방법)하기만 해도 여러 해석 가능성 중에 타당한 것을 구분하기에 충분할 것이다. 그러면 계산 결과를 바로잡을 수 있다. 이런 방법을 이용하면 대형 구조물의 기하학적 구조를 계산하는 과정에서 축적되는 오류도 바로잡을 수 있다.

17 각 센서: 서술한 대로, 이들 센서 층은 전선이 관통할 수밖에 없다. 이 때문에 안전에 문제가 생기는 것으로 비칠 수도 있을 것이다. 만일 무언가가 하나의 전선을 계속 먹

어들어 가는 방식으로 센서를 통과하는 일이 생기면 어찌할 것인가? 실제로는 신호와 동력을 전달할 수 있는 것(광섬유, 기계식 전달 시스템 등)은 무엇이든 전선 대신 사용될 수 있다. 이런 통로들의 안전을 보장하는 방법은 극단적인 속성을 지닌 소재를 기반으로 구축하는 것이다. 전도성이 매우 높은 소재로 아주 가는 전선을 만들거나 최고로 단단한 물질(파괴 응력에 가까운 수준으로 이용. 즉 힘이 가해지면 파괴되기 매우 쉬운 상태로.—옮긴이)로 기계식 전송 시스템을 만드는 방법이 그런 예다. 이렇게 해두면 그중 한 부분을 뭔가(예컨대 탈출 중인 복제자)로 대체하려는 시도가 일어나면 언제나 전기 저항이 커지거나 부품에 균열이 가는 일이 발생할 것이다. 이렇게 되면 전송 시스템 자체가 센서 역할을 할 수 있다. 중복성과 설계의 다양성을 위해 각각의 센서 층을 각기 다른 전송 시스템이 관통하게 만들고, 이들이 순차적으로 신호와 동력을 전달하게 만들 수 있다.

18 우리가 단백질 설계의 기록을 파괴한다면 : 하지만 사람들로 하여금 기억하지 못하게 만드는 방법이 있을까? 실제로 그렇게 할 필요는 없다. 그들의 지식은 분산돼 있을 것이기 때문이다. 현대적인 하드웨어 시스템을 개발할 때는 각기 다른 팀들이 각기 다른 부품의 설계와 제작에 매진하는 것이 일반적이다. 이들은 다른 팀의 부품이 무엇인지(그리고 그것을 어떻게 만드는지는 더욱더) 알 필요가 없다. 그들에게 실제로 중요한 문제는 그 부품이 어떤 상호 작용을 하느냐는 것뿐이기 때문이다. 사람들이 달에 도착할 수 있었던 것은 바로 이런 방식을 통해서였다. 달에 가는 방법을 모두 아는 개인이나 팀은 전혀 없었는데도 불구하고 말이다. 분자 조립 기계의 경우도 이와 비슷할 수 있을 터다.

최초의 분자 조립 기계 설계도는 역사적 가치가 있는 문건일 것이기 때문에 이를 파괴하기보다는 안전하게 보관해두는 것이 더 나을 것이다. 언젠가 이 설계도는 공개 문서가 될 수 있을 것이다. 하지만 설계 정보를 숨기는 것은 기껏해야 미봉책에 지나지 않을 것이다. 최초의 분자 조립 기계 시스템을 설계하는 데 사용된 방법은 비밀 유지가 더욱 어려울 것이기 때문이다. 게다가 봉인된 분자 조립 기계 실험실은 분자 조립 기계를 만들 수 있는 기계를 개발, 시험하는 데 이용될 수도 있다. 이런 기계에는 심지어 분자 조립 기계 없이도 만들어질 수 있는 것들이 포함된다.

19 고정된 장벽은 대규모의 조직화된 적의에 대한 방비책은 될 수 없는 법이다 : 봉인된 분자 조립 기계 실험실은 이런 사실에도 불구하고 제대로 작동할 수 있다. 이들 실험실은 콘텐츠를 외부로부터 보호하는 일을 하는 것이 아니다. 실상 이들은 침입이 있는 경우 콘텐츠를 파괴하도록 설계됐다. 이들은 외부 세계를 콘텐츠로부터 보호하는 역할을 하는 것이다. 그리고 실험실의 봉인된 작업 공간은 대규모 시스템—악의적이든 그렇지 않든—을 담아두기에는 규모가 너무 작다.

20 공격자라고 해서 명백하게 유리한 점은 전혀 없다 : 본문에 인용한 사례에서 조직화된
실체들은 그와 유사한 수준의 실체로 겨루고 있다. 이 실체들은 물론 수소 폭탄으로
증발시켜버릴 수 있는 대상이다. 하지만 이 경우 그와 동일한 종류의 보복을 당할 가
능성을 직시해야 한다. 따라서 선제 핵 공격이 이익이라고 보는 국가는 아직 없었다.

12장 전략과 생존

1 적대국을 …… 점령할 : 원칙적으로 이는 연구 실험실만 통제하는 형태의 최소한의
점령이 될 수 있다. 하지만 그것만 달성하려 해도 점령에 버금가는 강압이 필요할 것
이다.

2 최대한 개방적이어야 : 현재 개발 중인 시스템이 어떤 일을 할 수 있고 어떤 일을 할
수 없는지를 상대국이 확신하도록 만들 수 있는 사찰 방식을 고안하는 것이 가능하
다. 해당 시스템을 만드는 방법을 배우지는 못하게 하면서 말이다. 한 시스템의 구성
요소들을 각기 분리해 개발하도록 한다면, 여러 집단의 협력을 가능케 하면서도 특정
집단이 유사한 시스템을 독자적으로 구축, 이용하지는 못하게 만드는 것이 이론상 가
능하다.

3 인간의 손이 그것을 잡고 겨누는 모습 : 무인 우주선에 대한 논의는 다음의 논문들을
보라. "Expanding Role for Autonomy in Military Space," by David D. Evans and
Maj. Ralph R. Gajewski (*Aerospace America*, pp. 74-77, Feb. 1985). "Can Space
Weapons Serve Peace?" by K. Eric Drexler (*L5 NEWS*, Vol. 9, pp. 1-2, Jul. 1983).

4 상대측으로부터의 보호막을 어느 정도 제공하면서: 여기에는 반론이 있을 수 있다.
50퍼센트 정도의 효과가 있는 대칭적 방어막은 쓸모가 없다는 식의 주장이다. 하지만
이는 핵미사일의 50퍼센트를 상호 감축-군비 축소의 진정한 돌파구-하는 것이 쓸모
없다고 주장하는 것과 마찬가지다. 그 같은 방어막의 실용성은 또 다른 문제다. 문제
는 핵 공격을 완전히 무력화하는 데 있는 것이 아니라 공격의 가능성을 낮추는 데 있
다. 정말로 뛰어난 능동형 방어막의 구축이 가능해질 때까지는 말이다.

5 기술 이전은 …… 최소한으로 제한하는 것이다 : 사실 레이건 대통령은 미국의 우주
방위 기술을 소련에 넘겨주겠다는 언급을 했다. 다음을 보라. *New York Times*, p.
A15, March 30, 1983. 또한 다음을 보라. "Sharing 'Star Wars' technology with
Soviets a distant possibility, says head of Pentagon study group," by John
Horgan (*The Institute*, p. 10, Mar. 1984). 프린스턴 대학교 국제관계학과의 Richard
Ullman 교수는 광범위한 기술 공유를 통한 공동 방위 프로그램을 제안했다. 다음을
보라. "U. N. doing Missiles" (*New York Times*, p. A23, Apr. 28, 1983).
이론상, 공동 프로젝트는 기술 이전이 거의 없이도 진전될 수 있다. 다음의 네 가지

사이에는 커다란 차이가 있다. (1) 어떤 장치가 **할 수 없는 일이 무엇인지** 아는 것 (2) 그것이 **무엇을 할 수 있는지**를 아는 것 (3) **그 장치가 무엇인지**를 아는 것 (4) **그것을 만드는 방법**을 아는 것. 이것이 지식의 네 가지 단계로서 각 단계는 그 위 단계와 (어느 정도) 독립적이다. 예컨대 내가 당신에게 플라스틱 상자를 한 개 건네준다고 하자. 당신은 피상적인 검사만 해보아도 이것이 비행을 하거나 총탄을 발사할 수 없다는 사실을 확신할 수 있다. 그렇지만 이 상자가 어떤 일을 할 수 있는지는 아직 알 수 없다. 그다음에 내가 시연을 해 보이면 이것이 무선 전화기 기능을 할 수 있다는 것을 당신에게 확신시킬 수 있을 것이다. 더욱 철저한 검사를 하는 경우 당신은 그 회로를 파악하고 해당 상자의 정체와 자동 한계를 매우 잘 알 수 있을 것이다. 하지만 그렇다고 해서 당신이 이 상자의 제조법을 반드시 알게 되리라고는 할 수 없다.

능동형 방어막의 요체는 그것이 **무엇을 할 수 없는가**에 있다. 다시 말해 이것은 무기로 이용될 수 없다. 하이테크 부품을 사용하는 능동형 방어막 공동 프로젝트를 수행하려면 주로 (1)과 (2) 수준의 지식을 공유할 필요가 있을 것이다. 여기에는 적어도 (3) 수준의 지식에 대한 제한적인 공유가 필요하겠지만 (4) 수준의 공유는 필요하지 않을 것이다.

6 모든 능동형 방어막에 공통되는 기본 화제: 예컨대 방어막의 통제, 목적, 신뢰성, 그리고 정치적인 이해와 수용이라는 근본 화제 등이 여기에 해당된다.

13장 진상 조사

1 국립과학재단의 조사에 따르면: 다음에서 인용했다. NSF Director John B. Slaughter (*Time*, p. 55. June 15. 1981).

2 《조언과 이의》: *Advice and Dissent* by Joel Primack and Frank von Hippel 부제는 다음과 같다. "Scientists in the Political Arena," (New York: Basic Books, 1974).

3 헤이즐 헨더슨은 주장한다: 다음에 나온다. *Creating Alternative Futures: The End of Economics* (New York: Berkley Publishing, 1978).

4 해리슨 브라운도 …… 주장을 폈다: 다음에 나온다. *The Human Future Revisited: The World Predicament and Possible Solutions* (New York: Norton, 1978).

5 원자력 발전, …… 논쟁이 계속되고 있다: 스리마일 섬 원자력 발전소의 고장에 대한 논의는 다음을 보라. "Saving American Democracy," by John G. Kemeny, president of Dartmouth College and chairman of the presidential commission on Three Mile Island (*Technology Review*, pp. 65-75, June/July, 1980). 여기에는 또한 (1) 문제가 무엇인지에 대해 전문가 패널이 도달한 높은 수준의 합의 (2) 미디어가 이야기를 어떻게 훼손하고 망쳐놓았는지에 대한 설명 (3) 연방정부가 현실에 제대로 대응

하지 못한 경위 등이 논의되어 있다. 저자인 Kemeny의 결론은 "지금과 같은 시스템
은 작동하지 못하게 되어 있다"는 것이다.

6 사실 관계를 둘러싼 논쟁: 더욱 나쁜 점은 두 사람이 사실과 기본 가치(부는 좋은 것이
고 공해는 나쁜 것이다)에 대해 동의하면서도 공장 건립에 대해서는 의견을 달리할 수
있다는 사실이다. 한 사람은 부에 관심이 더 많고 다른 사람은 공해에 관심이 더 많을
수 있다. 이에 관한 논쟁이 감정적으로 흐르는 경우 서로가 상대방이 왜곡된 가치관
을 가지고 있다고 비난하는 사태가 일어나기 쉽다. 예컨대 상대방이 가난을 좋아한다
거나 환경을 전혀 무시한다는 비난을 할 수 있다. 나노기술은 트레이드오프를 변화시
킴으로써 이 같은 분쟁을 완화해줄 것이다. 공해는 훨씬 더 적게 만들면서 부는 훨씬
더 크게 만들 방법이 있기 때문에 과거의 적수들은 더욱 쉽게 합의에 도달할 수 있을
것이다.

7 인공지능 연구자들: 다음을 보라. "The Scientific Community Meta-phor," by
William A. Kornfeld and Carl Hewitt (MIT AI Lab Memo No. 641. Jan. 1981). 또한 다
음의 논의를 보라. "due-process reasoning" in "The Challenge of Open Systems,"
by Carl Hewitt (*Byte*, Vol. 10, pp. 223-41, April, 1985).

8 법정에서와 비슷한 절차가 유용해 보인다: 대면 회의보다는 학술 저널에서 이용되는
문서를 통한 소통을 이용할 수 있을 것이다. 어떤 진술의 진실성을 그것이 말로 표현
되는 방식을 근거로 판단하는 것은 법정에서는 유용하지만 과학 분야에서는 그리 중
요한 방법이 아니다.

9 아서 캔트로위츠 박사는 …… 사실 규명 포럼 개념의 주창자다: 그는 1960년대 중반
에 그런 일을 했다. 다음에 나오는 그의 논의를 보라. "Controlling Technology
Democratically"(*American Scientist*, Vol. 63, pp. 505-9, Sept.-Oct. 1975).

10 용어는 정부 기구로서의 사실 규명 포럼에 쓰이도록: 이것이 '과학 법정'이란 용어의
원래 용법이다. 그리고 '정당한 절차' 아이디어에 대한 많은 비판이 바로 이 측면에
뿌리를 두고 있다. 사실 규명 포럼이라는 접근법은 정말로 정부 기구와는 다른 것이
다. 현재 캔트로위치 박사는 이런 포럼을 '과학적 대결 절차Scientific Adversary
Procedure'라는 이름하에 추구하고 있다

11 어느 전문가 위원회의 조사 결과를 근거로 추천했던: 1960년 미 공군을 위한 우주 계
획 제안서를 작성한 위원회다. 위원회는 지구 궤도 상에서 시스템(예컨대 우주 정거장이
나 달 여행 우주선)을 조립하는 방법을 배우는 것은 더 큰 추진체를 만드는 것과 같거나
더 큰 중요성을 지닌다고 강조했다. 달까지 가는 방법에 대한 후속 논쟁에서 캔트로
위치 박사는 지구 궤도 상에서 조립하면 비용이 약 10분의 1로 줄어든다고 주장했다.
하지만 실제 채택된 것은 초대형 로켓을 이용해 한 번에 발사하고 달 궤도에서 모선

과 착륙선이 랑데부하는 접근법이었다. 문제는 정치적 요소가 개입했다는 점이지만 이 문제를 다루는 적절한 공개 청문회는 한 번도 열리지 않았다. 다음을 보라. "Arthur Kantrowitz Proposes a Science Court," an interview by K. Eric Drexler (*L5 News*, Vol.2, p.16, May 1977).

아폴로 계획 당시 기술적 의사 결정 방식의 잘못에 대한 설명은 다음을 보라. *The Heavens and the Earth : A Political History of the Space Age*, by William McDougall, pp. 315-16 (New York : Basic Books, 1985).

12 절차안을 …… 만들었는데도 : 다음에 설명이 나온다. "The Science Court Experiment : An Interim Report," by the Task Force of the Presidential Advisory Group on Anticipated Advances in Science and Technology (*Science*, Vol. 193, pp. 653-56, Aug. 20, 1976).

13 과학 법정에 관한 전문가 토의 : 다음을 보라. *Proceedings of the Colloquium on the Science Court*, Leesburg, Virginia, Sept. 20-21, 1976 (National Technical Information Center, document number PB261305). 전문가 토의에서 나온 비판에 대한 요약과 논의는 다음을 보라. "The Science Court Experiment : Criticisms and Responses," by Arthur Kantrowitz (*Bulletin of the Atomic Scientists*, Vol. 33, pp. 44-49, Apr. 1977).

14 정당한 절차에 다가갈 수도 있다 : 1980년 대기 오염 분야의 라이벌들을 한데 모으려는 목적으로 'Health Effects Institute of Cambridge, Massachusetts'가 결성된 것은 이 같은 방향을 향한 진전이었다. 다음을 보라. "Health Effects Institute Links Adversaries," by Eliot Marshall (*Science*, Vol. 227, pp. 729-30, Feb. 15, 1985).

15 빈틈없이 숨겨 있기 때문이다 : 모종의 정당한 절차 원리를 구현하는 비공개 절차가 비밀 정보에 대한 판단을 어느 정도로 개선할 수 있을 것인가 하는 문제는 미결로 남아 있다.

16 실험적인 절차 : 다음에 나온다. "'Science court' would tackle knotty technological issues," by Leon Lindsay (*Christian Science Monitor*, p. 7, Mar. 23, 1983).

17 로저 피셔와 윌리엄 유리 : 다음을 보라. *Getting to Yes* (Boston : Houghton Mifflin Company, 1981).

18 양측 : 여기서 서술된 절차는 쟁점들이 양면성을 지닌 것으로 취급했지만 이는 지나치게 제한적인 것으로 보일 수 있다. '쟁점'이라는 것은 다양한 측면을 지닌 것이 보통이기 때문이다. 이는 널리 알려져 있는 사실이다. 예컨대 에너지를 둘러싼 논쟁을 보면 천연가스, 석탄, 원자력, 태양력 모두가 나름의 지지자들을 갖고 있다. 물론, 다양한 측면을 지닌 쟁점들에는 양면적 질문이 많이 포함되어 있다. 원자로 노심이 녹아내릴 확률은 높은가, 낮은가? 석탄 연료가 산성비에 미치는 영향은 큰가, 작은가? 태

양열 전지판은 비용이 많이 들 것인가, 적게 들 것인가? 천연가스 비축량은 많은가, 적은가? 다양한 측면을 지닌 쟁점들은 그러므로 그 근저에 있는 사실 근거를 논할 때는 미세한 계량적 질문으로 분해될 수 있는 경우가 흔하다.

신중한 과학자와 기술자들은 수치가 높다거나 낮다거나 하는 주장을 펴는 일이 드물 것이다. 이들은 가장 확률이 높다고 생각하는 구체적인 수치를 주장하거나 단지 이러이러한 증거가 있다고 말할 것이다. 하지만 포럼을 연다는 것은 논쟁을 전제로 하는 것이기 때문에 각 견해의 지지자들이 참여하게 될 것이고 이들은 특정한 방향으로 몰아가는 극단적인 주장을 펴게 될 것이다. 원자력 지지자들은 원자로가 매우 값싸고 안전하다는 것을 입증하려 할 것이고 그 반대자들은 매우 비싸고 위험하다는 것을 입증하려 들 터다. 비용과 위험을 측정한 결과로 나온 수치는 높거나 낮거나 두 가지밖에 있을 수 없기 때문에 이런 미세한 문제들은 양면적인 성격을 띠게 될 것이다.

14장 지식의 네트워크

1 모토오카 토오루: 그는 도쿄 대학교 교수이자 일본 'Fifth Generation Computer Project'의 명목상 책임자다.

2 해당 시스템의 구조: 하이퍼텍스트에 대한 이들의 접근법은 현재 시연 단계에 와 있으며 Xanadu 시스템이란 이름으로 불린다. 해당 시스템의 기반이 되는 데이터 구조는 상표 등록이 되어 있다. 내가 그 구조를 검토해본 결과 강력한 하이퍼텍스트 시스템이 정말로 가능하다는 것이 명백했다. 이보다는 덜 야심적이지만 여전히 매우 강력한 시스템에 대해서는 다음을 보라. "A Network-Based Approach to Text-Handling for the Online Scientific Community," a thesis by Randall H. Trigg (University of Maryland, Department of Computer Science, TR-1346, Nov. 1983).

3 시어도어 넬슨의 저서들: *Computer Lib/Dream Machines* (self-published, distributed by The Distributors, South Bend, Ind., 1974)과 *Literary Machines* (Swarthmore, Pa.: Ted Nelson, 1981)을 보라. *Computer Lib*은 컴퓨터와 하이퍼텍스트를 포함하는 컴퓨터의 가능성을 흥미롭고도 특이한 관점으로 다루고 있다. 이 책은 개정판이 준비 중이다. *Literary Machines*는 하이퍼텍스트에 초점을 맞춘 책이다.

4 《타임》은 …… 보도했다: 1983년 6월 13일자. p. 76.

5 이용 가능한 정보의 양을 늘림으로써: 한 개의 하이퍼텍스트 시스템은 가정이나 지역 도서관에서 가장 흔하게 이용되는 정보를 저장할 수 있을 터다. 음악 녹음에 쓰이는 CD의 제조 비용은 약 3달러인데 여기에는 책 500권의 텍스트를 저장할 수 있다. 다음을 보라. "Audio Analysis II: Read-only Optical Disks," by Christopher Fry (*Computer Music Journal*, Vol. 9, Summer 1985).

1 원하는 모든 사람에게 풍요와 장수를 가져다줄 수 있는 세상: 하지만 보편적이고 무조건적인 풍요가 무한히 계속될 수는 없다. 지수적 성장은 반드시 한계에 부딪치기 때문이다. 이는 우주 자원의 분배와 소유에 관한 문제를 제기한다.

세 가지 기본적인 접근법을 고려할 수 있을 것이다.

첫 번째는 '선착순' 접근법이다. 농지(과거 미국 정부가 자영 농민에게 소유권을 주었던 토지가 그런 예다)나 광산을 먼저 이용, 개발하는 사람이 소유권을 주장하도록 하는 것과 비슷한 방식이다. 이것은 존 로크의 원칙에 기반을 두고 있다. 주인이 없는 자원에 노동을 투여하면 그 사람에게 소유권이 생길 수 있다는 원칙이 그것이다. 하지만 이렇게 하면 적당한 복제 기계를 가진 사람이 이를 우주에 풀어놓을 수 있다는 문제가 생긴다. 복제 기계로 하여금 그것이 도달할 수 있는 모든 영역의 주인 없는 물체에 수정을 가하도록 만들어 그 소유권을 주장하는 경우 말이다. 이 같은 승자 독식 접근법은 도덕적 정당성이 거의 없는 데다 그 결과도 불쾌한 것이 될 터다.

두 번째의 극단적 접근법은 모든 사람이 똑같은 몫의 우주 자원 소유권을 부여하고 평등을 유지하기 위해 재분배를 계속하는 방식일 것이다. 이 또한 불유쾌한 결과를 가져올 것이다. 보편적이고 엄격하며 강제적인 출산 억제책이 없는 상황에서 일부 집단의 인구는 지수적 성장을 계속할 것이다. 진화 원리에 따르면 사실상 확실하게 이런 결과가 나타나게 마련이다. 인구 폭발에 따라 자원을 끊임없이 재분배해야 할 것이고 이에 따라 **모든** 사람의 생활 수준은 놀랄 만큼 짧은 기간 내에 최저 수준으로 하락할 것이다. 인구 재생산이 가능한 최저 수준으로 말이다. 이는 제3세계의 어느 국가에서보다 극심한 기아와 가난을 의미할 터다. 설사 인류의 99퍼센트가 자발적으로 출산을 억제한다고 해도 소용없다. 나머지 1퍼센트는 남아 있는 거의 모든 자원을 흡수할 때까지 계속 팽창할 것이기 때문이다.

세 번째의 기본적 접근법은(다양한 종류가 있을 수 있다) 중도를 취하는 것이다. 모든 사람들에게 동일한 양의 우주 자원 소유권(영구적이며 양도 가능한 진짜 소유권)을 분배하되 단 **한 차례**만 그렇게 하는 것이다. 그다음엔 각자가 보유한 막대한 몫의 풍요로운 우주 자원을 가지고 자신들의 후손(혹은 다른 사람의 후손)을 부양하게 하면 된다. 이렇게 하면 각기 다른 집단이 저마다의 미래를 추구할 수 있게 될 것이며 낭비보다는 검약하는 태도가 유리한 상황이 조성될 것이다. 그러면 무한히 오랜 기간 동안 무한히 다양한 미래를 추구할 수 있는 기반이 조성될 것이다. 침략과 도둑질로부터 사람들을 보호할 능동형 방어막을 이용한다는 전제하에서 말이다. 이를 대체할 만한 그럴듯한 접근법을 제시한 사람은 지금껏 아무도 없었다.

사회주의적 관점에서 보자면 이 같은 접근법은 모든 사람이 동일한 부를 소유한다는 의미가 될 것이다. 자유주의적 관점에서 보자면 이는 누구의 소유권도 침해하지 않는 것이면서 자유주의적 미래를 위한 기초를 제공하는 방법이 될 것이다. 토머스 셸링 Thomas Schelling(2005년 노벨 경제학상을 받았다.-옮긴이)의 용어를 빌리자면 균등 분할은 협력 게임에서 핵심적 해결책이다(다음을 보라. *The Strategy of Conflict*, by Thomas Schelling, Cambridge, Mass.: Harvard University Press, 1960). 균등 분할이 실제로 어떤 의미인가 하는 것은 복잡한 문제로서 법률가들에게 맡겨두는 것이 최선일 터다.

이런 접근법이 작동하려면 분할의 원칙뿐 아니라 이를 실행하는 시기에 대해서도 합의가 있어야 한다. 우주는 국제 조약에 의해 '모든 인류의 공동 유산'으로 선포됐으며 우리는 '상속의 날'을 선정할 필요가 있다. 셸링의 분석에 따르면 협력 게임에서 중요한 점은 **구체적**이고 실현 가능한 제안을 찾아내고 이를 최대한 이른 시일 내에 가시화하는 것이다. 그런 날짜가 저절로 나타날 수 있을까? 우주와 관련한 특정한 기념일을 상속의 날로 하는 것이 적절할 것으로 보인다. 다만 이는 미국이나 소련이라는 특정 국가에게만 해당되는 기념일이 아니어야 하며 그 시기는 너무 이르거나 달력 상의 새천년(2000년을 뜻한다.-옮긴이)에 너무 가깝지 않아야 할 것이다. 이런 조건은 충족할 수 있다. 가장 그럴듯한 후보는 2011년 4월 12일 것이다. 이날은 재사용 가능한 세계 최초의 우주선인 우주 왕복선이 처음 날아오른 지 30주년이 되는 기념일이며 최초로 인간, 즉 유리 가가린이 우주 비행을 한 지 50주년이 되는 기념일이기도 하다. 만일 이 날짜 이전에 누군가가 인구 재생산율을 열 배나 그 이상으로 높일 수단을 찾아내고 이를 활용하는 일이 생기는 경우, '상속의 날'은 그런 일이 일어나기 전 해의 4월 12일로 소급해서 곧바로 정해져야 할 테고 이에 따른 문서는 사후적으로 정리해야 할 것이다(편법으로 특정 집단의 인구를 급증시켜 우주 자원 배분에 유리한 고지를 점령하려는 시도를 방지하려는 대책이다. 이 경우 인구 폭발이 시작되기 전 해의 세계 인구를 기준으로 그 사람들에게만 우주 자원을 배분하자는 얘기다.-옮긴이).

2 안정적이고 지속 가능한 평화:능동형 방어막이 이를 신뢰성 있게 달성할 수 있으려면 충분한 중복성을 갖추고 있어야 할 뿐 아니라 시스템의 안전을 보장할 여유 역량도 막대하게 커야 한다.

3 자연은 여기에 협력하지 않는 듯하다:상대성 이론에 따르면 타임머신이 불가능하다는 것은 명백하다. 이와 관련한 논의는 다음을 보라. "Singularities and Casuality Violation," by Frank J. Tipler in *Annals of Physics*, Vol. 108, pp. 1-36, 1977. Tipler는 마음이 열려 있는 사람이다. 1974년 그는 이 문제에 다른 측면이 있다고 주장했다.

4 바이오 실린더:인간이 대규모로 거주할 수 있도록 우주 공간에 만들어놓은 거대한 원통 모양의 정착지. 지구의 다양한 생명체도 함께 이곳에서 살도록 한다는 점에서

우주의 부분적인 지구 생물권으로 볼 수 있다.—옮긴이

5 '프랙털'이라 부르는 것과 닮은 패턴 안에서: 프랙털 패턴은 척도가 각기 다른 상황에서 유사한 패턴이 되풀이되는 구조다. 잔가지는 큰 가지를 닮고 큰 가지는 나무를 닮을 수 있다는 식이다. 혹은 작은 수로와 냇물과 강물의 형태는 서로 닮은 것일 수 있다. 다음을 보라. *The Fractal Geometry of Nature*, by Benoit B. Mandelbrot (San Francisco: W. H. Freeman, 1982).

후기

1 1988년 …… 달성했다: 이것과 이와 관련된 작업에 대한 훌륭한 비평은 다음의 논문에 실려 있다. "Protein Design, a Minimalist Approach," by William F. DeGrado, Zelda R. Wasserman, and James D. Lear (*Science*, Vol. 243, pp. 622-28, 1989).

2 1987년 노벨상은 ……공동 수상했다: 공동 수상자 두 사람의 수상 기념 연설은 특히 흥미로운데 이들은 지금도 활발히 활동 중이다. 다음을 보라. "Supramolecular Chemistry—Scope and Perspectives: Molecules, Supermolecules, and Molecular Devices," by Jean-Marie Lehn (*Angewandte Chemie International Edition in English*, Vol. 27, pp. 89-112, 1988). 또한 다음도 보라. "The Design of Molecular Hosts, Guests, and Their Complexes," by Donald J. Cram (*Science*, Vol. 240, pp. 760-67, 1988).

3 개별 분자를 관찰하고: 다음을 보라. "Molecular Manipulation Using a Tunnelling Microscope," by J. S. Foster, J. E. Frommer, and P. C. Arnett (*Nature*, Vol. 331, pp. 324-26, 1988).

4 컴퓨터 기반 도구: 단백질 분자를 CAD로 설계하는 데 유용한 소프트웨어는 다음 두 논문에 서술되어 있다. "Computer-Aided Model-Building Strategies for Protein Design," by C. P. Pabo and E. G. Suchanek (*Biochemistry*, Vol. 25, pp. 5987-91, 1986), "Knowledge–based Protein Modelling and Design," by Tom Blundell et al. (*European Journal of Biochemistry*, Vol. 172, pp. 513-20, 1988). 단백질의 핵심 영역에 소수성疏水性 측쇄 결합을 채워 넣는 작업을 설계하는 데 뛰어난 성적을 나타낸다고 하는 프로그램이 있다. 이에 대한 서술은 Jay W. Ponder와 Frederic M. Richards의 다음 논문을 보라. "Tertiary Templates for Proteins" (*Journal of Molecular Biology*, Vol. 193, pp. 775-91, 1987). 이들 저자는 분자 모델링(방대하고도 역동적인 분야) 작업도 했다. 다음을 보라. "An Efficient Newton-like Method for Molecular Mechanics Energy Minimization of Large Molecules" (*Journal of Computational Chemistry*, Vol. 8, pp. 1016-24, 1987). 분자 역학에서 파생된 컴퓨터 사용 기법은 분자 운동의 양자 효과

를 모델화하는(이는 전자와 결합을 양자역학적으로 모델화하는 것과는 다른 영역이다) 데 쓰였다. 다음을 보라. "Quantum Simulation of Ferrocytochrome c," by Chong Zheng et al. (*Nature*, Vol. 334, pp. 726-28, 1988).

5 최근의 현황에 대한 개요: K. Eric Drexler, "Machines of Inner Space," in *1990 Yearbook of Science and the Future*, edited by D. Calhoun, pp. 160-77 (Chicago: Encyclopaedia Britannica, 1989).

6 다양한 과학 기술 분야 논문: 다음을 보라(이 논문들의 내용은 내가 출간할 전문 서적에서 취합, 재서술할 예정이다). "Nanomachinery: Atomically Precise Gears and Bearings," in the proceedings of the IEEE Micro Robots and Teleoperators Workshop (Hyannis, Massachusetts: IEEE, 1987); "Exploring Future Technologies," in *The Reality Club*, edited by J. Brockman, pp. 129-50 (New York: LynxBooks, 1988); "Biological and Nanomechanical Systems: Contrasts in Evolutionary Capacity," in *Artificial Life*, edited by C. G. Langton, pp. 501-19 (Reading, Massachusetts: Addison-Wesley, 1989); and "Rod Logic and Thermal Noise in the Mechanical Nanocomputer," in *Molecular Electronic Devices III*, edited by F. L. Carter (Amsterdam: Elsevier Science Publishers B. V., in press). 여러 전문지의 원문 입수에 관한 정보를 원하는 분은 후기에 적힌 Foresight Institute의 주소로 연락하기 바란다.

참고 문헌

- Drexler, K. E., "Molecular Engineering: An Approach to the Development of General Capabilities for Molecular Manipulation" *Proceedings of the National Academy of Science* (USA), Vol. 78, 1981.
- Ulmer, K., "Protein Engineering," *Science*, Vol. 219, pp. 666-71, Feb. 11, 1983.
- Morris, W., *The American Heritage Dictionary of the English Language*, Boston: Houghton Mifflin, 1978.
- Tucker, J. B., "Gene Machines: The Second Wave," High Technology, Mar. 1984.
- Lehninger, A. L., *Biochemistry*, New York: Worth Publishers, 1975.
- Lauger, P., "Ion Transport and the Rotation of Bacterial Flagella," *Nature*, Vol. 268, Jul. 28, 1977.
- Lehn, J.-M., "Supramolecular Chemistry: Receptors, Catalysts, and Carriers," *Science*, Vol. 227, Feb. 22, 1985.
- Pabo, C., "Molecular Technology: Designing Proteins and Peptides," *Nature*, Vol. 301, Jan. 20, 1983.
- Gutte, B. et al., "Design, Synthesis, and Characterization of a 34-Residue Polypeptide That Interacts with Nucleic Acids," *Nature*, Vol. 281, Oct. 25, 1979.
- Wilkinson, A. J. et al., "A Large Increase in Enzyme-Substrate Affinity by Protein Engineering," *Nature*, Vol. 307, Jan. 12, 1984.
- Perry, L. J., and Wetzel R., "Disulphide Bond Engineered into T4 Lysozyme: Stabilization of the Protein Toward Thermal Inactivation," *Science*, Vol. 226. November 2, 1984.
- Hardin, G., *Nature and Man's Fate*, New York: New American Library, 1959.
- Blattner, F. J., "Biological Frontiers," *Science*, Vol. 222, Nov. 18, 1983.
- Rastetter, W. H., *Applied Biochemistry and Biotechnology*, Vol. 8, 1983.
- Carter, F. L., *Molecular Electronic Devices*, New York: Marcel Dekker, 1982.

- Carter, F. L., *Molecular Electronic Devices II*, New York: Marcel Dekker, 1986.
- Carter, F. L., "Molecular Level Fabrication Techniques and Molecular Electronic Devices," *Journal of Vacuum Science and Technology*, B1(4), Oct.-Dec., 1983.
- *Microelectronic Manufacturing and Testing*, Sept. 1984.
- Kelly, A., *Strong Solids*, Oxford: Clarendon Press, 1973.
- Trost, B. M., "Sculpting Horizons in Organic Chemistry," *Science*, Vol. 227. Feb. 22, 1985.
- Maugh II, T. H., "Catalysts That Break Nature's Monopoly," *Science*, Vol. 221, Jul. 22, 1983.
- Breslow, R., "Artificial Enzymes," *Science*, Vol. 218, Nov. 5, 1982.
- Binning, G., and Rohrer, H., "Scanning Tunneling Microscopy," *Physica*, 127B, 1985.
- Drake, J. W., "Comparative Rates of Spontaneous Mutation," *Nature*, Vol. 221, Mar. 22, 1969.
- Kitayama, S., and Matsuyama A., "Inhibition of Repair DNA Synthesis *M. radiodurans* after Irradiation with Gamma-rays," *Agriculture and Biological Chemistry*, Vol. 43, 1979.
- "First True RNA Catalyst Found", *Science*, Vol. 223, Jan. 20, 1984.
- Augarten, S., *Bit by Bit: An Illustrated History of Computers*, New York: Tricknor & Fields, 1984.
- Drexler, K. E., "Molecular Machinery and Molecular Electronic Devices," *Molecular Electronic Devices II*, edited by Forrest L. Carter, New York: Marcel Dekker, 1986.
- Feynman, R., "Quantum Mechanical Computers", *Optics News*, Vol. 11, Feb. 1985,
- Simon, H. A., *The Sciences of the Artificial* (Second Edition), Cambridge, Mass.: MIT Press, 1981.
- Eigen, M. et al., *Scientific American*, Vol. 244, Apr. 1981.
- Dawkins, R., *The Selfish Gene,* New York: Oxford University Press, 1976.
- Darwin, C. R. *The Origin of Species*, London: Charles Murray, 1859.
- Hayek F. A., *The Constitution of Liberty*, Chicago: University of Chicago Press, 1960.
- Hayek, F. A., *Law, Legislation and Liberty*, Vol. 1, *Rules and Order*, Chicago: University of Chicago Press, 1973.
- *The Next Whole Earth Catalog*, edited by Stewart Brand Sausalito, California: POINT; distributed by Random House, New York, 1980.
- Peters, T. J., and Waterman, R. H., *In Search of Excellence: Lessons form America's*

Best-Run Corporations, New York: Warner Books, 1982.

- Whitehead, A. N., *Science and the Modern World*, New York: Macmillan Company, 1925.

- Axelrod, R., *The Evolution of Cooperation*, New York: Basic Books, 1984.

- Dawkins, R., *The Extended Phenotype*, San Francisco: W. H. Freeman, 1982.

- Canetti, E., "The Self-Destruction of the Xosas," *Crowds and Power*, New York: Continuum, 1973.

- Popper, K., *Conjectures and Refutations: The Growth of Scientific Knowledge*, New York: Basic Books, 1962.

- Feynman. R., "There's Plenty of Room at the Bottom," reprinted in *Miniaturization*, edited by H. D. Gibert, New York: Reinhold, 1961.

- Popper, K., *Objective Knowledge: An Evolutionary Approach*, Oxford: Clarendon Press, 1972.

- Nisbett, R., and Ross, L., *Human Inference*, Englewood Cliffs, New Jersey: Prentice-Hall, 1980.

- McClosky, M., "Intuitive Physics," *Scientific American*, Vol. 248, Apr. 1983.

- Popper, K., *Logic of Scientific Discovery*, New York: Harper & Row, 1965.

- Gomory, R. E., "Technology Development", *Science*, Vol. 220, May 6, 1983.

- Bruccoleri, R., "Macromolecular Mechanics and Protein Folding", Harvard University, May 1984.

- Hagler, A. T., "Dynamics and Conformational Energetics of a Peptide Hormone: Vasoprssin," *Science*, Vol. 227, Mar. 15, 1985.

- Goddard, W. H., "Theoretical Chemistry Comes Alive: Full Partner with Experiment," *Science*, Vol. 227, Feb. 22, 1985.

- Clementi, E., *Lecture Notes in Chemistry, 19, Computational Aspects for Large Chemical Systems*, New York: Spring-Verlag, 1980.

- Tucker, J. B., "Designing Molecules by Computer," *High Technology*, Jan. 1984.

- Mackay, A. L., *Scientific Quotations: The Harvest of a Quiet Eye*, edited by M. Ebison, New York: Crane, Russak, 1977.

- *The Institute*, Dec. 1984.

- Merchant, M. E., "Production: A Dynamic Challenge," *IEEE Spectrum*, May 1983.

- Fersht, A., *Enzyme Structure and Mechanism*, San Francisco: W. H. Freeman & Co., 1977.

- Knox, J. H., *Molecular Thermodynamics*, New York: Wiley-Interscience, 1971.
- *Business Week*, Mar. 8, 1982.
- Dennett, D. C., "Why the Law of Effect Will Not Go Away," *Brainstorms: Philosophical Essays on Mind and Psychology*, Cambridge, Mass: MIT Press, 1981.
- Minsky, M., *The Society of Mind*, New York: Simon & Schuster, to be published in 1986.
- *American Heritage Dictionary*, edited by William Morris, Boston: Houghton Mifflin Company, 1978.
- *Handbook of Artificial Intelligence*, edited by Avron Barr, and Edward A. Feigenbaum, Los Altos, Calif.: W. Kaufmann, 1982.
- "The Turning Test: A Coffeehouse Conversation", *The Mind's I*, composed and arranged by Douglas R. Hofstadter, and Daniel C. Dennett, New York: Basic Books, 1981.
- Turing, A. M., "Computing Machinery and Intelligence," *Mind*, Vol. 59, No. 236, 1950.
- Lenat, D., "The Nature of Heuristics", *Artificial Intelligence*, Vol. 19, 1982; Vol. 21, 1983; Vol. 23, 1984.
- Jacky, J., "The 'Star Wars' Defense Won't Compute," *The Altlantic*, Vol. 255, Jun. 1985.
- Wallich, P., "Designing the Next Generation," *IEEE Spectrum*, Nov. 1983.
- Dreyfus, H., *What Computer Can't Do: The Limits of Artificial Intelligence*, New York: Harper & Row, 1979.
- Solomon, P. M., "The HEMY: A Superfast Transistor," *IEEE Spectrum*, Feb. 1984.
- Jastrow, R., *The Enchanted Loom: The Mind in the Universe*, New York: Simon & Schuster, 1981.
- Koch, C., and Poggio, T., "A Theoretical Analysis of Electrical Properties of Spines," MIT AI Lab Memo No. 713, Apr. 1983.
- Cotman, C. W., "Cell Biology of Synaptic Plasticity," *Science*, Vol. 225, Sept. 21, 1984.
- Bennett, C. H., "Thermodynamics of Computation—A Review," *International Journal of Theoretical Physics*, Vol. 21, 1982.
- McCorduck, P., *Machines Who Think*, San Francisco: W. H. Freeman & Company, 1979.

- Minsky, M., *U.S. News & World Report*, Nov. 2, 1981.

- "High Performance Solar Sails and Related Reflecting Devices," AIAA Paper in *Space Manufacturing III*, edited by Jerry Grey and Christine Krop, New York: American Institute of Aeronautics and Astronautics, 1979.

- Gaffey, M. J., and McCord, T. B., "Asteroid Surface Materials: Mineralogical Characterizations from Reflectance Spectra," *Space Science Reviews*, No. 21, 1978.

- Staehle, R. L., "Finding 'Paydirt' on the Moon and Asteroids," *Astronautics and Aeronautics*, Nov. 1983.

- O' Neill, G., *The High Frontier: Human Colonies in Space*, New York: William Morrow, 1976.

- Kelly, A., *Strong Solids*, Oxford: Clarendon Press. 1973.

- Dyson, F., "Discussion Meeting on Gossamer Spacecraft," held at the Jet Propulsion laboratory in Pasadena, California, May 18, 1980.

- Forward, R., "Roundtrip Interstellar Travel Using Laser-Pushed Lightsails," *Journal of Spacecraft and Rockets*, Vol. 21, Jan.-Feb. 1984.

- Ashkin, A., "Applications of Laser Radiation Pressure," *Science*, Vol. 210, Dec. 5, 1980.

- Harrison, E. R., "Impact Fusion and the Field Emission Projectile," *Nature*, Vol. 291, Jun. 11, 1981.

- Cohen, S., "Comparative Biochemistry and Drug Design for Infectious Disease", *Science*, Vol. 205, Sept. 7, 1979.

- Skala, G. et al., "A Conformationally Constrained Vasopressin Analog with Antidiuretic Antagonistic Activity," *Science*, Vol. 226, Oct. 26, 1984.

- Reichel, W. et al., "Lipofuscin Pigment Accumulation as a Function of Age and Distribution in Rodent Brain," *Journal of Gerontology*, Vol. 23, 1968.

- Mann, D. M. A., and Yates, P. O., "Lipoprotein Pigments—Their Relationship to Aging in the Human Nervous System," *Brain*, Vol. 97, 1974.

- Drexler, K. E., "Cell Repair Systems," (available through The Foresight Institute, Palo Alto, Calif.)

- Harman, D., "Free Radical Theory of Aging," *Triangle*, Vol. 12, No. 4, 1973.

- Kodak, E., *Press-Telegram*, Long Beach, Calif. Apr. 26, 1985.

- Kirkwood, T. B. L., "Evolution of Aging," *Nature*, Vol. 270. 1977.

- Medawar, P., *The Uniqueness of the Individual*, London: Methuen, 1957.

- Holliday, R., Cairns J., and Logan, J., "Cancer and Cell Science" *Nature*, Vol. 306, Dec. 29, 1983.

- Zeikus J. G., "Single-Carbon Chemistry of Acetogenic and Methanogenic Bacteria," *Science*, Vol. 227, Mar. 8, 1985.

- Ghousal, D. et al., "Microbial Degradation of Halogenated Compounds," *Science*, Vol. 228, Apr. 12, 1985.

- Miller, J. A., "Gene Samples from an Extinct Animal Cloned," *Science News*, Vol. 125, Jun. 9, 1984.

- Hoffer, E., *The True Believer*, New York: Harper & Brothers, 1951.

- *The Epic of Gilgamesh*, translated by N. K. Sandars, Middlesex: Penguin Books, 1972.

- Labaree, L. W., and Bell Jr., W. J., *Mr. Franklin, A Selection from His Personal Letters*, New Haven: Yale University Press, 1956.

- Koch, C., and Poggio, T., "A Theoretical Analysis of Electrical Properties of Spines", MIT AI Memo No. 713, Apr. 1983.

- Cotman C. W., and Nieto-Sampedro, M., "Cell Biology of Synaptic Plasticity", *Science*, Vol. 225, Sept. 21, 1984.

- Lynch, G., "The Biochemistry of Memory: A New and Specific Hypothesis," *Science*, Vol. 224, Jun. 8, 1984.

- Kirk, D., *Biology Today*, New York: Random House, 1975.

- de Nó, R. L., *Journal of Neurophysiology*, Vol. 1, 1938.

- Kandel, E. R., and Schwartz, J. H., "Molecular Biology of Learning: Modulation of Transmitter Release," *Science*, Vol. 218, Oct. 29, 1982.

- Haines, D. E., and Jenkins, T. W., *Journal of Comparative Neurology*, Vol. 132, Mar. 1968.

- Bleyaert, A. L. et al., "Thiopental Therapy After 16 Minutes of Global Brain Ischemia in Monkeys," *Critical Care Medicine*, Vol. 24, Mar./Apr. 1976.

- Hossmann, K.-A. and Kleihues, P., *Archives of Neurology*, Vol. 29, Dec. 1973.

- White, R. J., "Prolonged Whole-Brain Refrigeration with Electrical and Metabolic Recovery," *Nature*, Vol. 209, Mar. 26, 1966.

- Porter, K. R., and Tucker, J. B., "The Ground Substance of the Living Cell," *Scientific American*, Vol. 244, Mar. 1981.

- Fahy, G. M. et al., "Vitrification as an Approach to Cryopreservation," *Cryobiology*,

Vol. 21, 1984.

• Rall, W. F., and Fahy, G. M., "Ice-free Cryopreservation of Mouse Embryos at—196℃ by Vitrification," *Nature*, Vol. 313, Feb. 14, 1985.

• Ettinger, R. C. W., *The Prospect of Immortality*, New York: Doubleday, 1964; a preliminary version was privately published in 1962.

• Kito. S. K., and Adachi, C., "Viability of Long Term Frozen Cat Brain *In Vitro*," *Nature*, Vol. 212, Oct. 15, 1966.

• Ettinger, R. C. W., *Man into Superman*, New York: St. Martin's Press, 1972.

• Darwin, M., "The Anabolocyte: A Biological Approach to Repairing Cryoinjury", *Life Extension Magazine*, Jul./Aug., 1977.

• Donaldson, T., *The Immortalist*, Vol. 12, Mar. 1981.

• Smith, A. U., *Biological Effects of Freezing and Supercooling*, Baltimore: Williams & Wilkins, 1961.

• Prehoda, R., *Designing the Future: The Role of Technological Forecasting*, Philadelphia: Chilton Book Co., 1967.

• Jones, R. T., "The Idea of Progress" *Astronautics and Aeronautics*, May 1981.

• Lewis, T., "Basic Medical Research: A Long-Term Investment" *Technology Review*, May/Jun. 1981.

• Lister, J. "Fine Chemicals", *A History of Technology*, edited by C. J. Singer and others, Oxford Clarendon Press, 1958.

• Clarke, Arthur C., *Profiles of the future: An Inquiry into the Limits fo the Possible*, first edition, New York: Harper & Row, 1962.

• Freedman, D. Z., and van Nieuwenhuizen, P., "The Hidden Dimensions of Spacetime," *Scientific American*, Vol. 252, Mar. 1985.

• Herbert, N., *Quantum Reality*, Garden City, New York: Anchor Press/Doubleday, 1985.

• Hawking, S. W., "The Edge of Spacetime", *American Scientist*, Vol. 72, Jul.-Aug. 1984.

• Barnet. R., *The Lean Years: Politics in the Age of Scarcity*, New York: Simon & Schuster, 1980.

• Rifkin, J., and Howard, T., *Entropy: A New World View*, New York: Viking Press, 1980.

• Rifkin, J., *Algeny*, New York: Viking Press, 1983.

- Georgescu-Roegen, N., *The Entropy Law and the Economic Process*, Cambridge, Mass.: Harvard University Press, 1971.
- Meadows, D. H., *The Limits to Growth*, New York: Universe Books, 1972.
- Mesarović, M. D., and Pestel, E., *Mankind at the Turning Point*, New York: Dutton, 1974.
- Waldrop, M. M., "The Fifth Generation: Taking Stock," *Science*, Vol. 226, Nov. 30, 1984.
- Corrado, J. K., "Military Robots," *Design News*, Oct. 10, 1983.
- LoSecco, J. M. et al., "The Search for Proton Decay," *Scientific American*, Vol. 252, Jun. 1985.
- Serlin, O. "Fault-Tolerant Systems in Commercial Applications," *Computer*, Vol. 17, Aug. 1984.
- Avižienis, A., and Kelly, P. J., "Fault Tolerance by Design Diversity: Concept and Experiments," *Computer*, Vol. 17, Aug. 1984.
- Hansen, M. T., "Multiplicity of Genome Equivalents in the Radiation-Resistant Bacterium *Micrococcus radiodurans*," *Journal of Bacteriology*, Apr. 1978.
- McEliece, R., "The Reliability of Computer Memory," *Scientific American*, Vol. 248, Jan. 1985.
- Kornfeld, W. A., and Hewitt C., "The Scientific Community Metaphor", MIT AI Lab Memo No. 641, Jan. 1981.
- Hewitt C., and de Jong P., "Open Systems," MIT AI Lab Memo No. 692, Dec. 1982.
- Lenat, D. B., "The Role of Heuristics in Learning by Discovery," Machine Learning, edited by Michalski et al., Palo Alto Calif.: Tioga Publishing Company, 1983.
- Evans, D. D., and Gajewski R. R., "Expanding Role for Autonomy in Military Space," *Aerospace America*, Feb. 1985.
- Drexler, K. E., "Can Space Weapon Serve Peace?", *L5 News*, Vol. 9, Jul. 1983.
- *The New York Times*, P. A15, Mar. 30, 1983.
- Horgan, J., "Sharing 'Star Wars' technology with Soviets a distant possibility, says head of Pentagon study group," *The Institute*, Mar. 1984.
- "U.N.-doing Missiles" *The New York Times*, P. A23, Apr. 28, 1983.
- *Time*, p.55, Jun., 1981.
- Primack, J., and von Hippel, F., "Scientists in the political Arena," New York: Basic Books, 1974.

- Henderson, H., *Creating Alternative Futures: The End of Economics*, New York: Berkley Publishing, 1978.
- Brown, H., *The Human Future Revisited: The World Predicament and Possible Solutions*, New York: Norton, 1978.
- Kemeny, J. G., "Saving American Democracy," *Technology Review*, Jun./Jul. 1980.
- Hewitt, C., "The Challenge of Open Systems," *Byte*, Vol. 10, Apr. 1985.
- Kantrowitz. A., "Controlling Technology Democratically", *American Scientists*, Vol. 63, Sep. Oct. 1975.
- "Arthur Kantrowitz Proposes a Science Court," an interview by K. Eric Drexler, *L5 News*, Vol. 2, May 1977.
- McDougall, W. *The Heaven and the Earth: A Political History of the Space Age*, New York: Basic Books, 1985.
- "The Science Court Experiment: An Interim Report," Task Force of the Presidential Advisory Group on Anticipated Advances in Science and Technology, *Science*, Vol. 193, Aug. 20, 1976.
- *proceeding of the Colloquium on the Science Court*, Leesburg, Virginia, Sept. 20-21, 1976 (National Technical Information Center, document number PB261305).
- Kantrowitz. A., "The Science Court Experiment: Criticisms and Responses," *Bulletin of the Atomic Scientists*, Vol. 33, Apr. 1977.
- Marshall, E., "Health Effects Institute Links Adversaries," *Science*, Vol. 227, Feb. 15, 1985.
- Lindsay, L., "'Science court' would tackle knotty technological issues," *Christian Science Monitor*, Mar. 23, 1983.
- Fisher, R., and Ury, W., *Getting to Yes*, Boston: Houghton Mifflin Company, 1981.
- Trigg, R. H., "A Network-Based Approach to Text-Handling for the Online Scientific Community," University of Maryland, Department of Computer Science, TR-1346, Nov. 1983.
- Nelson, T., *Computer Lib/Dream Machines*, self-published, distributed by The Distributors, South Bend, Ind., 1974.
- Nelson, T., *Literary Machines*, Swarthmore, Pa: Ted Nelson, 1981.
- *Time*, p. 76, Jun. 13, 1983.
- Fry, C., "Audio Analysis || : Read-only Optical Disks," *Computer Music Journal*, Vol. 9, Summer, 1985.

- Schelling, T., *The Strategy of Conflict*, Cambridge, Mass: Harvard University Press, 1960.
- Tipler F. J., "Singularities and Casuality Violation," *Annals of Physics*, Vol. 108, 1977.
- Mandelbrot, B. B., *The Fractal Geometry of Nature*, San Francisco: W. H. Freeman, 1982.
- DeGrado, W. F., Wasserman, Z. R., and Lear, J. D., "Protein Design, a Minimalist Approach," *Science*, Vol. 243, 1989.
- Lehn, J.-M., "Supramolecular Chemistry—Scope and Perspectives: Molecules. Supramolecules, and Molecular Devices," *Angewandte Chemie International Edition in English*, Vol. 27, 1988.
- Cram. D. J., "The Design of Molecular Hosts, Guests, and Their Complexes," *Science*, Vol. 240, 1988.
- Foster, J. S., Frommer, J. E., and Arnett, P. C., "Molecular Manipulation Using a Tunnelling Microscope," *Nature*, Vol. 331, 1988.
- Pabo, C. P., Suchanek, E. G., "Computer-Aided Model-Building Strategies for Protein Design," *Biochemistry*, Vol. 25, 1986.
- Blundell, T., et al., "Knowledge-based Protein Modelling and Design," *European Journal of Biochemistry*, Vol. 172, 1988.
- Ponder, J. W., and Richards F. M., "Tertiary Templates for Protein", *Journal of Molecular Biology*, Vol. 193, 1987.
- Ponder, J. W., and Richards F. M., "An Efficient Newton-like Method for Molecular Mechanics Energy Minimization of Large Molecules", *Journal of Computational Chemistry*, Vol. 8, 1987.
- Zheng, C. et al., "Quantum Simulation of Ferrocytochrome c," *Nature*, Vol. 334, 1988.
- Drexler, K. E., "Machines of Inner Space," *1990 Yearbook of Science and the Future*, edited by D. Calhoun, Chicago: Encyclopaedia Britannica, 1989.
- "Nanomachinery: Atomically Precise Gears and Bearings," in the proceeding of the IEEE Micro Robots and Teleoperators Workshop, Hyannis, Massachusetts: IEEE, 1987.
- "Exploring Future Technologies," *The Reality Club*, edited by J. Brockman, New York: Lynx Books, 1988.
- "Biological and Nanomechanical Systems: Contrasts in Evolutionary Capacity,"

Artificial Life, edited by C. G. Langton, Reading, Massachusetts: Addison-Wesley, 1989.

- "Rod Logic and Thermal Noise in the Mechanical Nanocomputer," *Molecular Electronic Devices III*, edited by F. L. Carter, Amsterdam: Elsevier Science Publishers B. V., in press.

<h1 style="text-align:center">용어 사전</h1>

이 사전은 첨단 기술과 관련된 사항들을 설명하는 데 이용된 용어들을 해설하고 있다. MIT의 나노기술스터디그룹이 편집했으며 그 과정에서 인디애나 대학교의 데이비드 대로David Darrow에게 큰 도움을 받았다.

- **능동형 방어막** 공격적인 용도로 사용되는 것을 제한하거나 방지하는 제약 장치가 장착된 방어 시스템.
- **아미노산** 단백질을 구성하는 유기 분자. 약 200종이 알려져 있으며 그중 20종이 살아 있는 유기체에서 널리 쓰인다.
- **항산화제** 지방에 악취를 나게 하고 DNA에 손상을 끼치는 산화를 방지하는 화학 물질.
- **인공지능** 지능을 갖춘 기계를 이해하고 만드는 것을 목표로 하는 연구 분야. 그런 기계 자체를 지칭할 수도 있다.
- **분자 조립 기계** 좀 더 단순한 화학적 벽돌을 이용해 사실상 어떤 분자 구조라도 만들 수 있도록 프로그램될 수 있는 분자 기계. 컴퓨터가 운영하는 기계 장치 판매 가게와 비슷하다(복제자 항목을 보라).
- **원자** 화학 원소를 구성하는 가장 작은 입자(지름이 약 10억분의 3미터다). 원자는 분자와 고체인 물체를 구성하는 벽돌이다. 원자핵과 그 주위를 둘러싼 전자의 구름으로 구성돼 있는데, 핵의 크기는 원자 자체의 수십만분의 1에 불과하다. 나노기계는 핵이 아니라 원자를 작업 대상으로 삼는다.
- **자동화 엔지니어링** 설계를 수행하는 데 컴퓨터를 사용하는 행위. 결국에는 개괄적인 시방서를 바탕으로 인간의 도움을 거의 혹은 전혀 받지 않고서 상세한 설계도를 만들어낸다.
- **박테리아** 단세포 유기체. 지름은 통상 1미크론이다. 가장 오래고 단순하며 작은 세포의 일종이다.
- **광신적 생물주의자** 생물학적 시스템은 고유한 우월성을 지니고 있다는 편견. 자기 복제와 지능은 생물학적 시스템의 전유물이라고 본다.

- **생명 활동 정지** 어떤 유기체의 세포와 조직 구조가 보존되는 상태. 나중에 세포 수리 기계가 회생시킬 수 있다.
- **거시 기술** 원자와 분자를 개별적으로가 아니라 무더기로 조작하는 데 기반을 둔 기술. 현대의 기술 대부분은 이 범주에 속한다.
- **모세혈관** 산소를 함유한 혈액을 조직에 운반하는 미세한 혈관.
- **세포** 막으로 둘러싸인 구성단위. 직경은 몇 미크론 정도가 보통이다. 모든 동식물은 한 개나 그 이상의 세포로 구성되어 있다(인간의 경우 수십조 개). 다세포 유기체의 개별 세포에는 해당 유기체의 모든 유전 정보를 담고 있는 핵이 들어 있다.
- **세포 수리 기계** 나노컴퓨터와 분작 규모의 센서와 도구를 갖춘 시스템. 세포와 조직의 손상을 수리하도록 프로그램되어 있다.
- **칩** 집적 회로 항목을 보라.
- **가교 결합** 서로 분리되어 있는 분자 사슬 두 개 사이에 화학적 결합을 형성하는 과정.
- **저온생물학** 저온 상태의 생물을 다루는 과학. 저온생물학의 연구 덕분에 정자와 혈액을 나중에 사용하기 위해 냉동하는 것이 가능해졌다.
- **결정 격자** 원자들이 규칙적인 3차원 패턴으로 결정을 이룬 것.
- **사전 설계** 아직 존재하지 않는 도구를 이용해서만 제작될 수 있는 시스템을 이미 알려진 과학 및 공학을 이용해 설계하는 것. 이렇게 하면 새로운 도구가 등장했을 때 그 능력을 빠르게 활용할 수 있다.
- **설계의 다양성** 서로 다른 설계의 구성 요소들이 동일한 목적을 수행하도록 하는 중복성의 한 형태. 이는 설계에 흠이 있는 경우에도 해당 시스템이 정상적인 기능을 수행할 능력을 갖추게 해줄 수 있다.
- **분해 기계** 하나의 물체를 한 번에 원자 단위로 분해하면서 그 구조를 분자 수준에서 기록할 수 있는 능력을 갖춘 나노기계 시스템.
- **사멸**(Dissolution) 유기체의 상태가 현재의 상태를 기반으로 원래의 구조를 파악할 수 없을 정도로 악화되는 일.
- **DNA**(디옥시리보핵산) DNA 분자는 네 종류의 뉴클레오티드로 구성된 긴 사슬이다. 이들 뉴클레오티드의 서열은 단백질 분자를 만드는 데 필요한 정보를 담고 있다. 단백질 분자는 결과적으로 세포 내 분자 기계의 많은 부분을 구성한다. DNA는 세포의 유전 물질이다('RNA'도 참조).
- **엔지니어링** 시스템을 설계하는 데 과학적 지식과 시행착오를 활용하는 것('과학' 항목을 보라).
- **엔트로피** 물리계의 무질서도를 재는 척도.
- **효소** 생화학 반응에서 촉매 역할을 하는 단백질.

- **유리스코**(EURISCO) 더글러스 레너트 교수가 개발한 컴퓨터 프로그램. 다양한 과제를 수행하는 데 발견적 학습법을 적용하는 능력을 갖추고 있다.
- **진화** 자기 복제를 하는 개체군이 변이를 일으키는 과정. 성공적인 변이자는 널리 퍼지며 더 많은 변이의 기초가 된다.
- **지수적 성장** 주기적으로 두 배가 되는 방식으로 진행되는 성장.
- **사실 규명 포럼** 중재자가 존재하는, 전문가들 사이의 구조적 토론을 통해 사실이 무엇인지를 밝혀내려는 절차.
- **유리기** 쌍을 이루지 않고 고립된 전자를 가지고 있는 분자로서 일반적으로 매우 불안정하고 반응성이 높다. 유리기는 생물체의 분자 기계에 손상을 입혀 교차 결합과 돌연변이를 일으킬 수 있다.
- **하이젠베르크의 불확정성 원리** 한 물체의 위치와 가속도를 동시에 정확하게 파악하는 것이 불가능하다는 양자 역학의 원리. 이 원리는 전자구름의 크기, 따라서 원자의 크기를 파악하는 데 도움을 준다.
- **발견적 학습법**(heuristics) 어떤 문제에 대한 가능한 해결책을 찾는 방향을 이끄는 데 사용되는 경험 법칙.
- **하이퍼텍스트** 상호 참조를 통해 텍스트와 여타 정보를 연결하는 데 쓰이는, 컴퓨터를 기반으로 하는 시스템. 정보에 대한 빠른 접근과 비평의 제시와 검색을 쉽게 만들어준다.
- **집적 회로** 하나의 반도체 위에 상호 연결된 많은 장치를 장착한 전자 회로. 보통 한 변의 길이가 1~10밀리미터다. 집적 회로는 오늘날 컴퓨터의 주된 부품이다.
- **이온** 전하를 띤 원자. 전자의 숫자가 원자핵의 양전하를 상쇄하는 데 필요한 양보다 많거나 적다.
- **케블러** 듀폰 사에서 만든 합성 섬유. 대부분의 강철보다 강하며 상업적으로 이용되는 소재 중 가장 강도가 높은 것 중 하나로 꼽힌다. 항공우주공학, 방탄조끼를 비롯해 무게당 강도가 높아야 할 필요가 있는 곳에 쓰인다.
- **빛 돛** 얇은 금속판을 때리는 빛의 압력에 의해 추진력을 얻는 우주선 추진 시스템.
- **제한적 분자 조립 기계** 그 용도를 제한하는 한계가 장착된 분자 조립 기계(해로운 용도에 쓰는 것이 어렵거나 불가능하게 만든다거나 혹은 단일 품목만 만들도록 하는 것이 그런 예다).
- **밈** 유전자처럼 복제, 진화할 수 있는 아이디어. 밈(그리고 밈 시스템)의 사례로는 정치 이론, 사람을 개종시키는 종교, 밈이라는 아이디어 자체를 들 수 있다.
- **분자 기술** 나노기술 참조.
- **분자** 화학 물질 중 가장 작은 조각. 화학 결합에 의해 특정한 패턴으로 결합된 원자

단을 일컫는 것이 보통이다.

- **돌연변이** DNA 같은 유전 분자에 유전 가능한 변형이 생기는 것. 생물에게 미치는 영향은 유익한 것일 수도, 해로운 것일 수도, 중립적인 것일 수도 있다. 경쟁에 의해 해로운 것은 솎아지며 그 결과 유익하거나 중립적인 것만 남는다.
- **나노–** 10억분의 1을 뜻하는 접두사.
- **나노기술** 복잡한, 원자 수준의 시방서에 맞춰 구조물을 건설하기 위해 개별 원자나 분자를 조작하는 것에 기반을 둔 기술.
- **신경 모의실험** 개별 신경 세포의 기능을 흉내 내서 신경계의 기능을 모방하는 것.
- **뉴런** 예컨대 뇌에 있는 신경 세포.
- **뉴클레오티드** 당(리보스와 디옥시리보스), 인산, 질소 염기(푸린이나 피리미딘)의 세 부분으로 구성된 작은 분자. 핵산(DNA와 RNA)의 기본 단위다.
- **유기 분자** 탄소를 함유하는 분자. 이런 의미로 보면 생명체를 구성하는 복잡한 분자는 모두가 이에 해당된다.
- **폴리머(중합체)** 작은 단위들의 결합 사슬로 구성된 분자.
- **포지티브섬**(Positive Sum) 하나나 그 이상의 독립체가 이득을 얻으면서 다른 독립체들은 같은 양의 손실을 입지는 않는 상황을 묘사하는 데 쓰이는 용어. 예컨대 성장하는 경제가 이에 해당한다(제로섬 참조).
- **중복성** 어떤 기능을 수행하기 위해 필요한 수준보다 더 많은 부품(구성 요소)을 사용하는 것. 해당 시스템은 부품들이 고장 나도 제대로 된 기능을 수행할 수 있게 된다.
- **복제자** 진화를 논의할 때 복제자란 자신에게 일어났을지 모를 모든 변화를 포함해 스스로를 복제할 수 있는 하나의 실체(하나의 유전자, 한 개의 밈, 혹은 컴퓨터 메모리 디스크의 콘텐츠 등)를 의미한다. 좀 더 넓은 의미로 보면, 복제자란 스스로의 복사본을 만들 수 있는 시스템을 의미하며, 자신에게 일어났을 수 있는 모종 변화를 반드시 복제해야 할 필요는 없다. 토끼의 유전자는 첫 번째 의미의 복제자이며(유전자에 일어난 변화는 유전이 가능하다), 토끼 자체는 오로지 두 번째 의미에서만 복제자라 할 수 있다(귀에 생긴 흉터는 유전되지 않는다).
- **제한 효소** DNA의 특정 위치를 절단하는 효소. 생물학자들은 유전 물질을 삽입하거나 제거할 때 이를 이용한다.
- **리보 핵산 가수 분해 효소** RNA 분자를 더 작은 조각으로 만드는 효소.
- **리보솜** 모든 세포 내에 존재하는 분자 기계. RNA 분자에서 읽어낸 지시에 따라 단백질을 생산한다. 리보솜은 단백질과 RNA 분자로 구성된 복잡한 구조물이다.
- **RNA** 리보 핵산. DNA와 유사한 분자다. 세포 내에서 DNA의 정보는 RNA로 전사되며 리보솜은 이 정보를 지침으로 단백질을 합성한다. 일부 바이러스는 DNA가

아니라 RNA를 유전 물질로 사용한다.

- **과학** 가설의 변이와 검사를 통해 세상에 대한 체계적 지식을 발전시키는 과정(엔지니어링 참조).
- **과학 법정** 정부가 수행하는 사실 규명 포럼에 붙은 이름(언론이 쓰기 시작한 용어다).
- **봉인된 분자 조립 기계 실험실** 분자 조립 기계를 포함하는 작업장으로서 정보의 출입은 가능하지만 분자 조립 기계나 그 생산물의 유출은 차단시키는 방식으로 캡슐화된 것을 의미한다.
- **시냅스** 하나의 뉴런에서 인접 뉴런(혹은 세포)으로 신호를 전달하는 구조물.
- **바이러스** DNA나 RNA 꾸러미만으로 구성된 소형 복제자. 숙주 세포에 주입되는 경우, 해당 세포의 분자 기계로 하여금 더 많은 바이러스를 만들라는 지시를 내리는 능력을 갖추고 있다.
- **제로섬** 한쪽이 이익을 보면 다른 쪽은 반드시 똑같은 양의 손실이 생기는 상황을 묘사하는 데 쓰이는 용어. 예컨대 개인 간 포커 게임이 이에 해당한다(포지티브섬 참조).